“十二五”普通高等教育本科国家级规划教材

“十三五”普通高等教育应用型规划教材

线性代数（第三版）辅导教程

张学奇 主 编

中国人民大学出版社

· 北京 ·

内容简介

本书是与“十二五”普通高等教育本科国家级规划教材《线性代数》(第三版)(张学奇主编，中国人民大学出版社出版）配套使用的辅导教材. 主要作为学生学习线性代数课程的同步学习辅导书和习题课教材，同时也可供报考研究生的学生系统复习时使用.

本书内容按章编排，每章（第六章除外）包括教学基本要求、内容概要、知识结构图、要点剖析、释疑解难、典型例题解析、单元自测题等内容. 其中，各章节中内容概要部分以表格形式归纳出了每一章的基本概念、基本定理、基本性质、主要方法及它们之间的相互关系，便于学生从结构上系统掌握、理解、记忆学习内容；要点剖析部分对每一章的学习要点和基本知识点进行了深入剖析，对解题方法进行了点拨，以加深学生对知识的理解和掌握；释疑解难部分对学生学习中遇到的典型疑难问题进行了分析、解答和纠错，以帮助学生纠正学习中易犯的错误，解答学生学习中的疑问；典型例题解析部分按题型分类，把对基本知识的理解和掌握、解题技能的培养融入典型题型的范例，以提高学生的解题能力.

本书内容丰富，思路清晰，例题典型，突出对教学内容的提炼、要点的剖析和解题方法的点拨，注重对典型例题的分析和总结，对提高学生学习兴趣、培养学生分析问题和解决问题的能力具有积极的促进作用.

前　言

本书是与“十二五”普通高等教育本科国家级规划教材《线性代数》（第三版）配套使用的辅导教材，主要作为学生学习线性代数课程的同步学习辅导书和习题课教材，同时也可供报考研究生的学生系统复习时使用.

全书按教材章节顺序编排，与教材同步，每章（除第六章外）包括教学基本要求、内容概要、知识结构图、要点剖析、释疑解难、典型例题解析、单元自测题等内容，为学生进行同步学习辅导提供资料，为教师习题课和教学选材提供参考. 本书突出对教学内容的提炼和概括、知识要点的剖析、解题方法的归纳、典型例题的分析和总结，体现数学思想与方法，注重培养学生抽象思维能力、计算能力、分析问题和解决问题的能力.

教学基本要求部分主要是根据经济管理类本科线性代数课程的教学基本要求确定的. 对教学要求的层次，按“理解”、“了解”或“掌握”、“会”的次序表示要求程度上的差异.

内容概要部分以表格的形式概括归纳出了每一章的基本概念、基本定理、基本性质、主要方法及它们之间的相互关系，便于学生从结构上系统掌握、理解、记忆学习内容.

知识结构图给出了每章内容间的结构关系，便于学生从整体上把握知识间的逻辑结构关系.

要点剖析部分对每一章的学习要点和基本知识点进行了深入剖析，对解题方法进行了点拨，以加深学生对基本概念、基本定理、基本方法的理解和掌握.

释疑解难部分对学生学习中遇到的典型疑难问题进行了分析、解答和纠错，以帮助学生纠正学习中易犯的错误，解答学生学习中的疑问.

典型例题解析部分按题型分类，力图把对基本概念的理解、基本理论的运用、基本方法的掌握、解题技能的培养融入典型题型的范例. 例题的选取突出典型性、示范性，包括基本题、综合题、考研真题，典型题型配有必要的分析、点评和类题练习，注重一题多解，拓宽思路，有助于学生举一反三，提高解题能力.

每章中还编写了单元自测题，并给出了答案和提示，便于学生自己检查对线性代数的基本概念、基本理论、基本方法的掌握情况。

本书由张学奇教授主编，参加编写的还有胡蓉、何胜美、姚慧玲，全书由张学奇统稿定稿. 由于编者水平有限，书中难免有不妥之处，恳请同行和读者批评指正！

张学奇

2020 年 9 月

目　录

第一章

矩　阵

本章主要内容包括矩阵的概念、矩阵的运算、行列式的计算、分块矩阵、方阵的逆矩阵、矩阵的初等变换和矩阵的秩，其中矩阵的运算、行列式的计算、方阵的逆矩阵、矩阵的初等变换和矩阵的秩是重点，矩阵的初等变换和矩阵的秩是研究矩阵的一种重要手段，它是后续各章内容的基础.

一、教学基本要求

（1）理解矩阵的概念.

（2）了解单位矩阵、对角矩阵、三角矩阵、对称矩阵、反对称矩阵以及它们的性质.

（3）掌握矩阵的加法、数乘、乘法、转置以及它们的运算规律；了解方阵的幂、方阵乘积的行列式的性质.

（4）了解行列式的概念；掌握行列式的基本性质.

（5）会应用行列式的定义、性质和相关定理计算比较简单的行列式.

（6）理解逆矩阵的概念；掌握逆矩阵的性质以及矩阵可逆的充分必要条件；了解伴随矩阵的概念.

（7）掌握矩阵的初等变换；了解初等矩阵的性质和矩阵等价的概念.

（8）理解矩阵秩的概念并掌握其求法.

（9）掌握矩阵的初等变换及用矩阵的初等变换求逆矩阵的方法.

二、内容概要

1. 矩阵的概念

矩阵的概念与特殊矩阵见表 1－1.

表 1-1　　矩阵的概念与特殊矩阵

名称	矩阵的特征	矩阵的形式与说明
矩阵的定义	由 $m\times n$ 个数 $a_{ij}(i=1,2,\cdots,m,j=1,2,\cdots,n)$ 排成的一个 m 行 n 列的矩形数表 $$\begin{pmatrix} a_{11} & a_{12} & \cdots & a_{1n} \\ a_{21} & a_{22} & \cdots & a_{2n} \\ \vdots & \vdots & & \vdots \\ a_{m1} & a_{m2} & \cdots & a_{mn} \end{pmatrix}$$ 称为一个 m 行 n 列的矩阵，简称 $m\times n$ 维矩阵，记为 $\boldsymbol{A}=(a_{ij})_{m\times n}$. 数 a_{ij} 称为矩阵的第 i 行第 j 列元素.	矩阵实质是一个矩形数表 $$\boldsymbol{A}=\begin{pmatrix} a_{11} & a_{12} & \cdots & a_{1n} \\ a_{21} & a_{22} & \cdots & a_{2n} \\ \vdots & \vdots & & \vdots \\ a_{m1} & a_{m2} & \cdots & a_{mn} \end{pmatrix}$$
矩阵的相等	如果两个 $m\times n$ 维矩阵 $\boldsymbol{A}$，$\boldsymbol{B}$ 的对应元素相等，即满足 $a_{ij}=b_{ij}(i=1,2,\cdots,m,j=1,2,\cdots,n)$ 则称矩阵 $\boldsymbol{A}$ 与矩阵 $\boldsymbol{B}$ 相等，记作 $\boldsymbol{A}=\boldsymbol{B}$.	① 矩阵 $\boldsymbol{A}$ 与 $\boldsymbol{B}$ 为同型矩阵；② 对应元素相等 $a_{ij}=b_{ij}(i=1,2,\cdots,m,j=1,2,\cdots,n)$.
对角矩阵	主对角线以外的元素都为零的 n 阶方阵 $\boldsymbol{A}=(a_{ij})$ 称为对角矩阵.	$$\boldsymbol{A}=\begin{pmatrix} a_{11} & 0 & \cdots & 0 \\ 0 & a_{22} & \cdots & 0 \\ \vdots & \vdots & & \vdots \\ 0 & 0 & \cdots & a_{nn} \end{pmatrix}$$
单位矩阵	对角元素全是 1 的对角矩阵称为单位矩阵，记为 $\boldsymbol{E}$.	$$\boldsymbol{E}=\begin{pmatrix} 1 & 0 & \cdots & 0 \\ 0 & 1 & \cdots & 0 \\ \vdots & \vdots & & \vdots \\ 0 & 0 & \cdots & 1 \end{pmatrix}$$
上三角矩阵	若 n 阶方阵 $\boldsymbol{A}=(a_{ij})$ 中非零元素只出现在主对角线（包括主对角线）的右上方，即满足 $a_{ij}=0(i>j,i,j=1,2,\cdots,n)$，则称矩阵 $\boldsymbol{A}$ 为上三角矩阵.	$$\boldsymbol{A}=\begin{pmatrix} a_{11} & a_{12} & \cdots & a_{1n} \\ 0 & a_{22} & \cdots & a_{2n} \\ \vdots & \vdots & & \vdots \\ 0 & 0 & \cdots & a_{nn} \end{pmatrix}$$
下三角矩阵	若 n 阶方阵 $\boldsymbol{A}=(a_{ij})$ 中非零元素只出现在主对角线（包括主对角线）的左下方，即满足 $a_{ij}=0(i<j,i,j=1,2,\cdots,n)$，则称矩阵 $\boldsymbol{A}$ 为下三角矩阵.	$$\boldsymbol{A}=\begin{pmatrix} a_{11} & 0 & \cdots & 0 \\ a_{21} & a_{22} & \cdots & 0 \\ \vdots & \vdots & & \vdots \\ a_{n1} & a_{n2} & \cdots & a_{nn} \end{pmatrix}$$
对称矩阵	若 n 阶方阵 $\boldsymbol{A}=(a_{ij})$ 中的元素满足 $a_{ij}=a_{ji}(i,j=1,2,\cdots,n)$，则称矩阵 $\boldsymbol{A}$ 为对称矩阵.	$$\boldsymbol{A}=\begin{pmatrix} a_{11} & a_{12} & \cdots & a_{1n} \\ a_{12} & a_{22} & \cdots & a_{2n} \\ \vdots & \vdots & & \vdots \\ a_{1n} & a_{2n} & \cdots & a_{nn} \end{pmatrix}$$
反对称矩阵	若 n 阶方阵 $\boldsymbol{A}=(a_{ij})$ 中的元素满足 $a_{ij}=-a_{ji}$，$a_{ii}=0(i,j=1,2,\cdots,n)$，则称矩阵 $\boldsymbol{A}$ 为反对称矩阵.	$$\boldsymbol{A}=\begin{pmatrix} 0 & a_{12} & \cdots & a_{1n} \\ -a_{12} & 0 & \cdots & a_{2n} \\ \vdots & \vdots & & \vdots \\ -a_{1n} & -a_{2n} & \cdots & 0 \end{pmatrix}$$

续表

名称	矩阵的特征	矩阵形式与说明
行阶梯形矩阵	① 元素全为零的行位于全部非零行(有元素不为零的行)的下方；② 非零行的首个非零元素(即位于最左边的非零元)的列下标随其行下标的递增而严格递增.	$A=\begin{bmatrix} \bullet & * & * & * & * & * & * & * \\ 0 & \bullet & * & * & * & * & * & * \\ 0 & 0 & 0 & 0 & \bullet & * & * & * \\ 0 & 0 & 0 & 0 & 0 & 0 & \bullet & * \\ 0 & 0 & 0 & 0 & 0 & 0 & 0 & 0 \\ 0 & 0 & 0 & 0 & 0 & 0 & 0 & 0 \end{bmatrix}$
行最简形矩阵	① 为行阶梯形矩阵；② 非零行的第一个非零元素为 1；③ 非零行的第一个非零元素所在列的其余元素都为 0.	$A=\begin{bmatrix} 1 & 0 & * & * & 0 & * & 0 & * \\ 0 & 1 & * & * & 0 & * & 0 & * \\ 0 & 0 & 0 & 0 & 1 & * & 0 & * \\ 0 & 0 & 0 & 0 & 0 & 0 & 1 & * \\ 0 & 0 & 0 & 0 & 0 & 0 & 0 & 0 \\ 0 & 0 & 0 & 0 & 0 & 0 & 0 & 0 \end{bmatrix}$

2. 矩阵的运算

矩阵的运算及其运算规律见表 1－2.

表 1－2　　矩阵的运算及其运算规律

运算名称	定　义	运算规律
矩阵加法	设两个 $m\times n$ 维矩阵 $\boldsymbol{A}=(a_{ij})$，$\boldsymbol{B}=(b_{ij})$，将矩阵 $\boldsymbol{A}$，$\boldsymbol{B}$ 对应位置的元素相加得到的 $m\times n$ 维矩阵 $(a_{ij}+b_{ij})$，称为矩阵 $\boldsymbol{A}$ 与矩阵 $\boldsymbol{B}$ 的和，记作 $\boldsymbol{A}+\boldsymbol{B}$，即 $\boldsymbol{A}+\boldsymbol{B}=(a_{ij}+b_{ij})$.	① $\boldsymbol{A}+\boldsymbol{B}=\boldsymbol{B}+\boldsymbol{A}$； ② $(\boldsymbol{A}+\boldsymbol{B})+\boldsymbol{C}=\boldsymbol{A}+(\boldsymbol{B}+\boldsymbol{C})$； ③ $\boldsymbol{A}+\boldsymbol{O}=\boldsymbol{O}+\boldsymbol{A}=\boldsymbol{A}$.
数与矩阵的乘法	设 $m\times n$ 维矩阵 $\boldsymbol{A}=(a_{ij})$，k 为任意数，以数 k 乘矩阵 $\boldsymbol{A}$ 中的每一个元素所得到的矩阵叫作数 k 与矩阵 $\boldsymbol{A}$ 的乘法，记作 $k\boldsymbol{A}$，即 $k\boldsymbol{A}=(ka_{ij})$.	① $k(\boldsymbol{A}+\boldsymbol{B})=k\boldsymbol{A}+k\boldsymbol{B}$； ② $(k+h)\boldsymbol{A}=k\boldsymbol{A}+h\boldsymbol{A}$； ③ $(kh)\boldsymbol{A}=k(h\boldsymbol{A})$.
矩阵乘法	设 $m\times s$ 维矩阵 $\boldsymbol{A}=(a_{ij})_{m\times s}$，$s\times n$ 维矩阵 $\boldsymbol{B}=(b_{ij})_{s\times n}$，则由元素 $c_{ij}=a_{i1}b_{1j}+\cdots+a_{is}b_{sj}=\sum\limits_{k=1}^{s}a_{ik}b_{kj}$ 构成的 $m\times n$ 维矩阵 $\boldsymbol{C}=(c_{ij})_{m\times n}$ 称为 $\boldsymbol{A}$ 与 $\boldsymbol{B}$ 的乘积，记作 $\boldsymbol{C}=\boldsymbol{AB}$.	① $(\boldsymbol{AB})\boldsymbol{C}=\boldsymbol{A}(\boldsymbol{BC})$； ② $(\boldsymbol{A}+\boldsymbol{B})\boldsymbol{C}=\boldsymbol{AC}+\boldsymbol{BC}$； $\boldsymbol{C}(\boldsymbol{A}+\boldsymbol{B})=\boldsymbol{CA}+\boldsymbol{CB}$； ③ $k(\boldsymbol{AB})=(k\boldsymbol{A})\boldsymbol{B}=\boldsymbol{A}(k\boldsymbol{B})$.
矩阵的转置	将 $m\times n$ 维矩阵 $\boldsymbol{A}=(a_{ij})$ 的行与列互换，所得到的 $n\times m$ 维矩阵称为矩阵 $\boldsymbol{A}$ 的转置矩阵，简称为 $\boldsymbol{A}$ 的转置，记作 $\boldsymbol{A}^{\mathrm{T}}$.	① $(\boldsymbol{A}^{\mathrm{T}})^{\mathrm{T}}=\boldsymbol{A}$； ② $(\boldsymbol{A}+\boldsymbol{B})^{\mathrm{T}}=\boldsymbol{A}^{\mathrm{T}}+\boldsymbol{B}^{\mathrm{T}}$； ③ $(k\boldsymbol{A})^{\mathrm{T}}=k\boldsymbol{A}^{\mathrm{T}}$； ④ $(\boldsymbol{AB})^{\mathrm{T}}=\boldsymbol{B}^{\mathrm{T}}\boldsymbol{A}^{\mathrm{T}}$.
方阵的幂	设 $\boldsymbol{A}$ 是 n 阶方阵，k 是正整数，k 个 $\boldsymbol{A}$ 连乘称为 $\boldsymbol{A}$ 的 k 次幂，记为 $\boldsymbol{A}^k$，即 $\boldsymbol{A}^k=\boldsymbol{A}\cdot\boldsymbol{A}\cdot\cdots\cdot\boldsymbol{A}$($k$ 个 $\boldsymbol{A}$ 的乘积).	① $\boldsymbol{A}^k\cdot\boldsymbol{A}^l=\boldsymbol{A}^{k+l}$； ② $(\boldsymbol{A}^k)^l=\boldsymbol{A}^{kl}$.

3. 方阵的行列式

行列式的概念、性质与计算见表 1-3.

表 1-3　行列式的概念、性质与计算

	内　容	说　明
行列式的定义	$\begin{vmatrix} a_{11} & a_{12} & \cdots & a_{1n} \\ a_{21} & a_{22} & \cdots & a_{2n} \\ \vdots & \vdots & & \vdots \\ a_{n1} & a_{n2} & \cdots & a_{nn} \end{vmatrix} = \sum\limits_{j_1j_2\cdots j_n} (-1)^{\tau(j_1j_2\cdots j_n)} a_{1j_1}a_{2j_2}\cdots a_{nj_n}$	它是 n! 项的代数和，每一项都是取自不同行和不同列的 n 个元素的乘积，每一项中各元素的行标排成自然序排列 $a_{1j_1}a_{2j_2}\cdots a_{nj_n}$，该项符号当 $j_1j_2\cdots j_n$ 为偶排列时取正号，为奇排列时取负号.
行列式的性质	行列式的基本性质： ① 行列式转置后，其值不变； ② 交换行列式的某两行，行列式改变符号； ③ 行列式某一行所有元素的公因子可以提到行列式符号的外面； ④ 若行列式的某一行的各元素都是两个数的和，则此行列式等于两个相应的行列式的和； ⑤ 把行列式的某一行的所有元素乘以数 k 加到另一行的相应元素上，行列式的值不变. 注：对列具有相同的性质.	行列式性质的推论： ① 若行列式某两行的对应元素相同，则此行列式的值等于零； ② 若行列式中某一行的元素全为零，则此行列式的值等于零； ③ 若行列式中有两行的对应元素成比例，则行列式的值等于零. 注：对列具有相同的性质.
行列式的展开	① 行列式 D 的值等于它的任意一行各元素与其对应的代数余子式的乘积之和，即 $D=a_{i1}A_{i1}+a_{i2}A_{i2}+\cdots+a_{in}A_{in}$(i=1，2，…，n)； ② 行列式 D 中某一行的各元素与另一行对应元素的代数余子式的乘积之和等于零，即 $a_{i1}A_{s1}+a_{i2}A_{s2}+\cdots+a_{in}A_{sn}=0(i\neq s)$.	对列具有相同的性质.
行列式的计算	① 三角化方法：利用行列式的性质将行列式化为三角形行列式，利用三角形行列式的结果来计算行列式； ② 降阶展开法：利用行列式的性质将某几行或某几列尽可能多的元素变为零，然后按行（列）展开，将行列式化为较低阶的行列式； ③ 归纳法：先通过对低阶行列式的计算找出规律，再归纳推理出一般结论的行列式计算方法； ④ 递推法：将行列式从高阶向低阶变形，找出递推公式，利用递推公式将行列式进行降阶计算的方法.	$\begin{vmatrix} a_{11} & 0 & \cdots & 0 \\ a_{21} & a_{22} & \cdots & 0 \\ \vdots & \vdots & & \vdots \\ a_{n1} & a_{n2} & \cdots & a_{nn} \end{vmatrix} = a_{11}a_{22}\cdots a_{nn}$ $\begin{vmatrix} 1 & 1 & \cdots & 1 \\ a_1 & a_2 & \cdots & a_n \\ \vdots & \vdots & & \vdots \\ a_1^{n-1} & a_2^{n-1} & \cdots & a_n^{n-1} \end{vmatrix} = \prod\limits_{1\leqslant j<i\leqslant n}(a_i-a_j)$
方阵的行列式	将 $\boldsymbol{A}$ 中的元素按原来顺序构成一个 n 阶行列式，称此行列式为方阵 $\boldsymbol{A}$ 的行列式，记为 det$\boldsymbol{A}$，或$\lvert\boldsymbol{A}\rvert$.	$\lvert\boldsymbol{A}^{\mathrm{T}}\rvert=\lvert\boldsymbol{A}\rvert$；$\lvert k\boldsymbol{A}\rvert=k^n\lvert\boldsymbol{A}\rvert$； $\lvert\boldsymbol{AB}\rvert=\lvert\boldsymbol{A}\rvert\cdot\lvert\boldsymbol{B}\rvert$

4. 可逆矩阵

逆矩阵的概念与性质见表 1-4.

表 1-4 逆矩阵的概念与性质

逆矩阵的定义	对于 n 阶方阵 $\boldsymbol{A}$，如果存在一个 n 阶矩阵 $\boldsymbol{B}$，使得 $\boldsymbol{AB}=\boldsymbol{BA}=\boldsymbol{E}$，则称 $\boldsymbol{A}$ 为可逆矩阵，简称 $\boldsymbol{A}$ 可逆，并称 $\boldsymbol{B}$ 为 $\boldsymbol{A}$ 的逆矩阵，记作 $\boldsymbol{A}^{-1}$，即 $\boldsymbol{A}^{-1}=\boldsymbol{B}$.
伴随矩阵的定义	设 A_{ij} 是 n 阶方阵 $\boldsymbol{A}=(a_{ij})$ 的行列式 $\|\boldsymbol{A}\|$ 中的元素 a_{ij} 的代数余子式，用 $\boldsymbol{A}^*$ 表示由 A_{ij} 构成的 n 阶方阵 (A_{ij}) 的转置矩阵，即 $\boldsymbol{A}^*=(A_{ij})^{\mathrm{T}}$，称 $\boldsymbol{A}^*$ 为 $\boldsymbol{A}$ 的伴随矩阵.
逆矩阵的性质	若 $\boldsymbol{A}$，$\boldsymbol{B}$ 为同阶可逆矩阵，则：① $(\boldsymbol{A}^{-1})^{-1}=\boldsymbol{A}$；② $(\boldsymbol{AB})^{-1}=\boldsymbol{B}^{-1}\boldsymbol{A}^{-1}$；③ $(\boldsymbol{A}^{\mathrm{T}})^{-1}=(\boldsymbol{A}^{-1})^{\mathrm{T}}$；④ $(k\boldsymbol{A})^{-1}=k^{-1}\boldsymbol{A}^{-1}$.
可逆的条件	① 方阵 $\boldsymbol{A}$ 可逆的充分必要条件是 $\boldsymbol{A}$ 是非奇异的，即 $\|\boldsymbol{A}\|\neq 0$； ② n 阶方阵 $\boldsymbol{A}$ 可逆的充分必要条件是 $\boldsymbol{A}$ 的等价标准形为 $\boldsymbol{E}_n$； ③ 方阵 $\boldsymbol{A}$ 可逆的充分必要条件是 $\boldsymbol{A}$ 可以表示成有限个初等矩阵的乘积； ④ n 阶方阵 $\boldsymbol{A}$ 可逆的充分必要条件为 $\mathrm{R}(\boldsymbol{A})=n$； ⑤ 存在 n 阶方阵 $\boldsymbol{B}$ 使 $\boldsymbol{AB}=\boldsymbol{E}$ 或 $\boldsymbol{BA}=\boldsymbol{E}$.
逆矩阵的求法	① 伴随矩阵法：$\boldsymbol{A}^{-1}=\|\boldsymbol{A}\|^{-1}\boldsymbol{A}^*$； ② 初等变换法：$(\boldsymbol{A}\vdots\boldsymbol{E})\rightarrow\cdots\rightarrow(\boldsymbol{E}\vdots\boldsymbol{A}^{-1})$； ③ 用定义和性质求逆矩阵.

5. 分块矩阵

分块矩阵的概念与运算见表 1-5.

表 1-5 分块矩阵的概念与运算

	定 义	说 明
分块矩阵	在矩阵 $\boldsymbol{A}$ 的行和列之间加进一些纵线和横线，把矩阵 $\boldsymbol{A}$ 分成若干块，每一块视为一个小矩阵，并称之为 $\boldsymbol{A}$ 的子矩阵或子块，以子矩阵为元素的矩阵称为分块矩阵.	根据矩阵的结构特征和计算需要，将矩阵进行分块，使矩阵的结构变得更加清晰.
分块矩阵的加法	设 $\boldsymbol{A}$，$\boldsymbol{B}$ 均为 $m\times n$ 维矩阵，对 $\boldsymbol{A}$，$\boldsymbol{B}$ 采取完全相同的分块方法，即 $\boldsymbol{A}=(\boldsymbol{A}_{ij})$，$\boldsymbol{B}=(\boldsymbol{B}_{ij})$，其中 $\boldsymbol{A}_{ij}$ 与 $\boldsymbol{B}_{ij}$ 有相同的行数和相同的列数，则 $\boldsymbol{A}+\boldsymbol{B}=(\boldsymbol{A}_{ij}+\boldsymbol{B}_{ij})$.	要求矩阵为同型矩阵，分块方法完全相同，对应子块相加.
数与分块矩阵的乘法	设分块矩阵 $\boldsymbol{A}=(\boldsymbol{A}_{ij})$，数 k 与 $\boldsymbol{A}$ 的乘积就是把 k 与 $\boldsymbol{A}$ 的每一个子矩阵相乘，即 $k\boldsymbol{A}=(k\boldsymbol{A}_{ij})$.	乘积 $k\boldsymbol{A}$ 是把 k 与 $\boldsymbol{A}$ 的每一个子矩阵相乘.
分块矩阵的乘法	设 $\boldsymbol{A}$ 为 $m\times s$ 维矩阵，$\boldsymbol{B}$ 为 $s\times n$ 维矩阵，在对 $\boldsymbol{A}$，$\boldsymbol{B}$ 进行分块时，让左矩阵 $\boldsymbol{A}$ 的列的分法与右矩阵 $\boldsymbol{B}$ 的行的分法相同，则 $\boldsymbol{AB}=\boldsymbol{C}$，其中 $\boldsymbol{C}_{ij}=\boldsymbol{A}_{i1}\boldsymbol{B}_{1j}+\boldsymbol{A}_{i2}\boldsymbol{B}_{2j}+\cdots+\boldsymbol{A}_{it}\boldsymbol{B}_{tj}$.	矩阵 $\boldsymbol{A}$ 的列与矩阵 $\boldsymbol{B}$ 的行相同，分块时左矩阵 $\boldsymbol{A}$ 的列的分法与右矩阵 $\boldsymbol{B}$ 的行的分法必须相同.
分块矩阵的转置	分块矩阵转置时，不但要将行列互换，而且行列互换后的各子矩阵都应转置.	注意，子矩阵都应转置.

6. 矩阵的初等变换

矩阵的初等变换与初等矩阵见表 1 - 6.

表 1 - 6　矩阵的初等变换与初等矩阵

	矩阵的初等变换	初等矩阵
概念	① 交换矩阵 $\boldsymbol{A}$ 的第 i 行(列)和第 j 行(列)； ② 用非零数 k 乘以矩阵 $\boldsymbol{A}$ 的第 i 行(列)的所有元素； ③ 将矩阵 $\boldsymbol{A}$ 的第 j 行(列)各元素乘同一数 k 加到第 i 行(列)对应的元素上.	① 交换单位矩阵 $\boldsymbol{E}$ 的第 i 行(列)和第 j 行(列)所得到的初等矩阵记作 $\boldsymbol{P}(i,\ j)$； ② 用非零数 k 乘以单位矩阵 $\boldsymbol{E}$ 的第 i 行(列)所得到的初等矩阵记作 $\boldsymbol{P}(i(k))$； ③ 将 n 阶单位矩阵 $\boldsymbol{E}$ 的第 j 行(i 列)乘以数 k 加到第 i 行(j 列)所得到的初等矩阵记作 $\boldsymbol{P}(i,\ j(k))$.
关系	① 对 $\boldsymbol{A}$ 施行一次初等行变换就相当于对 $\boldsymbol{A}$ 左乘一个相应的 m 阶初等矩阵； ② 对 $\boldsymbol{A}$ 施行一次初等列变换就相当于对 $\boldsymbol{A}$ 右乘一个相应的 n 阶初等矩阵.	
矩阵等价	① 若矩阵 $\boldsymbol{B}$ 可以由矩阵 $\boldsymbol{A}$ 经过有限次初等变换得到，则称矩阵 $\boldsymbol{A}$ 与 $\boldsymbol{B}$ 等价，记为 $\boldsymbol{A}\sim\boldsymbol{B}$； ② 矩阵 $\boldsymbol{A}$ 与 $\boldsymbol{B}$ 等价的充分必要条件是矩阵 $\boldsymbol{A}$ 与 $\boldsymbol{B}$ 具有相同的标准形； ③ 矩阵 $\boldsymbol{A}$ 与 $\boldsymbol{B}$ 等价的充分必要条件是存在逆矩阵 $\boldsymbol{P}$ 与 $\boldsymbol{Q}$，使得 $\boldsymbol{B}=\boldsymbol{PAQ}$； ④ 矩阵 $\boldsymbol{A}$ 与 $\boldsymbol{B}$ 等价的充分必要条件是 $\mathrm{R}(\boldsymbol{A})=\mathrm{R}(\boldsymbol{B})$.	
性质	① 任意非零矩阵都可以经过初等行变换化为行阶梯形矩阵； ② 任意非零矩阵都可以经过初等行变换化为行最简形矩阵； ③ 任意一个矩阵都可以经过有限次初等变换化为等价标准形； ④ n 阶方阵 $\boldsymbol{A}$ 可逆的充分必要条件是 $\boldsymbol{A}$ 的等价标准形为 $\boldsymbol{E}_n$； ⑤ 方阵 $\boldsymbol{A}$ 可逆的充分必要条件是 $\boldsymbol{A}$ 可以表示成有限个初等矩阵的乘积.	
应用	① 利用初等变换求矩阵的等价标准形； ② 利用初等变换求逆矩阵； ③ 利用初等变换求矩阵的秩.	

7. 矩阵的秩

矩阵的秩的概念与性质见表 1 - 7.

表 1 - 7　矩阵的秩的概念与性质

定义	① 矩阵的秩为矩阵中非零子式的最高阶数； ② 若矩阵 $\boldsymbol{A}$ 中有一个 r 阶非零子式，而所有 $r+1$ 阶子式全等于零，则 r 为矩阵 $\boldsymbol{A}$ 的秩.
性质	① 若矩阵 $\boldsymbol{A}$ 中有某个 s 阶子式不为 0，则 $\mathrm{R}(\boldsymbol{A})\geqslant s$；若 $\boldsymbol{A}$ 中所有 s 阶子式全为 0，则 $\mathrm{R}(\boldsymbol{A})<s$. ② 若 $\boldsymbol{A}$ 为 $m\times n$ 维矩阵，则 $0\leqslant\mathrm{R}(\boldsymbol{A})\leqslant\min\{m,\ n\}$. ③ $\mathrm{R}(\boldsymbol{A})=\mathrm{R}(\boldsymbol{A}^{\mathrm{T}})$. ④ $\mathrm{R}(\boldsymbol{AB})\leqslant\min\{\mathrm{R}(\boldsymbol{A}),\ \mathrm{R}(\boldsymbol{B})\}$. ⑤ 若 $\boldsymbol{A}$ 可逆，则 $\mathrm{R}(\boldsymbol{AB})=\mathrm{R}(\boldsymbol{B})$. ⑥ 矩阵的初等变换不改变矩阵的秩，即若 $\boldsymbol{A}\sim\boldsymbol{B}$，则 $\mathrm{R}(\boldsymbol{A})=\mathrm{R}(\boldsymbol{B})$. ⑦ 设 $\boldsymbol{A}$，$\boldsymbol{B}$ 均为 $m\times n$ 维矩阵，则矩阵 $\boldsymbol{A}$，$\boldsymbol{B}$ 等价的充分必要条件是 $\mathrm{R}(\boldsymbol{A})=\mathrm{R}(\boldsymbol{B})$. ⑧ n 阶方阵 $\boldsymbol{A}$ 可逆的充分必要条件为 $\mathrm{R}(\boldsymbol{A})=n$.
求法	① 定义求秩法：求矩阵中不为零子式的最高阶数； ② 初等变换求秩法：对矩阵进行初等行变换将其化为行阶梯形矩阵，则行阶梯形矩阵中非零行的行数即该矩阵的秩.

三、知识结构图

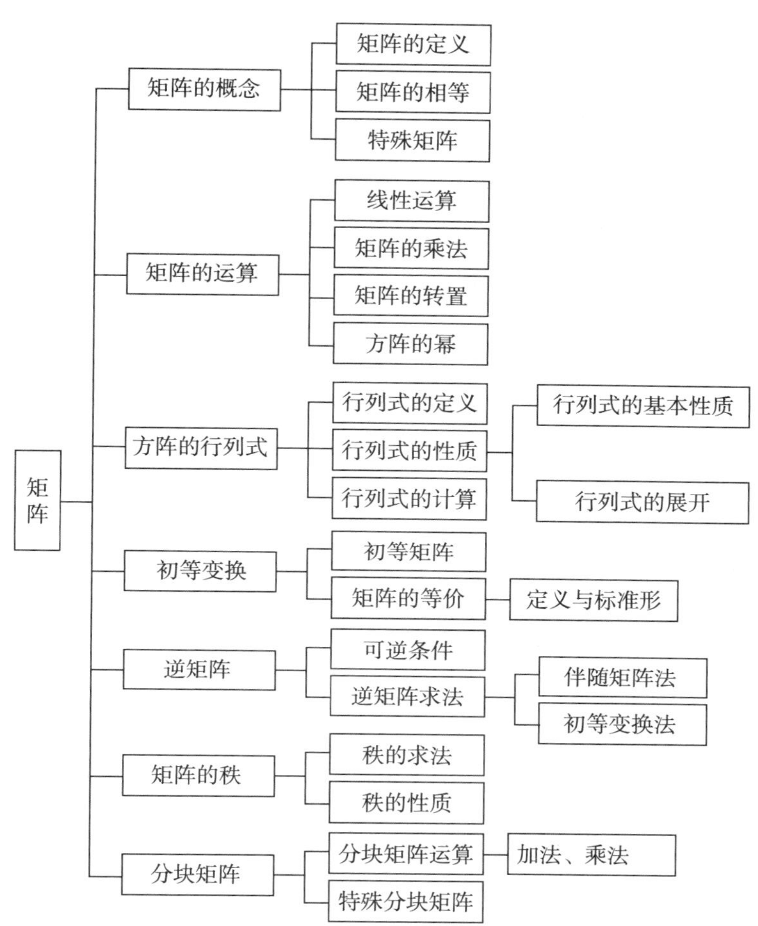

四、要点剖析

1. 矩阵的运算

矩阵的运算主要包括矩阵的加减法、数与矩阵的乘法、矩阵的乘法、矩阵的转置、方阵的幂，需要重点掌握的是矩阵的乘法.

(1) 对于矩阵的运算一定要清楚三点：什么条件下可以运算；运算的结果是什么；如何运算. 矩阵的加减法：必须是同型矩阵，运算结果仍为同型矩阵，运算方式是对应位置的元素相加减；矩阵的乘法：只有当左矩阵的列数等于右矩阵的行数时才能相乘，相乘所得矩阵的行数为左矩阵的行数，列数为右矩阵的列数，运算方式是乘积矩阵的第 i 行第 j 列元素 c_{ij} 等于左矩阵的第 i 行按列序排列的每个元素与右矩阵中第 j 列按行序排列的每个元素对应乘积之和；矩阵的幂运算：只有方阵才能讨论正整数幂.

(2) 矩阵的各种运算满足相应的运算规律和运算性质，在学习过程中可以通过与数的运算法则相比较的方法来掌握矩阵的运算规律. 需要注意，矩阵乘法的运算规律与数的运算规律既有相似之处，又有不同之处. 明显的不同之处包括以下几点：① $\boldsymbol{AB}\neq\boldsymbol{BA}$；②若 $\boldsymbol{AB}=\boldsymbol{O}$，不能推出 $\boldsymbol{A}=\boldsymbol{O}$ 或 $\boldsymbol{B}=\boldsymbol{O}$；③ 若 $\boldsymbol{AB}=\boldsymbol{AC}$ 且 $\boldsymbol{A}\neq\boldsymbol{O}$，不能推出 $\boldsymbol{B}=\boldsymbol{C}$.

2. 行列式的计算

利用行列式的性质和展开定理计算行列式是行列式计算的重点，掌握行列式的计算方法和技巧是学习中的难点.

行列式的基本计算方法是利用行列式的性质化为三角行列式和按展开定理将行列式降阶. 行列式的计算方法较多，具有一定的技巧性，在计算过程中通常要根据行列式的特点采用一些特殊的计算方法，如递推法、数学归纳法、降阶法等.

3. 逆矩阵

逆矩阵是矩阵理论中的一个重要概念. 在学习过程中要理解逆矩阵的概念，熟悉矩阵的可逆条件，掌握求逆矩阵的各种方法.

矩阵可逆的条件主要有：

(1) n 阶方阵 $\boldsymbol{A}$ 可逆的充分必要条件是 $\boldsymbol{A}$ 是非奇异的，即 $|\boldsymbol{A}|\neq 0$；

(2) n 阶方阵 $\boldsymbol{A}$ 可逆的充分必要条件是 $\boldsymbol{A}$ 的等价标准形为 $\boldsymbol{E}_n$；

(3) n 阶方阵 $\boldsymbol{A}$ 可逆的充分必要条件是 $\boldsymbol{A}$ 可以表示成有限个初等矩阵的乘积；

(4) n 阶方阵 $\boldsymbol{A}$ 可逆的充分必要条件是 $\mathrm{R}(\boldsymbol{A})=n$；

(5) 存在 n 阶方阵 $\boldsymbol{B}$ 使 $\boldsymbol{AB}=\boldsymbol{E}$ 或 $\boldsymbol{BA}=\boldsymbol{E}$.

求逆矩阵的方法有：

(1) 伴随矩阵法：① 计算矩阵 $\boldsymbol{A}$ 的行列式 $|\boldsymbol{A}|$，若 $|\boldsymbol{A}|\neq 0$，则矩阵 $\boldsymbol{A}$ 可逆；②分别计算代数余子式 A_{ij}，并按行列对换的次序写出伴随矩阵 $\boldsymbol{A}^*$；③ 按照公式 $\boldsymbol{A}^{-1}=\dfrac{1}{|\boldsymbol{A}|}\boldsymbol{A}^*$，求出逆矩阵.

(2) 运用定义和性质求逆矩阵法：根据同阶矩阵 $\boldsymbol{A}$，$\boldsymbol{B}$，且 $\boldsymbol{AB}=\boldsymbol{E}$，则 $\boldsymbol{A}^{-1}=\boldsymbol{B}$，$\boldsymbol{B}^{-1}=\boldsymbol{A}$，以及逆矩阵的性质可求逆矩阵.

(3) 分块求逆法：若 $|\boldsymbol{A}_{ii}|\neq 0(i=1,\ 2,\ \cdots,\ s)$，则

$$\begin{pmatrix}\boldsymbol{A}_{11} & \boldsymbol{O} & \cdots & \boldsymbol{O}\\ \boldsymbol{O} & \boldsymbol{A}_{22} & \cdots & \boldsymbol{O}\\ \vdots & \vdots & & \vdots\\ \boldsymbol{O} & \boldsymbol{O} & \cdots & \boldsymbol{A}_{ss}\end{pmatrix}^{-1}=\begin{pmatrix}\boldsymbol{A}_{11}^{-1} & \boldsymbol{O} & \cdots & \boldsymbol{O}\\ \boldsymbol{O} & \boldsymbol{A}_{22}^{-1} & \cdots & \boldsymbol{O}\\ \vdots & \vdots & & \vdots\\ \boldsymbol{O} & \boldsymbol{O} & \cdots & \boldsymbol{A}_{ss}^{-1}\end{pmatrix}$$

由此可求分块对角矩阵的逆矩阵.

(4) 初等变换法：① 构造 $n\times 2n$ 维矩阵 $(\boldsymbol{A}\vdots\boldsymbol{E})$；② 对 $(\boldsymbol{A}\vdots\boldsymbol{E})$ 施行一系列初等行变换，直至将其左边子矩阵 $\boldsymbol{A}$ 化为单位矩阵 $\boldsymbol{E}$，此时右边子矩阵即为 $\boldsymbol{A}^{-1}$，即

$$(\boldsymbol{A}\vdots\boldsymbol{E})\xrightarrow{\text{初等行变换}}\cdots\cdots\rightarrow(\boldsymbol{E}\vdots\boldsymbol{A}^{-1})$$

4. 分块矩阵

(1) 分块矩阵的运算是矩阵运算的一个重要技巧，对于高阶和结构特殊的矩阵，运算时经常按一定规则划分成分块矩阵. 经过矩阵分块后，能突出该矩阵的结构，简化具有某种特征的矩阵的运算，还可将大矩阵的运算转化为小矩阵的运算. 矩阵分块后，一方面可以对子矩阵进行矩阵运算，另一方面又可以将每一个子矩阵作为分块矩阵的元素按照运算法则进行计算.

(2) 为了保证分块矩阵能够运算，必须注意分块的方法，特别是分块矩阵的乘法，分块时左矩阵的列分法必须与右矩阵的行分法相同. 对矩阵按列分块与按行分块是常用的分块方法，这样可以使矩阵与向量及线性方程组相联系. 矩阵分块运算的另一常见情形是分块对角矩阵的运算，其元素类似于对角矩阵相应的运算.

5. 矩阵的初等变换与矩阵的等价

初等变换在线性代数计算中用得最多，贯穿于线性代数的始终，如本章中的求逆矩阵、求矩阵的秩，其他章节中的求向量组的秩、讨论向量组的线性相关性、求极大无关组、求解线性方程组等，都要用到矩阵的初等变换，所以必须熟练掌握矩阵的初等变换，并能应用它解决相关问题.

证明矩阵 $\boldsymbol{A}$ 与 $\boldsymbol{B}$ 等价的方法：① 证明它们的标准形相同；② 求可逆矩阵 $\boldsymbol{P}$ 与 $\boldsymbol{Q}$，使得 $\boldsymbol{B}=\boldsymbol{PAQ}$；③ 证明它们的秩相等.

6. 矩阵的秩

矩阵的秩是矩阵理论中的一个重要概念. 矩阵的秩的等价条件：① 矩阵的秩为矩阵中非零子式的最高阶数；② 矩阵的秩等于矩阵的行向量组和列向量组的秩.

求矩阵的秩的基本方法：

(1) 利用定义求秩法，即求矩阵中不为零子式的最高阶数.

(2) 利用初等变换求秩法，即对矩阵进行初等行变换将其化为行阶梯形矩阵，则行阶梯形矩阵中非零行的行数就是该矩阵的秩. 有时，也可以将定义和初等变换结合起来求矩阵的秩.

(3) 利用向量组求秩法，即求向量组的行秩或列秩.

五、释疑解难

问题 1 矩阵运算的加法、乘法运算与实数的加法、乘法运算的本质区别是什么?

答 (1) 实数可以随意地做加法、乘法和幂的运算，但对于矩阵间的加法、乘法和幂的运算是有限制条件的. 只有当两个矩阵的行数和列数都相等时才能做加法运算；只有当左矩阵的列数等于右矩阵的行数时，矩阵才能相乘；只有方阵才能讨论正整数幂.

(2) 在运算规律方面两者的主要区别见表 1-8.

表 1-8　　　　实数运算与矩阵运算的比较

实数运算	矩阵运算	说　明
$ab=ba$	$\boldsymbol{AB}\neq\boldsymbol{BA}$	① $\boldsymbol{AB}$，$\boldsymbol{BA}$ 未必同时有意义； ② $\boldsymbol{AB}$，$\boldsymbol{BA}$ 未必相等.
$ab=0$，$a\neq0\Rightarrow b=0$	$\boldsymbol{AB}=\boldsymbol{O}$，$\boldsymbol{A}\neq\boldsymbol{O}\not\Rightarrow\boldsymbol{B}=\boldsymbol{O}$	① 如 $\boldsymbol{A}=\begin{pmatrix}-1&1\\0&0\end{pmatrix}$，$\boldsymbol{B}=\begin{pmatrix}1&0\\1&0\end{pmatrix}$，满足 $\boldsymbol{AB}=\boldsymbol{O}$，$\boldsymbol{A}\neq\boldsymbol{O}$，但 $\boldsymbol{B}\neq\boldsymbol{O}$； ② 当 $\boldsymbol{A}$ 可逆时成立.
$ab=ac$，$a\neq0\Rightarrow b=c$	$\boldsymbol{AB}=\boldsymbol{AC}$，$\boldsymbol{A}\neq\boldsymbol{O}\not\Rightarrow\boldsymbol{B}=\boldsymbol{C}$	① 如 $\boldsymbol{A}=\begin{pmatrix}1&0\\1&0\end{pmatrix}$，$\boldsymbol{B}=\begin{pmatrix}0&0\\1&1\end{pmatrix}$，$\boldsymbol{C}=\begin{pmatrix}0&0\\2&2\end{pmatrix}$，满足 $\boldsymbol{AB}=\boldsymbol{AC}$，$\boldsymbol{A}\neq\boldsymbol{O}$，但 $\boldsymbol{B}\neq\boldsymbol{C}$； ② 当 $\boldsymbol{A}$ 可逆时成立.
$a^2=a\Rightarrow a=0$ 或 $a=1$	$\boldsymbol{A}^2=\boldsymbol{A}\not\Rightarrow\boldsymbol{A}=\boldsymbol{O}$ 或 $\boldsymbol{A}=\boldsymbol{E}$	① 如 $\boldsymbol{A}=\begin{pmatrix}1&1\\0&0\end{pmatrix}$，满足 $\boldsymbol{A}^2=\boldsymbol{A}$，但 $\boldsymbol{A}\neq\boldsymbol{O}$，$\boldsymbol{A}\neq\boldsymbol{E}$； ② 当 $\boldsymbol{A}$ 为实对称矩阵时成立.
$(a+b)^2=a^2+2ab+b^2$	$(\boldsymbol{A}+\boldsymbol{B})^2\neq\boldsymbol{A}^2+2\boldsymbol{AB}+\boldsymbol{B}^2$	① 因为 $\boldsymbol{AB}\neq\boldsymbol{BA}$，所以不成立； ② 当 $\boldsymbol{AB}=\boldsymbol{BA}$ 时成立.
$(a+b)(a-b)=a^2-b^2$	$(\boldsymbol{A}+\boldsymbol{B})(\boldsymbol{A}-\boldsymbol{B})\neq\boldsymbol{A}^2-\boldsymbol{B}^2$	① 因为 $\boldsymbol{AB}\neq\boldsymbol{BA}$，所以不成立； ② 当 $\boldsymbol{AB}=\boldsymbol{BA}$ 时成立.
$(ab)^2=a^2b^2$	$(\boldsymbol{AB})^2\neq\boldsymbol{A}^2\boldsymbol{B}^2$	① 因为 $\boldsymbol{AB}\neq\boldsymbol{BA}$，所以不成立； ② 当 $\boldsymbol{AB}=\boldsymbol{BA}$ 时成立.

问题 2　矩阵与方阵的行列式有什么区别与联系？

答　矩阵的记号与行列式的记号很相像，但它们是两个截然不同的概念，两者的区别和联系在于：

(1) 矩阵是一个数表，其记号表示一个表；而行列式是对方形数表根据定义的运算规则得到的一个数，因此可以将行列式记号看作一种运算符号. 只有方阵才有其对应的行列式.

(2) 方阵与它的行列式又是紧密相关的，方阵确定了它的行列式，而行列式又是方阵特性的重要标志. 如通过方阵的行列式是否为零，揭示方阵的可逆性；通过矩阵的子式，揭示矩阵的秩的特征等.

(3) 矩阵与行列式的运算也有明显的区别.

对于加法运算：

$$\begin{pmatrix}x_1&x_2\\x_3&x_4\end{pmatrix}+\begin{pmatrix}y_1&y_2\\y_3&y_4\end{pmatrix}=\begin{pmatrix}x_1+y_1&x_2+y_2\\x_3+y_3&x_4+y_4\end{pmatrix}$$

$$\begin{aligned}\begin{vmatrix}x_1+y_1&x_2+y_2\\x_3+y_3&x_4+y_4\end{vmatrix}&=\begin{vmatrix}x_1&x_2+y_2\\x_3&x_4+y_4\end{vmatrix}+\begin{vmatrix}y_1&x_2+y_2\\y_3&x_4+y_4\end{vmatrix}\\&=\begin{vmatrix}x_1&x_2\\x_3&x_4\end{vmatrix}+\begin{vmatrix}x_1&y_2\\x_3&y_4\end{vmatrix}+\begin{vmatrix}y_1&x_2\\y_3&x_4\end{vmatrix}+\begin{vmatrix}y_1&y_2\\y_3&y_4\end{vmatrix}\end{aligned}$$

对于数乘运算：

$$k\begin{pmatrix} x_1 & x_2 \\ x_3 & x_4 \end{pmatrix}=\begin{pmatrix} kx_1 & kx_2 \\ kx_3 & kx_4 \end{pmatrix}$$

$$k\begin{vmatrix} x_1 & x_2 \\ x_3 & x_4 \end{vmatrix}=\begin{vmatrix} kx_1 & kx_2 \\ x_3 & x_4 \end{vmatrix}=\begin{vmatrix} x_1 & x_2 \\ kx_3 & kx_4 \end{vmatrix}=\begin{vmatrix} kx_1 & x_2 \\ kx_3 & x_4 \end{vmatrix}=\begin{vmatrix} x_1 & kx_2 \\ x_3 & kx_4 \end{vmatrix}$$

对于乘法运算：

对于同阶方阵 $\boldsymbol{A}$，$\boldsymbol{B}$，有 $|\boldsymbol{AB}|=|\boldsymbol{A}||\boldsymbol{B}|=|\boldsymbol{BA}|$. 但是 $\boldsymbol{AB}=\boldsymbol{BA}$ 不一定成立.

(4) $\boldsymbol{A}^{-1}$ 与 $|\boldsymbol{A}|^{-1}$ 的区别是：$\boldsymbol{A}^{-1}$ 表示方阵 $\boldsymbol{A}$ 的逆矩阵，如果 $\boldsymbol{A}$ 不可逆，则 $\boldsymbol{A}^{-1}$ 无意义；而 $|\boldsymbol{A}|^{-1}$ 表示行列式 $|\boldsymbol{A}|$ 的数值的倒数.

问题 3 一个非零矩阵的行最简形与行阶梯形有什么区别和联系？

答 (1) 行最简形和行阶梯形都是矩阵作初等行变换时某种意义下的“标准形”.

行阶梯形矩阵：① 元素全为零的行位于全部非零行（有元素不为零的行）的下方；② 非零行的首个非零元素（即位于最左边的非零元）的列下标随其行下标的递增而严格递增.

行最简形矩阵：① 为行阶梯形矩阵；② 非零行的第一个非零元素为 1；③ 非零行的第一个非零元素所在列的其余元素都为 0.

(2) 行最简形是一个行阶梯形，但行阶梯形未必是行最简形. 其区别在于行最简形的非零行的非零首元必须为 1，且该元所在列中其他元素均为零，因而该元素所在列是一个单位坐标列向量；而行阶梯形则无上述要求.

(3) 任何一个矩阵总可经有限次初等行变换化为行阶梯形矩阵和行最简形矩阵.

问题 4 在求解有关矩阵的问题时，什么时候只需化为行阶梯形，什么时候宜化为行最简形？

答 矩阵的初等行变换是矩阵最重要的运算之一，其原因就在于矩阵在初等行变换下的行阶梯形和行最简形有强大的功能，是一个很理想的“操作平台”，在此平台上，可以解决线性代数中的许多问题.

在下列情形中需要将矩阵化为行阶梯形矩阵：

(1) 求矩阵 $\boldsymbol{A}$ 的秩；

(2) 求矩阵 $\boldsymbol{A}$ 的列向量组的极大无关组.

在下列情形中需要将矩阵化为行最简形矩阵：

(1) 求矩阵 $\boldsymbol{A}$ 的秩；

(2) 求矩阵 $\boldsymbol{A}$ 的列向量组的极大无关组；

(3) 求矩阵 $\boldsymbol{A}$ 的列向量组的线性关系；

(4) 求齐次线性方程组的基础解系；

(5) 当矩阵 $\boldsymbol{A}$ 可逆时，用 $(\boldsymbol{A}\vdots\boldsymbol{E})$ 的行最简形求逆矩阵；

(6) 当矩阵 $\boldsymbol{A}$ 可逆时，求解矩阵方程 $\boldsymbol{AX}=\boldsymbol{B}$ 的解 $\boldsymbol{A}^{-1}\boldsymbol{B}$.

问题 5 关于 n 阶方阵 $\boldsymbol{A}$ 的伴随矩阵 $\boldsymbol{A}^*$ 有哪些主要结论？

答 关于 n 阶方阵 $\boldsymbol{A}$ 的伴随矩阵 $\boldsymbol{A}^*$ 有下列主要结论：

(1) $\boldsymbol{AA}^*=\boldsymbol{A}^*\boldsymbol{A}=|\boldsymbol{A}|\boldsymbol{E}$；

(2) $|\boldsymbol{A}^*|=|\boldsymbol{A}|^{n-1}$；

(3) $(\boldsymbol{A}^{\mathrm{T}})^*=(\boldsymbol{A}^*)^{\mathrm{T}}$；

(4) $(k\boldsymbol{A})^*=k^{n-1}\boldsymbol{A}^*$，特别地，$(-\boldsymbol{A})^*=(-1)^{n-1}\boldsymbol{A}^*$；

（5）当 $\boldsymbol{A}$ 可逆时，$\boldsymbol{A}^*=|\boldsymbol{A}|\boldsymbol{A}^{-1}$，$(\boldsymbol{A}^*)^{-1}=\frac{1}{|\boldsymbol{A}|}\boldsymbol{A}$.

六、典型例题解析

题型一　矩阵的乘法运算

矩阵的乘法运算是矩阵运算的重点，在做矩阵的乘法运算时要注意：矩阵相乘的条件和规则，矩阵相乘的次序和位置，矩阵乘法满足和不满足的运算规律.

例 1.1　设 $\boldsymbol{A}=\begin{pmatrix}1&2\\1&3\end{pmatrix}$，$\boldsymbol{B}=\begin{pmatrix}1&0\\1&2\end{pmatrix}$. 问：

（1）$\boldsymbol{AB}=\boldsymbol{BA}$ 成立吗？

（2）$(\boldsymbol{A}+\boldsymbol{B})^2=\boldsymbol{A}^2+2\boldsymbol{AB}+\boldsymbol{B}^2$ 成立吗？

（3）$(\boldsymbol{A}+\boldsymbol{B})(\boldsymbol{A}-\boldsymbol{B})=\boldsymbol{A}^2-\boldsymbol{B}^2$ 成立吗？

解　（1）因为

$$\boldsymbol{AB}=\begin{pmatrix}1&2\\1&3\end{pmatrix}\begin{pmatrix}1&0\\1&2\end{pmatrix}=\begin{pmatrix}3&4\\4&6\end{pmatrix},\quad \boldsymbol{BA}=\begin{pmatrix}1&0\\1&2\end{pmatrix}\begin{pmatrix}1&2\\1&3\end{pmatrix}=\begin{pmatrix}1&2\\3&8\end{pmatrix}$$

所以 $\boldsymbol{AB}\neq\boldsymbol{BA}$.

（2）因为

$$(\boldsymbol{A}+\boldsymbol{B})^2=\left(\begin{pmatrix}1&2\\1&3\end{pmatrix}+\begin{pmatrix}1&0\\1&2\end{pmatrix}\right)^2=\begin{pmatrix}2&2\\2&5\end{pmatrix}^2=\begin{pmatrix}8&14\\14&29\end{pmatrix}$$

$$\boldsymbol{A}^2+2\boldsymbol{AB}+\boldsymbol{B}^2=\begin{pmatrix}1&2\\1&3\end{pmatrix}^2+2\begin{pmatrix}1&2\\1&3\end{pmatrix}\begin{pmatrix}1&0\\1&2\end{pmatrix}+\begin{pmatrix}1&0\\1&2\end{pmatrix}^2=\begin{pmatrix}10&16\\15&27\end{pmatrix}$$

所以 $(\boldsymbol{A}+\boldsymbol{B})^2\neq\boldsymbol{A}^2+2\boldsymbol{AB}+\boldsymbol{B}^2$.

（3）因为

$$(\boldsymbol{A}+\boldsymbol{B})(\boldsymbol{A}-\boldsymbol{B})=\left(\begin{pmatrix}1&2\\1&3\end{pmatrix}+\begin{pmatrix}1&0\\1&2\end{pmatrix}\right)\left(\begin{pmatrix}1&2\\1&3\end{pmatrix}-\begin{pmatrix}1&0\\1&2\end{pmatrix}\right)=\begin{pmatrix}0&6\\0&9\end{pmatrix}$$

$$\boldsymbol{A}^2-\boldsymbol{B}^2=\begin{pmatrix}1&2\\1&3\end{pmatrix}^2-\begin{pmatrix}1&0\\1&2\end{pmatrix}^2=\begin{pmatrix}2&8\\1&7\end{pmatrix}$$

所以 $(\boldsymbol{A}+\boldsymbol{B})(\boldsymbol{A}-\boldsymbol{B})\neq\boldsymbol{A}^2-\boldsymbol{B}^2$.

说明　矩阵的乘法运算一般不满足交换律，即 $\boldsymbol{AB}\neq\boldsymbol{BA}$，矩阵运算一般也不满足完全平方和与平方差公式.

练习　已知 n 阶方阵 $\boldsymbol{A}$，$\boldsymbol{B}$ 可交换，即 $\boldsymbol{AB}=\boldsymbol{BA}$，证明：

（1）$(\boldsymbol{A}+\boldsymbol{B})^2=\boldsymbol{A}^2+2\boldsymbol{AB}+\boldsymbol{B}^2$；

（2）$(\boldsymbol{A}+\boldsymbol{B})(\boldsymbol{A}-\boldsymbol{B})=\boldsymbol{A}^2-\boldsymbol{B}^2$；

（3）$(\boldsymbol{AB})^k=\boldsymbol{A}^k\boldsymbol{B}^k$（$k$ 为正整数）.

例 1.2　设矩阵 $\boldsymbol{A}=\begin{pmatrix}1&-3&2\\-2&1&-1\\1&2&-1\end{pmatrix}$，$\boldsymbol{B}=\begin{pmatrix}2&5&4\\4&-2&2\\1&4&1\end{pmatrix}$，求 $\boldsymbol{A}^2-4\boldsymbol{B}^2-2\boldsymbol{BA}+2\boldsymbol{AB}$.

解　由题设，得

$\boldsymbol{A}^2-4\boldsymbol{B}^2-2\boldsymbol{BA}+2\boldsymbol{AB}$

$=(A^2+2AB)-(4B^2+2BA)$

$=A(A+2B)-2B(2B+A)=(A-2B)(A+2B)$

$$=\left[\begin{pmatrix}1&-3&2\\-2&1&-1\\1&2&-1\end{pmatrix}-2\begin{pmatrix}2&5&4\\4&-2&2\\1&4&1\end{pmatrix}\right]\cdot\left[\begin{pmatrix}1&-3&2\\-2&1&-1\\1&2&-1\end{pmatrix}+2\begin{pmatrix}2&5&4\\4&-2&2\\1&4&1\end{pmatrix}\right]$$

$$=\begin{pmatrix}-3&-13&-6\\-10&5&-5\\-1&-6&-3\end{pmatrix}\begin{pmatrix}5&7&10\\6&-3&3\\3&10&1\end{pmatrix}=\begin{pmatrix}-111&-42&-75\\-35&-135&-90\\-50&-19&-31\end{pmatrix}$$

说明 如果利用矩阵加法和乘法直接运算，计算量较大，故可由分配律先化简，再代入矩阵求解，由于矩阵乘法不满足交换律，所以提取公因式不能颠倒相乘矩阵的左右次序.

题型二 求方阵的幂

求方阵 A 的 k 次幂的方法主要有：

(1) 归纳法：先计算方阵的低次幂 A^2，A^3，从中发现 A^k 的规律，再用数学归纳法证明；

(2) 展开法：先将 A 分解成 $A=F+G$，要求方阵 F，G 的幂易于计算，且符合交换律 $FG=GF$，由二项展开公式可得

$$A^k=(F+G)^k=F^k+C_k^1F^{k-1}G+C_k^2F^{k-2}G^2+\cdots+C_k^{k-1}FG^{k-1}+G^k$$

(3) 利用分块对角矩阵求方阵的幂.

例 1.3 已知 $A=\begin{pmatrix}1&-1&-1&-1\\-1&1&-1&-1\\-1&-1&1&-1\\-1&-1&-1&1\end{pmatrix}$，求 A^n.

解 因为 $A^2=AA=\begin{pmatrix}4&0&0&0\\0&4&0&0\\0&0&4&0\\0&0&0&4\end{pmatrix}=4E$，所以 $A^3=A^2A=2^2A$，于是，

当 n 为偶数时

$$A^n=(A^2)^{\frac{n}{2}}=(2^2E)^{\frac{n}{2}}=2^nE$$

当 n 为奇数时

$$A^n=A^{n-1}A=(2^{n-1}E)A=2^{n-1}A$$

例 1.4 设 $A=\begin{pmatrix}1&0&1\\0&1&0\\0&0&1\end{pmatrix}$，求 A^n.

解 **方法 1**：因为

$$A=\begin{pmatrix}1&0&0\\0&1&0\\0&0&1\end{pmatrix}+\begin{pmatrix}0&0&1\\0&0&0\\0&0&0\end{pmatrix}=E+B$$

并且 E 与 B 可交换，$E^{n-k}=E$，$B^2=O\Rightarrow B^k=O$ $(k=2,3,\cdots,n)$，所以

$$A^n = E^n + C_n^1 E^{n-1} B + C_n^2 E^{n-2} B^2 + \cdots + C_n^{n-1} E B^{n-1} + B^n$$
$$= E^n + C_n^1 E^{n-1} B = E + nB = \begin{pmatrix} 1 & 0 & n \\ 0 & 1 & 0 \\ 0 & 0 & 1 \end{pmatrix}$$

说明 这种做法一般来说是将 A 写成 $A=B+C$，然后用二项式展开，但注意前提条件是 $BC=CB$ 且 $C^m=O$(m 很小).

方法 2：因为

$$A^2 = AA = \begin{pmatrix} 1 & 0 & 2 \\ 0 & 1 & 0 \\ 0 & 0 & 1 \end{pmatrix}, \quad A^3 = A^2 A = \begin{pmatrix} 1 & 0 & 3 \\ 0 & 1 & 0 \\ 0 & 0 & 1 \end{pmatrix}, \quad A^4 = \begin{pmatrix} 1 & 0 & 4 \\ 0 & 1 & 0 \\ 0 & 0 & 1 \end{pmatrix}$$

比较归纳得 $A^n = \begin{pmatrix} 1 & 0 & n \\ 0 & 1 & 0 \\ 0 & 0 & 1 \end{pmatrix}$，用数学归纳法证明该结论.

当 $n=1$ 时显然成立. 假设当 $n=k$ 时，$A^k = \begin{pmatrix} 1 & 0 & k \\ 0 & 1 & 0 \\ 0 & 0 & 1 \end{pmatrix}$.

当 $n=k+1$ 时，有 $A^{k+1} = A^k A = \begin{pmatrix} 1 & 0 & k \\ 0 & 1 & 0 \\ 0 & 0 & 1 \end{pmatrix} \begin{pmatrix} 1 & 0 & 1 \\ 0 & 1 & 0 \\ 0 & 0 & 1 \end{pmatrix} = \begin{pmatrix} 1 & 0 & k+1 \\ 0 & 1 & 0 \\ 0 & 0 & 1 \end{pmatrix}$，故当$n=k+1$ 时结论也成立，于是上述结果正确.

方法 3：因为 A 是初等矩阵，则 $A^n = EAA\cdots A$，相当于对 $E = \begin{pmatrix} 1 & 0 & 0 \\ 0 & 1 & 0 \\ 0 & 0 & 1 \end{pmatrix}$ 施行 n 次初等列变换（将第 1 列加到第 3 列），故 $A^n = \begin{pmatrix} 1 & 0 & n \\ 0 & 1 & 0 \\ 0 & 0 & 1 \end{pmatrix}$.

例 1.5 设 $A = \begin{pmatrix} 1 & 1 & 1 \\ 2 & 2 & 2 \\ 3 & 3 & 3 \end{pmatrix}$，求 A^{100}.

解 根据 A 的特点，可写成两矩阵之积

$$A = \begin{pmatrix} 1 & 1 & 1 \\ 2 & 2 & 2 \\ 3 & 3 & 3 \end{pmatrix} = \begin{pmatrix} 1 \\ 2 \\ 3 \end{pmatrix} (1, 1, 1) = BC$$

其中 $B = \begin{pmatrix} 1 \\ 2 \\ 3 \end{pmatrix}$，$C=(1, 1, 1)$，所以

$$A^{100} = (BC)^{100} = \underbrace{(BC)(BC)\cdots(BC)}_{100个}$$
$$= B(CB)(CB)\cdots(CB)C,$$

又 $\boldsymbol{CB}=(1,\ 1,\ 1)\begin{pmatrix}1\\2\\3\end{pmatrix}=6$，故

$$\boldsymbol{A}^{100}=\boldsymbol{B}\underbrace{\times 6\cdots\times 6}_{99个}\boldsymbol{C}=6^{99}(\boldsymbol{BC})=6^{99}\boldsymbol{A}=6^{99}\begin{pmatrix}1&1&1\\2&2&2\\3&3&3\end{pmatrix}$$

说明 在矩阵运算中，特别是方阵的幂运算中应用结合律，能使计算简化.

例 1.6 设 $\boldsymbol{A}=\begin{pmatrix}1&0\\\lambda&1\end{pmatrix}$，求 $\boldsymbol{A}^2$，$\boldsymbol{A}^3$，…，$\boldsymbol{A}^k$.

解 **方法 1：**

$$\boldsymbol{A}^2=\begin{pmatrix}1&0\\\lambda&1\end{pmatrix}\begin{pmatrix}1&0\\\lambda&1\end{pmatrix}=\begin{pmatrix}1&0\\2\lambda&1\end{pmatrix},\quad \boldsymbol{A}^3=\begin{pmatrix}1&0\\2\lambda&1\end{pmatrix}\begin{pmatrix}1&0\\\lambda&1\end{pmatrix}=\begin{pmatrix}1&0\\3\lambda&1\end{pmatrix}$$

设 $\boldsymbol{A}^k=\begin{pmatrix}1&0\\k\lambda&1\end{pmatrix}$，因为当 $k=1$ 时成立，设当 $k=n$ 时成立，证明当 $k=n+1$ 时成立. 因为

$$\boldsymbol{A}^{n+1}=\boldsymbol{A}^n\boldsymbol{A}=\begin{pmatrix}1&0\\n\lambda&1\end{pmatrix}\begin{pmatrix}1&0\\\lambda&1\end{pmatrix}=\begin{pmatrix}1&0\\(n+1)\lambda&1\end{pmatrix}$$

成立，所以 $\boldsymbol{A}^k=\begin{pmatrix}1&0\\k\lambda&1\end{pmatrix}$ 成立.

方法 2： $\begin{pmatrix}1&0\\\lambda&1\end{pmatrix}=\begin{pmatrix}0&0\\\lambda&0\end{pmatrix}+\begin{pmatrix}1&0\\0&1\end{pmatrix}$，又 $\begin{pmatrix}0&0\\\lambda&0\end{pmatrix}^k=\begin{pmatrix}0&0\\0&0\end{pmatrix}$ $(k\geqslant 2)$，由二项式公式，得

$$\boldsymbol{A}^k=\begin{pmatrix}1&0\\\lambda&1\end{pmatrix}^k=k\begin{pmatrix}0&0\\\lambda&0\end{pmatrix}+\begin{pmatrix}1&0\\0&1\end{pmatrix}=\begin{pmatrix}1&0\\k\lambda&1\end{pmatrix}$$

例 1.7 设 $f(x)=x^3-3x^2+3x+2$，如果 $\boldsymbol{A}=\begin{pmatrix}0&-1&0\\0&1&-1\\0&0&1\end{pmatrix}$，求矩阵多项式 $f(\boldsymbol{A})$.

解 **方法 1：** 矩阵多项式 $f(\boldsymbol{A})=\boldsymbol{A}^3-3\boldsymbol{A}^2+3\boldsymbol{A}+2\boldsymbol{E}$. 令 $\boldsymbol{B}=\begin{pmatrix}0&1&0\\0&0&1\\0&0&0\end{pmatrix}$，则容易计算 $\boldsymbol{B}^3=\boldsymbol{O}$，由于 $\boldsymbol{A}=\boldsymbol{E}-\boldsymbol{B}$，所以

$$\begin{aligned}f(\boldsymbol{A})&=(\boldsymbol{E}-\boldsymbol{B})^3-3(\boldsymbol{E}-\boldsymbol{B})^2+3(\boldsymbol{E}-\boldsymbol{B})+2\boldsymbol{E}\\&=\boldsymbol{E}-3\boldsymbol{B}+3\boldsymbol{B}^2-\boldsymbol{B}^3-3\boldsymbol{E}+6\boldsymbol{B}-3\boldsymbol{B}^2+3\boldsymbol{E}-3\boldsymbol{B}+2\boldsymbol{E}=3\boldsymbol{E}\end{aligned}$$

方法 2： 由于

$$\boldsymbol{A}^3-3\boldsymbol{A}^2+3\boldsymbol{A}-\boldsymbol{E}=(\boldsymbol{A}-\boldsymbol{E})^3=\begin{pmatrix}0&-1&0\\0&0&-1\\0&0&0\end{pmatrix}=\boldsymbol{O}$$

所以

$$f(\boldsymbol{A})=(\boldsymbol{A}-\boldsymbol{E})^3+3\boldsymbol{E}=3\boldsymbol{E}$$

练习 设$\boldsymbol{A}=\begin{pmatrix}1&1&0&0\\0&1&1&0\\0&0&1&1\\0&0&0&1\end{pmatrix}$，求$\boldsymbol{A}^2$，$\boldsymbol{A}^3$与$\boldsymbol{A}^n$.

题型三 低阶行列式的计算

行列式的基本计算方法有：(1) 利用行列式的定义；(2) 利用行列式的性质将行列式化为三角行列式；(3) 利用行列式展开定理将行列式降阶.

例1.8 计算下列行列式：

(1) $\begin{vmatrix}4&1&2&4\\1&2&0&2\\10&5&2&0\\0&1&1&7\end{vmatrix}$； (2) $\begin{vmatrix}-ab&ac&ae\\bd&-cd&de\\bf&cf&-ef\end{vmatrix}$.

解 (1) **方法1：**

$$\begin{vmatrix}4&1&2&4\\1&2&0&2\\10&5&2&0\\0&1&1&7\end{vmatrix}\xlongequal{c_1\leftrightarrow c_3}-\begin{vmatrix}2&1&4&4\\0&2&1&2\\2&5&10&0\\1&1&0&7\end{vmatrix}\xlongequal[r_4-\frac{1}{2}r_1]{r_3-r_1}-\begin{vmatrix}2&1&4&4\\0&2&1&2\\0&4&6&-4\\0&\frac{1}{2}&-2&5\end{vmatrix}$$

$$\xlongequal[r_4-\frac{1}{4}r_2]{r_3-2r_2}-\begin{vmatrix}2&1&4&4\\0&2&1&2\\0&0&4&-8\\0&0&-\frac{9}{4}&\frac{9}{2}\end{vmatrix}\xlongequal{r_4+\frac{9}{16}r_3}-\begin{vmatrix}2&1&4&4\\0&2&1&2\\0&0&4&-8\\0&0&0&0\end{vmatrix}=0$$

方法2：

$$\begin{vmatrix}4&1&2&4\\1&2&0&2\\10&5&2&0\\0&1&1&7\end{vmatrix}\xlongequal[c_4-2c_1]{c_2-2c_1}\begin{vmatrix}4&-7&2&-4\\1&0&0&0\\10&-15&2&-20\\0&1&1&7\end{vmatrix}=(-1)^{2+1}\begin{vmatrix}-7&2&-4\\-15&2&-20\\1&1&7\end{vmatrix}$$

$$\xlongequal[c_3-7c_1]{c_2-c_1}-\begin{vmatrix}-7&9&45\\-15&17&85\\1&0&0\end{vmatrix}=-(-1)^{3+1}\begin{vmatrix}9&45\\17&85\end{vmatrix}=0$$

(2) **方法1：**

$$\begin{vmatrix}-ab&ac&ae\\bd&-cd&de\\bf&cf&-ef\end{vmatrix}\xlongequal{\frac{r_1}{a},\frac{r_2}{d},\frac{r_3}{f}}adf\begin{vmatrix}-b&c&e\\b&-c&e\\b&c&-e\end{vmatrix}$$

$$\xlongequal[r_3+r_1]{r_2+r_1}adf\begin{vmatrix}-b&c&e\\0&0&2e\\0&2c&0\end{vmatrix}\xlongequal{r_2\leftrightarrow r_3}-adf\begin{vmatrix}-b&c&e\\0&2c&0\\0&0&2e\end{vmatrix}$$

$$=4abcdef$$

方法 2：

$$\begin{vmatrix} -ab & ac & ae \\ bd & -cd & de \\ bf & cf & -ef \end{vmatrix} \xlongequal{\frac{r_1}{a},\ \frac{r_2}{d},\ \frac{r_3}{f}} adf\begin{vmatrix} -b & c & e \\ b & -c & e \\ b & c & -e \end{vmatrix} \xlongequal{r_1+r_2} adf\begin{vmatrix} 0 & 0 & 2e \\ b & -c & e \\ b & c & -e \end{vmatrix}$$

$$=(-1)^{1+3}2adef\begin{vmatrix} b & -c \\ b & c \end{vmatrix}=4abcdef$$

说明　低阶行列式通常采用两种方法求解：一种方法就是利用行列式的性质把行列式化为上（或下）三角行列式，从而算得行列式的值；另一种方法就是先利用行列式的性质把行列式中某行（或某列）中许多元素化为 0，然后按含 0 较多的行（或列）展开.

练习　计算下列各行列式：

(1) $\begin{vmatrix} 1 & 2 & 0 & 0 \\ 3 & 4 & 0 & 0 \\ 0 & 0 & -1 & 3 \\ 0 & 0 & 5 & 1 \end{vmatrix}$；　(2) $\begin{vmatrix} 1+x & 1 & 1 & 1 \\ 1 & 1+x & 1 & 1 \\ 1 & 1 & 1+y & 1 \\ 1 & 1 & 1 & 1+y \end{vmatrix}$.

例 1.9　计算行列式 $D=\begin{vmatrix} \lambda-3 & 1 & -1 \\ 1 & \lambda-5 & 1 \\ -1 & 1 & \lambda-3 \end{vmatrix}$.

解

$$D=\begin{vmatrix} \lambda-3 & 1 & -1 \\ 1 & \lambda-5 & 1 \\ -1 & 1 & \lambda-3 \end{vmatrix}=\begin{vmatrix} \lambda-2 & 0 & 2-\lambda \\ 1 & \lambda-5 & 1 \\ -1 & 1 & \lambda-3 \end{vmatrix}=(\lambda-2)\begin{vmatrix} 1 & 0 & -1 \\ 1 & \lambda-5 & 1 \\ -1 & 1 & \lambda-3 \end{vmatrix}$$

$$=(\lambda-2)\begin{vmatrix} 1 & 0 & 0 \\ 1 & \lambda-5 & 2 \\ -1 & 1 & \lambda-4 \end{vmatrix}=(\lambda-2)\begin{vmatrix} \lambda-5 & 2 \\ 1 & \lambda-4 \end{vmatrix}=(\lambda-2)(\lambda-3)(\lambda-6)$$

例 1.10　设 $D=\begin{vmatrix} 3 & 1 & -1 & 2 \\ -5 & 1 & 3 & -4 \\ 2 & 0 & 1 & -1 \\ 1 & -5 & 3 & -3 \end{vmatrix}$，$D$ 的 a_{ij} 元素的代数余子式记作 A_{ij}，求 $A_{31}+3A_{32}-2A_{33}+2A_{34}$.

解　**方法 1**：因为

$$A_{31}=(-1)^{3+1}\begin{vmatrix} 1 & -1 & 2 \\ 1 & 3 & -4 \\ -5 & 3 & -3 \end{vmatrix}=\begin{vmatrix} 1 & -1 & 2 \\ 0 & 4 & -6 \\ 0 & -2 & 7 \end{vmatrix}=\begin{vmatrix} 4 & -6 \\ -2 & 7 \end{vmatrix}=16$$

$$A_{32}=(-1)^{3+2}\begin{vmatrix} 3 & -1 & 2 \\ -5 & 3 & -4 \\ 1 & 3 & -3 \end{vmatrix}=-\begin{vmatrix} 0 & -10 & 11 \\ 0 & 18 & -19 \\ 1 & 3 & -3 \end{vmatrix}=-\begin{vmatrix} -10 & 11 \\ 18 & -19 \end{vmatrix}=8$$

$$A_{33}=(-1)^{3+3}\begin{vmatrix} 3 & 1 & 2 \\ -5 & 1 & -4 \\ 1 & -5 & -3 \end{vmatrix}=-40$$

$$A_{34}=(-1)^{3+4}\begin{vmatrix}3&1&-1\\-5&1&3\\1&-5&3\end{vmatrix}=-48$$

所以 $A_{31}+3A_{32}-2A_{33}+2A_{34}=24$.

方法 2： 由代数余子式的定义和行列式按行展开法，可得

$$A_{31}+3A_{32}-2A_{33}+2A_{34}=\begin{vmatrix}3&1&-1&2\\-5&1&3&-4\\1&3&-2&2\\1&-5&3&-3\end{vmatrix}\xlongequal{c_4+c_3}\begin{vmatrix}3&1&-1&1\\-5&1&3&-1\\1&3&-2&0\\1&-5&3&0\end{vmatrix}$$

$$\xlongequal{r_2+r_1}\begin{vmatrix}3&1&-1&1\\-2&2&2&0\\1&3&-2&0\\1&-5&3&0\end{vmatrix}=-\begin{vmatrix}-2&2&2\\1&3&-2\\1&-5&3\end{vmatrix}=24$$

练习 设 $D=\begin{vmatrix}1&2&3&4&5\\7&7&7&3&3\\3&2&4&5&2\\3&3&3&2&2\\4&6&5&2&3\end{vmatrix}$，则 $A_{31}+A_{32}+A_{33}=$______；$A_{34}+A_{35}=$______.

例 1.11 设 4 阶方阵 $\boldsymbol{A}=\begin{pmatrix}a&b&c&d\\-b&a&-d&c\\-c&d&a&-b\\-d&-c&b&a\end{pmatrix}$，求 $|\boldsymbol{A}|$.

解 由于 $|\boldsymbol{A}|=|\boldsymbol{A}^{\mathrm{T}}|$，且

$$\boldsymbol{A}\boldsymbol{A}^{\mathrm{T}}=\begin{pmatrix}a&b&c&d\\-b&a&-d&c\\-c&d&a&-b\\-d&-c&b&a\end{pmatrix}\begin{pmatrix}a&-b&-c&-d\\b&a&d&-c\\c&-d&a&b\\d&c&-b&a\end{pmatrix}$$

$$=\begin{pmatrix}a^2+b^2+c^2+d^2&0&0&0\\0&a^2+b^2+c^2+d^2&0&0\\0&0&a^2+b^2+c^2+d^2&0\\0&0&0&a^2+b^2+c^2+d^2\end{pmatrix}$$

所以

$$|\boldsymbol{A}\boldsymbol{A}^{\mathrm{T}}|=|\boldsymbol{A}||\boldsymbol{A}^{\mathrm{T}}|=|\boldsymbol{A}|^2=(a^2+b^2+c^2+d^2)^4$$

因此

$$|\boldsymbol{A}|=(a^2+b^2+c^2+d^2)^2$$

练习 设 $\boldsymbol{A}=\begin{pmatrix}a&-b\\b&a\end{pmatrix}$，计算 $|3\boldsymbol{A}\boldsymbol{A}^{\mathrm{T}}|$.

题型四　n 阶行列式的计算

计算 n 阶行列式的基本思路是根据观察到的行列式的特点适当化简，具体方法主要有

三角化法、降阶法、递推法、拆项法、加边法和数学归纳法等.

（1）三角化法.

利用行列式的性质将行列式化为三角行列式.

例1.12 计算 $D_{n+1}=\begin{vmatrix} a_0 & b_1 & b_2 & \cdots & b_n \\ c_1 & a_1 & 0 & \cdots & 0 \\ c_2 & 0 & a_2 & \cdots & 0 \\ \vdots & \vdots & \vdots & & \vdots \\ c_n & 0 & 0 & \cdots & a_n \end{vmatrix}$ $(a_i\neq 0，i=1，2，\cdots，n)$.

解 将第 2，3，…，$n+1$ 列分别乘以 $-\dfrac{c_1}{a_1}$，$-\dfrac{c_2}{a_2}$，…，$-\dfrac{c_n}{a_n}$ 后都加到第 1 列，得

$$D_{n+1}=\begin{vmatrix} a_0-\sum\limits_{i=1}^{n}\dfrac{b_ic_i}{a_i} & b_1 & b_2 & \cdots & b_n \\ 0 & a_1 & 0 & \cdots & 0 \\ 0 & 0 & a_2 & \cdots & 0 \\ \vdots & \vdots & \vdots & & \vdots \\ 0 & 0 & 0 & \cdots & a_n \end{vmatrix}=\left(a_0-\sum_{i=1}^{n}\frac{b_ic_i}{a_i}\right)a_1a_2\cdots a_n$$

例1.13 计算行列式 $D=\begin{vmatrix} a_1+x_1 & x_2 & \cdots & x_n \\ x_1 & a_2+x_2 & \cdots & x_n \\ \vdots & \vdots & & \vdots \\ x_1 & x_2 & \cdots & a_n+x_n \end{vmatrix}$.

解 先将各位置上的 x_1，x_2，…，x_n 设法尽可能多地化为零，第 1 行乘以 -1 后分别加到第 2，…，n 行，得

$$D=\begin{vmatrix} a_1+x_1 & x_2 & x_3 & \cdots & x_n \\ -a_1 & a_2 & 0 & \cdots & 0 \\ -a_1 & 0 & a_3 & \cdots & 0 \\ \vdots & \vdots & \vdots & & \vdots \\ -a_1 & 0 & 0 & \cdots & a_n \end{vmatrix}$$

（1）当 $a_2a_3\cdots a_n\neq 0$ 时，将第 2，3，…，n 列分别乘以 $\dfrac{a_1}{a_2}$，$\dfrac{a_1}{a_3}$，…，$\dfrac{a_1}{a_n}$ 后都加到第 1 列，得

$$D=\begin{vmatrix} a_1+x_1+\dfrac{a_1x_2}{a_2}+\cdots+\dfrac{a_1x_n}{a_n} & x_2 & x_3 & \cdots & x_n \\ 0 & a_2 & 0 & \cdots & 0 \\ 0 & 0 & a_3 & \cdots & 0 \\ \vdots & \vdots & \vdots & & \vdots \\ 0 & 0 & 0 & \cdots & a_n \end{vmatrix}$$

$$=\left(a_1+x_1+\frac{a_1x_2}{a_2}+\cdots+\frac{a_1x_n}{a_n}\right)a_2a_3\cdots a_n$$

$$=a_1a_2\cdots a_n+x_1a_2\cdots a_n+a_1x_2a_3\cdots a_n+\cdots+a_1a_2\cdots a_{n-1}x_n$$

（2）当 $a_2a_3\cdots a_n=0$ 时，由多项式函数的连续性，知

$$D=a_1a_2\cdots a_n+x_1a_2\cdots a_n+a_1x_2a_3\cdots a_n+\cdots+a_1a_2\cdots a_{n-1}x_n$$

说明 此例题的结论很重要，很多习题或考题中的行列式都是其特例.

① 当 $x_1=x_2=\cdots=x_n=b$，$a_1=a_2=\cdots=a_n=a-b$ 时，

$$D=\begin{vmatrix} a & b & \cdots & b \\ b & a & \cdots & b \\ \vdots & \vdots & & \vdots \\ b & b & \cdots & a \end{vmatrix}=(a-b)^{n-1}[a+(n-1)b]$$

② 当 $x_1=x_2=\cdots=x_n=1$ 时，

$$D=\begin{vmatrix} 1+a_1 & 1 & 1 & \cdots & 1 \\ 1 & 1+a_2 & 1 & \cdots & 1 \\ \vdots & \vdots & \vdots & & \vdots \\ 1 & 1 & 1 & \cdots & 1+a_n \end{vmatrix}$$
$$=a_1a_2\cdots a_n+a_2a_3\cdots a_n+a_1a_3\cdots a_n+\cdots+a_1a_2\cdots a_{n-1}$$

③ 当 $a_1=a_2=\cdots=a_n=-m$ 时，

$$D=\begin{vmatrix} x_1-m & x_2 & \cdots & x_n \\ x_1 & x_2-m & \cdots & x_n \\ \vdots & \vdots & & \vdots \\ x_1 & x_2 & \cdots & x_n-m \end{vmatrix}=(x_1+\cdots+x_n-m)(-m)^{n-1}$$

④ 当 $x_1=x_2=\cdots=x_n=2$，$a_i=i-2(i=1,2,\cdots,n)$时，

$$D=\begin{vmatrix} 1 & 2 & 2 & \cdots & 2 \\ 2 & 2 & 2 & \cdots & 2 \\ 2 & 2 & 3 & \cdots & 2 \\ \vdots & \vdots & \vdots & & \vdots \\ 2 & 2 & 2 & \cdots & n \end{vmatrix}=(n-2)!(-2)$$

当然，对于①、②、③、④的行列式不一定要用本例中的方法计算，因为它们比本例中的行列式特殊（简单），可以有更简单的方法.

（2）降阶法.

当一个行列式的某一行（列）的元素有比较多的零时，利用行列式的按行（列）展开定理将它化为较低阶的行列式来计算.

例1.14 计算 $n(n\geqslant2)$阶行列式

$$D=\begin{vmatrix} a & 0 & 0 & \cdots & 0 & 1 \\ 0 & a & 0 & \cdots & 0 & 0 \\ 0 & 0 & a & \cdots & 0 & 0 \\ \vdots & \vdots & \vdots & & \vdots & \vdots \\ 1 & 0 & 0 & \cdots & 0 & a \end{vmatrix}$$

解 按第1行展开，得

$$D=a\begin{vmatrix} a & 0 & \cdots & 0 & 0 \\ 0 & a & \cdots & 0 & 0 \\ \vdots & \vdots & & \vdots & \vdots \\ 0 & 0 & \cdots & 0 & a \end{vmatrix}+(-1)^{1+n}\begin{vmatrix} 0 & a & 0 & \cdots & 0 \\ 0 & 0 & a & \cdots & 0 \\ \vdots & \vdots & \vdots & & \vdots \\ 0 & 0 & 0 & \cdots & a \\ 1 & 0 & 0 & \cdots & 0 \end{vmatrix}$$

再将上式等号右边的第二个行列式按第 1 列展开，则可得到

$$D=a^n+(-1)^{1+n}(-1)^{(n-1)+1}a^{n-2}=a^n-a^{n-2}=a^{n-2}(a^2-1)$$

(3) 递推法.

递推法是根据行列式的构造特点，利用行列式的性质，将给定的行列式表示成若干个具有相同形状、容易计算且阶数较低的行列式之和，得到递推关系式，再由递推关系式求出 D_n.

例1.15 计算行列式

$$D_{n+1}=\begin{vmatrix} a_0 & -1 & 0 & \cdots & 0 \\ a_1 & x & -1 & \cdots & 0 \\ \vdots & \vdots & \vdots & & \vdots \\ a_{n-1} & 0 & 0 & \cdots & -1 \\ a_n & 0 & 0 & \cdots & x \end{vmatrix}$$

解 将 D_{n+1} 按第 1 行展开，得

$$D_{n+1}=a_0\begin{vmatrix} x & -1 & 0 & \cdots & 0 \\ 0 & x & -1 & \cdots & 0 \\ \vdots & \vdots & \vdots & & \vdots \\ 0 & 0 & 0 & \cdots & -1 \\ 0 & 0 & 0 & \cdots & x \end{vmatrix}+\begin{vmatrix} a_1 & -1 & \cdots & 0 \\ a_2 & x & \cdots & 0 \\ \vdots & \vdots & & \vdots \\ a_{n-1} & 0 & \cdots & -1 \\ a_n & 0 & \cdots & x \end{vmatrix}=a_0x^n+D_n$$

$$=a_0x^n+(a_1x^{n-1}+D_{n-1})=\cdots=a_0x^n+a_1x^{n-1}+\cdots+a_{n-1}x+a_n$$

(4) 拆项法.

拆项法是将给定的行列式的某一行（列）的元素都写成同样多的和，然后利用行列式的性质将它表示成一些比较容易计算的行列式的和.

例1.16 计算 n 阶行列式

$$D_n=\begin{vmatrix} x & a & a & \cdots & a \\ -a & x & a & \cdots & a \\ -a & -a & x & \cdots & a \\ \vdots & \vdots & \vdots & & \vdots \\ -a & -a & -a & \cdots & x \end{vmatrix} \quad (a\neq 0)$$

解 一方面，将第 1 行的元素都表示成两项的和，使 D_n 变成两个行列式的和，即

$$D_n=\begin{vmatrix} (x-a)+a & 0+a & 0+a & \cdots & 0+a \\ -a & x & a & \cdots & a \\ -a & -a & x & \cdots & a \\ \vdots & \vdots & \vdots & & \vdots \\ -a & -a & -a & \cdots & x \end{vmatrix}$$

$$=\begin{vmatrix} x-a & 0 & 0 & \cdots & 0 \\ -a & x & a & \cdots & a \\ -a & -a & x & \cdots & a \\ \vdots & \vdots & \vdots & & \vdots \\ -a & -a & -a & \cdots & x \end{vmatrix}+\begin{vmatrix} a & a & a & \cdots & a \\ -a & x & a & \cdots & a \\ -a & -a & x & \cdots & a \\ \vdots & \vdots & \vdots & & \vdots \\ -a & -a & -a & \cdots & x \end{vmatrix}$$

将等号右端的第一个行列式按第1行展开，得

$$\begin{vmatrix} x-a & 0 & 0 & \cdots & 0 \\ -a & x & a & \cdots & a \\ -a & -a & x & \cdots & a \\ \vdots & \vdots & \vdots & & \vdots \\ -a & -a & -a & \cdots & x \end{vmatrix}=(x-a)D_{n-1}$$

将第二个行列式的第1行加到其余各行，得

$$\begin{vmatrix} a & a & a & \cdots & a \\ -a & x & a & \cdots & a \\ -a & -a & x & \cdots & a \\ \vdots & \vdots & \vdots & & \vdots \\ -a & -a & -a & \cdots & x \end{vmatrix}=\begin{vmatrix} a & a & a & \cdots & a \\ 0 & x+a & 2a & \cdots & 2a \\ 0 & 0 & x+a & \cdots & 2a \\ \vdots & \vdots & \vdots & & \vdots \\ 0 & 0 & 0 & \cdots & x+a \end{vmatrix}=a(x+a)^{n-1}$$

于是有

$$D_n=(x-a)D_{n-1}+a(x+a)^{n-1} \qquad ①$$

另一方面，如果将 D_n 的第1行元素表示成两项之和$(x+a)+(-a)$，$0+a$，$0+a$，…，$0+a$，同上可得

$$D_n=(x+a)D_{n-1}-a(x-a)^{n-1} \qquad ②$$

将式①两边乘以$(x+a)$，式②两边乘以$(x-a)$，然后相减以消去 D_{n-1}，得

$$D_n=\frac{(x+a)^n+(x-a)^n}{2}$$

(5) 加边法.

在给定的行列式中添上一行和一列，得加边行列式，建立新的行列式与原行列式的联系，以求得结果.

例1.17 计算 $n(n\geqslant 2)$阶行列式

$$D_n=\begin{vmatrix} 1+a_1 & 1 & 1 & \cdots & 1 \\ 1 & 1+a_2 & 1 & \cdots & 1 \\ 1 & 1 & 1+a_3 & \cdots & 1 \\ \vdots & \vdots & \vdots & & \vdots \\ 1 & 1 & 1 & \cdots & 1+a_n \end{vmatrix}$$

其中 $a_1a_2\cdots a_n\neq 0$.

解 先将 D_n 添上一行一列，变成下面的 $n+1$ 阶行列式：

$$D_{n+1}=\begin{vmatrix} 1 & 1 & 1 & \cdots & 1 \\ 0 & 1+a_1 & 1 & \cdots & 1 \\ 0 & 1 & 1+a_2 & \cdots & 1 \\ \vdots & \vdots & \vdots & & \vdots \\ 0 & 1 & 1 & \cdots & 1+a_n \end{vmatrix}$$

显然，$D_{n+1}=D_n$. 将 D_{n+1}的第 1 行乘以-1后加到其余各行，得

$$D_{n+1}=\begin{vmatrix} 1 & 1 & 1 & \cdots & 1 \\ -1 & a_1 & 0 & \cdots & 0 \\ -1 & 0 & a_2 & \cdots & 0 \\ \vdots & \vdots & \vdots & & \vdots \\ -1 & 0 & 0 & \cdots & a_n \end{vmatrix}$$

因 $a_i\neq 0$，将上面这个行列式的第 1 列加第 $i(i=2,\cdots,n+1)$列的$\dfrac{1}{a_{i-1}}$倍，得

$$\begin{vmatrix} 1 & 1 & 1 & \cdots & 1 \\ -1 & a_1 & 0 & \cdots & 0 \\ -1 & 0 & a_2 & \cdots & 0 \\ \vdots & \vdots & \vdots & & \vdots \\ -1 & 0 & 0 & \cdots & a_n \end{vmatrix}=\begin{vmatrix} 1+\sum\limits_{i=1}^{n}\dfrac{1}{a_i} & 1 & 1 & \cdots & 1 \\ 0 & a_1 & 0 & \cdots & 0 \\ 0 & 0 & a_2 & \cdots & 0 \\ \vdots & \vdots & \vdots & & \vdots \\ 0 & 0 & 0 & \cdots & a_n \end{vmatrix}$$

$$=\left(1+\sum_{i=1}^{n}\frac{1}{a_i}\right)\begin{vmatrix} a_1 & 0 & \cdots & 0 \\ 0 & a_2 & \cdots & 0 \\ \vdots & \vdots & & \vdots \\ 0 & 0 & \cdots & a_n \end{vmatrix}=a_1a_2\cdots a_n\left(1+\sum_{i=1}^{n}\frac{1}{a_i}\right)$$

故 $D_n=a_1a_2\cdots a_n\left(1+\sum\limits_{i=1}^{n}\dfrac{1}{a_i}\right)$.

(6) 数学归纳法.

对于给出结果的证明问题，可以考虑用数学归纳法；或对于给定的计算问题，先通过特例观察“猜”出结论，再用数学归纳法进行严格证明.

例 1.18 证明：

$$D_n=\begin{vmatrix} \cos\alpha & 1 & 0 & \cdots & 0 & 0 \\ 1 & 2\cos\alpha & 1 & \cdots & 0 & 0 \\ 0 & 1 & 2\cos\alpha & \cdots & 0 & 0 \\ \vdots & \vdots & \vdots & & \vdots & \vdots \\ 0 & 0 & 0 & \cdots & 1 & 2\cos\alpha \end{vmatrix}=\cos n\alpha$$

证 当 $n=1$ 时，$D_1=\cos\alpha$.

当 $n=2$ 时，$D_2=2\cos^2\alpha-1=\cos 2\alpha$，所以当 $n=1$，2 时结论都成立.

设 $n\geqslant 3$，且假设结论对阶数小于等于 $n-1$ 的行列式都成立. 将 D_n 按最后一行展开，得

$D_n=2\cos\alpha\cdot D_{n-1}-D_{n-2}=2\cos\alpha\cdot\cos(n-1)\alpha-\cos(n-2)\alpha$

$$=2\cos\alpha\cdot\cos(n-1)\alpha-[\cos(n-1)\alpha\cdot\cos\alpha+\sin(n-1)\alpha\cdot\sin\alpha]=\cos n\alpha$$

因此结论成立.

练习 计算行列式

(1) $\begin{vmatrix}1&2&3&\cdots&n\\1&2&0&\cdots&0\\1&0&3&\cdots&0\\\vdots&\vdots&\vdots&&\vdots\\1&0&0&\cdots&n\end{vmatrix}$； (2) $\begin{vmatrix}0&1&1&\cdots&1\\1&0&1&\cdots&1\\1&1&0&\cdots&1\\\vdots&\vdots&\vdots&&\vdots\\1&1&1&\cdots&0\end{vmatrix}$；

(3) $\begin{vmatrix}x&y&0&\cdots&0&0\\0&x&y&\cdots&0&0\\0&0&x&\cdots&0&0\\\vdots&\vdots&\vdots&&\vdots&\vdots\\0&0&0&\cdots&x&y\\y&0&0&\cdots&0&x\end{vmatrix}$.

题型五　求具体矩阵的逆矩阵

求具体矩阵的逆矩阵的方法主要有伴随矩阵法和初等变换法.

例1.19 已知 $\boldsymbol{A}=\begin{pmatrix}1&1&1&1\\1&1&-1&-1\\1&-1&1&-1\\1&-1&-1&1\end{pmatrix}$，求 $\boldsymbol{A}^{-1}$.

解 由 $|\boldsymbol{A}|=-16$，而且

$$A_{11}=-4,\ A_{21}=-4,\ A_{31}=-4,\ A_{41}=-4$$
$$A_{12}=-4,\ A_{22}=-4,\ A_{32}=4,\ A_{42}=4$$
$$A_{13}=-4,\ A_{23}=4,\ A_{33}=-4,\ A_{43}=4$$
$$A_{14}=-4,\ A_{24}=4,\ A_{34}=4,\ A_{44}=-4$$

故

$$\boldsymbol{A}^{-1}=\frac{\boldsymbol{A}^*}{|\boldsymbol{A}|}=\frac{1}{-16}\begin{pmatrix}-4&-4&-4&-4\\-4&-4&4&4\\-4&4&-4&4\\-4&4&4&-4\end{pmatrix}=\frac{1}{4}\begin{pmatrix}1&1&1&1\\1&1&-1&-1\\1&-1&1&-1\\1&-1&-1&1\end{pmatrix}$$

说明 用伴随矩阵法求逆，要计算 n^2 个行列式的值，其计算量大，故该法只适合阶数较低的矩阵. 但公式 $\boldsymbol{A}^{-1}=\dfrac{\boldsymbol{A}^*}{|\boldsymbol{A}|}$ 本身及矩阵可逆的充要条件在理论上是重要的.

例1.20 求矩阵 $\begin{pmatrix}1&0&0\\1&2&0\\1&2&3\end{pmatrix}$ 的逆矩阵.

解 **方法1**：令 $\boldsymbol{A}=\begin{pmatrix}1&0&0\\1&2&0\\1&2&3\end{pmatrix}$，则

$$(\boldsymbol{A} \vdots \boldsymbol{E})=\left(\begin{array}{ccc:ccc}1&0&0&1&0&0\\1&2&0&0&1&0\\1&2&3&0&0&1\end{array}\right)\xrightarrow[r_2-r_1]{r_3-r_2}\left(\begin{array}{ccc:ccc}1&0&0&1&0&0\\0&2&0&-1&1&0\\0&0&3&0&-1&1\end{array}\right)$$

$$\xrightarrow[r_3\times\frac{1}{3}]{r_2\times\frac{1}{2}}\left(\begin{array}{ccc:ccc}1&0&0&1&0&0\\0&1&0&-\frac{1}{2}&\frac{1}{2}&0\\0&0&1&0&-\frac{1}{3}&\frac{1}{3}\end{array}\right)$$

所以 $\boldsymbol{A}^{-1}=\begin{pmatrix}1&0&0\\-\frac{1}{2}&\frac{1}{2}&0\\0&-\frac{1}{3}&\frac{1}{3}\end{pmatrix}$.

方法 2：因为

$$A_{11}=\begin{vmatrix}2&0\\2&3\end{vmatrix}=6,\ A_{12}=-\begin{vmatrix}1&0\\1&3\end{vmatrix}=-3,\ A_{13}=\begin{vmatrix}1&2\\1&2\end{vmatrix}=0$$

$$A_{21}=-\begin{vmatrix}0&0\\2&3\end{vmatrix}=0,\ A_{22}=\begin{vmatrix}1&0\\1&3\end{vmatrix}=3,\ A_{23}=-\begin{vmatrix}1&0\\1&2\end{vmatrix}=-2$$

$$A_{31}=\begin{vmatrix}0&0\\2&0\end{vmatrix}=0,\ A_{32}=-\begin{vmatrix}1&0\\1&0\end{vmatrix}=0,\ A_{33}=\begin{vmatrix}1&0\\1&2\end{vmatrix}=2$$

所以

$$\boldsymbol{A}^{*}=\begin{pmatrix}6&0&0\\-3&3&0\\0&-2&2\end{pmatrix}$$

因此

$$\boldsymbol{A}^{-1}=\frac{1}{|\boldsymbol{A}|}\boldsymbol{A}^{*}=\frac{1}{6}\begin{pmatrix}6&0&0\\-3&3&0\\0&-2&2\end{pmatrix}=\begin{pmatrix}1&0&0\\-\frac{1}{2}&\frac{1}{2}&0\\0&-\frac{1}{3}&\frac{1}{3}\end{pmatrix}$$

说明 下三角矩阵的逆矩阵仍为下三角矩阵.

练习 判断下列方阵是否可逆. 若可逆，求其逆矩阵：

(1) $\begin{pmatrix}0&0&1\\0&1&0\\1&0&0\end{pmatrix}$；　　(2) $\begin{pmatrix}1&1&1&1\\0&1&1&1\\0&0&1&1\\0&0&0&1\end{pmatrix}$.

题型六　抽象矩阵的逆矩阵

对于元素未具体给出的抽象矩阵，判断其可逆以及求逆矩阵，常用逆矩阵的定义及相关结论.

结论 设 $\boldsymbol{A}$ 为 n 阶方阵，若存在 n 阶方阵 $\boldsymbol{B}$，使得 $\boldsymbol{AB}=\boldsymbol{E}$（或 $\boldsymbol{BA}=\boldsymbol{E}$），则 $\boldsymbol{A}$ 可逆，且 $\boldsymbol{A}^{-1}=\boldsymbol{B}$.

例1.21 证明：如果 $\boldsymbol{A}^2=\boldsymbol{A}$，但 $\boldsymbol{A}$ 不是单位矩阵，则 $\boldsymbol{A}$ 必为奇异矩阵.

证 假设 $\boldsymbol{A}$ 为非奇异矩阵，则存在 $\boldsymbol{A}$ 的逆矩阵 $\boldsymbol{A}^{-1}$，又 $\boldsymbol{A}^2=\boldsymbol{A}$，有

$$\boldsymbol{A}(\boldsymbol{A}-\boldsymbol{E})=\boldsymbol{O}$$

用 $\boldsymbol{A}^{-1}$ 左乘上式两端得 $\boldsymbol{A}-\boldsymbol{E}=\boldsymbol{O}$，即 $\boldsymbol{A}=\boldsymbol{E}$，与题设矛盾，故 $\boldsymbol{A}$ 为奇异矩阵.

说明 证明矩阵为奇异矩阵或非奇异矩阵，最好用反证法.

例1.22 设 $\boldsymbol{A}$，$\boldsymbol{B}$ 是 n 阶方阵，若 $\boldsymbol{E}+\boldsymbol{AB}$ 可逆，证明 $\boldsymbol{E}+\boldsymbol{BA}$ 也可逆.

证 因为 $\boldsymbol{E}+\boldsymbol{AB}$ 可逆，即 $(\boldsymbol{E}+\boldsymbol{AB})(\boldsymbol{E}+\boldsymbol{AB})^{-1}=\boldsymbol{E}$，也即

$$\boldsymbol{AB}(\boldsymbol{E}+\boldsymbol{AB})^{-1}=\boldsymbol{E}-(\boldsymbol{E}+\boldsymbol{AB})^{-1}$$

用 $\boldsymbol{B}$ 左乘上式两端，$\boldsymbol{A}$ 右乘上式两端，得

$$\boldsymbol{BAB}(\boldsymbol{E}+\boldsymbol{AB})^{-1}\boldsymbol{A}=\boldsymbol{B}[\boldsymbol{E}-(\boldsymbol{E}+\boldsymbol{AB})^{-1}]\boldsymbol{A}=\boldsymbol{BA}-\boldsymbol{B}(\boldsymbol{E}+\boldsymbol{AB})^{-1}\boldsymbol{A}$$

即

$$\begin{aligned}&\boldsymbol{BAB}(\boldsymbol{E}+\boldsymbol{AB})^{-1}\boldsymbol{A}+\boldsymbol{B}(\boldsymbol{E}+\boldsymbol{AB})^{-1}\boldsymbol{A}=\boldsymbol{BA}\\ &\Rightarrow(\boldsymbol{BA}+\boldsymbol{E})\boldsymbol{B}(\boldsymbol{E}+\boldsymbol{AB})^{-1}\boldsymbol{A}=\boldsymbol{BA}=\boldsymbol{BA}+\boldsymbol{E}-\boldsymbol{E}\\ &\Rightarrow(\boldsymbol{BA}+\boldsymbol{E})[\boldsymbol{E}-\boldsymbol{B}(\boldsymbol{E}+\boldsymbol{AB})^{-1}\boldsymbol{A}]=\boldsymbol{E}\end{aligned}$$

由定义 $\boldsymbol{E}+\boldsymbol{BA}$ 可逆，且 $(\boldsymbol{BA}+\boldsymbol{E})^{-1}=\boldsymbol{E}-\boldsymbol{B}(\boldsymbol{E}+\boldsymbol{AB})^{-1}\boldsymbol{A}$.

例1.23 设 $\boldsymbol{A}^2-3\boldsymbol{A}-2\boldsymbol{E}=\boldsymbol{O}$，证明 $\boldsymbol{A}$ 可逆，并求 $\boldsymbol{A}^{-1}$.

证 因为 $\boldsymbol{A}(\boldsymbol{A}-3\boldsymbol{E})=2\boldsymbol{E}$，即 $\boldsymbol{A}\left[\frac{1}{2}(\boldsymbol{A}-3\boldsymbol{E})\right]=\boldsymbol{E}$，存在 $\boldsymbol{B}=\frac{1}{2}(\boldsymbol{A}-3\boldsymbol{E})$，使 $\boldsymbol{AB}=\boldsymbol{BA}=\boldsymbol{E}$，按定义知 $\boldsymbol{A}$ 可逆，且 $\boldsymbol{A}^{-1}=\boldsymbol{B}=\frac{1}{2}(\boldsymbol{A}-3\boldsymbol{E})$.

练习 若方阵 $\boldsymbol{A}$ 满足 $\boldsymbol{A}^2-\boldsymbol{A}-2\boldsymbol{E}=\boldsymbol{O}$，证明 $\boldsymbol{A}$ 及 $\boldsymbol{A}+2\boldsymbol{E}$ 都可逆，并求 $\boldsymbol{A}^{-1}$ 及 $(\boldsymbol{A}+2\boldsymbol{E})^{-1}$.

例1.24 已知矩阵 $\boldsymbol{A}$ 满足关系式 $\boldsymbol{A}^2+2\boldsymbol{A}-3\boldsymbol{E}=\boldsymbol{O}$，求 $(\boldsymbol{A}+4\boldsymbol{E})^{-1}$.

解 先设法凑出因子 $\boldsymbol{A}+4\boldsymbol{E}$，由 $\boldsymbol{A}^2+2\boldsymbol{A}-3\boldsymbol{E}=\boldsymbol{O}$，得

$$\boldsymbol{A}^2-16\boldsymbol{E}^2+2\boldsymbol{A}+13\boldsymbol{E}=\boldsymbol{O}$$

即

$$(\boldsymbol{A}+4\boldsymbol{E})(\boldsymbol{A}-4\boldsymbol{E})+2(\boldsymbol{A}+4\boldsymbol{E})+5\boldsymbol{E}=\boldsymbol{O}$$

或

$$(\boldsymbol{A}+4\boldsymbol{E})(\boldsymbol{A}-2\boldsymbol{E})=-5\boldsymbol{E}$$

即有

$$(\boldsymbol{A}+4\boldsymbol{E})\left(\frac{2}{5}\boldsymbol{E}-\frac{1}{5}\boldsymbol{A}\right)=\boldsymbol{E}$$

由定义知 $(\boldsymbol{A}+4\boldsymbol{E})^{-1}=\frac{2}{5}\boldsymbol{E}-\frac{1}{5}\boldsymbol{A}$.

说明 从已知关系式的代数和中分解出要证明的可逆矩阵因子，并将其写成要证的可逆矩阵与某些矩阵的乘积等于 $\boldsymbol{E}$ 的形式，再由定义既能判断方阵的可逆性，又能求出逆矩阵，这种求逆法称为“和化积”法.

例1.25 设 $\boldsymbol{A}$，$\boldsymbol{X}$ 为 n 阶方阵，已知 $\boldsymbol{AX}=\boldsymbol{A}+\boldsymbol{X}$，求 $(\boldsymbol{A}-\boldsymbol{E})^{-1}$.

解 由 $\boldsymbol{AX}=\boldsymbol{A}+\boldsymbol{X}$，得

$$\boldsymbol{AX}-\boldsymbol{A}-\boldsymbol{X}=\boldsymbol{O}$$

两端同加单位矩阵，得

$$\boldsymbol{AX}-\boldsymbol{A}-\boldsymbol{X}+\boldsymbol{E}=\boldsymbol{E}$$

即得 $(\boldsymbol{A}-\boldsymbol{E})(\boldsymbol{X}-\boldsymbol{E})=\boldsymbol{E}$，故 $\boldsymbol{A}-\boldsymbol{E}$ 可逆，且 $(\boldsymbol{A}-\boldsymbol{E})^{-1}=\boldsymbol{X}-\boldsymbol{E}$.

题型七 求解矩阵方程

矩阵方程是含有未知矩阵的等式. 求解矩阵方程时，要先对给定的矩阵方程进行恒等变形和化简，化简时要正确运用矩阵的相关公式和性质，然后进行求解.

例1.26 设矩阵 $\boldsymbol{A}$ 和 $\boldsymbol{B}$ 满足关系式 $\boldsymbol{AB}=\boldsymbol{A}+2\boldsymbol{B}$，其中 $\boldsymbol{A}=\begin{pmatrix}3&0&1\\1&1&0\\0&1&4\end{pmatrix}$，求矩阵 $\boldsymbol{B}$.

解 由 $\boldsymbol{AB}=\boldsymbol{A}+2\boldsymbol{B}$，得 $(\boldsymbol{A}-2\boldsymbol{E})\boldsymbol{B}=\boldsymbol{A}$，又 $|\boldsymbol{A}|=13\neq0$，故由 $\boldsymbol{A}$ 可知 $\boldsymbol{A}-2\boldsymbol{E}$ 可逆，因为

$$\boldsymbol{A}-2\boldsymbol{E}=\begin{pmatrix}1&0&1\\1&-1&0\\0&1&2\end{pmatrix}$$

所以

$$(\boldsymbol{A}-2\boldsymbol{E})^{-1}=\frac{(\boldsymbol{A}-2\boldsymbol{E})^*}{|\boldsymbol{A}-2\boldsymbol{E}|}=\begin{pmatrix}2&-1&-1\\2&-2&-1\\-1&1&1\end{pmatrix}$$

将 $(\boldsymbol{A}-2\boldsymbol{E})\boldsymbol{B}=\boldsymbol{A}$ 两端左乘 $(\boldsymbol{A}-2\boldsymbol{E})^{-1}$，得

$$\boldsymbol{B}=(\boldsymbol{A}-2\boldsymbol{E})^{-1}\boldsymbol{A}=\begin{pmatrix}2&-1&-1\\2&-2&-1\\-1&1&1\end{pmatrix}\begin{pmatrix}3&0&1\\1&1&0\\0&1&4\end{pmatrix}=\begin{pmatrix}5&-2&-2\\4&-3&-2\\-2&2&3\end{pmatrix}$$

例1.27 设 $\boldsymbol{A}$，$\boldsymbol{B}$ 满足 $\boldsymbol{AB}+\boldsymbol{E}=\boldsymbol{A}^2+\boldsymbol{B}$，且 $\boldsymbol{A}=\begin{pmatrix}1&0&1\\0&2&0\\-1&0&1\end{pmatrix}$，求矩阵 $\boldsymbol{B}$.

解 因为 $\boldsymbol{AB}+\boldsymbol{E}=\boldsymbol{A}^2+\boldsymbol{B}$，所以 $(\boldsymbol{A}-\boldsymbol{E})\boldsymbol{B}=\boldsymbol{A}^2-\boldsymbol{E}$，由于 $\boldsymbol{A}-\boldsymbol{E}=\begin{pmatrix}0&0&1\\0&1&0\\-1&0&0\end{pmatrix}$ 可逆，所以

$$\boldsymbol{B}=(\boldsymbol{A}-\boldsymbol{E})^{-1}(\boldsymbol{A}^2-\boldsymbol{E})=(\boldsymbol{A}-\boldsymbol{E})^{-1}(\boldsymbol{A}-\boldsymbol{E})(\boldsymbol{A}+\boldsymbol{E})=\boldsymbol{A}+\boldsymbol{E}=\begin{pmatrix}2&0&1\\0&3&0\\-1&0&2\end{pmatrix}$$

说明 解矩阵方程时，先化简，将给出的关系式变为：$\boldsymbol{AX}=\boldsymbol{B}$，或 $\boldsymbol{XA}=\boldsymbol{B}$，或 $\boldsymbol{AXC}=\boldsymbol{B}$；再通过左乘或右乘可逆矩阵将以上形式分别变为：$\boldsymbol{X}=\boldsymbol{A}^{-1}\boldsymbol{B}$，或 $\boldsymbol{X}=\boldsymbol{BA}^{-1}$，或 $\boldsymbol{X}=\boldsymbol{A}^{-1}\boldsymbol{BC}^{-1}$.

练习 求解下列矩阵方程中的 $\boldsymbol{X}$：

(1) $\begin{pmatrix}1&4\\-1&2\end{pmatrix}\boldsymbol{X}\begin{pmatrix}2&0\\-1&2\end{pmatrix}=\begin{pmatrix}3&1\\0&-1\end{pmatrix}$；　　(2) $\boldsymbol{X}\begin{pmatrix}2&1&-1\\1&1&1\\3&2&1\end{pmatrix}=\begin{pmatrix}1&-1&3\\4&3&2\\2&-2&5\end{pmatrix}$.

题型八　有关伴随矩阵的计算与证明

矩阵的伴随矩阵与矩阵的逆矩阵和行列式密切相关，求解有关伴随矩阵问题，通常都是从公式 $\boldsymbol{AA}^*=\boldsymbol{A}^*\boldsymbol{A}=|\boldsymbol{A}|\boldsymbol{E}$ 及伴随矩阵的性质进行分析.

例1.28 设 $\boldsymbol{A}$ 为 3 阶方阵，$\boldsymbol{A}^*$为 $\boldsymbol{A}$ 的伴随矩阵，$|\boldsymbol{A}|=\frac{1}{8}$，计算 $\left|\left(\frac{1}{3}\boldsymbol{A}\right)^{-1}-8\boldsymbol{A}^*\right|$.

解 因为 $\boldsymbol{A}^*=|\boldsymbol{A}|\boldsymbol{A}^{-1}=\frac{1}{8}\boldsymbol{A}^{-1}$，所以

$$\left|\left(\frac{1}{3}\boldsymbol{A}\right)^{-1}-8\boldsymbol{A}^*\right|=|3\boldsymbol{A}^{-1}-\boldsymbol{A}^{-1}|=|2\boldsymbol{A}^{-1}|=2^3\ \frac{1}{|\boldsymbol{A}|}=64$$

例1.29 已知实矩阵 $\boldsymbol{A}=(a_{ij})_{3\times3}$满足条件：(1) $\boldsymbol{A}^*=\boldsymbol{A}^{\mathrm{T}}$，其中 $\boldsymbol{A}^*$是 $\boldsymbol{A}$ 的伴随矩阵；(2) $a_{11}\neq0$. 求$|\boldsymbol{A}|$.

解 由 $\boldsymbol{A}^*=\boldsymbol{A}^{\mathrm{T}}$ 知，$A_{ij}=a_{ij}$，即$|\boldsymbol{A}|$中元素 a_{ij} 的代数余子式为 a_{ij}，所以

$$|\boldsymbol{A}|=a_{11}A_{11}+a_{12}A_{12}+a_{13}A_{13}=a_{11}^2+a_{12}^2+a_{13}^2>0$$

又 $\boldsymbol{AA}^{\mathrm{T}}=\boldsymbol{AA}^*=|\boldsymbol{A}|\boldsymbol{E}_3$，上式两边取行列式，得

$$|\boldsymbol{A}|^2=|\boldsymbol{AA}^{\mathrm{T}}|=||\boldsymbol{A}|\boldsymbol{E}_3|=|\boldsymbol{A}|^3$$

即$|\boldsymbol{A}|^2(|\boldsymbol{A}|-1)=0$，所以$|\boldsymbol{A}|=1$.

题型九　分块矩阵的计算

利用分块矩阵可以简化某些具有特殊结构的高阶矩阵的计算，运算时要注意分块方法，特别是分块矩阵的乘法，分块时左矩阵的列的分法必须与右矩阵的行的分法相同. 矩阵分块后，可以对子矩阵进行矩阵运算，也可以将每一个子矩阵作为分块矩阵的元素按照运算法则进行计算.

例1.30 设 $\boldsymbol{A}=\begin{pmatrix}0&a_1&0&\cdots&0\\0&0&a_2&\cdots&0\\\vdots&\vdots&\vdots&&\vdots\\0&0&0&\cdots&a_{n-1}\\a_n&0&0&\cdots&0\end{pmatrix}$，其中 $a_i\neq0(i=1,2,\cdots,n)$，求 $\boldsymbol{A}^{-1}$.

解 对矩阵 $\boldsymbol{A}$ 分块为

$$\boldsymbol{A}=\left(\begin{array}{c|cccc}0&a_1&0&\cdots&0\\0&0&a_2&\cdots&0\\\vdots&\vdots&\vdots&&\vdots\\0&0&0&\cdots&a_{n-1}\\\hline a_n&0&0&\cdots&0\end{array}\right)=\begin{pmatrix}\boldsymbol{O}&\boldsymbol{B}\\\boldsymbol{C}&\boldsymbol{O}\end{pmatrix}$$

其中$C=(a_n)$，$B=\begin{pmatrix} a_1 & 0 & \cdots & 0 \\ 0 & a_2 & \cdots & 0 \\ \vdots & \vdots & & \vdots \\ 0 & 0 & \cdots & a_{n-1} \end{pmatrix}$，于是

$$C^{-1}=(a_n^{-1}),\ B^{-1}=\begin{pmatrix} a_1^{-1} & 0 & \cdots & 0 \\ 0 & a_2^{-1} & \cdots & 0 \\ \vdots & \vdots & & \vdots \\ 0 & 0 & \cdots & a_{n-1}^{-1} \end{pmatrix}$$

因此

$$A^{-1}=\begin{pmatrix} O & B \\ C & O \end{pmatrix}^{-1}=\begin{pmatrix} O & C^{-1} \\ B^{-1} & O \end{pmatrix}=\begin{pmatrix} 0 & 0 & 0 & \cdots & 0 & \frac{1}{a_n} \\ \frac{1}{a_1} & 0 & 0 & \cdots & 0 & 0 \\ 0 & \frac{1}{a_2} & 0 & \cdots & 0 & 0 \\ \vdots & \vdots & \vdots & & \vdots & \vdots \\ 0 & 0 & 0 & \cdots & \frac{1}{a_{n-1}} & 0 \end{pmatrix}$$

练习 设矩阵$A=\begin{pmatrix} 0 & 0 & 1 & -2 \\ 0 & 0 & 0 & 3 \\ 1 & 0 & 0 & 0 \\ 0 & 1 & 0 & 0 \end{pmatrix}$，证明$A$可逆，并求$A^{-1}$.

例1.31 用矩阵分块法求解下列各题：

(1) 设$A=\begin{pmatrix} a & 0 & 0 & 0 \\ 0 & a & 0 & 0 \\ 1 & 0 & b & 0 \\ 0 & 1 & 0 & b \end{pmatrix}$，$B=\begin{pmatrix} 1 & 0 & c & 0 \\ 0 & 1 & 0 & c \\ 0 & 0 & d & 0 \\ 0 & 0 & 0 & d \end{pmatrix}$，求$AB$；

(2) 设$A=\begin{pmatrix} 1 & 2 & 3 & 4 \\ 0 & 1 & 2 & 3 \\ 0 & 0 & 1 & 2 \\ 0 & 0 & 0 & 1 \end{pmatrix}$，求$A^{-1}$.

解 (1) 把A，B分块为

$$A=\left(\begin{array}{cc:cc} a & 0 & 0 & 0 \\ 0 & a & 0 & 0 \\ \hdashline 1 & 0 & b & 0 \\ 0 & 1 & 0 & b \end{array}\right)=\begin{pmatrix} A_1 & O \\ E & A_2 \end{pmatrix}$$

$$B=\left(\begin{array}{cc:cc} 1 & 0 & c & 0 \\ 0 & 1 & 0 & c \\ \hdashline 0 & 0 & d & 0 \\ 0 & 0 & 0 & d \end{array}\right)=\begin{pmatrix} E & B_1 \\ O & B_2 \end{pmatrix}$$

其中

$$A_1=\begin{pmatrix}a&0\\0&a\end{pmatrix},\quad A_2=\begin{pmatrix}b&0\\0&b\end{pmatrix},\quad B_1=\begin{pmatrix}c&0\\0&c\end{pmatrix},\quad B_2=\begin{pmatrix}d&0\\0&d\end{pmatrix}$$

则

$$AB=\begin{pmatrix}A_1&O\\E&A_2\end{pmatrix}\begin{pmatrix}E&B_1\\O&B_2\end{pmatrix}=\begin{pmatrix}A_1&A_1B_1\\E&B_1+A_2B_2\end{pmatrix}$$

而

$$A_1B_1=\begin{pmatrix}a&0\\0&a\end{pmatrix}\begin{pmatrix}c&0\\0&c\end{pmatrix}=\begin{pmatrix}ac&0\\0&ac\end{pmatrix}$$

$$B_1+A_2B_2=\begin{pmatrix}c&0\\0&c\end{pmatrix}+\begin{pmatrix}b&0\\0&b\end{pmatrix}\begin{pmatrix}d&0\\0&d\end{pmatrix}=\begin{pmatrix}c+bd&0\\0&c+bd\end{pmatrix}$$

于是 $AB=\left(\begin{array}{cc:cc}a&0&ac&0\\0&a&0&ac\\ \hdashline 1&0&c+bd&0\\0&1&0&c+bd\end{array}\right)$.

(2) 因为 $A=|A|=1\neq0$，所以 A^{-1} 存在. 把 A 分块为

$$A=\left(\begin{array}{cc:cc}1&2&3&4\\0&1&2&3\\ \hdashline 0&0&1&2\\0&0&0&1\end{array}\right)=\begin{pmatrix}A_1&A_2\\O&A_1\end{pmatrix}$$

其中 $A_1=\begin{pmatrix}1&2\\0&1\end{pmatrix}$，$A_2=\begin{pmatrix}3&4\\2&3\end{pmatrix}$. 因为 $|A_1|=\begin{vmatrix}1&2\\0&1\end{vmatrix}=1\neq0$，所以 A_1 可逆，且 $A_1^{-1}=\begin{pmatrix}1&-2\\0&1\end{pmatrix}$，令 $A^{-1}=\begin{pmatrix}X_1&X_2\\X_3&X_4\end{pmatrix}$，则

$$AA^{-1}=\begin{pmatrix}A_1&A_2\\O&A_1\end{pmatrix}\begin{pmatrix}X_1&X_2\\X_3&X_4\end{pmatrix}=\begin{pmatrix}E&O\\O&E\end{pmatrix}$$

得

$$A_1X_1+A_2X_3=E;\quad A_1X_2+A_2X_4=O;\quad A_1X_3=O;\quad A_1X_4=E$$

解得

$$X_1=A_1^{-1},\quad X_3=O,\quad X_4=A_1^{-1}$$

$$X_2=-A_1^{-1}A_2A_1^{-1}=-\begin{pmatrix}1&-2\\0&1\end{pmatrix}\begin{pmatrix}3&4\\2&3\end{pmatrix}\begin{pmatrix}1&-2\\0&1\end{pmatrix}=\begin{pmatrix}1&0\\-2&1\end{pmatrix}$$

所以

$$A^{-1}=\begin{pmatrix}A_1^{-1}&-A_1^{-1}A_2A_1^{-1}\\O&A_1^{-1}\end{pmatrix}=\begin{pmatrix}1&-2&1&0\\0&1&-2&1\\0&0&1&-2\\0&0&0&1\end{pmatrix}$$

例1.32 设$A=\begin{pmatrix}3&4&0&0\\4&-3&0&0\\0&0&-1&1\\0&0&0&2\end{pmatrix}$，求$A^{2n}$.

解 令$B=\begin{pmatrix}3&4\\4&-3\end{pmatrix}$，$C=\begin{pmatrix}-1&1\\0&2\end{pmatrix}$，则由

$$B^2=BB=\begin{pmatrix}25&0\\0&25\end{pmatrix}=25E$$

得$B^{2n}=(B^2)^n=(25E)^n=25^nE=\begin{pmatrix}5^{2n}&0\\0&5^{2n}\end{pmatrix}$. 而

$$C^2=CC=\begin{pmatrix}1&1\\0&4\end{pmatrix},\quad \begin{pmatrix}1&1\\0&4\end{pmatrix}^2=\begin{pmatrix}1&1+4\\0&4^2\end{pmatrix}$$

$$\begin{pmatrix}1&1\\0&4\end{pmatrix}^3=\begin{pmatrix}1&1+4\\0&4^2\end{pmatrix}\begin{pmatrix}1&1\\0&4\end{pmatrix}=\begin{pmatrix}1&1+4+4^2\\0&4^3\end{pmatrix}$$

依此类推
$$\begin{pmatrix}1&1\\0&4\end{pmatrix}^n=\begin{pmatrix}1&1\\0&4\end{pmatrix}^{n-1}\begin{pmatrix}1&1\\0&4\end{pmatrix}=\begin{pmatrix}1&1+4+\cdots+4^{n-2}\\0&4^{n-1}\end{pmatrix}\begin{pmatrix}1&1\\0&4\end{pmatrix}$$

$$=\begin{pmatrix}1&1+4+\cdots+4^{n-1}\\0&4^n\end{pmatrix}=\begin{pmatrix}1&\frac{1}{3}(4^n-1)\\0&4^n\end{pmatrix}$$

于是

$$C^{2n}=(C^2)^n=\begin{pmatrix}1&1\\0&4\end{pmatrix}^n=\begin{pmatrix}1&\frac{1}{3}(4^n-1)\\0&4^n\end{pmatrix}$$

所以

$$A^{2n}=\begin{pmatrix}B&O\\O&C\end{pmatrix}^{2n}=\begin{pmatrix}B^{2n}&O\\O&C^{2n}\end{pmatrix}=\begin{pmatrix}5^{2n}&0&0&0\\0&5^{2n}&0&0\\0&0&1&\frac{1}{3}(4^n-1)\\0&0&0&4^n\end{pmatrix}$$

练习 设矩阵$A=\begin{pmatrix}1&1&0&0\\3&2&0&0\\0&0&3&-2\\0&0&0&-1\end{pmatrix}$，求$|A|$，$A^{-1}$，$|A^{10}|$，$AA^{\mathrm{T}}$.

题型十 矩阵的初等变换与初等矩阵

利用初等矩阵可以将对矩阵实施的初等变换转化成矩阵的乘法运算. 利用矩阵的初等变换可以求矩阵的逆矩阵、求矩阵的秩、解矩阵方程、将矩阵化为标准形等.

例1.33 设A是n阶可逆方阵，将互换A的第i行和第j行得到的矩阵记为B.

(1) 证明B可逆;

（2）求 $\boldsymbol{AB}^{-1}$.

解 （1）因为 $|\boldsymbol{B}|=-|\boldsymbol{A}|\neq 0$，所以矩阵 $\boldsymbol{B}$ 可逆.

（2）由题意知 $\boldsymbol{B}=\boldsymbol{P}(i,j)\boldsymbol{A}$，从而

$$\boldsymbol{AB}^{-1}=\boldsymbol{A}[\boldsymbol{P}(i,j)\boldsymbol{A}]^{-1}=\boldsymbol{AA}^{-1}[\boldsymbol{P}(i,j)]^{-1}=\boldsymbol{P}(i,j)$$

例1.34 将矩阵 $\begin{pmatrix}2&3&1&-3&-7\\1&2&0&-2&-4\\3&-2&8&3&0\\2&-3&7&4&3\end{pmatrix}$ 化为行最简形矩阵.

解 对矩阵实施初等行变换，得

$$\begin{pmatrix}2&3&1&-3&-7\\1&2&0&-2&-4\\3&-2&8&3&0\\2&-3&7&4&3\end{pmatrix}\xrightarrow[\substack{r_3-3r_2\\r_4-2r_2}]{r_1-2r_2}\begin{pmatrix}0&-1&1&1&1\\1&2&0&-2&-4\\0&-8&8&9&12\\0&-7&7&8&11\end{pmatrix}$$

$$\xrightarrow[\substack{r_3-8r_1\\r_4-7r_1}]{r_2+2r_1}\begin{pmatrix}0&-1&1&1&1\\1&0&2&0&-2\\0&0&0&1&4\\0&0&0&1&4\end{pmatrix}\xrightarrow[\substack{r_2\times(-1)\\r_4-r_3}]{r_1\leftrightarrow r_2}\begin{pmatrix}1&0&2&0&-2\\0&1&-1&-1&-1\\0&0&0&1&4\\0&0&0&0&0\end{pmatrix}$$

$$\xrightarrow{r_2+r_3}\begin{pmatrix}1&0&2&0&-2\\0&1&-1&0&3\\0&0&0&1&4\\0&0&0&0&0\end{pmatrix}$$

例1.35 利用初等变换，求下列方阵的逆矩阵.

（1）$\boldsymbol{A}=\begin{pmatrix}3&2&1\\3&1&5\\3&2&3\end{pmatrix}$；　（2）$\boldsymbol{A}=\begin{pmatrix}3&-2&0&-1\\0&2&2&1\\1&-2&-3&-2\\0&1&2&1\end{pmatrix}$.

解 （1）$(\boldsymbol{A}\,\vdots\,\boldsymbol{E})=\left(\begin{array}{ccc:ccc}3&2&1&1&0&0\\3&1&5&0&1&0\\3&2&3&0&0&1\end{array}\right)\xrightarrow[r_3-r_1]{r_2-r_1}\left(\begin{array}{ccc:ccc}3&2&1&1&0&0\\0&-1&4&-1&1&0\\0&0&2&-1&0&1\end{array}\right)$

$$\xrightarrow[r_3\div 2]{r_2-2r_3}\left(\begin{array}{ccc:ccc}3&2&1&1&0&0\\0&-1&0&1&1&-2\\0&0&1&-\frac{1}{2}&0&\frac{1}{2}\end{array}\right)$$

$$\xrightarrow[r_2\times(-1)]{r_1+2r_2-r_3}\left(\begin{array}{ccc:ccc}3&0&0&3\frac{1}{2}&2&-4\frac{1}{2}\\0&1&0&-1&-1&2\\0&0&1&-\frac{1}{2}&0&\frac{1}{2}\end{array}\right)$$

$$\xrightarrow{r_1 \div 3}\left(\begin{array}{ccc:ccc} 1 & 0 & 0 & 1\frac{1}{6} & \frac{2}{3} & -\frac{3}{2} \\ 0 & 1 & 0 & -1 & -1 & 2 \\ 0 & 0 & 1 & -\frac{1}{2} & 0 & \frac{1}{2} \end{array}\right)$$

所以

$$\boldsymbol{A}^{-1}=\begin{pmatrix} 1\frac{1}{6} & \frac{2}{3} & -\frac{3}{2} \\ -1 & -1 & 2 \\ -\frac{1}{2} & 0 & \frac{1}{2} \end{pmatrix}$$

(2) $(\boldsymbol{A} \vdots \boldsymbol{E})=\left(\begin{array}{cccc:cccc} 3 & -2 & 0 & -1 & 1 & 0 & 0 & 0 \\ 0 & 2 & 2 & 1 & 0 & 1 & 0 & 0 \\ 1 & -2 & -3 & -2 & 0 & 0 & 1 & 0 \\ 0 & 1 & 2 & 1 & 0 & 0 & 0 & 1 \end{array}\right)$

$$\xrightarrow[\substack{r_1 \leftrightarrow r_3 \\ r_2 \leftrightarrow r_4}]{r_1-3r_3}\left(\begin{array}{cccc:cccc} 1 & -2 & -3 & -2 & 0 & 0 & 1 & 0 \\ 0 & 1 & 2 & 1 & 0 & 0 & 0 & 1 \\ 0 & 4 & 9 & 5 & 1 & 0 & -3 & 0 \\ 0 & 2 & 2 & 1 & 0 & 1 & 0 & 0 \end{array}\right)$$

$$\xrightarrow[\substack{r_3-4r_2 \\ r_4-2r_2}]{r_1+2r_2}\left(\begin{array}{cccc:cccc} 1 & 0 & 1 & 0 & 0 & 0 & 1 & 2 \\ 0 & 1 & 2 & 1 & 0 & 0 & 0 & 1 \\ 0 & 0 & 1 & 1 & 1 & 0 & -3 & -4 \\ 0 & 0 & -2 & -1 & 0 & 1 & 0 & -2 \end{array}\right)$$

$$\xrightarrow[\substack{r_2-2r_3 \\ r_4+2r_3}]{r_1-r_3}\left(\begin{array}{cccc:cccc} 1 & 0 & 0 & -1 & -1 & 0 & 4 & 6 \\ 0 & 1 & 0 & -1 & -2 & 0 & 6 & 9 \\ 0 & 0 & 1 & 1 & 1 & 0 & -3 & -4 \\ 0 & 0 & 0 & 1 & 2 & 1 & -6 & -10 \end{array}\right)$$

$$\xrightarrow[\substack{r_2+r_4 \\ r_3-r_4}]{r_1+r_4}\left(\begin{array}{cccc:cccc} 1 & 0 & 0 & 0 & 1 & 1 & -2 & -4 \\ 0 & 1 & 0 & 0 & 0 & 1 & 0 & -1 \\ 0 & 0 & 1 & 0 & -1 & -1 & 3 & 6 \\ 0 & 0 & 0 & 1 & 2 & 1 & -6 & -10 \end{array}\right)$$

所以

$$\boldsymbol{A}^{-1}=\begin{pmatrix} 1 & 1 & -2 & -4 \\ 0 & 1 & 0 & -1 \\ -1 & -1 & 3 & 6 \\ 2 & 1 & -6 & -10 \end{pmatrix}$$

练习 用初等变换求下列矩阵的逆矩阵：(1) $\begin{pmatrix} 1 & 0 & 0 & 0 \\ 1 & 2 & 0 & 0 \\ 1 & 2 & 3 & 0 \\ 1 & 2 & 3 & 4 \end{pmatrix}$；(2) $\begin{pmatrix} 3 & 2 & 1 \\ 3 & 1 & 5 \\ 3 & 2 & 3 \end{pmatrix}$.

例1.36 若 $\boldsymbol{AX}+\boldsymbol{B}=\boldsymbol{X}$，其中 $\boldsymbol{A}=\begin{pmatrix}0&1&0\\-1&1&1\\-1&0&-1\end{pmatrix}$，$\boldsymbol{B}=\begin{pmatrix}1&-1\\2&0\\5&-3\end{pmatrix}$，求 $\boldsymbol{X}$.

解 因为 $\boldsymbol{AX}+\boldsymbol{B}=\boldsymbol{X}$，所以 $\boldsymbol{X}=(\boldsymbol{E}-\boldsymbol{A})^{-1}\boldsymbol{B}$，又 $\boldsymbol{E}-\boldsymbol{A}=\begin{pmatrix}1&-1&0\\1&0&-1\\1&0&2\end{pmatrix}$，因为

$$(\boldsymbol{E}-\boldsymbol{A}\vdots\boldsymbol{B})=\left(\begin{array}{ccc:cc}1&-1&0&1&-1\\1&0&-1&2&0\\1&0&2&5&-3\end{array}\right)\rightarrow\left(\begin{array}{ccc:cc}1&0&0&3&-1\\0&1&0&2&0\\0&0&1&1&-1\end{array}\right)$$

故 $\boldsymbol{X}=(\boldsymbol{E}-\boldsymbol{A})^{-1}\boldsymbol{B}=\begin{pmatrix}3&-1\\2&0\\1&-1\end{pmatrix}$.

题型十一　求矩阵的秩

求矩阵的秩的方法主要有：①定义法：计算矩阵中非零子式的最高阶数；②初等变换法：根据等价矩阵具有相同的秩的结论，利用初等变换将矩阵化为行阶梯形矩阵，则行阶梯形矩阵的非零行数就等于矩阵的秩.

例1.37 设 3 阶矩阵 $\boldsymbol{A}=\begin{pmatrix}x&1&1\\1&x&1\\1&1&x\end{pmatrix}$，试求矩阵 $\boldsymbol{A}$ 的秩.

解 由于 $|\boldsymbol{A}|=\begin{vmatrix}x&1&1\\1&x&1\\1&1&x\end{vmatrix}=(x-1)^2(x+2)$，所以

当 $x\neq1$ 且 $x\neq-2$ 时，$|\boldsymbol{A}|\neq0$，$\mathrm{R}(\boldsymbol{A})=3$.

当 $x=1$ 时，$|\boldsymbol{A}|=0$，且 $\boldsymbol{A}=\begin{pmatrix}1&1&1\\1&1&1\\1&1&1\end{pmatrix}\rightarrow\begin{pmatrix}1&1&1\\0&0&0\\0&0&0\end{pmatrix}$，$\mathrm{R}(\boldsymbol{A})=1$.

当 $x=-2$ 时，$|\boldsymbol{A}|=0$，且 $\boldsymbol{A}=\begin{pmatrix}-2&1&1\\1&-2&1\\1&1&-2\end{pmatrix}$，此时有 $\begin{vmatrix}-2&1\\1&-2\end{vmatrix}=3\neq0$，$\mathrm{R}(\boldsymbol{A})=2$.

例1.38 设矩阵 $\boldsymbol{A}=\begin{vmatrix}k&1&1&1\\1&k&1&1\\1&1&k&1\\1&1&1&k\end{vmatrix}$，且 $\mathrm{R}(\boldsymbol{A})=3$，求 k.

解 因为 $\mathrm{R}(\boldsymbol{A})=3$，故 $|\boldsymbol{A}|=0$，由

$$|\boldsymbol{A}|=\begin{vmatrix}k&1&1&1\\1&k&1&1\\1&1&k&1\\1&1&1&k\end{vmatrix}=(k+3)\begin{vmatrix}1&1&1&1\\1&k&1&1\\1&1&k&1\\1&1&1&k\end{vmatrix}=(k+3)\begin{vmatrix}1&1&1&1\\0&k-1&0&0\\0&0&k-1&0\\0&0&0&k-1\end{vmatrix}$$

$$=(k+3)(k-1)^3=0$$

解得 $k=-3$ 或 $k=1$.

当 $k=1$ 时，

$$\boldsymbol{A}=\begin{pmatrix}1&1&1&1\\1&1&1&1\\1&1&1&1\\1&1&1&1\end{pmatrix}\to\begin{pmatrix}1&1&1&1\\0&0&0&0\\0&0&0&0\\0&0&0&0\end{pmatrix},\ \mathrm{R}(\boldsymbol{A})=1$$

不合题意，故 $k=-3$.

练习 已知矩阵 $\boldsymbol{A}=\begin{pmatrix}1&1&2&a&3\\2&2&3&1&4\\1&0&1&1&5\\2&3&5&5&4\end{pmatrix}$ 的秩为 3，求 a 的值.

例1.39 利用初等变换求下列矩阵的秩.

(1) $\boldsymbol{A}=\begin{pmatrix}1&1&2&2&1\\0&2&1&5&-1\\2&0&3&-1&3\\1&1&0&4&-1\end{pmatrix}$；(2) $\boldsymbol{B}=\begin{pmatrix}0&2&-4\\-1&-4&5\\3&1&7\\0&5&-10\\2&3&0\end{pmatrix}$.

解 (1)

$$\boldsymbol{A}=\begin{pmatrix}1&1&2&2&1\\0&2&1&5&-1\\2&0&3&-1&3\\1&1&0&4&-1\end{pmatrix}\xrightarrow[r_4-r_1]{r_3-2r_1}\begin{pmatrix}1&1&2&2&1\\0&2&1&5&-1\\0&-2&-1&-5&1\\0&0&-2&2&-2\end{pmatrix}$$

$$\xrightarrow[r_4\div(-2)]{r_3+r_2}\begin{pmatrix}1&1&2&2&1\\0&2&1&5&-1\\0&0&0&0&0\\0&0&1&-1&1\end{pmatrix}\xrightarrow{r_3\leftrightarrow r_4}\begin{pmatrix}1&1&2&2&1\\0&2&1&5&-1\\0&0&1&-1&1\\0&0&0&0&0\end{pmatrix}$$

因为有 $\begin{vmatrix}1&1&2\\0&2&1\\0&0&1\end{vmatrix}\neq0$（显然非零行的个数为 3），所以 $\mathrm{R}(\boldsymbol{A})=3$.

$$(2)\ \boldsymbol{B}=\begin{pmatrix}0&2&-4\\-1&-4&5\\3&1&7\\0&5&-10\\2&3&0\end{pmatrix}\xrightarrow[\substack{r_3+3r_2\\r_5+2r_2}]{r_1\div2}\begin{pmatrix}0&1&-2\\-1&-4&5\\0&-11&22\\0&5&-10\\0&-5&10\end{pmatrix}\xrightarrow[\substack{r_1\leftrightarrow r_2\\r_3\div(-11)\\r_4\div5\\r_5\div(-5)}]{r_2\times(-1)}\begin{pmatrix}1&4&-5\\0&1&-2\\0&1&-2\\0&1&-2\\0&1&-2\end{pmatrix}$$

$$\xrightarrow[\substack{r_4-r_2\\r_5-r_2}]{r_3-r_2}\begin{pmatrix}1&4&-5\\0&1&-2\\0&0&0\\0&0&0\\0&0&0\end{pmatrix}$$

所以 $R(\boldsymbol{B})=2$.

说明 初等变换求秩时，只需将矩阵化为阶梯形矩阵即可，并不需要将矩阵化为行最简形矩阵. 变换时既可使用初等行变换，也可使用初等列变换，但通常只做初等行变换.

练习 用初等变换求下列矩阵的秩：

(1) $\begin{pmatrix} 2 & -1 & 1 & -1 & 3 \\ 4 & -2 & -2 & 3 & 2 \\ 2 & -1 & 5 & -6 & 1 \end{pmatrix}$；　(2) $\begin{pmatrix} 3 & -1 & 3 & 2 \\ 5 & -3 & 2 & 3 \\ 1 & -3 & -5 & 0 \\ 7 & -5 & 1 & 4 \end{pmatrix}$.

例1.40 求矩阵 $\begin{pmatrix} 1 & 2 & 3 & 4 \\ 1 & -2 & 4 & 5 \\ 1 & 10 & 1 & 2 \end{pmatrix}$ 的秩.

解 **方法 1**：因为 $\begin{vmatrix} 1 & 2 & 3 \\ 1 & -2 & 4 \\ 1 & 10 & 1 \end{vmatrix}=0$，$\begin{vmatrix} 1 & 2 & 4 \\ 1 & -2 & 5 \\ 1 & 10 & 2 \end{vmatrix}=0$，$\begin{vmatrix} 2 & 3 & 4 \\ -2 & 4 & 5 \\ 10 & 1 & 2 \end{vmatrix}=0$，而 $\begin{vmatrix} 1 & 2 \\ 1 & -2 \end{vmatrix}=-4\neq 0$，所以由定义知 $R(\boldsymbol{A})=2$.

方法 2：由于 $\begin{pmatrix} 1 & 2 & 3 & 4 \\ 1 & -2 & 4 & 5 \\ 1 & 10 & 1 & 2 \end{pmatrix} \xrightarrow[r_3-r_1]{r_2-r_1} \begin{pmatrix} 1 & 2 & 3 & 4 \\ 0 & -4 & 1 & 1 \\ 0 & 8 & -2 & -2 \end{pmatrix} \xrightarrow{r_3+2r_2} \begin{pmatrix} 1 & 2 & 3 & 4 \\ 0 & -4 & 1 & 1 \\ 0 & 0 & 0 & 0 \end{pmatrix}$

而 $\begin{vmatrix} 1 & 2 \\ 0 & -4 \end{vmatrix}=-4\neq 0$，所以 $R(\boldsymbol{A})=2$.

题型十二　矩阵与行列式综合题

例1.41 设 $D(x)=\begin{vmatrix} 1 & x & x^2 & \cdots & x^{n-1} \\ 1 & a_1 & a_1^2 & \cdots & a_1^{n-1} \\ \vdots & \vdots & \vdots & & \vdots \\ 1 & a_{n-1} & a_{n-1}^2 & \cdots & a_{n-1}^{n-1} \end{vmatrix}$，其中 a_1，a_2，…，a_{n-1} 是互不相同的数.

(1) 证明 $D(x)$ 是一个 $n-1$ 次多项式；

(2) 求 $D(x)=0$ 的根.

证 (1) 将 $D(x)$ 按第 1 行展开，得

$$D(x)=C_{n-1}x^{n-1}+C_{n-2}x^{n-2}+\cdots+C_1x+C_0$$

其中 $C_i(i=0, 1, 2, \cdots, n-1)$ 为不含 x 的 i 阶行列式. $D(x)$ 的 x^{n-1} 的系数为

$$C_{n-1}=(-1)^{n+1}\begin{vmatrix} 1 & a_1 & a_1^2 & \cdots & a_1^{n-2} \\ 1 & a_2 & a_2^2 & \cdots & a_2^{n-2} \\ \vdots & \vdots & \vdots & & \vdots \\ 1 & a_{n-1} & a_{n-1}^2 & \cdots & a_{n-1}^{n-2} \end{vmatrix}$$

因为 a_1，a_2，…，a_{n-1} 是互不相同的数，由范德蒙行列式知

$$C_{n-1}=(-1)^{n+1}\prod_{1\leqslant i<j\leqslant n-1}(a_i-a_j)\neq 0$$

所以 $D(x)$ 是一个 $n-1$ 次多项式.

(2) 把 $x=a_i(i=1, 2, \cdots, n-1)$ 代入 $D(x)$，则行列式 $D(x)$ 的第 $i+1$ 行与第 1 行相同，所以 $D(a_i)=0$，故 $a_i(i=1, 2, \cdots, n-1)$ 都是 $D(x)$ 的根，又因为 $D(x)$ 是一个 $n-1$ 次多项式，且 $a_1, a_2, \cdots, a_{n-1}$ 是互不相同的数，所以 $a_1, a_2, \cdots, a_{n-1}$ 就是 $D(x)=0$ 的全部根.

例1.42 若 n 阶矩阵 $\boldsymbol{A}$ 满足 $\boldsymbol{A}^2+a\boldsymbol{A}+b\boldsymbol{E}=\boldsymbol{O}$，其中 a，b 为常数，$\boldsymbol{A}$ 为可逆矩阵的充要条件是什么？

解 设 $\boldsymbol{A}^{-1}$ 存在，则 $\boldsymbol{A}^{-1}(\boldsymbol{A}^2+a\boldsymbol{A}+b\boldsymbol{E})=\boldsymbol{O}$，于是 $\boldsymbol{A}+a\boldsymbol{E}+b\boldsymbol{A}^{-1}=\boldsymbol{O}$，得 $b\boldsymbol{A}^{-1}=-(\boldsymbol{A}+a\boldsymbol{E})$.

若 $b\neq 0$，则 $\boldsymbol{A}^{-1}=-\dfrac{1}{b}(\boldsymbol{A}+a\boldsymbol{E})$.

若 $b=0$，则 $\boldsymbol{A}+a\boldsymbol{E}=\boldsymbol{O}$，即 $\boldsymbol{A}=-a\boldsymbol{E}$，因为 $\boldsymbol{A}$ 可逆，所以 $a\neq 0$，且 $\boldsymbol{A}^{-1}=-\dfrac{1}{a}\boldsymbol{E}$.

因此，$\boldsymbol{A}^{-1}$ 存在的必要条件是 $b\neq 0$ 或 $b=0$，$a\neq 0$，$\boldsymbol{A}+a\boldsymbol{E}=\boldsymbol{O}$.

反之，设 $b\neq 0$，由 $\boldsymbol{A}^2+a\boldsymbol{A}+b\boldsymbol{E}=\boldsymbol{O}$ 得

$$b\boldsymbol{E}=-(\boldsymbol{A}^2+a\boldsymbol{A}),\quad -\frac{1}{b}(\boldsymbol{A}+a\boldsymbol{E})\boldsymbol{A}=\boldsymbol{E}$$

因此 $\boldsymbol{A}$ 可逆，且 $\boldsymbol{A}^{-1}=-\dfrac{1}{b}(\boldsymbol{A}+a\boldsymbol{E})$.

若 $b=0$，$a\neq 0$，$\boldsymbol{A}+a\boldsymbol{E}=\boldsymbol{O}$，则有 $\boldsymbol{A}=-a\boldsymbol{E}$，即 $\boldsymbol{A}^{-1}=-\dfrac{1}{a}\boldsymbol{E}$.

总之，$\boldsymbol{A}$ 为可逆矩阵的充要条件是 $b\neq 0$ 或 $b=0$，$a\neq 0$，$\boldsymbol{A}+a\boldsymbol{E}=\boldsymbol{O}$.

例1.43 若 $\boldsymbol{A}$，$\boldsymbol{B}$ 可交换，$\boldsymbol{A}$ 可逆，证明 $\boldsymbol{A}^{-1}$ 与 $\boldsymbol{B}$ 亦可交换.

证 已知 $\boldsymbol{AB}=\boldsymbol{BA}$，所以

$$\boldsymbol{A}^{-1}(\boldsymbol{AB})\boldsymbol{A}^{-1}=\boldsymbol{A}^{-1}(\boldsymbol{BA})\boldsymbol{A}^{-1}$$

而

$$\boldsymbol{A}^{-1}(\boldsymbol{AB})\boldsymbol{A}^{-1}=(\boldsymbol{A}^{-1}\boldsymbol{A})(\boldsymbol{BA}^{-1})=\boldsymbol{BA}^{-1},\quad \boldsymbol{A}^{-1}(\boldsymbol{BA})\boldsymbol{A}^{-1}=(\boldsymbol{A}^{-1}\boldsymbol{B})(\boldsymbol{AA}^{-1})=\boldsymbol{A}^{-1}\boldsymbol{B}$$

所以 $\boldsymbol{BA}^{-1}=\boldsymbol{A}^{-1}\boldsymbol{B}$，故 $\boldsymbol{A}^{-1}$ 与 $\boldsymbol{B}$ 可交换.

例1.44 已知 $\boldsymbol{A}$，$\boldsymbol{B}$ 为 n 阶矩阵，$\boldsymbol{A}^2=\boldsymbol{A}$，$\boldsymbol{B}^2=\boldsymbol{B}$，$(\boldsymbol{A}-\boldsymbol{B})^2=\boldsymbol{A}+\boldsymbol{B}$，证明：

$$\boldsymbol{AB}=\boldsymbol{BA}=\boldsymbol{O}.$$

证 由 $\boldsymbol{A}^2=\boldsymbol{A}$，$\boldsymbol{B}^2=\boldsymbol{B}$，$(\boldsymbol{A}-\boldsymbol{B})^2=\boldsymbol{A}+\boldsymbol{B}$，得

$$(\boldsymbol{A}-\boldsymbol{B})^2=\boldsymbol{A}^2-\boldsymbol{AB}-\boldsymbol{BA}+\boldsymbol{B}^2=\boldsymbol{A}-\boldsymbol{AB}-\boldsymbol{BA}+\boldsymbol{B}=\boldsymbol{A}+\boldsymbol{B}$$

所以 $\boldsymbol{AB}+\boldsymbol{BA}=\boldsymbol{O}$.

将 $\boldsymbol{AB}+\boldsymbol{BA}=\boldsymbol{O}$ 分别左乘 $\boldsymbol{A}$ 和右乘 $\boldsymbol{A}$，再考虑到 $\boldsymbol{A}^2=\boldsymbol{A}$，有

$$\boldsymbol{O}=\boldsymbol{A}(\boldsymbol{AB}+\boldsymbol{BA})\boldsymbol{A}=\boldsymbol{A}^2\boldsymbol{BA}+\boldsymbol{ABA}^2=\boldsymbol{ABA}+\boldsymbol{ABA}=2\boldsymbol{ABA}$$

所以 $\boldsymbol{ABA}=\boldsymbol{O}$，从而有

$$\boldsymbol{O}=\boldsymbol{A}(\boldsymbol{AB}+\boldsymbol{BA})\boldsymbol{B}=\boldsymbol{AB}+\boldsymbol{ABAB}=\boldsymbol{AB}$$

即 $\boldsymbol{AB}=\boldsymbol{O}$，由 $\boldsymbol{AB}+\boldsymbol{BA}=\boldsymbol{O}$ 和 $\boldsymbol{AB}=\boldsymbol{O}$，得 $\boldsymbol{BA}=\boldsymbol{O}$.

单元自测题

一、填空题

1. 设$\begin{vmatrix} a_{11} & a_{12} & a_{13} \\ a_{21} & a_{22} & a_{23} \\ a_{31} & a_{32} & a_{33} \end{vmatrix}=d$，则$\begin{vmatrix} 2a_{11} & 3a_{11}-a_{12} & 4a_{12}-a_{13} \\ 2a_{21} & 3a_{21}-a_{22} & 4a_{22}-a_{23} \\ 2a_{31} & 3a_{21}-a_{32} & 4a_{32}-a_{33} \end{vmatrix}=$________.

2. 设$\boldsymbol{A}=\begin{pmatrix} 0 & 0 & 2 & 3 \\ 0 & 0 & 1 & 1 \\ 3 & 2 & 0 & 0 \\ 7 & 5 & 0 & 0 \end{pmatrix}$，则$\boldsymbol{A}^{-1}=$________.

3. 设$\boldsymbol{A}=\begin{pmatrix} 1 & 2 \\ 3 & 4 \end{pmatrix}$，$\boldsymbol{E}$ 为 2 阶单位矩阵，则$\boldsymbol{A}^2-2\boldsymbol{A}+3\boldsymbol{E}=$________.

4. 设$\boldsymbol{A}=\begin{pmatrix} 1 & 2 & -2 \\ 2 & 4 & -4 \\ 3 & 6 & -6 \end{pmatrix}$，则$\boldsymbol{A}^{100}=$________.

5. 设 4 阶行列式$D_4=\begin{vmatrix} a & b & c & d \\ d & a & c & b \\ b & d & c & a \\ a & c & c & b \end{vmatrix}$，则$A_{11}+A_{21}+A_{31}+A_{41}=$________.

6. 已知矩阵$\boldsymbol{A}=\begin{pmatrix} 1 & 1 & 2 & -2 \\ 1 & 3 & -x & -2x \\ 1 & -1 & 6 & 0 \end{pmatrix}$的秩为 2，则$x=$________.

7. 设$\boldsymbol{A}$ 为 4 阶矩阵，且$|\boldsymbol{A}|=2$，则$\left|\frac{1}{2}\boldsymbol{A}\right|=$________.

8. 设$\boldsymbol{A}$ 为 3 阶矩阵，且$|\boldsymbol{A}|=\frac{1}{2}$，则$|(2\boldsymbol{A}^*)^{-1}|=$________.

9. $\begin{vmatrix} \lambda & 1 & 0 \\ 0 & \lambda & 1 \\ 0 & 0 & \lambda \end{vmatrix}^n=$________.

10. 3 阶矩阵$\boldsymbol{A}$ 的逆矩阵为$\boldsymbol{A}^{-1}=\begin{pmatrix} 1 & 1 & 1 \\ 1 & 2 & 1 \\ 1 & 1 & 3 \end{pmatrix}$，其伴随矩阵为$\boldsymbol{A}^*$，则$(\boldsymbol{A}^*)^{-1}=$________.

二、选择题

1. 行列式$\begin{vmatrix} 103 & 100 & 204 \\ 199 & 200 & 395 \\ 301 & 300 & 600 \end{vmatrix}=$（　）.

A. 1 000　　B. −1 000　　C. 2 000　　D. −2 000

2. 4 阶行列式 $\begin{vmatrix} a_1 & 0 & 0 & b_1 \\ 0 & a_2 & b_2 & 0 \\ 0 & b_3 & a_3 & 0 \\ b_4 & 0 & 0 & a_4 \end{vmatrix}=$(　　).

A. $a_1a_2a_3a_4-b_1b_2b_3b_4$　　B. $a_1a_2a_3a_4+b_1b_2b_3b_4$

C. $(a_1a_2-b_1b_2)(a_3a_4-b_3b_4)$　　D. $(a_2a_3-b_2b_3)(a_1a_4-b_1b_4)$

3. 设 $\boldsymbol{A}$，$\boldsymbol{B}$ 均为 n 阶方阵，则有(　　).

A. $\mathrm{R}(\boldsymbol{A}+\boldsymbol{B})=\mathrm{R}(\boldsymbol{A})+\mathrm{R}(\boldsymbol{B})$　　B. $\mathrm{R}(\boldsymbol{AB})=\mathrm{R}(\boldsymbol{A})\mathrm{R}(\boldsymbol{B})$

C. $\mathrm{R}\begin{pmatrix} \boldsymbol{A} & \boldsymbol{O} \\ \boldsymbol{O} & \boldsymbol{B} \end{pmatrix}=\mathrm{R}(\boldsymbol{A})+\mathrm{R}(\boldsymbol{B})$　　D. $\mathrm{R}\begin{pmatrix} \boldsymbol{A} & \boldsymbol{O} \\ \boldsymbol{O} & \boldsymbol{B} \end{pmatrix}=\mathrm{R}(\boldsymbol{A})\mathrm{R}(\boldsymbol{B})$

4. 设 $D_3=\begin{vmatrix} 0 & -1 & -2 \\ 1 & 0 & -3 \\ 2 & 3 & 0 \end{vmatrix}$，因为(　　)，所以 $D_3=0$.

A. 主对角线上的元素全为零　　B. $D_3=D_3^{\mathrm{T}}$

C. $D_3=-D_3^{\mathrm{T}}$　　D. $D_3=\dfrac{1}{D_3^{\mathrm{T}}}$

5. 设 $\boldsymbol{A}$，$\boldsymbol{B}$，$\boldsymbol{C}$ 为 n 阶方阵，且 $\boldsymbol{ABC}=\boldsymbol{E}$，则（　　）.

A. $\boldsymbol{ACB}=\boldsymbol{E}$　　B. $\boldsymbol{CBA}=\boldsymbol{E}$　　C. $\boldsymbol{BAC}=\boldsymbol{E}$　　D. $\boldsymbol{BCA}=\boldsymbol{E}$

6. 设 $\boldsymbol{A}$ 为 n 阶对称矩阵，$\boldsymbol{B}$ 为 n 阶反对称矩阵，则下列矩阵中是反对称矩阵的是(　　).

A. $\boldsymbol{ABA}$　　B. $\boldsymbol{BAB}$　　C. $\boldsymbol{BABA}$　　D. $\boldsymbol{ABAB}$

7. 设 $\boldsymbol{A}$ 为 3 阶矩阵，且 $|\boldsymbol{A}|=\dfrac{1}{2}$，则 $\left|\dfrac{3}{2}\boldsymbol{A}^{-1}+7\boldsymbol{A}^*\right|=$(　　).

A. 10　　B. 125　　C. 500　　D. 250

8. 设 $\boldsymbol{A}$，$\boldsymbol{B}$，$\boldsymbol{C}$ 为 n 阶方阵，若 $\boldsymbol{AB}=\boldsymbol{BA}$，$\boldsymbol{AC}=\boldsymbol{CA}$，则 $\boldsymbol{ABC}=$(　　).

A. $\boldsymbol{ACB}$　　B. $\boldsymbol{CBA}$　　C. $\boldsymbol{BCA}$　　D. $\boldsymbol{CAB}$

9. 设 $\boldsymbol{A}$，$\boldsymbol{B}$ 为 n 阶方阵，则必有(　　).

A. $|\boldsymbol{A}+\boldsymbol{B}|=|\boldsymbol{A}|+|\boldsymbol{B}|$　　B. $\boldsymbol{AB}=\boldsymbol{BA}$

C. $|\boldsymbol{AB}|=|\boldsymbol{BA}|$　　D. $(\boldsymbol{A}+\boldsymbol{B})^{-1}=\boldsymbol{A}^{-1}+\boldsymbol{B}^{-1}$

10. 设 $\boldsymbol{A}$ 为 n 阶矩阵，下列命题成立的是(　　).

A. 若 $\boldsymbol{A}^2=\boldsymbol{O}$，则 $\boldsymbol{A}=\boldsymbol{O}$　　B. 若 $\boldsymbol{A}^2=\boldsymbol{A}$，则 $\boldsymbol{A}=\boldsymbol{O}$ 或 $\boldsymbol{A}=\boldsymbol{E}$

C. 若 $\boldsymbol{A}\neq\boldsymbol{O}$，则 $|\boldsymbol{A}|\neq 0$　　D. 若 $|\boldsymbol{A}|\neq 0$，则 $\boldsymbol{A}\neq\boldsymbol{O}$

三、计算题

1. 计算下列行列式：

(1) $\begin{vmatrix} 1+x & 1 & 1 & 1 \\ 1 & 1-x & 1 & 1 \\ 1 & 1 & 1+y & 1 \\ 1 & 1 & 1 & 1-y \end{vmatrix}$；(2) $\begin{vmatrix} a & b & 0 & 0 & 0 \\ c & a & b & 0 & 0 \\ 0 & c & a & b & 0 \\ 0 & 0 & c & a & b \\ 0 & 0 & 0 & c & a \end{vmatrix}$.

2. 计算 $n(n\geqslant 3)$ 阶行列式 $D_n=\begin{vmatrix} 0 & 1 & 1 & \cdots & 1 \\ 1 & 0 & 2 & \cdots & 2 \\ 1 & 2 & 0 & \ddots & \vdots \\ \vdots & \vdots & \ddots & \ddots & 2 \\ 1 & 2 & \cdots & 2 & 0 \end{vmatrix}$

3. 设矩阵 $\boldsymbol{A}=\begin{pmatrix} 0 & 0 & 1 & -2 \\ 0 & 0 & 0 & 3 \\ 1 & 0 & 0 & 0 \\ 0 & 1 & 0 & 0 \end{pmatrix}$，证明 $\boldsymbol{A}$ 可逆，并求 $\boldsymbol{A}^{-1}$.

4. 设 n 阶方阵 $\boldsymbol{A}$ 满足 $\boldsymbol{A}^3-2\boldsymbol{A}^2-3\boldsymbol{A}+4\boldsymbol{E}=\boldsymbol{O}$，求证 $\boldsymbol{A}-2\boldsymbol{E}$ 可逆，并求$(\boldsymbol{A}-2\boldsymbol{E})^{-1}$.

5. 设 $\boldsymbol{A}^{-1}\boldsymbol{B}\boldsymbol{A}=\boldsymbol{A}^*\boldsymbol{B}-\boldsymbol{E}$，其中 $\boldsymbol{A}^*=\begin{pmatrix} 2 & 2 & 2 \\ 2 & 6 & 4 \\ 3 & 6 & 8 \end{pmatrix}$ 为 $\boldsymbol{A}$ 的伴随矩阵，试不计算 $\boldsymbol{A}$ 与 $\boldsymbol{A}^{-1}$，而直接求矩阵 $\boldsymbol{B}$.

6. 设 $\boldsymbol{A}=\begin{pmatrix} 1 & 1 & 1 \\ 1 & 1 & -1 \\ 1 & -1 & 1 \end{pmatrix}$，$\boldsymbol{B}=\begin{pmatrix} 0 & 1 & 1 \\ 1 & 0 & -1 \\ 1 & -1 & 0 \end{pmatrix}$，且 $\boldsymbol{AXA}-\boldsymbol{BXB}=\boldsymbol{AXB}-\boldsymbol{BXA}+9\boldsymbol{E}$，求矩阵 $\boldsymbol{X}$.

7. 利用初等变换解矩阵方程.

(1) $\boldsymbol{X}\begin{pmatrix} 5 & 3 & 1 \\ 1 & -3 & -2 \\ -5 & 2 & 1 \end{pmatrix}=\begin{pmatrix} -8 & 3 & 0 \\ -5 & 9 & 0 \\ -2 & 15 & 0 \end{pmatrix}$；

(2) $\begin{pmatrix} 1 & 2 & 3 \\ 3 & 1 & 2 \\ 2 & 3 & 1 \end{pmatrix}\boldsymbol{X}=\begin{pmatrix} 2 & 4 & 0 \\ 4 & 0 & 2 \\ 0 & 2 & 4 \end{pmatrix}$.

8. 确定参数 λ，使矩阵 $\begin{pmatrix} 1 & 1 & \lambda^2 & -2 \\ 1 & -2 & \lambda & 1 \\ -2 & 1 & -2 & \lambda \end{pmatrix}$ 的秩最小.

四、证明题

1. 设 $\boldsymbol{A}$ 是一个 n 阶方阵，n 为奇数，且 $|\boldsymbol{A}|=1$，$\boldsymbol{A}^{\mathrm{T}}=\boldsymbol{A}^{-1}$，证明：$\boldsymbol{E}-\boldsymbol{A}$ 不可逆.

2. 设 $\boldsymbol{A}$，$\boldsymbol{B}$ 是同阶方阵，已知 $\boldsymbol{B}$ 是可逆矩阵，且满足 $\boldsymbol{A}^2+\boldsymbol{AB}+\boldsymbol{B}^2=\boldsymbol{O}$，证明：$\boldsymbol{A}$ 和 $\boldsymbol{A}+\boldsymbol{B}$ 都是可逆矩阵，并求它们的逆矩阵.

单元自测题答案与提示

一、填空题

1. $2d$.

2. $\begin{pmatrix} 0 & 0 & 5 & -2 \\ 0 & 0 & -7 & 3 \\ -1 & 3 & 0 & 0 \\ 1 & -2 & 0 & 0 \end{pmatrix}$.

3. $\begin{pmatrix} 8 & 6 \\ 9 & 17 \end{pmatrix}$.

4. $-\boldsymbol{A}$.

5. $A_{11}+A_{21}+A_{31}+A_{41}=\begin{vmatrix} 1 & b & c & d \\ 1 & a & c & b \\ 1 & d & c & a \\ 1 & c & c & b \end{vmatrix}=0$.

6. $\mathrm{R}(\boldsymbol{A})=2$ 说明矩阵 $\boldsymbol{A}$ 的一切 3 阶子式都为 0，故 $\begin{vmatrix} 1 & 1 & 2 \\ 1 & 3 & -x \\ 1 & -1 & 6 \end{vmatrix}=0$，而

$$\begin{vmatrix} 1 & 1 & 2 \\ 1 & 3 & -x \\ 1 & -1 & 6 \end{vmatrix}=\begin{vmatrix} 1 & 1 & 2 \\ 0 & 2 & -x-2 \\ 0 & -2 & 4 \end{vmatrix}=\begin{vmatrix} 1 & 1 & 2 \\ 0 & 2 & -x-2 \\ 0 & 0 & -x+2 \end{vmatrix}=2(-x+2)=0$$

即 $x=2$.

7. $\left|\frac{1}{2}\boldsymbol{A}\right|=\left(\frac{1}{2}\right)^4\cdot|\boldsymbol{A}|=\frac{1}{8}$.

8. $$|(2\boldsymbol{A}^*)^{-1}|=\frac{1}{|(2\boldsymbol{A})^*|}=\frac{1}{8|\boldsymbol{A}^*|}=\frac{1}{8}\times\frac{1}{||\boldsymbol{A}|\boldsymbol{A}^{-1}|}=\frac{1}{8}\times\frac{1}{|\boldsymbol{A}|^3|\boldsymbol{A}^{-1}|}$$
$$=\frac{1}{8}\times\frac{|\boldsymbol{A}|}{|\boldsymbol{A}|^3}=\frac{1}{2}.$$

9. $\begin{pmatrix} \lambda^n & n\lambda^{n-1} & \frac{n(n-1)}{2}\lambda^{n-2} \\ 0 & \lambda^n & n\lambda^{n-1} \\ 0 & 0 & \lambda^n \end{pmatrix}$.

10. $(\boldsymbol{A}^*)^{-1}=(\boldsymbol{A}^{-1})^*=\frac{1}{|\boldsymbol{A}|}\boldsymbol{A}=\begin{pmatrix} 5 & -2 & -1 \\ -2 & 2 & 0 \\ -1 & 0 & 1 \end{pmatrix}$.

二、选择题

1. C. 2. D. 3. C. 4. C.

5. D.（提示：因为 $\boldsymbol{ABC}=\boldsymbol{E}$，所以 $\boldsymbol{A}^{-1}=\boldsymbol{BC}$ 或 $\boldsymbol{C}^{-1}=\boldsymbol{AB}$.）

6. A.（提示：因为 $\boldsymbol{A}$ 为 n 阶对称矩阵，所以 $\boldsymbol{A}^{\mathrm{T}}=\boldsymbol{A}$，又 $\boldsymbol{B}$ 为 n 阶反对称矩阵，所以 $\boldsymbol{B}^{\mathrm{T}}=-\boldsymbol{B}$. $(\boldsymbol{ABA})^{\mathrm{T}}=\boldsymbol{A}^{\mathrm{T}}\boldsymbol{B}^{\mathrm{T}}\boldsymbol{A}^{\mathrm{T}}=\boldsymbol{A}(-\boldsymbol{B})\boldsymbol{A}=-\boldsymbol{ABA}$，所以 $\boldsymbol{ABA}$ 是反对称矩阵.）

7. D.（提示：$\left|\frac{3}{2}\boldsymbol{A}^{-1}+7\boldsymbol{A}^*\right|=\left|\frac{3}{2}\frac{1}{|\boldsymbol{A}|}\boldsymbol{A}^*+7\boldsymbol{A}^*\right|=|10\boldsymbol{A}^*|=10^3\,|\boldsymbol{A}^*|$，因为 $\boldsymbol{AA}^*=$

$|\boldsymbol{A}|\boldsymbol{E}$，所以 $|\boldsymbol{A}||\boldsymbol{A}^*|=|\boldsymbol{A}|^3$，$|\boldsymbol{A}^*|=|\boldsymbol{A}|^2$，因此 $\left|\dfrac{3}{2}\boldsymbol{A}^{-1}+7\boldsymbol{A}^*\right|=10^3|\boldsymbol{A}^*|=10^3\times\dfrac{1}{4}=250$.)

8. C.（提示：$\boldsymbol{ABC}=(\boldsymbol{AB})\boldsymbol{C}=(\boldsymbol{BA})\boldsymbol{C}=\boldsymbol{B}(\boldsymbol{AC})=\boldsymbol{B}(\boldsymbol{CA})=\boldsymbol{BCA}$.）

9. C.（提示：$|\boldsymbol{AB}|=|\boldsymbol{A}||\boldsymbol{B}|$，$|\boldsymbol{BA}|=|\boldsymbol{B}||\boldsymbol{A}|=|\boldsymbol{A}||\boldsymbol{B}|$.）

10. D.

三、计算题

1. (1) 第 1 行减第 2 行，第 3 行减第 4 行，得

$$D=\begin{vmatrix}1+x&1&1&1\\1&1-x&1&1\\1&1&1+y&1\\1&1&1&1-y\end{vmatrix}=\begin{vmatrix}x&x&0&0\\1&1-x&1&1\\0&0&y&y\\1&1&1&1-y\end{vmatrix}=xy\begin{vmatrix}1&1&0&0\\1&1-x&1&1\\0&0&1&1\\1&1&1&1-y\end{vmatrix}$$

第 2 列减第 1 列，第 4 列减第 3 列，得

$$D=xy\begin{vmatrix}1&0&0&0\\1&-x&1&0\\0&0&1&0\\1&0&1&-y\end{vmatrix}=xy\begin{vmatrix}-x&1&0\\0&1&0\\0&1&-y\end{vmatrix}=x^2y^2$$

(2) 按第 1 行展开，得 $D_n=aD_{n-1}-bcD_{n-2}$，又 $D_1=a$，$D_2=a^2-bc$，所以

$$D_3=aD_2-bcD_1=a^3-2abc$$
$$D_4=aD_3-bcD_2=a^4-3a^2bc+b^2c^2$$
$$D_5=aD_4-bcD_3=a^5-4a^3bc+3ab^2c^2$$

2. $$D_n\xlongequal[(i\geqslant 2)]{r_i-2r_1}\begin{vmatrix}0&1&\cdots&1\\1&-2&&\\\vdots&&\ddots&\\1&&&-2\end{vmatrix}\xlongequal{c_1+\sum\limits_{j\geqslant 2}\frac{1}{2}c_j}\begin{vmatrix}\frac{n-1}{2}&1&\cdots&1\\&-2&&\\&&\ddots&\\&&&-2\end{vmatrix}$$

$$=\frac{n-1}{2}(-2)^{n-1}.$$

3. $$\boldsymbol{A}^{-1}=\begin{pmatrix}0&0&1&0\\0&0&0&0\\1&\frac{2}{3}&0&0\\0&\frac{1}{3}&0&0\end{pmatrix}.$$

4. $(\boldsymbol{A}-2\boldsymbol{E})(\boldsymbol{A}^2-3\boldsymbol{E})=2\boldsymbol{E}$，因而 $\boldsymbol{A}-2\boldsymbol{E}$ 可逆，且 $(\boldsymbol{A}-2\boldsymbol{E})^{-1}=\dfrac{\boldsymbol{A}^2-3\boldsymbol{E}}{2}$.

5. $\boldsymbol{B}=\boldsymbol{A}(\boldsymbol{A}^*\boldsymbol{B}-\boldsymbol{E})\boldsymbol{A}^{-1}=|\boldsymbol{A}|\boldsymbol{B}\boldsymbol{A}^{-1}-\boldsymbol{E}=\boldsymbol{B}\boldsymbol{A}^*-\boldsymbol{E}$，即 $\boldsymbol{B}(\boldsymbol{A}^*-\boldsymbol{E})=\boldsymbol{E}$，因而

$$\boldsymbol{B}=(\boldsymbol{A}^*-\boldsymbol{E})^{-1}=\begin{pmatrix}1&2&2\\2&5&4\\3&6&7\end{pmatrix}^{-1}=\begin{pmatrix}11&-2&-2\\-2&1&0\\-3&0&1\end{pmatrix}$$

6. $(\boldsymbol{A}+\boldsymbol{B})\boldsymbol{X}(\boldsymbol{A}-\boldsymbol{B})=9\boldsymbol{E}$ 或$(\boldsymbol{A}-\boldsymbol{B})\boldsymbol{X}(\boldsymbol{A}+\boldsymbol{B})=9\boldsymbol{E}$，其中 $\boldsymbol{A}-\boldsymbol{B}=\boldsymbol{E}$. 从而

$$\boldsymbol{X}=9(\boldsymbol{A}+\boldsymbol{B})^{-1}=9\begin{pmatrix}1&2&2\\2&1&-2\\2&-2&1\end{pmatrix}^{-1}=\begin{pmatrix}1&2&2\\2&1&-2\\2&-2&1\end{pmatrix}$$

7. (1) $\boldsymbol{X}=\begin{pmatrix}1&2&3\\4&5&6\\7&8&9\end{pmatrix}$；(2) $\boldsymbol{X}=\begin{pmatrix}1&-1&1\\-1&1&1\\1&1&-1\end{pmatrix}$.

8. 当 $\lambda=1$ 时，$\mathrm{R}(\boldsymbol{A})=2$.

四、证明题

1. 因为 $\boldsymbol{A}^{\mathrm{T}}=\boldsymbol{A}^{-1}$，故 $\boldsymbol{A}\boldsymbol{A}^{\mathrm{T}}=\boldsymbol{A}\boldsymbol{A}^{-1}=\boldsymbol{E}$，因此有

$$\begin{aligned}|\boldsymbol{E}-\boldsymbol{A}|&=|\boldsymbol{A}\boldsymbol{A}^{\mathrm{T}}-\boldsymbol{A}|=|\boldsymbol{A}(\boldsymbol{A}^{\mathrm{T}}-\boldsymbol{E})|=|\boldsymbol{A}|\,|\boldsymbol{A}^{\mathrm{T}}-\boldsymbol{E}|\\&=|\boldsymbol{A}|\,|(\boldsymbol{A}-\boldsymbol{E})^{\mathrm{T}}|=|\boldsymbol{A}-\boldsymbol{E}|=(-1)^n|\boldsymbol{E}-\boldsymbol{A}|=-|\boldsymbol{E}-\boldsymbol{A}|\end{aligned}$$

所以 $|\boldsymbol{E}-\boldsymbol{A}|=0$，故 $\boldsymbol{E}-\boldsymbol{A}$ 是不可逆矩阵.

2. 因为 $\boldsymbol{A}^2+\boldsymbol{A}\boldsymbol{B}=\boldsymbol{A}(\boldsymbol{A}+\boldsymbol{B})=-\boldsymbol{B}^2$，由于

$$|\boldsymbol{A}(\boldsymbol{A}+\boldsymbol{B})|=|\boldsymbol{A}|\,|\boldsymbol{A}+\boldsymbol{B}|=|-\boldsymbol{B}^2|=(-1)^n|\boldsymbol{B}|^2\neq 0$$

所以 $|\boldsymbol{A}|\neq 0$，$|\boldsymbol{A}+\boldsymbol{B}|\neq 0$，因而有 $\boldsymbol{A}$ 和 $\boldsymbol{A}+\boldsymbol{B}$ 都是可逆矩阵.

由 $-(\boldsymbol{B}^2)^{-1}\boldsymbol{A}(\boldsymbol{A}+\boldsymbol{B})=\boldsymbol{E}$，可知$(\boldsymbol{A}+\boldsymbol{B})^{-1}=-(\boldsymbol{B}^2)^{-1}\boldsymbol{A}$.

由 $-\boldsymbol{A}(\boldsymbol{A}+\boldsymbol{B})(\boldsymbol{B}^2)^{-1}=\boldsymbol{E}$，可知 $\boldsymbol{A}^{-1}=-(\boldsymbol{A}+\boldsymbol{B})(\boldsymbol{B}^2)^{-1}$.

第二章

线性方程组

本章主要内容包括克莱姆法则、高斯消元法、线性方程组有解的充要条件、向量的概念、向量组的线性相关理论、线性方程组的性质和解的结构. 本章的难点是向量组的线性相关性，重点是向量组的线性表示、线性相关与线性无关的概念和基本结论，这是学好本章的基础. 在学习过程中要注意将向量组的秩与矩阵的秩相联系，并且熟练掌握齐次线性方程组的基础解系的求法.

一、教学基本要求

(1) 了解克莱姆法则；掌握高斯消元法.

(2) 理解齐次线性方程组有非零解的充分必要条件及非齐次线性方程组有解的充分必要条件.

(3) 理解 n 维向量的概念，理解向量的线性组合和线性表示的概念；掌握向量的加法和数乘运算.

(4) 理解向量组的线性相关和线性无关的定义；会判断向量组的线性相关或线性无关.

(5) 理解向量组的极大线性无关组和向量组的秩的概念；会求向量组的极大线性无关组和秩；了解向量组的秩与矩阵的秩之间的关系.

(6) 理解齐次线性方程组的基础解系和通解的概念.

(7) 理解非齐次线性方程组解的结构及通解的概念.

(8) 掌握用行初等变换求线性方程组通解的方法.

二、内容概要

1. 线性方程组

线性方程组的求解方法和相容性的判别见表 2-1.

表 2-1 线性方程组的求解方法和相容性的判别

	齐次线性方程组 $\boldsymbol{Ax}=\boldsymbol{0}$	非齐次线性方程组 $\boldsymbol{Ax}=\boldsymbol{b}$
线性方程组的表示	$\begin{cases}a_{11}x_1+a_{12}x_2+\cdots+a_{1n}x_n=0\\a_{21}x_1+a_{22}x_2+\cdots+a_{2n}x_n=0\\\cdots\cdots\\a_{m1}x_1+a_{m2}x_2+\cdots+a_{mn}x_n=0\end{cases}$	$\begin{cases}a_{11}x_1+a_{12}x_2+\cdots+a_{1n}x_n=b_1\\a_{21}x_1+a_{22}x_2+\cdots+a_{2n}x_n=b_2\\\cdots\cdots\\a_{m1}x_1+a_{m2}x_2+\cdots+a_{mn}x_n=b_m\end{cases}$
	$\boldsymbol{Ax}=\boldsymbol{0}$；$\boldsymbol{A}$ 为线性方程组的系数矩阵，$\boldsymbol{x}$ 为未知量矩阵.	$\boldsymbol{Ax}=\boldsymbol{b}$；$\boldsymbol{A}$ 为线性方程组的系数矩阵，$\boldsymbol{x}$ 为未知量矩阵，$\boldsymbol{b}$ 为常数项矩阵.
	$x_1\boldsymbol{\alpha}_1+x_2\boldsymbol{\alpha}_2+\cdots+x_n\boldsymbol{\alpha}_n=\boldsymbol{0}$；其中 $\boldsymbol{\alpha}_j=(a_{1j},a_{2j},\cdots,a_{mj})^{\mathrm{T}}$ 为 $\boldsymbol{A}$ 的第 j 个列向量.	$x_1\boldsymbol{\alpha}_1+x_2\boldsymbol{\alpha}_2+\cdots+x_n\boldsymbol{\alpha}_n=\boldsymbol{b}$；其中 $\boldsymbol{\alpha}_j=(a_{1j},a_{2j},\cdots,a_{mj})^{\mathrm{T}}$ 为 $\boldsymbol{A}$ 的第 j 个列向量.
克莱姆法则	① 若 n 个方程 n 个未知量的齐次线性方程组的系数行列式 $\lvert\boldsymbol{A}\rvert\neq0$，则齐次线性方程组只有零解； ② 若 n 个方程 n 个未知量的齐次线性方程组有非零解，则其系数行列式 $\lvert\boldsymbol{A}\rvert=0$.	若 n 个方程 n 个未知量的非齐次线性方程组的系数行列式 $\lvert\boldsymbol{A}\rvert\neq0$，则方程组有唯一解，且 $x_i=\dfrac{\lvert\boldsymbol{B}_i\rvert}{\lvert\boldsymbol{A}\rvert}(i=1,2,\cdots,n)$，其中 $\lvert\boldsymbol{B}_i\rvert$ 为系数行列式 $\lvert\boldsymbol{A}\rvert$ 的第 i 列元素换成常数项元素而其他元素不变所得到的行列式.
解的判别	(1) 设 $\boldsymbol{A}$ 为 $m\times n$ 维矩阵，n 元齐次线性方程组 $\boldsymbol{Ax}=\boldsymbol{0}$ 有非零解的充分必要条件是 $\mathrm{R}(\boldsymbol{A})<n$. (2) 设 $\boldsymbol{A}$ 为 $m\times n$ 维矩阵，对于 n 元齐次线性方程组 $\boldsymbol{Ax}=\boldsymbol{0}$ 有： ① 当 $\mathrm{R}(\boldsymbol{A})=r=n$ 时，齐次线性方程组 $\boldsymbol{Ax}=\boldsymbol{0}$ 仅有零解； ② 当 $\mathrm{R}(\boldsymbol{A})=r<n$ 时，齐次线性方程组 $\boldsymbol{Ax}=\boldsymbol{0}$ 有非零解，即有无穷多解. (3) 设 $\boldsymbol{A}$ 为 $m\times n$ 维矩阵，如果 n 元齐次线性方程组 $\boldsymbol{Ax}=\boldsymbol{0}$ 中方程的个数少于未知量的个数，即 $m<n$，则齐次线性方程组 $\boldsymbol{Ax}=\boldsymbol{0}$ 必有非零解. (4) 设 $\boldsymbol{A}$ 为 $n\times n$ 维矩阵，n 元齐次线性方程组 $\boldsymbol{Ax}=\boldsymbol{0}$ 有非零解的充分必要条件是 $\lvert\boldsymbol{A}\rvert=0$.	(1) 设 $\boldsymbol{A}$ 为 $m\times n$ 维矩阵，n 元线性方程组 $\boldsymbol{Ax}=\boldsymbol{b}$ 有解的充分必要条件是系数矩阵的秩与增广矩阵的秩相等，即 $\mathrm{R}(\boldsymbol{A})=\mathrm{R}(\bar{\boldsymbol{A}})$. (2) 设 $\boldsymbol{A}$ 为 $m\times n$ 维矩阵，对于 n 元线性方程组 $\boldsymbol{Ax}=\boldsymbol{b}$ 有： ① 当 $\mathrm{R}(\boldsymbol{A})=\mathrm{R}(\bar{\boldsymbol{A}})=n$ 时，线性方程组 $\boldsymbol{Ax}=\boldsymbol{b}$ 只有唯一解； ② 当 $\mathrm{R}(\boldsymbol{A})=\mathrm{R}(\bar{\boldsymbol{A}})=r<n$ 时，线性方程组 $\boldsymbol{Ax}=\boldsymbol{b}$ 有无穷多解； ③ 当 $\mathrm{R}(\boldsymbol{A})<\mathrm{R}(\bar{\boldsymbol{A}})$ 时，线性方程组 $\boldsymbol{Ax}=\boldsymbol{b}$ 无解. (3) 设 $\boldsymbol{A}$ 为 $n\times n$ 维矩阵，n 元非齐次线性方程组 $\boldsymbol{Ax}=\boldsymbol{b}$ 有唯一解的充分必要条件是 $\lvert\boldsymbol{A}\rvert\neq0$，有无穷多解的充分必要条件是 $\lvert\boldsymbol{A}\rvert=0$.
解的结构	通解为 $\boldsymbol{\eta}=c_1\boldsymbol{\eta}_1+c_2\boldsymbol{\eta}_2+\cdots+c_{n-r}\boldsymbol{\eta}_{n-r}$，其中 $\boldsymbol{\eta}_1,\boldsymbol{\eta}_2,\cdots,\boldsymbol{\eta}_{n-r}(r=\mathrm{R}(\boldsymbol{A}))$ 为方程组 $\boldsymbol{Ax}=\boldsymbol{0}$ 的一个基础解系.	通解为 $\boldsymbol{\xi}=\boldsymbol{\xi}_0+c_1\boldsymbol{\eta}_1+c_2\boldsymbol{\eta}_2+\cdots+c_{n-r}\boldsymbol{\eta}_{n-r}$，其中 $\boldsymbol{\eta}_1,\boldsymbol{\eta}_2,\cdots,\boldsymbol{\eta}_{n-r}$ 为导出方程组 $\boldsymbol{Ax}=\boldsymbol{0}$ 的一个基础解系，$\boldsymbol{\xi}_0$ 是 $\boldsymbol{Ax}=\boldsymbol{b}$ 的一个特解.

续表

	齐次线性方程组 $Ax=0$	非齐次线性方程组 $Ax=b$
高斯消元法	(1) 对线性方程组 $Ax=b$，若将其增广矩阵 $(A \vdots b)$ 经初等行变换化为 $(C \vdots d)$，则方程组 $Ax=b$ 与 $Cx=d$ 是同解方程组. (2) 解线性方程组的过程： ① 通过消元过程用矩阵的初等行变换将增广矩阵化成行阶梯形矩阵； ② 用线性方程组有解的判定定理判别解的存在性； ③ 若线性方程组有解，则通过回代过程将行阶梯形矩阵化成行最简形矩阵，进而得到线性方程组的解.	

2. n 维向量及其线性运算

向量的概念与运算见表 2-2.

表 2-2　向量的概念与运算

向量的概念	定义	由 n 个数 $a_1, a_2, \cdots, a_n$ 组成的 n 元有序数组，称为一个 n 维向量，其中的第 i 个数 $a_i(i=1, 2, \cdots, n)$称为这个向量的第 i 个分量.
	负向量	由向量 $\boldsymbol{\alpha}=(a_1, a_2, \cdots, a_n)$的各分量的相反数构成的向量，称为 $\boldsymbol{\alpha}$ 的负向量，记为$-\boldsymbol{\alpha}=(-a_1, -a_2, \cdots, -a_n)$.
	向量的相等	若向量 $\boldsymbol{\alpha}=(a_1, a_2, \cdots, a_n)$，$\boldsymbol{\beta}=(b_1, b_2, \cdots, b_n)$的对应分量相等，即 $a_i=b_i(i=1, 2, \cdots, n)$，则称向量 $\boldsymbol{\alpha}$ 与 $\boldsymbol{\beta}$ 相等，记作 $\boldsymbol{\alpha}=\boldsymbol{\beta}$.
向量的运算	向量的加法	设向量 $\boldsymbol{\alpha}=(a_1, a_2, \cdots, a_n)$，$\boldsymbol{\beta}=(b_1, b_2, \cdots, b_n)$，$\boldsymbol{\alpha}$ 与 $\boldsymbol{\beta}$ 对应分量的和所构成的向量称为向量 $\boldsymbol{\alpha}$ 与 $\boldsymbol{\beta}$ 的和，记作 $\boldsymbol{\alpha}+\boldsymbol{\beta}$，即 $\boldsymbol{\alpha}+\boldsymbol{\beta}=(a_1+b_1, a_2+b_2, \cdots, a_n+b_n)$.
	向量的减法	由向量的加法和负向量的定义，可以定义向量的减法，记作 $\boldsymbol{\alpha}-\boldsymbol{\beta}$，即 $\boldsymbol{\alpha}-\boldsymbol{\beta}=\boldsymbol{\alpha}+(-\boldsymbol{\beta})=(a_1-b_1, a_2-b_2, \cdots, a_n-b_n)$.
	数与向量乘法	设 k 为常数，数 k 与向量 $\boldsymbol{\alpha}=(a_1, a_2, \cdots, a_n)$各分量的乘积所构成的向量，称为数 k 与向量 $\boldsymbol{\alpha}$ 的乘积(简称数乘)，记作 $k\boldsymbol{\alpha}$，即 $k\boldsymbol{\alpha}=(ka_1, ka_2, \cdots, ka_n)$.

3. 向量间的线性关系

(1) 向量组的线性组合.

向量的线性表示与判定见表 2-3.

表 2-3　向量的线性表示与判别

定义	如果存在 s 个数 $k_1, k_2, \cdots, k_s$ 使得 $\boldsymbol{\beta}=k_1\boldsymbol{\alpha}_1+k_2\boldsymbol{\alpha}_2+\cdots+k_s\boldsymbol{\alpha}_s$，则称向量 $\boldsymbol{\beta}$ 是向量组 $\boldsymbol{\alpha}_1, \boldsymbol{\alpha}_2, \cdots, \boldsymbol{\alpha}_s$ 的线性组合(线性表示).
判定定理	① 向量 $\boldsymbol{\beta}$ 可以由向量组 $\boldsymbol{\alpha}_1, \boldsymbol{\alpha}_2, \cdots, \boldsymbol{\alpha}_s$ 线性表示的充分必要条件是线性方程组 $\boldsymbol{\beta}=k_1\boldsymbol{\alpha}_1+k_2\boldsymbol{\alpha}_2+\cdots+k_s\boldsymbol{\alpha}_s$ 有解； ② 向量 $\boldsymbol{\beta}$ 可由向量组 $\boldsymbol{\alpha}_1, \boldsymbol{\alpha}_2, \cdots, \boldsymbol{\alpha}_s$ 线性表示的充分必要条件是 $R(\boldsymbol{\alpha}_1, \boldsymbol{\alpha}_2, \cdots, \boldsymbol{\alpha}_s)=R(\boldsymbol{\alpha}_1, \boldsymbol{\alpha}_2, \cdots, \boldsymbol{\alpha}_s, \boldsymbol{\beta})$

(2) 向量组的线性相关性.

向量组的线性相关性见表 2-4.

表 2-4　　向量组的线性相关性

	向量组线性相关	向量组线性无关
定义	若存在一组不全为零的数 k_1，k_2，…，k_s，使得 $$k_1\boldsymbol{\alpha}_1+k_2\boldsymbol{\alpha}_2+\cdots+k_s\boldsymbol{\alpha}_s=\boldsymbol{0}$$ 则称向量组 $\boldsymbol{\alpha}_1$，$\boldsymbol{\alpha}_2$，…，$\boldsymbol{\alpha}_s$ 线性相关.	若当且仅当 $k_1=k_2=\cdots=k_s=0$ 时，$$k_1\boldsymbol{\alpha}_1+k_2\boldsymbol{\alpha}_2+\cdots+k_s\boldsymbol{\alpha}_s=\boldsymbol{0}$$ 成立，则称向量组 $\boldsymbol{\alpha}_1$，$\boldsymbol{\alpha}_2$，…，$\boldsymbol{\alpha}_s$ 线性无关.
判定定理	向量组 $\boldsymbol{\alpha}_1$，$\boldsymbol{\alpha}_2$，…，$\boldsymbol{\alpha}_s$ 线性相关的充分必要条件是方程组 $x_1\boldsymbol{\alpha}_1+x_2\boldsymbol{\alpha}_2+\cdots+x_s\boldsymbol{\alpha}_s=\boldsymbol{0}$ 有非零解.	向量组 $\boldsymbol{\alpha}_1$，$\boldsymbol{\alpha}_2$，…，$\boldsymbol{\alpha}_s$ 线性无关的充分必要条件是方程组 $x_1\boldsymbol{\alpha}_1+x_2\boldsymbol{\alpha}_2+\cdots+x_s\boldsymbol{\alpha}_s=\boldsymbol{0}$ 仅有零解.
	向量组 $\boldsymbol{\alpha}_1$，$\boldsymbol{\alpha}_2$，…，$\boldsymbol{\alpha}_s$ 构成的矩阵为 $\boldsymbol{A}=(\boldsymbol{\alpha}_1,\boldsymbol{\alpha}_2,\cdots,\boldsymbol{\alpha}_s)$，则 $\boldsymbol{\alpha}_1$，$\boldsymbol{\alpha}_2$，…，$\boldsymbol{\alpha}_s$ 线性相关的充分必要条件是 $\mathrm{R}(\boldsymbol{A})<s$.	向量组 $\boldsymbol{\alpha}_1$，$\boldsymbol{\alpha}_2$，…，$\boldsymbol{\alpha}_s$ 构成的矩阵为 $\boldsymbol{A}=(\boldsymbol{\alpha}_1,\boldsymbol{\alpha}_2,\cdots,\boldsymbol{\alpha}_s)$，则 $\boldsymbol{\alpha}_1$，$\boldsymbol{\alpha}_2$，…，$\boldsymbol{\alpha}_s$ 线性无关的充分必要条件是 $\mathrm{R}(\boldsymbol{A})=s$.
	n 维向量组 $\boldsymbol{\alpha}_1$，$\boldsymbol{\alpha}_2$，…，$\boldsymbol{\alpha}_n$ 构成的矩阵为 $\boldsymbol{A}=(\boldsymbol{\alpha}_1,\boldsymbol{\alpha}_2,\cdots,\boldsymbol{\alpha}_n)$，则 $\boldsymbol{\alpha}_1$，$\boldsymbol{\alpha}_2$，…，$\boldsymbol{\alpha}_n$ 线性相关的充分必要条件是 $\lvert\boldsymbol{A}\rvert=0$.	n 维向量组 $\boldsymbol{\alpha}_1$，$\boldsymbol{\alpha}_2$，…，$\boldsymbol{\alpha}_n$ 构成的矩阵为 $\boldsymbol{A}=(\boldsymbol{\alpha}_1,\boldsymbol{\alpha}_2,\cdots,\boldsymbol{\alpha}_n)$，则 $\boldsymbol{\alpha}_1$，$\boldsymbol{\alpha}_2$，…，$\boldsymbol{\alpha}_n$ 线性无关的充分必要条件是 $\lvert\boldsymbol{A}\rvert\neq0$.
性质	① 如果向量组中有一部分向量组线性相关，则整个向量组线性相关； ② 当 $m>n$ 时，m 个 n 维向量必线性相关.	① 若向量组线性无关，则其任一部分向量组线性无关； ② 设 r 维向量组线性无关，则在每个向量上再添加 $n-r$ 个分量所得到的 n 维向量组也线性无关.
线性组合	向量组 $\boldsymbol{\alpha}_1$，$\boldsymbol{\alpha}_2$，…，$\boldsymbol{\alpha}_s(s\geqslant2)$ 线性相关的充分必要条件是其中至少有一个向量是其余 $s-1$ 个向量的线性组合.	向量组 $\boldsymbol{\alpha}_1$，$\boldsymbol{\alpha}_2$，…，$\boldsymbol{\alpha}_s$ 线性无关的充分必要条件是向量组中每个向量都不能由其余向量线性表示.
	如果向量组 $\boldsymbol{\alpha}_1$，$\boldsymbol{\alpha}_2$，…，$\boldsymbol{\alpha}_s$，$\boldsymbol{\beta}$ 线性相关，而 $\boldsymbol{\alpha}_1$，$\boldsymbol{\alpha}_2$，…，$\boldsymbol{\alpha}_s$ 线性无关，则向量 $\boldsymbol{\beta}$ 可由向量组 $\boldsymbol{\alpha}_1$，$\boldsymbol{\alpha}_2$，…，$\boldsymbol{\alpha}_s$ 线性表示且表示法唯一.	

4. 向量组的秩与极大线性无关组

(1) 向量组的秩与极大线性无关组.

向量组的秩与极大线性无关组的概念与结论见表 2-5.

表 2-5　　向量组的秩与极大线性无关组的概念与结论

向量组的等价	定义	设有两个向量组(Ⅰ)$\boldsymbol{\alpha}_1$，$\boldsymbol{\alpha}_2$，…，$\boldsymbol{\alpha}_s$ 与(Ⅱ)$\boldsymbol{\beta}_1$，$\boldsymbol{\beta}_2$，…，$\boldsymbol{\beta}_t$. 如果向量组(Ⅰ)的每一个向量 $\boldsymbol{\alpha}_i(i=1,2,\cdots,s)$ 都可以由向量组(Ⅱ)线性表示，则称向量组(Ⅰ)可由向量组(Ⅱ)线性表示；如果向量组(Ⅰ)和(Ⅱ)可以相互线性表示，则称向量组(Ⅰ)和(Ⅱ)等价.
	结论	① 若 $\boldsymbol{\alpha}_1$，$\boldsymbol{\alpha}_2$，…，$\boldsymbol{\alpha}_s$ 可由 $\boldsymbol{\beta}_1$，$\boldsymbol{\beta}_2$，…，$\boldsymbol{\beta}_t$ 线性表示，且 $s>t$，则 $\boldsymbol{\alpha}_1$，$\boldsymbol{\alpha}_2$，…，$\boldsymbol{\alpha}_s$ 线性相关； ② 若向量组 $\boldsymbol{\alpha}_1$，$\boldsymbol{\alpha}_2$，…，$\boldsymbol{\alpha}_s$ 线性无关，并且可由向量组 $\boldsymbol{\beta}_1$，$\boldsymbol{\beta}_2$，…，$\boldsymbol{\beta}_t$ 线性表示，则 $s\leqslant t$.
极大线性无关组	定义	若向量组 $\boldsymbol{A}$ 的部分组 $\boldsymbol{\alpha}_1$，$\boldsymbol{\alpha}_2$，…，$\boldsymbol{\alpha}_r$ 满足如下条件，则称部分组 $\boldsymbol{\alpha}_1$，$\boldsymbol{\alpha}_2$，…，$\boldsymbol{\alpha}_r$ 为向量组 $\boldsymbol{A}$ 的一个极大线性无关组：$\boldsymbol{\alpha}_1$，$\boldsymbol{\alpha}_2$，…，$\boldsymbol{\alpha}_r$ 线性无关；向量组 $\boldsymbol{A}$ 中的任意一个向量都可以由 $\boldsymbol{\alpha}_1$，$\boldsymbol{\alpha}_2$，…，$\boldsymbol{\alpha}_r$ 线性表示（或向量组 $\boldsymbol{A}$ 中的任意 $r+1$ 个向量都线性相关）.
	结论	① 任一向量组和它的极大线性无关组等价； ② 向量组 $\boldsymbol{\alpha}_1$，$\boldsymbol{\alpha}_2$，…，$\boldsymbol{\alpha}_s$ 中任意两个极大线性无关组等价； ③ 两个等价的线性无关的向量组所含向量的个数相同； ④ 向量组 $\boldsymbol{\alpha}_1$，$\boldsymbol{\alpha}_2$，…，$\boldsymbol{\alpha}_s$ 的任意两个极大线性无关组所含向量的个数相同.

续表

向量组的秩	定义	向量组 $\boldsymbol{\alpha}_1$，$\boldsymbol{\alpha}_2$，…，$\boldsymbol{\alpha}_s$ 的极大线性无关组所含向量的个数称为向量组的秩，记作 $R(\boldsymbol{\alpha}_1, \boldsymbol{\alpha}_2, \cdots, \boldsymbol{\alpha}_s)$.
	结论	① 向量组 $\boldsymbol{\alpha}_1$，$\boldsymbol{\alpha}_2$，…，$\boldsymbol{\alpha}_s$ 线性无关的充分必要条件是 $R(\boldsymbol{\alpha}_1, \boldsymbol{\alpha}_2, \cdots, \boldsymbol{\alpha}_s)=s$； ② 若 $\boldsymbol{\alpha}_1$，$\boldsymbol{\alpha}_2$，…，$\boldsymbol{\alpha}_s$ 可由 $\boldsymbol{\beta}_1$，$\boldsymbol{\beta}_2$，…，$\boldsymbol{\beta}_t$ 线性表示，则 $R(\boldsymbol{\alpha}_1, \boldsymbol{\alpha}_2, \cdots, \boldsymbol{\alpha}_s)\leqslant R(\boldsymbol{\beta}_1, \boldsymbol{\beta}_2, \cdots, \boldsymbol{\beta}_t)$； ③ 如果向量组 $\boldsymbol{\alpha}_1$，$\boldsymbol{\alpha}_2$，…，$\boldsymbol{\alpha}_s$ 与向量组 $\boldsymbol{\beta}_1$，$\boldsymbol{\beta}_2$，…，$\boldsymbol{\beta}_t$ 等价，则它们的秩相等.
向量组的秩与极大线性无关组的求法		① 将向量组 $\boldsymbol{\alpha}_1$，$\boldsymbol{\alpha}_2$，…，$\boldsymbol{\alpha}_s$ 以列向量的形式构成矩阵 $\boldsymbol{A}=(\boldsymbol{\alpha}_1, \boldsymbol{\alpha}_2, \cdots, \boldsymbol{\alpha}_s)$； ② 对 $\boldsymbol{A}=(\boldsymbol{\alpha}_1, \boldsymbol{\alpha}_2, \cdots, \boldsymbol{\alpha}_s)$ 实施初等行变换，将其化成行阶梯形矩阵 $\boldsymbol{B}=(\boldsymbol{\beta}_1, \boldsymbol{\beta}_2, \cdots, \boldsymbol{\beta}_s)$； ③ 由 $\boldsymbol{\beta}_1$，$\boldsymbol{\beta}_2$，…，$\boldsymbol{\beta}_t$ 之间的线性关系得到 $\boldsymbol{\alpha}_1$，$\boldsymbol{\alpha}_2$，…，$\boldsymbol{\alpha}_s$ 的极大无关组和向量组的秩； ④ 如果求出向量组的极大无关组后，需要把向量组的其余向量用极大无关组线性表示，则需要将行阶梯形矩阵再化为行最简形矩阵，最后写出线性表示式.

（2）向量组的秩与矩阵的秩的关系.

矩阵的秩与向量组的秩之间的关系见表 2-6.

表 2-6　矩阵的秩与向量组的秩的关系

	矩阵的秩	向量组的秩
定义	矩阵的秩为矩阵中非零子式的最高阶数.	向量组 $\boldsymbol{\alpha}_1$，$\boldsymbol{\alpha}_2$，…，$\boldsymbol{\alpha}_s$ 的极大线性无关组所含向量的个数称为向量组的秩.
关系	矩阵 $\boldsymbol{A}$ 的行向量组为 $\boldsymbol{\alpha}_1$，$\boldsymbol{\alpha}_2$，…，$\boldsymbol{\alpha}_m$，列向量组为 $\boldsymbol{\beta}_1$，$\boldsymbol{\beta}_2$，…，$\boldsymbol{\beta}_n$，则矩阵的行秩和列秩相等，并且都等于矩阵的秩，即 $R(\boldsymbol{A})=R(\boldsymbol{\alpha}_1, \boldsymbol{\alpha}_2, \cdots, \boldsymbol{\alpha}_m)=R(\boldsymbol{\beta}_1, \boldsymbol{\beta}_2, \cdots, \boldsymbol{\beta}_n)$.	
求法	① 定义求秩法：求矩阵中不为零子式的最高阶数； ② 初等变换求秩法：对矩阵进行初等行变换，将其化为行阶梯形矩阵，则行阶梯形矩阵中非零行的行数就是该矩阵的秩； ③ 向量组求秩法：求向量组的行秩或列秩.	

5. 向量组的相关性与线性方程组的相容性对比

向量组的相关性与线性方程组的相容性对比见表 2-7.

表 2-7　向量组的相关性与线性方程组的相容性对比

向量组		线性方程组	
线性表示	向量的线性表示： 如果存在 n 个数 x_1，x_2，…，x_n 使得 $\boldsymbol{\beta}=x_1\boldsymbol{\alpha}_1+x_2\boldsymbol{\alpha}_2+\cdots+x_n\boldsymbol{\alpha}_n$ 则称向量 $\boldsymbol{\beta}$ 是向量组 $\boldsymbol{\alpha}_1$，$\boldsymbol{\alpha}_2$，…，$\boldsymbol{\alpha}_n$ 的线性表示.	非齐次线性方程组的相容性： 若 $\begin{cases} a_{11}x_1+a_{12}x_2+\cdots+a_{1n}x_n=b_1 \\ a_{21}x_1+a_{22}x_2+\cdots+a_{2n}x_n=b_2 \\ \cdots\cdots \\ a_{m1}x_1+a_{m2}x_2+\cdots+a_{mn}x_n=b_m \end{cases}$ 有解，则称线性方程组相容.	非齐次方程组
	线性表示的判别： ① $\boldsymbol{\beta}$ 可以由 $\boldsymbol{\alpha}_1$，$\boldsymbol{\alpha}_2$，…，$\boldsymbol{\alpha}_n$ 线性表示的充要条件是方程组 $\boldsymbol{\beta}=k_1\boldsymbol{\alpha}_1+k_2\boldsymbol{\alpha}_2+\cdots+k_n\boldsymbol{\alpha}_n$ 有解； ② $\boldsymbol{\beta}$ 可由 $\boldsymbol{\alpha}_1$，$\boldsymbol{\alpha}_2$，…，$\boldsymbol{\alpha}_n$ 线性表示的充要条件是 $R(\boldsymbol{\alpha}_1, \boldsymbol{\alpha}_2, \cdots, \boldsymbol{\alpha}_n)=R(\boldsymbol{\alpha}_1, \boldsymbol{\alpha}_2, \cdots, \boldsymbol{\alpha}_n, \boldsymbol{\beta})$.	相容性的判别： ① 方程组有解 $\Leftrightarrow \boldsymbol{B}$ 可以由 $\boldsymbol{\alpha}_1$，$\boldsymbol{\alpha}_2$，…，$\boldsymbol{\alpha}_n$ 线性表示； ② 方程组有解 $\Leftrightarrow R(\boldsymbol{A})=R(\bar{\boldsymbol{A}})$.	

续表

<table>
<tr><th colspan="2">向量组</th><th colspan="2">线性方程组</th></tr>
<tr><td rowspan="3">线性相关性</td><td>① 如果存在一组不全为零的数 x_1，x_2，…，x_n，使得
$$x_1\boldsymbol{\alpha}_1+x_2\boldsymbol{\alpha}_2+\cdots+x_n\boldsymbol{\alpha}_n=\mathbf{0}$$
则称向量组 $\boldsymbol{\alpha}_1$，$\boldsymbol{\alpha}_2$，…，$\boldsymbol{\alpha}_n$ 线性相关；
② 若当且仅当 $x_1=x_2=\cdots=x_n=0$ 时，
$$x_1\boldsymbol{\alpha}_1+x_2\boldsymbol{\alpha}_2+\cdots+x_n\boldsymbol{\alpha}_n=\mathbf{0}$$
成立，则称向量组 $\boldsymbol{\alpha}_1$，$\boldsymbol{\alpha}_2$，…，$\boldsymbol{\alpha}_n$ 线性无关.</td><td>齐次线性方程组如下：
$$\begin{cases}a_{11}x_1+a_{12}x_2+\cdots+a_{1n}x_n=0\\a_{21}x_1+a_{22}x_2+\cdots+a_{2n}x_n=0\\\cdots\cdots\\a_{m1}x_1+a_{m2}x_2+\cdots+a_{mn}x_n=0\end{cases}$$
① 若存在一组不全为零的数 x_1，x_2，…，x_n 满足方程组，则方程组有非零解；
② 若当且仅当 $x_1=x_2=\cdots=x_n=0$ 时方程组成立，则方程组有唯一零解.</td><td rowspan="3">齐次方程组</td></tr>
<tr><td>相关性的判别：
① 向量组 $\boldsymbol{\alpha}_1$，$\boldsymbol{\alpha}_2$，…，$\boldsymbol{\alpha}_n$ 线性相关的充要条件是
$$x_1\boldsymbol{\alpha}_1+x_2\boldsymbol{\alpha}_2+\cdots+x_n\boldsymbol{\alpha}_n=\mathbf{0}$$
有非零解；
向量组 $\boldsymbol{\alpha}_1$，$\boldsymbol{\alpha}_2$，…，$\boldsymbol{\alpha}_n$ 线性无关的充要条件是
$$x_1\boldsymbol{\alpha}_1+x_2\boldsymbol{\alpha}_2+\cdots+x_n\boldsymbol{\alpha}_n=\mathbf{0}$$
仅有零解.
② 若 $\boldsymbol{A}=(\boldsymbol{\alpha}_1,\boldsymbol{\alpha}_2,\cdots,\boldsymbol{\alpha}_n)$，则 $\boldsymbol{\alpha}_1$，$\boldsymbol{\alpha}_2$，…，$\boldsymbol{\alpha}_n$ 线性相关的充分必要条件是 $\mathrm{R}(\boldsymbol{A})<n$；线性无关的充分必要条件是 $\mathrm{R}(\boldsymbol{A})=n$.
③ 若 n 维向量组构成的矩阵 $\boldsymbol{A}=(\boldsymbol{\alpha}_1,\boldsymbol{\alpha}_2,\cdots,\boldsymbol{\alpha}_n)$，则向量组 $\boldsymbol{\alpha}_1$，$\boldsymbol{\alpha}_2$，…，$\boldsymbol{\alpha}_n$ 线性相关的充分必要条件是 $|\boldsymbol{A}|=0$；线性无关的充分必要条件是 $|\boldsymbol{A}|\neq 0$.</td><td>解的判别：
① 非零解 $\Leftrightarrow\boldsymbol{\alpha}_1$，$\boldsymbol{\alpha}_2$，…，$\boldsymbol{\alpha}_n$ 线性相关；
唯一零解 $\Leftrightarrow\boldsymbol{\alpha}_1$，$\boldsymbol{\alpha}_2$，…，$\boldsymbol{\alpha}_n$ 线性无关.
② 非零解 $\Leftrightarrow\mathrm{R}(\boldsymbol{A})<n$；
唯一零解 $\Leftrightarrow\mathrm{R}(\boldsymbol{A})=n$.
③ 非零解 $\Leftrightarrow$ 当 $m=n$ 时，$|\boldsymbol{A}|=0$；
唯一零解 $\Leftrightarrow$ 当 $m=n$ 时，$|\boldsymbol{A}|\neq 0$.</td></tr>
<tr><td>向量组的极大线性无关组 $\boldsymbol{\alpha}_1$，$\boldsymbol{\alpha}_2$，…，$\boldsymbol{\alpha}_r$；
向量组的秩 $r=\mathrm{R}(\boldsymbol{\alpha}_1,\boldsymbol{\alpha}_2,\cdots,\boldsymbol{\alpha}_n)$；
向量组的结构 $c_1\boldsymbol{\alpha}_1+c_2\boldsymbol{\alpha}_2+\cdots+c_r\boldsymbol{\alpha}_r$.</td><td>齐次方程组的基础解系 $\boldsymbol{\eta}_1$，$\boldsymbol{\eta}_2$，…，$\boldsymbol{\eta}_{n-r}$；
基础解系所含向量个数 $n-r$，$r=\mathrm{R}(\boldsymbol{A})$；
通解结构 $\boldsymbol{\eta}=c_1\boldsymbol{\eta}_1+c_2\boldsymbol{\eta}_2+\cdots+c_{n-r}\boldsymbol{\eta}_{n-r}$.</td></tr>
<tr><td>矩阵</td><td colspan="3">设 $\boldsymbol{A}=(a_{ij})_{m\times n}=(\boldsymbol{\alpha}_1,\boldsymbol{\alpha}_2,\cdots,\boldsymbol{\alpha}_n)$，$\boldsymbol{x}=(x_1,x_2,\cdots,x_n)^{\mathrm{T}}$，$\boldsymbol{b}=(b_1,b_2,\cdots,b_m)^{\mathrm{T}}$. 非齐次方程组 $\boldsymbol{Ax}=\boldsymbol{b}$ 或 $(\boldsymbol{\alpha}_1,\boldsymbol{\alpha}_2,\cdots,\boldsymbol{\alpha}_n)\boldsymbol{x}=\boldsymbol{b}$；齐次方程组 $\boldsymbol{Ax}=\mathbf{0}$ 或 $(\boldsymbol{\alpha}_1,\boldsymbol{\alpha}_2,\cdots,\boldsymbol{\alpha}_n)\boldsymbol{x}=\mathbf{0}$. 向量组的相关性和方程组的解与矩阵有关的内容为：矩阵的初等变换、矩阵的等价、矩阵的秩.</td></tr>
</table>

三、知识结构图

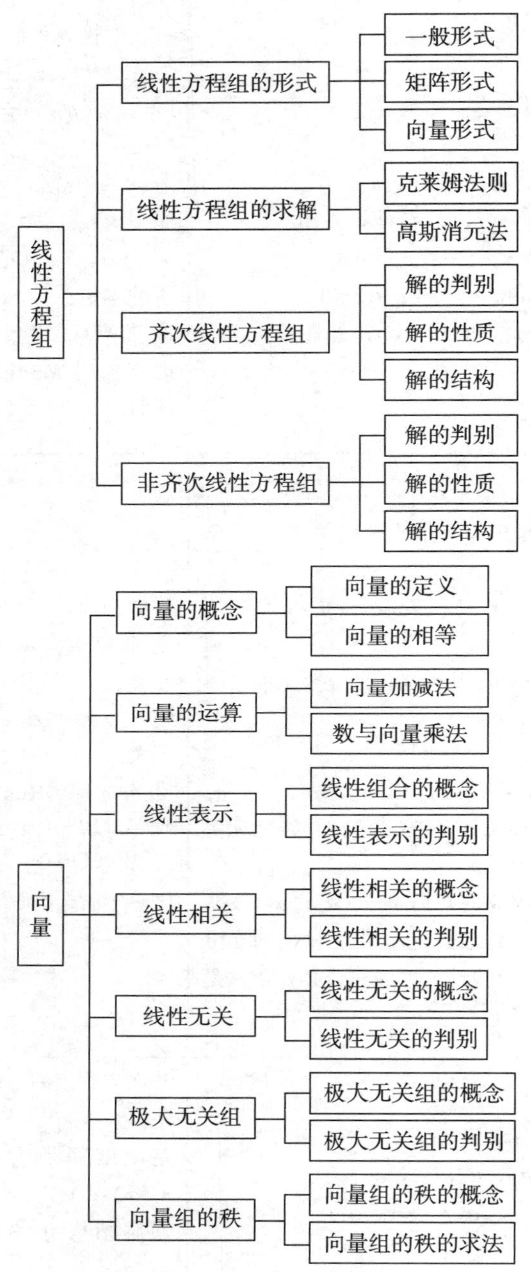
线性方程组
线性方程组的形式
一般形式
矩阵形式
向量形式
线性方程组的求解
克莱姆法则
高斯消元法
齐次线性方程组
解的判别
解的性质
解的结构
非齐次线性方程组
解的判别
解的性质
解的结构
向量
向量的概念
向量的定义
向量的相等
向量的运算
向量加减法
数与向量乘法
线性表示
线性组合的概念
线性表示的判别
线性相关
线性相关的概念
线性相关的判别
线性无关
线性无关的概念
线性无关的判别
极大无关组
极大无关组的概念
极大无关组的判别
向量组的秩
向量组的秩的概念
向量组的秩的求法

四、要点剖析

1. 线性方程组的形式

线性方程组理论是在矩阵运算和矩阵的秩的基础上建立起来的，而向量组可等同于矩阵，因此，矩阵既是连接线性方程组理论与向量理论的纽带，又是解决问题最常用的方法. 线性方程组的方程表示、矩阵表示、向量表示是线性方程组的三种基本表示形式，在学习过程中要特别注意三者之间的转换，三者之间的转换有助于对相关定理的理解.

2. 向量间的线性表示和向量组的线性相关性

向量间的线性表示和向量组的线性相关性是本章的重点，它与线性方程组解的理论密切相关. 这部分内容抽象、定理繁多，在学习过程中要注意归纳和加强思维训练.

向量 $\boldsymbol{\beta}$ 可由向量组 $\boldsymbol{\alpha}_1$，$\boldsymbol{\alpha}_2$，…，$\boldsymbol{\alpha}_s$ 线性表示的判别主要依据下述命题：

(1) 向量 $\boldsymbol{\beta}$ 可以由向量组 $\boldsymbol{\alpha}_1$，$\boldsymbol{\alpha}_2$，…，$\boldsymbol{\alpha}_s$ 线性表示的充分必要条件是线性方程组 $\boldsymbol{\beta}=x_1\boldsymbol{\alpha}_1+x_2\boldsymbol{\alpha}_2+\cdots+x_s\boldsymbol{\alpha}_s$ 有解.

(2) 如果向量组 $\boldsymbol{\alpha}_1$，$\boldsymbol{\alpha}_2$，…，$\boldsymbol{\alpha}_s$，$\boldsymbol{\beta}$ 线性相关，而 $\boldsymbol{\alpha}_1$，$\boldsymbol{\alpha}_2$，…，$\boldsymbol{\alpha}_s$ 线性无关，则向量 $\boldsymbol{\beta}$ 可由向量组 $\boldsymbol{\alpha}_1$，$\boldsymbol{\alpha}_2$，…，$\boldsymbol{\alpha}_s$ 线性表示且表示法唯一.

(3) 向量 $\boldsymbol{\beta}$ 可由向量组 $\boldsymbol{\alpha}_1$，$\boldsymbol{\alpha}_2$，…，$\boldsymbol{\alpha}_s$ 线性表示的充分必要条件是矩阵 $\boldsymbol{A}=(\boldsymbol{\alpha}_1, \boldsymbol{\alpha}_2, \cdots, \boldsymbol{\alpha}_s)$ 的秩等于矩阵 $\boldsymbol{B}=(\boldsymbol{\alpha}_1, \boldsymbol{\alpha}_2, \cdots, \boldsymbol{\alpha}_s, \boldsymbol{\beta})$ 的秩.

向量组的线性相关性的判别：

(1) 对具体向量组 $\boldsymbol{\alpha}_1$，$\boldsymbol{\alpha}_2$，…，$\boldsymbol{\alpha}_s$ 线性相关性的判别，其方法是将向量作为矩阵的列，合并成矩阵 $\boldsymbol{A}=(\boldsymbol{\alpha}_1, \boldsymbol{\alpha}_2, \cdots, \boldsymbol{\alpha}_s)$，这样向量组的线性相关性就与矩阵、线性方程组的有关内容结合到一起. 由下述等价命题判别：

① 向量组 $\boldsymbol{\alpha}_1$，$\boldsymbol{\alpha}_2$，…，$\boldsymbol{\alpha}_s$ 线性相关⇔齐次线性方程组 $\boldsymbol{Ax}=\boldsymbol{0}$ 有非零解⇔$\mathrm{R}(\boldsymbol{A})<n$；

② 向量组 $\boldsymbol{\alpha}_1$，$\boldsymbol{\alpha}_2$，…，$\boldsymbol{\alpha}_s$ 线性无关⇔齐次线性方程组 $\boldsymbol{Ax}=\boldsymbol{0}$ 只有零解⇔ $\mathrm{R}(\boldsymbol{A})=n$.

(2) 对抽象向量组 $\boldsymbol{\alpha}_1$，$\boldsymbol{\alpha}_2$，…，$\boldsymbol{\alpha}_s$ 线性相关性的讨论，主要是利用线性相关性的定义和有关线性相关性的结论. 常用的线性相关性的结论：

① 线性无关的向量组缩小后仍线性无关，线性相关的向量组扩大后仍线性相关.

② $n+1$ 个 n 维向量组必线性相关.

③ 对于线性无关的向量组，若把分量增加，则仍无关；对于线性相关的向量组，若把分量减少，则仍相关.

④ 向量组 $\boldsymbol{\alpha}_1$，$\boldsymbol{\alpha}_2$，…，$\boldsymbol{\alpha}_s(s\geqslant 2)$线性相关的充分必要条件是其中至少有一个向量是其余 $s-1$ 个向量的线性组合.

⑤ 向量 $\boldsymbol{\beta}$ 可由向量组 $\boldsymbol{\alpha}_1$，$\boldsymbol{\alpha}_2$，…，$\boldsymbol{\alpha}_s$ 线性表示且表示法唯一的充分必要条件是 $\boldsymbol{\alpha}_1$，$\boldsymbol{\alpha}_2$，…，$\boldsymbol{\alpha}_s$ 线性无关.

3. 向量组的极大线性无关组

在讨论有关向量组的线性问题时，为了用向量组的最小有限部分组表示整体向量组，我们引入了向量组的极大线性无关组的概念. 向量组的极大线性无关组满足两个条件："无关"和"最大". 第一个条件要求向量组线性无关，它是讨论问题的基础，体现了线性无关的性质；第二个条件要求向量组是线性无关向量组中含有向量个数最多的，体现了极大线性无关组"最大"的性质. 这样用向量组的极大线性无关组来表示向量组是最好不过的了. 特别地，当向量组为无限向量组时，就能用有限的极大线性无关组来表示，而有限向量组的问题可进一步转化为矩阵问题. 反之，凡是对有限向量组成立的结论，用极大无关组做过渡，可以推广到无限向量组，这正是引入极大线性无关组的意义所在.

向量组的极大线性无关组的求法：

(1) 逐步添加法：① 在向量组中任取一个非零向量作为 $\boldsymbol{\alpha}_{i1}$；②取一个与 $\boldsymbol{\alpha}_{i1}$ 的对应分量不成比例的向量作为 $\boldsymbol{\alpha}_{i2}$；③取一个不能由 $\boldsymbol{\alpha}_{i1}$，$\boldsymbol{\alpha}_{i2}$ 表示的向量作为 $\boldsymbol{\alpha}_{i3}$，继续下去可获得极大线性无关组. 该方法适用于向量组中向量个数较少的情形.

(2) 初等变换法：将向量组中各向量作为矩阵的列；对矩阵做初等行变换，化为行阶梯形矩阵；在行阶梯形矩阵的每一阶梯上取一列，则对应的向量所构成的向量组即为极大线性无关组.

(3) 线性无关法：验证向量组线性无关，则向量组即为极大线性无关组.

4. 线性方程组解的结构

对于线性方程组解的结构的讨论是基于齐次线性方程组的基础解系的概念，要熟练掌握齐次线性方程组的基础解系的求法.

(1) 齐次线性方程组的基础解系和通解的求法：

① 对 $\boldsymbol{A}$ 实施初等行变换，将 $\boldsymbol{A}$ 化为行最简形矩阵

$$\boldsymbol{A}\rightarrow\cdots\rightarrow\begin{pmatrix}1&0&\cdots&0&k_{11}&\cdots&k_{1,n-r}\\0&1&\cdots&0&k_{21}&\cdots&k_{2,n-r}\\\vdots&\vdots&&\vdots&\vdots&&\vdots\\0&0&\cdots&1&k_{r1}&\cdots&k_{r,n-r}\\0&0&\cdots&0&0&\cdots&0\\\vdots&\vdots&&\vdots&\vdots&&\vdots\\0&0&\cdots&0&0&\cdots&0\end{pmatrix}$$

② 写出对应的齐次线性方程组

$$\begin{cases}x_1=-k_{11}x_{r+1}-k_{12}x_{r+2}-\cdots-k_{1,n-r}x_n\\x_2=-k_{21}x_{r+1}-k_{22}x_{r+2}-\cdots-k_{2,n-r}x_n\\\cdots\cdots\\x_r=-k_{r1}x_{r+1}-k_{r2}x_{r+2}-\cdots-k_{r,n-r}x_n\end{cases}$$

其中 x_{r+1}，x_{r+2}，…，x_n 为自由未知量. 令 $n-r$ 个自由未知量分别取

$$\begin{pmatrix}x_{r+1}\\x_{r+2}\\\vdots\\x_n\end{pmatrix}=\begin{pmatrix}1\\0\\\vdots\\0\end{pmatrix},\begin{pmatrix}0\\1\\\vdots\\0\end{pmatrix},\cdots,\begin{pmatrix}0\\0\\\vdots\\1\end{pmatrix}$$

可得齐次方程组 $\boldsymbol{A}\boldsymbol{x}=\boldsymbol{0}$ 的 $n-r$ 个解，即基础解系为

$$\boldsymbol{\eta}_1=\begin{pmatrix}-k_{11}\\-k_{21}\\\vdots\\-k_{r1}\\1\\0\\\vdots\\0\end{pmatrix},\quad \boldsymbol{\eta}_2=\begin{pmatrix}-k_{12}\\-k_{22}\\\vdots\\-k_{r2}\\0\\1\\\vdots\\0\end{pmatrix},\cdots,\boldsymbol{\eta}_{n-r}=\begin{pmatrix}-k_{1,n-r}\\-k_{2,n-r}\\\vdots\\-k_{r,n-r}\\0\\0\\\vdots\\1\end{pmatrix}$$

③齐次线性方程组 $\boldsymbol{Ax}=\boldsymbol{0}$ 的通解为 $\boldsymbol{\eta}=c_1\boldsymbol{\eta}_1+c_2\boldsymbol{\eta}_2+\cdots+c_{n-r}\boldsymbol{\eta}_{n-r}$，其中 c_1，c_2，…，c_{n-r} 为任意常数.

(2) 非齐次线性方程组通解的求法：

① 通过初等行变换，将增广矩阵 $\bar{\boldsymbol{A}}$ 化为行最简形矩阵，行最简形矩阵的非零行数就是增广矩阵的秩；

② 写出对应的等价线性方程组，将每一非零行最左端对应的未知量留在等式左端，其余 $n-r$ 个未知量移到等式右端；

③ 令右端 $n-r$ 个自由未知量全部为零，得到非齐次线性方程组的一个特解 $\boldsymbol{\xi}_0$；

④ 求出对应的齐次方程组 $\boldsymbol{Ax}=\boldsymbol{0}$ 的基础解系 $\boldsymbol{\eta}_1$，$\boldsymbol{\eta}_2$，…，$\boldsymbol{\eta}_{n-r}$；

⑤ 非齐次线性方程组 $\boldsymbol{Ax}=\boldsymbol{b}$ 的通解即为基础解系的线性组合加上特解 $\boldsymbol{\xi}_0$：

$$\boldsymbol{\xi}=\boldsymbol{\xi}_0+c_1\boldsymbol{\eta}_1+c_2\boldsymbol{\eta}_2+\cdots+c_{n-r}\boldsymbol{\eta}_{n-r}$$

其中 c_1，c_2，…，c_{n-r} 为任意常数.

五、释疑解难

问题 1 在 n 维向量组的线性相关和线性无关的定义中应注意什么？

答 设有 n 维向量组 $\boldsymbol{\alpha}_1$，$\boldsymbol{\alpha}_2$，…，$\boldsymbol{\alpha}_s$，若存在一组不全为零的数 k_1，k_2，…，k_s，使$k_1\boldsymbol{\alpha}_1+k_2\boldsymbol{\alpha}_2+\cdots+k_s\boldsymbol{\alpha}_s=\boldsymbol{0}$ 成立，则称向量组 $\boldsymbol{\alpha}_1$，$\boldsymbol{\alpha}_2$，…，$\boldsymbol{\alpha}_s$ 线性相关.

在该定义中应注意：

(1) k_1，k_2，…，k_s 不全为零，不要求 k_1，k_2，…，k_s 全不为零；

(2) 对于给定的向量组 $\boldsymbol{\alpha}_1$，$\boldsymbol{\alpha}_2$，…，$\boldsymbol{\alpha}_s$，只要能够求出一组不全为零的数 k_1，k_2，…，k_s，使 $k_1\boldsymbol{\alpha}_1+k_2\boldsymbol{\alpha}_2+\cdots+k_s\boldsymbol{\alpha}_s=\boldsymbol{0}$ 成立，那么 $\boldsymbol{\alpha}_1$，$\boldsymbol{\alpha}_2$，…，$\boldsymbol{\alpha}_s$ 就线性相关.

对于向量组 $\boldsymbol{\alpha}_1$，$\boldsymbol{\alpha}_2$，…，$\boldsymbol{\alpha}_s$，若不是线性相关的，则称 $\boldsymbol{\alpha}_1$，$\boldsymbol{\alpha}_2$，…，$\boldsymbol{\alpha}_s$ 线性无关.意思是不存在不全为零的一组数 k_1，k_2，…，k_s，使 $k_1\boldsymbol{\alpha}_1+k_2\boldsymbol{\alpha}_2+\cdots+k_s\boldsymbol{\alpha}_s=\boldsymbol{0}$ 成立.

换言之，若当且仅当 $k_i=0(i=1,2,\cdots,s)$ 时，才使 $k_1\boldsymbol{\alpha}_1+k_2\boldsymbol{\alpha}_2+\cdots+k_s\boldsymbol{\alpha}_s=\boldsymbol{0}$ 成立，则 $\boldsymbol{\alpha}_1$，$\boldsymbol{\alpha}_2$，…，$\boldsymbol{\alpha}_s$ 为线性无关的向量组.

问题 2 线性相关与线性表示这两个概念有什么区别和联系？

答 (1) 线性相关与线性表示概念.

线性相关的定义：对于向量组 $\boldsymbol{\alpha}_1$，$\boldsymbol{\alpha}_2$，…，$\boldsymbol{\alpha}_s$，如果存在一组不全为零的数 k_1，k_2，…，k_s，使得 $k_1\boldsymbol{\alpha}_1+k_2\boldsymbol{\alpha}_2+\cdots+k_s\boldsymbol{\alpha}_s=\boldsymbol{0}$，则称向量组 $\boldsymbol{\alpha}_1$，$\boldsymbol{\alpha}_2$，…，$\boldsymbol{\alpha}_s$ 线性相关.

线性表示的定义：对向量组 $\boldsymbol{\alpha}_1$，$\boldsymbol{\alpha}_2$，…，$\boldsymbol{\alpha}_s$ 和向量 $\boldsymbol{\beta}$，如果存在 s 个数 k_1，k_2，…，

k_s，使得 $\boldsymbol{\beta}=k_1\boldsymbol{\alpha}_1+k_2\boldsymbol{\alpha}_2+\cdots+k_s\boldsymbol{\alpha}_s$，则称向量 $\boldsymbol{\beta}$ 是向量组 $\boldsymbol{\alpha}_1$，$\boldsymbol{\alpha}_2$，…，$\boldsymbol{\alpha}_s$ 的线性组合，也称向量 $\boldsymbol{\beta}$ 可由向量组 $\boldsymbol{\alpha}_1$，$\boldsymbol{\alpha}_2$，…，$\boldsymbol{\alpha}_s$ 线性表示.

（2）线性相关与线性表示的联系.

线性相关与线性表示关系定理：向量组 $\boldsymbol{A}$：$\boldsymbol{\alpha}_1$，$\boldsymbol{\alpha}_2$，…，$\boldsymbol{\alpha}_s(s\geqslant 2)$ 线性相关的充分必要条件是向量组 $\boldsymbol{A}$ 中至少有一个向量是其余 $s-1$ 个向量的线性组合.

该充要条件把线性相关与线性表示这两个概念联系起来，常把这个充要条件作为向量组线性相关性的等价定义. 向量组 $\boldsymbol{A}$ 中至少有一个向量能由其余向量线性表示，也就是 $\boldsymbol{A}$ 的 s 个向量之间至少有一个线性关系式，这就是向量组 A 线性相关的含义.

按此等价定义，向量组 $\boldsymbol{A}$ 线性无关的充要条件是 $\boldsymbol{A}$ 中任意一个向量均不能由其余向量线性表示，即向量组 $\boldsymbol{A}$ 的 s 个向量之间没有线性关系.

（3）线性相关与线性表示的区别.

向量组 $\boldsymbol{A}$：$\boldsymbol{\alpha}_1$，$\boldsymbol{\alpha}_2$，…，$\boldsymbol{\alpha}_s(s\geqslant 2)$ 线性相关是指齐次线性方程$(\boldsymbol{\alpha}_1, \boldsymbol{\alpha}_2, \cdots, \boldsymbol{\alpha}_s)\boldsymbol{x}=\boldsymbol{0}$ 有非零解，向量 $\boldsymbol{b}$ 能由向量组 $\boldsymbol{A}$ 线性表示是指非齐次线性方程$(\boldsymbol{\alpha}_1, \boldsymbol{\alpha}_2, \cdots, \boldsymbol{\alpha}_s)\boldsymbol{x}=\boldsymbol{b}$ 有解. 齐次方程 $\boldsymbol{Ax}=\boldsymbol{0}$ 是否有非零解与非齐次方程 $\boldsymbol{Ax}=\boldsymbol{b}$ 是否有解显然是两个不同的问题，由此可知线性相关与线性表示这两个概念的区别.

问题 3　由向量组的线性相关性的定义可直接得出哪些结论？

答　有些特殊向量组的线性相关性可直接由向量组的线性相关性的定义得出.

（1）仅含一个向量 $\boldsymbol{\alpha}$ 的向量组，若 $\boldsymbol{\alpha}\neq\boldsymbol{0}$，则线性无关，若 $\boldsymbol{\alpha}=\boldsymbol{0}$，则线性相关.

（2）任何含有零向量的向量组必线性相关.

（3）若向量组 $\boldsymbol{\alpha}_1$，$\boldsymbol{\alpha}_2$，…，$\boldsymbol{\alpha}_s$ 中有某个部分组线性相关，则向量组 $\boldsymbol{\alpha}_1$，$\boldsymbol{\alpha}_2$，…，$\boldsymbol{\alpha}_s$ 必线性相关.

（4）若向量组 $\boldsymbol{\alpha}_1$，$\boldsymbol{\alpha}_2$，…，$\boldsymbol{\alpha}_s$ 线性无关，则它的任何一个部分组必线性无关.

（5）向量组 $\boldsymbol{\alpha}_1$，$\boldsymbol{\alpha}_2$ 线性相关的充要条件为 $\boldsymbol{\alpha}_1$，$\boldsymbol{\alpha}_2$ 的对应分量成比例.

（6）向量组 $\boldsymbol{\alpha}_1$，$\boldsymbol{\alpha}_2$，…，$\boldsymbol{\alpha}_s(s\geqslant 2)$ 线性相关的充要条件为 $\boldsymbol{\alpha}_1$，$\boldsymbol{\alpha}_2$，…，$\boldsymbol{\alpha}_s$ 中至少有一个向量可由其余向量线性表示.

问题 4　两个矩阵的等价与两个向量组的等价有什么区别和联系？

答　矩阵 $\boldsymbol{A}$ 与 $\boldsymbol{B}$ 等价指的是 $\boldsymbol{A}$ 可以通过有限次初等变换变成 $\boldsymbol{B}$，因此，两个不同型的矩阵是不可能等价的；两向量组的等价指的是它们能够相互线性表示，于是，它们各自所含向量的个数可能是不一样的.

两矩阵的等价与两向量组的等价的联系在于：

（1）若矩阵 $\boldsymbol{A}$ 经初等行变换变成 $\boldsymbol{B}$，即 $\boldsymbol{A}$ 与 $\boldsymbol{B}$ 行等价，则 $\boldsymbol{A}$ 与 $\boldsymbol{B}$ 的行向量组等价；若 $\boldsymbol{A}$ 经初等列变换变成 $\boldsymbol{C}$，即 $\boldsymbol{A}$ 与 $\boldsymbol{C}$ 列等价，则 $\boldsymbol{A}$ 与 $\boldsymbol{C}$ 的列向量组等价；若 $\boldsymbol{A}$ 既经初等行变换又经初等列变换变成 $\boldsymbol{D}$，那么矩阵 $\boldsymbol{A}$ 与 $\boldsymbol{D}$ 等价，但 $\boldsymbol{A}$ 与 $\boldsymbol{D}$ 的行向量组与列向量组未必等价.

（2）反过来，设两个列向量组等价. 若它们所含向量个数不相等，则它们对应的两个矩阵是不同型的，因而不等价；若它们所含向量个数相等（例如都含有 m 个），那么它们对应的两个 $n\times m$ 维矩阵（这里 n 为向量的维数）列等价，从而一定等价，但不一定行等价. 类似地，若两个所含向量个数相同的行向量组等价，则它们对应的两矩阵行等价，从而一定等价，但不一定列等价.

问题 5 矩阵的初等行变换对矩阵的列向量组和行向量组各有什么作用？

答 设矩阵 $\boldsymbol{A}$ 经初等行变换成为 $\boldsymbol{B}$，那么：

(1) 矩阵 $\boldsymbol{A}$ 与 $\boldsymbol{B}$ 的行向量组等价，即它们能相互线性表示. 于是齐次方程 $\boldsymbol{Ax}=\boldsymbol{0}$ 与 $\boldsymbol{Bx}=\boldsymbol{0}$ 同解，这是用初等行变换求解线性方程组的理论基础.

(2) 矩阵 $\boldsymbol{A}$ 与 $\boldsymbol{B}$ 的列向量组有相同的线性关系. 这是用初等行变换求出 $\boldsymbol{A}$ 的列向量组的极大无关组，并将其余向量用该极大无关组（唯一地）线性表示问题的理论基础. 进一步从解方程的角度看，它可用来求非齐次方程 $\boldsymbol{Ax}=\boldsymbol{b}$ 的特解.

问题 6 向量组的极大无关组有什么重要意义？

答 设 $\boldsymbol{A}_0$ 是 n 维向量组 $\boldsymbol{A}$ 的一个极大无关组，那么 $\boldsymbol{A}_0$ 的良好性质是：(1) $\boldsymbol{A}_0\subset\boldsymbol{A}$，且所含向量个数 $\mathrm{R}(\boldsymbol{A}_0)\leqslant n$；(2) $\boldsymbol{A}_0$ 组与 $\boldsymbol{A}$ 组等价，从而向量组 $\boldsymbol{A}_0$ 的秩与向量组 $\boldsymbol{A}$ 的秩相等；(3) 在所有与 $\boldsymbol{A}$ 等价的向量组中，$\boldsymbol{A}_0$ 所含的向量个数最少.

这样，用 $\boldsymbol{A}_0$ 组来代表 $\boldsymbol{A}$ 组是最好不过的了. 特别地，当 $\boldsymbol{A}$ 组为无限向量组时，就能用有限向量组来代表，而有限向量组的问题可进一步转化为矩阵的问题；凡是对有限向量组成立的结论，用极大无关组做过渡，立即可推广到无限向量组的情形. 这正是极大无关组的意义所在.

问题 7 判断下列说法是否正确：

(1) m 个方程、n 个未知量的齐次线性方程组 $\boldsymbol{Ax}=\boldsymbol{0}$，当 $m\geqslant n$ 时只有零解，当 $m<n$ 时有非零解，即有无穷多解.

(2) 非齐次线性方程组 $\boldsymbol{Ax}=\boldsymbol{b}$ 有唯一解的充要条件是其导出方程组 $\boldsymbol{Ax}=\boldsymbol{0}$ 只有零解.

(3) 非齐次线性方程组 $\boldsymbol{Ax}=\boldsymbol{b}$ 有无穷多解的充要条件是其导出组 $\boldsymbol{Ax}=\boldsymbol{0}$ 有非零解.

(4) 若线性方程组的系数矩阵的秩等于方程个数，则该方程组一定有解.

答 (1) 不完全正确.

① 当 $m\geqslant n$ 时，若 $\mathrm{R}(\boldsymbol{A})=n$，则方程组只有零解；若 $\mathrm{R}(\boldsymbol{A})=r<n$，则方程组有非零解，即有无穷多解.

② 当 $m<n$ 时，因为 $\mathrm{R}(\boldsymbol{A})\leqslant m<n$，所以方程组必有非零解，即有无穷多解.

(2) 不正确.

这是因为设方程组 $\boldsymbol{Ax}=\boldsymbol{b}$ 的未知量个数为 n. 若 $\boldsymbol{Ax}=\boldsymbol{b}$ 有唯一解，则由线性方程组解的理论可知必有 $\mathrm{R}(\boldsymbol{A})=n$，因此 $\boldsymbol{Ax}=\boldsymbol{0}$ 只有零解.

反过来，若 $\boldsymbol{Ax}=\boldsymbol{0}$ 只有零解，则可推出 $\mathrm{R}(\boldsymbol{A})=n$，但此时未必有 $\mathrm{R}(\overline{\boldsymbol{A}})=n$，所以 $\boldsymbol{Ax}=\boldsymbol{b}$ 不一定有解，当然不一定有唯一解.

正确的阐述为 $\boldsymbol{Ax}=\boldsymbol{0}$ 只有零解是 $\boldsymbol{Ax}=\boldsymbol{b}$ 有唯一解的必要条件；反之，若 $\boldsymbol{Ax}=\boldsymbol{0}$ 只有零解，则 $\boldsymbol{Ax}=\boldsymbol{b}$ 至多有唯一解（也可能没有解）.

(3) 不正确.

这是因为设方程组 $\boldsymbol{Ax}=\boldsymbol{b}$ 的未知量个数为 n. 若 $\boldsymbol{Ax}=\boldsymbol{b}$ 有无穷多解，则必有 $\mathrm{R}(\boldsymbol{A})=\mathrm{R}(\overline{\boldsymbol{A}})<n$，因此齐次线性方程组 $\boldsymbol{Ax}=\boldsymbol{0}$ 有非零解.

反过来，若 $\boldsymbol{Ax}=\boldsymbol{0}$ 有非零解，则必有 $\mathrm{R}(\boldsymbol{A})<n$，此时 $\boldsymbol{Ax}=\boldsymbol{b}$ 的解的情况如下：

① 若 $\mathrm{R}(\overline{\boldsymbol{A}})=\mathrm{R}(\boldsymbol{A})$，则 $\boldsymbol{Ax}=\boldsymbol{b}$ 有无穷多解；

② 若 $\mathrm{R}(\overline{\boldsymbol{A}})\neq\mathrm{R}(\boldsymbol{A})$，则 $\boldsymbol{Ax}=\boldsymbol{b}$ 无解.

(4) 正确.

设方程组为 $\boldsymbol{A}\boldsymbol{x}=\boldsymbol{b}$，其中 $\boldsymbol{A}$ 为 $m\times n$ 维矩阵，$\boldsymbol{B}$ 为 $m\times 1$ 维矩阵，$\boldsymbol{x}=(x_1, x_2, \cdots, x_n)^{\mathrm{T}}$，则方程组中方程的个数为 m，方程组的增广矩阵 $\overline{\boldsymbol{A}}=(\boldsymbol{A}, \boldsymbol{b})$ 为 $m\times(n+1)$ 维矩阵.

若 $\mathrm{R}(\boldsymbol{A})=m$，则 $m=\mathrm{R}(\boldsymbol{A})\leqslant \mathrm{R}(\overline{\boldsymbol{A}})\leqslant m$，于是 $\mathrm{R}(\overline{\boldsymbol{A}})=m=\mathrm{R}(\boldsymbol{A})$.

所以方程组有解，且当 $m=n$ 时有唯一解，当 $m<n$ 时有无穷多解.

六、典型例题解析

题型一　用克莱姆法则解方程组

克莱姆法则是求解线性方程组的一种方法，它仅适用于方程个数和未知量个数相等的特殊情形. 当线性方程组的系数行列式不为零时，克莱姆法则给出了该方程组的三个结论：①有解（解的存在性）；② 唯一解；③ 方程组解的行列式表达式. 当线性方程组的未知量个数较多时，用克莱姆法则求解时计算量很大，但克莱姆法则具有一定的理论作用.

用克莱姆法则还可以得到结论：方程个数和未知量个数相等的齐次线性方程组有非零解的充分必要条件是其系数行列式等于零.

例 2.1　用克莱姆法则解线性方程组 $\begin{cases}x_1+x_2+x_3=5\\ x_1+2x_2-x_3=-2\\ 2x_1-3x_2-x_3=-2\end{cases}$.

解　计算行列式

$$D=\begin{vmatrix}1&1&1\\1&2&-1\\2&-3&-1\end{vmatrix}=-13,\quad D_1=\begin{vmatrix}5&1&1\\-2&2&-1\\-2&-3&-1\end{vmatrix}=-15$$

$$D_2=\begin{vmatrix}1&5&1\\1&-2&-1\\2&-2&-1\end{vmatrix}=-3,\quad D_3=\begin{vmatrix}1&1&5\\1&2&-2\\2&-3&-2\end{vmatrix}=-47$$

由克莱姆法则可得方程组的解为

$$x_1=\frac{D_1}{D}=\frac{15}{13},\quad x_2=\frac{D_2}{D}=\frac{3}{13},\quad x_3=\frac{D_3}{D}=\frac{47}{13}$$

练习　用克莱姆法则解线性方程组 $\begin{cases}x_1+x_2+2x_3=1\\ x_1+2x_2+x_3=1\\ 2x_1+x_2+x_3=1\end{cases}$.

例 2.2　如果下列齐次线性方程组有非零解，则 k 应该取何值？

$$\begin{cases}kx_1+x_4=0\\ x_1+2x_2-x_4=0\\ (k+2)\ x_1-x_2+4x_4=0\\ 2x_1+x_2+3x_3+kx_4=0\end{cases}$$

解　方程组的系数行列式为

$$D=\begin{vmatrix} k & 0 & 0 & 1 \\ 1 & 2 & 0 & -1 \\ k+2 & -1 & 0 & 4 \\ 2 & 1 & 3 & k \end{vmatrix}=-3\begin{vmatrix} k & 0 & 1 \\ 1 & 2 & -1 \\ k+2 & -1 & 4 \end{vmatrix}$$

$$=-3(8k-1-k-2k-4)=-3(5k-5)$$

如果方程组有非零解，则 $D=0$，即 $k=1$.

说明　该题主要考查齐次线性方程组有非零解的条件，如果系数行列式 $D\neq0$，则方程组只有零解.

练习　问 λ，μ 取何值时，齐次线性方程组 $\begin{cases}\lambda x_1+x_2+x_3=0\\ x_1+\mu x_2+x_3=0\\ x_1+2\mu x_2+x_3=0\end{cases}$ 有非零解？

题型二　用消元法求解线性方程组

用消元法求解线性方程组的过程：

(1) 通过消元过程用矩阵的初等行变换将增广矩阵化成行阶梯形矩阵；

(2) 用线性方程组有解的判定定理判别解的存在性；

(3) 若线性方程组有解，则通过回代过程将行阶梯形矩阵化成行最简形矩阵，进而得到线性方程组的解.

例2.3　用消元法解下列线性方程组：

(1) $\begin{cases}x_2+x_3+x_4=0\\ x_1+x_3+x_4=1\\ x_1+x_2+x_4=2\\ x_1+x_2+x_3=3\end{cases}$；　　(2) $\begin{cases}\lambda x_1+x_2+x_3=1\\ x_1+\lambda x_2+x_3=\lambda\\ x_1+x_2+\lambda x_3=\lambda^2\end{cases}$.

解　(1) 对该方程的增广矩阵实施初等行变换：

$$\overline{\boldsymbol{A}}=\left(\begin{array}{cccc:c} 0 & 1 & 1 & 1 & 0 \\ 1 & 0 & 1 & 1 & 1 \\ 1 & 1 & 0 & 1 & 2 \\ 1 & 1 & 1 & 0 & 3 \end{array}\right)\xrightarrow{r_1\leftrightarrow r_2}\left(\begin{array}{cccc:c} 1 & 0 & 1 & 1 & 1 \\ 0 & 1 & 1 & 1 & 0 \\ 1 & 1 & 0 & 1 & 2 \\ 1 & 1 & 1 & 0 & 3 \end{array}\right)$$

$$\xrightarrow[r_3-r_1]{r_4-r_3}\left(\begin{array}{cccc:c} 1 & 0 & 1 & 1 & 1 \\ 0 & 1 & 1 & 1 & 0 \\ 0 & 1 & -1 & 0 & 1 \\ 0 & 0 & 1 & -1 & 1 \end{array}\right)\xrightarrow{r_3-r_2}\left(\begin{array}{cccc:c} 1 & 0 & 1 & 1 & 1 \\ 0 & 1 & 1 & 1 & 0 \\ 0 & 0 & -2 & -1 & 1 \\ 0 & 0 & 1 & -1 & 1 \end{array}\right)$$

$$\xrightarrow{r_3\leftrightarrow r_4}\left(\begin{array}{cccc:c} 1 & 0 & 1 & 1 & 1 \\ 0 & 1 & 1 & 1 & 0 \\ 0 & 0 & 1 & -1 & 1 \\ 0 & 0 & -2 & -1 & 1 \end{array}\right)\xrightarrow[r_4\div3]{r_4+2r_3}\left(\begin{array}{cccc:c} 1 & 0 & 1 & 1 & 1 \\ 0 & 1 & 1 & 1 & 0 \\ 0 & 0 & 1 & -1 & 1 \\ 0 & 0 & 0 & -1 & 1 \end{array}\right)$$

$$\xrightarrow[r_3-r_4]{\substack{r_1+r_4\\ r_2+r_4}}\left(\begin{array}{cccc:c}1&0&1&0&2\\0&1&1&0&1\\0&0&1&0&0\\0&0&0&-1&1\end{array}\right)\xrightarrow{\substack{r_1-r_3\\ r_2-r_3}}\left(\begin{array}{cccc:c}1&0&0&0&2\\0&1&0&0&1\\0&0&1&0&0\\0&0&0&-1&1\end{array}\right)$$

所以，原方程组的解为：$x_1=2$，$x_2=1$，$x_3=0$，$x_4=-1$.

(2) 对该方程的增广矩阵实施初等行变换：

$$\overline{\boldsymbol{A}}=\left(\begin{array}{ccc:c}\lambda&1&1&1\\1&\lambda&1&\lambda\\1&1&\lambda&\lambda^2\end{array}\right)\xrightarrow{r_1\leftrightarrow r_2}\left(\begin{array}{ccc:c}1&\lambda&1&\lambda\\\lambda&1&1&1\\1&1&\lambda&\lambda^2\end{array}\right)$$

$$\xrightarrow{\substack{r_2-\lambda r_1\\ r_3-r_1}}\left(\begin{array}{ccc:c}1&\lambda&1&\lambda\\0&1-\lambda^2&1-\lambda&1-\lambda^2\\0&1-\lambda&\lambda-1&\lambda^2-\lambda\end{array}\right)$$

$$\xrightarrow{r_3\leftrightarrow r_2}\left(\begin{array}{ccc:c}1&\lambda&1&\lambda\\0&1-\lambda&\lambda-1&\lambda^2-\lambda\\0&1-\lambda^2&1-\lambda&1-\lambda^2\end{array}\right)$$

$$\xrightarrow{r_3-(1+\lambda)r_2}\left(\begin{array}{ccc:c}1&\lambda&1&\lambda\\0&1-\lambda&\lambda-1&\lambda^2-\lambda\\0&0&(1-\lambda)(\lambda+2)&(1-\lambda)(1+\lambda)^2\end{array}\right)$$

① 当 $\lambda\neq1$ 且 $\lambda\neq-2$ 时，原方程组与下面的方程组同解：

$$\begin{cases}(\lambda+2)x_3=(1+\lambda)^2\\x_2-x_3=-\lambda\\x_1+\lambda x_2+x_3=\lambda\end{cases}$$

解方程组，得原方程组的解为

$$\begin{cases}x_1=-\dfrac{\lambda+1}{\lambda+2}\\x_2=\dfrac{1}{\lambda+2}\\x_3=\dfrac{(\lambda+1)^2}{\lambda+2}\end{cases}$$

② 当 $\lambda=1$ 时，原方程组与方程 $x_1+x_2+x_3=1$ 同解，故方程组有无穷多解：

$$\begin{cases}x_1=1-c_1-c_2\\x_2=c_1\\x_3=c_2\end{cases}\quad（其中 c_1，c_2 为任意常数）$$

③ 当 $\lambda=-2$ 时，方程组无解.

说明 (1) 利用消元法求线性方程组的解等价于对其对应的增广矩阵做初等行变换，特别要注意的是，在变换过程中，一定不能夹有列变换.（2）当方程组的系数中含有参数时，要根据参数的取值进行讨论.

练习 用消元法解线性方程组$\begin{cases}x_1-2x_2+3x_3-x_4+2x_5=2\\3x_1-x_2+5x_3-3x_4+x_5=6.\\2x_1+x_2+2x_3-2x_4-x_5=8\end{cases}$

题型三　线性方程组解的判定与求解

n 元线性方程组 $\boldsymbol{Ax}=\boldsymbol{b}$ 解的判定：

(1) 当 $R(\boldsymbol{A})=R(\overline{\boldsymbol{A}})=n$ 时，线性方程组 $\boldsymbol{Ax}=\boldsymbol{b}$ 只有唯一解；

(2) 当 $R(\boldsymbol{A})=R(\overline{\boldsymbol{A}})=r<n$ 时，线性方程组 $\boldsymbol{Ax}=\boldsymbol{b}$ 有无穷多解；

(3) 当 $R(\boldsymbol{A})<R(\overline{\boldsymbol{A}})$时，线性方程组 $\boldsymbol{Ax}=\boldsymbol{b}$ 无解.

n 元齐次线性方程组 $\boldsymbol{Ax}=\boldsymbol{0}$ 解的判定：

(1) 当 $R(\boldsymbol{A})=n$ 时，齐次线性方程组 $\boldsymbol{Ax}=\boldsymbol{0}$ 仅有零解；

(2) 当 $R(\boldsymbol{A})<n$ 时，齐次线性方程组 $\boldsymbol{Ax}=\boldsymbol{0}$ 有非零解，即有无穷多解；

(3) 若方程的个数少于未知量的个数，则 $\boldsymbol{Ax}=\boldsymbol{0}$ 必有非零解；

(4) n 元齐次线性方程组 $\boldsymbol{Ax}=\boldsymbol{0}$ 有非零解的充分必要条件是 $|\boldsymbol{A}|=0$.

例 2.4　讨论下列方程组解的情况. 如果有解，求出方程组的解.

$$(1)\begin{cases}x_1+x_2+x_3=1\\x_1+3x_2+x_3=1\\2x_1+4x_2+x_3=1\end{cases};\qquad(2)\begin{cases}x_1-\lambda x_2+x_3=0\\x_1-x_2+x_3=0\\\lambda x_1+x_2+2x_3=1\end{cases}.$$

解　(1) **方法 1**：采用初等变换，对方程组的增广矩阵作初等行变换化成行阶梯形矩阵：

$$\overline{\boldsymbol{A}}=\left(\begin{array}{ccc:c}1&1&1&1\\1&3&1&1\\2&4&1&1\end{array}\right)\rightarrow\left(\begin{array}{ccc:c}1&1&1&1\\0&2&-1&-1\\0&2&0&0\end{array}\right)\rightarrow\left(\begin{array}{ccc:c}1&1&1&1\\0&2&-1&-1\\0&0&1&1\end{array}\right)$$

$$\rightarrow\left(\begin{array}{ccc:c}1&1&0&0\\0&2&0&0\\0&0&1&1\end{array}\right)\rightarrow\left(\begin{array}{ccc:c}1&0&0&0\\0&2&0&0\\0&0&1&1\end{array}\right)$$

可知系数矩阵和增广矩阵的秩都为 3，方程组有唯一解，其解为 $x_1=x_2=0$，$x_3=1$.

方法 2：方程组中方程个数和变量个数相等，故可以采用克莱姆法则判断和求解：

$$D=\begin{vmatrix}1&1&1\\1&3&1\\2&4&1\end{vmatrix}=-2,\qquad D_1=\begin{vmatrix}1&1&1\\1&3&1\\1&4&1\end{vmatrix}=0$$

$$D_2=\begin{vmatrix}1&1&1\\1&1&1\\2&1&1\end{vmatrix}=0,\qquad D_3=\begin{vmatrix}1&1&1\\1&3&1\\2&4&1\end{vmatrix}=-2$$

由克莱姆法则可得方程组的解为

$$x_1=\frac{D_1}{D}=0,\ x_2=\frac{D_2}{D}=0,\ x_3=\frac{D_3}{D}=1$$

(2) 对增广矩阵实施初等行变换：

$$\overline{\boldsymbol{A}}=\left(\begin{array}{ccc:c}1&-\lambda&1&0\\1&-1&1&0\\\lambda&1&2&1\end{array}\right)\rightarrow\left(\begin{array}{ccc:c}1&-\lambda&1&0\\0&\lambda-1&0&0\\0&1+\lambda^2&2-\lambda&1\end{array}\right)\rightarrow\left(\begin{array}{ccc:c}1&-\lambda&1&0\\0&1+\lambda^2&2-\lambda&1\\0&\lambda-1&0&0\end{array}\right)$$

① 当 $\lambda\neq1$ 且 $\lambda\neq2$ 时，$R(\boldsymbol{A})=R(\overline{\boldsymbol{A}})=3$，方程组有唯一解：

$$x_1=\frac{1}{\lambda-2},\quad x_2=0,\quad x_3=\frac{1}{2-\lambda}$$

② 当 $\lambda\neq1$ 且 $\lambda=2$ 时，$R(\boldsymbol{A})=2<R(\bar{\boldsymbol{A}})=3$，此时方程组无解.

③ 当 $\lambda=1$ 时，原方程组可化为 $\begin{cases}x_1-x_2+x_3=0\\2x_2+x_3=1\end{cases}$，故原方程组的解为

$$x_1=3k-1,\quad x_2=k,\quad x_3=1-2k$$

例 2.5 已知方程组 $\begin{pmatrix}1&2&1\\2&3&a+2\\1&a&-2\end{pmatrix}\begin{pmatrix}x_1\\x_2\\x_3\end{pmatrix}=\begin{pmatrix}1\\3\\0\end{pmatrix}$ 无解，试求 a 的值.

解 对方程组的增广矩阵实施初等行变换：

$$\bar{\boldsymbol{A}}=\left(\begin{array}{ccc:c}1&2&1&1\\2&3&a+2&3\\1&a&-2&0\end{array}\right)\rightarrow\left(\begin{array}{ccc:c}1&2&1&1\\0&-1&a&1\\0&a-2&-3&-1\end{array}\right)$$

$$\rightarrow\left(\begin{array}{ccc:c}1&2&1&1\\0&-1&a&1\\0&0&(a-3)(a+1)&a-3\end{array}\right)$$

由于方程组无解，所以 $R(\boldsymbol{A})<R(\bar{\boldsymbol{A}})$，于是 $R(\boldsymbol{A})<3$，故 $(a-3)(a+1)=0$，得 $a=3$ 或 $a=-1$.

当 $a=3$ 时，$R(\boldsymbol{A})=R(\bar{\boldsymbol{A}})=2$，方程组有无穷多解.

当 $a=-1$ 时，$R(\boldsymbol{A})<R(\bar{\boldsymbol{A}})$，方程组无解.

综上可得 $a=-1$.

例 2.6 设矩阵 $\boldsymbol{A}=\begin{pmatrix}1&a&a&0\\a&1&0&c\\a&0&1&c\\0&c&c&1\end{pmatrix}$，$\boldsymbol{b}=\begin{pmatrix}1\\0\\0\\1\end{pmatrix}$，问 a，c 满足什么关系时，方程组 $\boldsymbol{Ax}=\boldsymbol{b}$ 有唯一解、无解、有无穷多解？在有无穷多解时求出其通解.

解 对方程组 $\boldsymbol{Ax}=\boldsymbol{b}$ 的增广矩阵实施初等行变换：

$$\bar{\boldsymbol{A}}=\left(\begin{array}{cccc:c}1&a&a&0&1\\a&1&0&c&0\\a&0&1&c&0\\0&c&c&1&1\end{array}\right)\xrightarrow[r_2-r_3]{\substack{r_2-ar_1\\r_3-ar_1}}\left(\begin{array}{cccc:c}1&a&a&0&1\\0&1&-1&0&0\\0&-a^2&1-a^2&c&-a\\0&c&c&1&1\end{array}\right)$$

$$\xrightarrow[r_3\leftrightarrow r_4]{\substack{r_3+a^2r_2\\r_4-cr_2}}\left(\begin{array}{cccc:c}1&a&a&0&1\\0&1&-1&0&0\\0&0&2c&1&1\\0&0&1-2a^2&c&-a\end{array}\right)$$

$$\xrightarrow{r_4-cr_3}\left(\begin{array}{cccc:c}1&a&a&0&1\\0&1&-1&0&0\\0&0&2c&1&1\\0&0&1-2a^2-2c^2&0&-a-c\end{array}\right)$$

由此可以看出：

(1) 当 $a^2+c^2\neq\frac{1}{2}$ 时，有 $R(\boldsymbol{A})=R(\bar{\boldsymbol{A}})=3$，故方程组有唯一解：

$$x_1=1+\frac{2a(a+c)}{1-2a^2-2c^2},\quad x_2=\frac{-a-c}{1-2a^2-2c^2}$$
$$x_3=\frac{-a-c}{1-2a^2-2c^2},\quad x_4=1+\frac{2c(a+c)}{1-2a^2-2c^2}$$

(2) 当 $a^2+c^2=\frac{1}{2}$ 且 $a+c\neq0$ 时，有 $R(\boldsymbol{A})=2<R(\bar{\boldsymbol{A}})=3$，故方程组无解.

(3) 当 $a^2+c^2=\frac{1}{2}$ 且 $a+c=0$ 时，有 $R(\boldsymbol{A})=R(\bar{\boldsymbol{A}})=2$，故方程组有无穷多解，其通解为 $x_1=1-2ka$，$x_2=k$，$x_3=k$，$x_4=1-2kc$（其中 k 为任意常数）.

练习　当 a 为何值时，线性方程组 $\begin{cases}x_1+x_2-x_3=1\\2x_1+3x_2+ax_3=3\\x_1+ax_2+3x_3=2\end{cases}$ 无解、有唯一解、有无穷多解？当有解时，求出方程组的解.

题型四　求具体齐次线性方程组的基础解系与通解

求基础解系和通解的步骤：

(1) 对方程组的系数矩阵 $\boldsymbol{A}$ 实施初等行变换，将 $\boldsymbol{A}$ 化为行最简形矩阵.

(2) 写出对应的齐次线性方程组，确定基础解系 $\boldsymbol{\eta}_1$，$\boldsymbol{\eta}_2$，…，$\boldsymbol{\eta}_{n-r}$（其中 $R(\boldsymbol{A})=r$）.

(3) 齐次线性方程组 $\boldsymbol{Ax}=\boldsymbol{0}$ 的通解为 $\boldsymbol{\eta}=c_1\boldsymbol{\eta}_1+c_2\boldsymbol{\eta}_2+\cdots+c_{n-r}\boldsymbol{\eta}_{n-r}$（$c_1$，$c_2$，…，$c_{n-r}$ 为任意常数）.

例 2.7　求线性方程组 $\begin{cases}x_1+2x_2-x_3+2x_4=0\\2x_1+4x_2+x_3+x_4=0\\-x_1-2x_2-2x_3+x_4=0\end{cases}$ 的一个基础解系，并用基础解系表示通解.

解　对齐次方程组的系数矩阵实施初等行变换：

$$\boldsymbol{A}=\begin{pmatrix}1&2&-1&2\\2&4&1&1\\-1&-2&-2&1\end{pmatrix}\to\begin{pmatrix}1&2&-1&2\\0&0&3&-3\\0&0&-3&3\end{pmatrix}\to\begin{pmatrix}1&2&-1&2\\0&0&3&-3\\0&0&0&0\end{pmatrix}\to\begin{pmatrix}1&2&0&1\\0&0&1&-1\\0&0&0&0\end{pmatrix}$$

可见 x_2，x_4 为自由变量，分别取 $\begin{pmatrix}x_2\\x_4\end{pmatrix}=\begin{pmatrix}1\\0\end{pmatrix}$，$\begin{pmatrix}0\\1\end{pmatrix}$，可得方程组的基础解系为

$$\boldsymbol{\eta}_1=(-2,1,0,0)^{\mathrm{T}},\ \boldsymbol{\eta}_2=(-1,0,1,1)^{\mathrm{T}}$$

方程组的通解为 $c_1\boldsymbol{\eta}_1+c_2\boldsymbol{\eta}_2$，其中 c_1，c_2 为任意常数.

练习　求方程组 $\begin{cases}x_1+x_2-x_3+x_4=0\\x_1-x_2+2x_3-x_4=0\\3x_1+x_2+x_4=0\end{cases}$ 的一个基础解系，并用基础解系表示通解.

例 2.8 已知线性方程组$\begin{cases}x_1+x_2+x_3=0\\ax_1+bx_2+cx_3=0\\a^2x_1+b^2x_2+c^2x_3=0\end{cases}$.

（1）当 a，b，c 满足何关系时，方程组仅有零解？

（2）当 a，b，c 满足何关系时，方程组有无穷多解？并用基础解系表示其全部解.

分析 方程组的系数行列式为范德蒙行列式. 当 a，b，c 两两不同时，系数行列式不为零，齐次线性方程组仅有零解；当 a，b，c 并非两两不相同时，需要讨论.

解 方程组的系数行列式

$$D=\begin{vmatrix}1&1&1\\a&b&c\\a^2&b^2&c^2\end{vmatrix}=(a-b)(b-c)(c-a)$$

（1）当 $a\neq b$，$b\neq c$，$c\neq a$ 时，$D\neq 0$，方程组仅有零解 $x_1=x_2=x_3=0$.

（2）下面分四种情况讨论：

① 当 $a=b\neq c$ 时，原方程组可化为$\begin{cases}x_1+x_2+x_3=0\\x_3=0\end{cases}$，方程组有无穷多解，其通解为

$$c_1\boldsymbol{\eta}_1=c_1(1,\ -1,\ 0)^{\mathrm{T}}(\text{其中 } c_1 \text{ 为任意常数})$$

② 当 $a=c\neq b$ 时，同解方程组为$\begin{cases}x_1+x_2+x_3=0\\x_2=0\end{cases}$，方程组有无穷多解，其通解为

$$c_2\boldsymbol{\eta}_2=c_2(1,\ 0,\ -1)^{\mathrm{T}}(\text{其中 } c_2 \text{ 为任意常数})$$

③ 当 $b=c\neq a$ 时，同解方程组为$\begin{cases}x_1+x_2+x_3=0\\x_1=0\end{cases}$，方程组有无穷多解，其通解为

$$c_3\boldsymbol{\eta}_3=c_3(0,\ 1,\ -1)^{\mathrm{T}}(\text{其中 } c_3 \text{ 为任意常数})$$

④ 当 $a=b=c$ 时，同解方程组为 $x_1+x_2+x_3=0$，方程组有无穷多解，其通解为

$$c_4\boldsymbol{\eta}_4+c_5\boldsymbol{\eta}_5=c_4(-1,\ 1,\ 0)^{\mathrm{T}}+c_5(-1,\ 0,\ 1)^{\mathrm{T}}\quad(\text{其中 } c_4,\ c_5 \text{ 为任意常数})$$

例 2.9 设齐次线性方程组$\begin{cases}ax_1+bx_2+bx_3+\cdots+bx_n=0\\bx_1+ax_2+bx_3+\cdots+bx_n=0\\\cdots\cdots\\bx_1+bx_2+bx_3+\cdots+ax_n=0\end{cases}$，其中 $a\neq 0$，$b\neq 0$，$n\geqslant 2$，试讨论 a，b 为何值时，方程组仅有零解、有无穷多解. 在有无穷多解时，用基础解系表示其全部解.

解 方程组的系数行列式

$$|\boldsymbol{A}|=\begin{vmatrix}a&b&b&\cdots&b\\b&a&b&\cdots&b\\b&b&a&\cdots&b\\\vdots&\vdots&\vdots&&\vdots\\b&b&b&\cdots&a\end{vmatrix}=[a+(n-1)b](a-b)^{n-1}$$

（1）当 $a\neq b$ 且 $a\neq(1-n)b$ 时，$|\boldsymbol{A}|\neq 0$，方程组仅有零解.

（2）当 $a=b$ 时，对系数矩阵实施初等行变换，有

$$A=\begin{pmatrix} a & a & \cdots & a \\ a & a & \cdots & a \\ \vdots & \vdots & & \vdots \\ a & a & \cdots & a \end{pmatrix} \to \begin{pmatrix} 1 & 1 & \cdots & 1 \\ 0 & 0 & \cdots & 0 \\ \vdots & \vdots & & \vdots \\ 0 & 0 & \cdots & 0 \end{pmatrix}$$

原方程组的同解方程组为 $x_1+x_2+\cdots+x_n=0$，基础解系为

$$\boldsymbol{\eta}_1=(-1,\ 1,\ 0,\ \cdots,\ 0)^{\mathrm{T}}$$
$$\boldsymbol{\eta}_2=(-1,\ 0,\ 1,\ 0,\ \cdots,\ 0)^{\mathrm{T}}$$
$$\cdots\cdots$$
$$\boldsymbol{\eta}_{n-1}=(-1,\ 0,\ \cdots,\ 0,\ 1)^{\mathrm{T}}$$

所以方程组的通解为

$$c_1\boldsymbol{\eta}_1+c_2\boldsymbol{\eta}_2+\cdots+c_{n-1}\boldsymbol{\eta}_{n-1} \quad (c_1,\ \cdots,\ c_{n-1}\text{为任意常数})$$

(3) 当 $a=(1-n)b$ 时，对系数矩阵实施初等行变换，有

$$A=\begin{pmatrix} (1-n)b & b & \cdots & b \\ b & (1-n)b & \cdots & b \\ \vdots & \vdots & & \vdots \\ b & b & \cdots & (1-n)b \end{pmatrix}$$

$$\to \begin{pmatrix} 1-n & 1 & \cdots & 1 \\ 1 & 1-n & \cdots & 1 \\ \vdots & \vdots & & \vdots \\ 1 & 1 & \cdots & 1-n \end{pmatrix} \to \begin{pmatrix} 1 & 0 & \cdots & 0 & -1 \\ 0 & 1 & \cdots & 0 & -1 \\ \vdots & \vdots & & \vdots & \vdots \\ 0 & 0 & \cdots & 1 & -1 \\ 0 & 0 & \cdots & 0 & 0 \end{pmatrix}$$

原方程组的同解方程组为 $x_1=x_n$，$x_2=x_n$，…，$x_{n-1}=x_n$，基础解系为 $\boldsymbol{\xi}=(1,\ 1,\ \cdots,\ 1)^{\mathrm{T}}$，方程组的通解为 $c\boldsymbol{\xi}=c(1,\ 1,\ \cdots,\ 1)^{\mathrm{T}}$($c$ 为任意常数).

例2.10　设齐次线性方程组 $\begin{cases}(1+a)x_1+x_2+\cdots+x_n=0 \\ 2x_1+(2+a)x_2+\cdots+2x_n=0 \\ \cdots\cdots \\ nx_1+nx_2+\cdots+(n+a)x_n=0\end{cases}$ $(n\geqslant 2)$，试问 a 为何值时，该方程组有非零解，并求其解.

解　**方法 1**：对系数矩阵实施初等行变换：

$$A=\begin{pmatrix} 1+a & 1 & 1 & \cdots & 1 \\ 2 & 2+a & 2 & \cdots & 2 \\ 3 & 3 & 3+a & \cdots & 3 \\ \vdots & \vdots & \vdots & & \vdots \\ n & n & n & \cdots & n+a \end{pmatrix} \to \begin{pmatrix} 1+a & 1 & 1 & \cdots & 1 \\ -2a & a & 0 & \cdots & 0 \\ -3a & 0 & a & \cdots & 0 \\ \vdots & \vdots & \vdots & & \vdots \\ -na & 0 & 0 & \cdots & a \end{pmatrix}=B$$

(1) 若 $a=0$，则 $\mathrm{R}(A)=1$，方程组有非零解，其同解方程为 $x_1+x_2+\cdots+x_n=0$，故其基础解系为

$\boldsymbol{\eta}_1=(-1,\ 1,\ \cdots,\ 0)^{\mathrm{T}}$，$\boldsymbol{\eta}_2=(-1,\ 0,\ 1,\ \cdots,\ 0)^{\mathrm{T}}$，…，$\boldsymbol{\eta}_{n-1}=(-1,\ 0,\ \cdots,\ 1)^{\mathrm{T}}$

所以方程组的通解为

$$c_1\boldsymbol{\eta}_1+c_2\boldsymbol{\eta}_2+\cdots+c_{n-1}\boldsymbol{\eta}_{n-1} \quad (c_1,\ \cdots,\ c_{n-1}\text{为任意常数})$$

（2）若 $a\neq 0$，对矩阵 $\boldsymbol{B}$ 继续实施初等行变换，有

$$\boldsymbol{B}\rightarrow\begin{pmatrix}1+a & 1 & 1 & \cdots & 1\\ -2 & 1 & 0 & \cdots & 0\\ -3 & 0 & 1 & \cdots & 0\\ \vdots & \vdots & \vdots & & \vdots\\ -n & 0 & 0 & \cdots & 1\end{pmatrix}\rightarrow\begin{pmatrix}a+\frac{1}{2}n(n+1) & 0 & 0 & \cdots & 0\\ -2 & 1 & 0 & \cdots & 0\\ -3 & 0 & 1 & \cdots & 0\\ \vdots & \vdots & \vdots & & \vdots\\ -n & 0 & 0 & \cdots & 1\end{pmatrix}$$

当 $a=-\frac{1}{2}n(n+1)$ 时，$\mathrm{R}(\boldsymbol{A})=n-1<n$，方程组有非零解，其同解方程组为

$$\begin{cases}-2x_1+x_2=0\\ -3x_1+x_3=0\\ \cdots\cdots\\ -nx_1+x_n=0\end{cases}$$

得基础解系为 $\boldsymbol{\eta}=(1,2,\cdots,n)^{\mathrm{T}}$，所以通解为 $c\boldsymbol{\eta}$（c 为任意常数）.

方法 2：由于系数行列式

$$|\boldsymbol{A}|=\begin{vmatrix}1+a & 1 & \cdots & 1\\ 2 & 2+a & \cdots & 2\\ \vdots & \vdots & & \vdots\\ n & n & \cdots & n+a\end{vmatrix}=\left[a+\frac{n(n+1)}{2}\right]a^{n-1}$$

故当 $a=0$ 或 $a=-\frac{n(n+1)}{2}$ 时，方程组有非零解.

（1）当 $a=0$ 时，有 $\boldsymbol{A}=\begin{pmatrix}1 & 1 & \cdots & 1\\ 2 & 2 & \cdots & 2\\ \vdots & \vdots & & \vdots\\ n & n & \cdots & n\end{pmatrix}\rightarrow\begin{pmatrix}1 & 1 & \cdots & 1\\ 0 & 0 & \cdots & 0\\ \vdots & \vdots & & \vdots\\ 0 & 0 & \cdots & 0\end{pmatrix}$，故方程组的同解方程为 $x_1+x_2+\cdots+x_n=0$，由此得基础解系为

$$\boldsymbol{\eta}_1=(-1,1,\cdots,0)^{\mathrm{T}},\ \boldsymbol{\eta}_2=(-1,0,1,\cdots,0)^{\mathrm{T}},\ \cdots,\ \boldsymbol{\eta}_{n-1}=(-1,0,\cdots,1)^{\mathrm{T}}$$

通解为

$$c_1\boldsymbol{\eta}_1+c_2\boldsymbol{\eta}_2+\cdots+c_{n-1}\boldsymbol{\eta}_{n-1}\quad(c_1,\cdots,c_{n-1}\text{为任意常数})$$

（2）当 $a=-\frac{1}{2}n(n+1)$ 时，对系数矩阵实施初等行变换，有

$$\boldsymbol{A}=\begin{pmatrix}1+a & 1 & \cdots & 1\\ 2 & 2+a & \cdots & 2\\ \vdots & \vdots & & \vdots\\ n & n & \cdots & n+a\end{pmatrix}\rightarrow\begin{pmatrix}1+a & 1 & \cdots & 1\\ -2a & a & \cdots & 0\\ \vdots & \vdots & & \vdots\\ -na & 0 & \cdots & a\end{pmatrix}$$

$$\rightarrow\begin{pmatrix}1+a & 1 & \cdots & 1\\ -2 & 1 & \cdots & 0\\ \vdots & \vdots & & \vdots\\ -n & 0 & \cdots & 1\end{pmatrix}\rightarrow\begin{pmatrix}0 & 0 & \cdots & 0\\ -2 & 1 & \cdots & 0\\ \vdots & \vdots & & \vdots\\ -n & 0 & \cdots & 1\end{pmatrix}$$

故方程组的同解方程组为

$$\begin{cases}-2x_1+x_2=0\\-3x_1+x_3=0\\\cdots\cdots\\-nx_1+x_n=0\end{cases}$$

可得基础解系为 $\boldsymbol{\eta}=(1, 2, \cdots, n)^{\mathrm{T}}$，故通解为 $c\boldsymbol{\eta}$（c 为任意常数）.

题型五　求抽象齐次线性方程组的基础解系

对于抽象给出的齐次线性方程组 $\boldsymbol{Ax}=\boldsymbol{0}$，其中 $\boldsymbol{A}$ 是秩为 r 的 $m\times n$ 维矩阵，要证明某一向量组是 $\boldsymbol{Ax}=\boldsymbol{0}$ 的基础解系，需要证明三个结论：① 该向量组的每一个向量都是 $\boldsymbol{Ax}=\boldsymbol{0}$ 的解；② 该向量组线性无关；③ 该向量组的向量个数为 $n-r$ 或 $\boldsymbol{Ax}=\boldsymbol{0}$ 的任一解均可由该向量组线性表示.

例2.11　设 $\boldsymbol{\alpha}_1$，$\boldsymbol{\alpha}_2$，…，$\boldsymbol{\alpha}_s$ 是齐次线性方程组 $\boldsymbol{Ax}=\boldsymbol{0}$ 的一个基础解系，而 $\boldsymbol{\beta}_1=t_1\boldsymbol{\alpha}_1+t_2\boldsymbol{\alpha}_2$，$\boldsymbol{\beta}_2=t_1\boldsymbol{\alpha}_2+t_2\boldsymbol{\alpha}_3$，…，$\boldsymbol{\beta}_s=t_1\boldsymbol{\alpha}_s+t_2\boldsymbol{\alpha}_1$，其中 t_1，t_2 是实数，问当 t_1，t_2 满足什么关系时，$\boldsymbol{\beta}_1$，$\boldsymbol{\beta}_2$，…，$\boldsymbol{\beta}_s$ 也是方程组 $\boldsymbol{Ax}=\boldsymbol{0}$ 的基础解系？

解　因为 $\boldsymbol{\alpha}_1$，$\boldsymbol{\alpha}_2$，…，$\boldsymbol{\alpha}_s$ 是方程组 $\boldsymbol{Ax}=\boldsymbol{0}$ 的解，显然有 $\boldsymbol{\beta}_1$，$\boldsymbol{\beta}_2$，…，$\boldsymbol{\beta}_s$ 也是 $\boldsymbol{Ax}=\boldsymbol{0}$ 的解，设 $k_1\boldsymbol{\beta}_1+k_2\boldsymbol{\beta}_2+\cdots+k_s\boldsymbol{\beta}_s=\boldsymbol{0}$，则

$$k_1(t_1\boldsymbol{\alpha}_1+t_2\boldsymbol{\alpha}_2)+k_2(t_1\boldsymbol{\alpha}_2+t_2\boldsymbol{\alpha}_3)+\cdots+k_{s-1}(t_1\boldsymbol{\alpha}_{s-1}+t_2\boldsymbol{\alpha}_s)+k_s(t_1\boldsymbol{\alpha}_s+t_2\boldsymbol{\alpha}_1)=\boldsymbol{0}$$

即

$$(k_1t_1+k_st_2)\boldsymbol{\alpha}_1+(k_1t_2+k_2t_1)\boldsymbol{\alpha}_2+\cdots+(k_{s-1}t_2+k_st_1)\boldsymbol{\alpha}_s=\boldsymbol{0}$$

由 $\boldsymbol{\alpha}_1$，$\boldsymbol{\alpha}_2$，…，$\boldsymbol{\alpha}_s$ 线性无关，知

$$\begin{cases}t_1k_1+t_2k_s=0\\t_2k_1+t_1k_2=0\\\cdots\cdots\\t_2k_{s-1}+t_1k_s=0\end{cases}$$

由于 $\boldsymbol{\beta}_1$，$\boldsymbol{\beta}_2$，…，$\boldsymbol{\beta}_s$ 线性无关，此方程组只有零解，即

$$\begin{vmatrix}t_1 & 0 & 0 & \cdots & 0 & t_2\\t_2 & t_1 & 0 & \cdots & 0 & 0\\0 & t_2 & t_1 & \cdots & 0 & 0\\\vdots & \vdots & \vdots & & \vdots & \vdots\\0 & 0 & 0 & \cdots & t_2 & t_1\end{vmatrix}=t_1^s+(-1)^{s+1}t_2^s$$

故当 $t_1^s+(-1)^{s+1}t_2^s\neq 0$ 时，若 s 为偶数，$t_1\neq\pm t_2$，若 s 为奇数，$t_1\neq -t_2$，这时 $\boldsymbol{\beta}_1$，$\boldsymbol{\beta}_2$，…，$\boldsymbol{\beta}_s$ 为 $\boldsymbol{Ax}=\boldsymbol{0}$ 的一个基础解系.

题型六　求具体线性方程组的通解

求具体线性方程组的通解的步骤：

(1) 通过消元过程用矩阵的初等行变换将增广矩阵化成行阶梯形矩阵；

(2) 用线性方程组有解的判定定理判别解的存在性；

(3) 若线性方程组有解，求出对应的齐次线性方程组的基础解系和非齐次线性方程组的一个特解，进而得到线性方程组的通解.

例2.12 求解线性方程组，并用基础解系表示出通解.

(1) $\begin{cases}2x_1+x_2-x_3+2x_4=1\\x_1+2x_2+x_3-x_4=2\\x_1+x_2+2x_3+x_4=3\end{cases}$； (2) $\begin{cases}2x_1-x_2-x_3+x_4=2\\x_1+x_2-2x_3+x_4=4\\4x_1-6x_2+2x_3-2x_4=4\\3x_1+6x_2-9x_3+7x_4=9\end{cases}$.

解 (1) 对方程组的增广矩阵实施初等行变换，得

$$\bar{A}=\left(\begin{array}{cccc|c}2&1&-1&2&1\\1&2&1&-1&2\\1&1&2&1&3\end{array}\right)\rightarrow\left(\begin{array}{cccc|c}1&1&2&1&3\\1&2&1&-1&2\\2&1&-1&2&1\end{array}\right)$$

$$\rightarrow\left(\begin{array}{cccc|c}1&1&2&1&3\\0&1&-1&-2&-1\\0&-1&-5&0&-5\end{array}\right)\rightarrow\left(\begin{array}{cccc|c}1&1&2&1&3\\0&1&-1&-2&-1\\0&0&-6&-2&-6\end{array}\right)$$

可知 $R(\boldsymbol{A})=R(\bar{\boldsymbol{A}})=3<4$，故方程有无穷多解，$x_4$ 为自由变量. 取 $x_4=0$，可得非齐次方程组 $\boldsymbol{Ax}=\boldsymbol{b}$ 的一个特解为 $\boldsymbol{\xi}_0=(1,0,1,0)^{\mathrm{T}}$.

令 $x_4=1$，可得对应的齐次方程组 $\boldsymbol{Ax}=\boldsymbol{0}$ 的基础解系为 $\boldsymbol{\eta}=(6,-5,1,-3)^{\mathrm{T}}$.

从而原方程组的通解为

$$\boldsymbol{\xi}=c\boldsymbol{\eta}+\boldsymbol{\xi}_0=c(6,-5,1,-3)^{\mathrm{T}}+(1,0,1,0)^{\mathrm{T}}\quad(c\text{ 为任意常数})$$

(2) 对方程组的增广矩阵实施初等行变换，得

$$\bar{A}=\left(\begin{array}{cccc|c}2&-1&-1&1&2\\1&1&-2&1&4\\4&-6&2&-2&4\\3&6&-9&7&9\end{array}\right)\rightarrow\left(\begin{array}{cccc|c}1&1&-2&1&4\\2&-1&-1&1&2\\2&-3&1&-1&2\\3&6&-9&7&9\end{array}\right)$$

$$\rightarrow\left(\begin{array}{cccc|c}1&1&-2&1&4\\0&2&-2&2&0\\0&-5&5&-3&-6\\0&3&-3&4&-3\end{array}\right)\rightarrow\left(\begin{array}{cccc|c}1&1&-2&1&4\\0&1&-1&1&0\\0&0&0&2&-6\\0&0&0&1&-3\end{array}\right)$$

$$\rightarrow\left(\begin{array}{cccc|c}1&1&-2&1&4\\0&1&-1&1&0\\0&0&0&1&-3\\0&0&0&0&0\end{array}\right)\rightarrow\left(\begin{array}{cccc|c}1&0&-1&0&4\\0&1&-1&0&3\\0&0&0&1&-3\\0&0&0&0&0\end{array}\right)$$

对应的方程组为 $\begin{cases}x_1=4+x_3\\x_2=3+x_3\\x_4=-3\end{cases}$，取 $x_3=0$，可得方程组 $\boldsymbol{Ax}=\boldsymbol{b}$ 的一个特解为 $\boldsymbol{\xi}_0=(4,3,0,-3)^{\mathrm{T}}$.

令 $x_3=1$，可得对应的齐次方程组 $\boldsymbol{Ax}=\boldsymbol{0}$ 的基础解系为 $\boldsymbol{\eta}=(1,1,1,0)^{\mathrm{T}}$. 从而原方程组的通解为

$$\boldsymbol{\xi}=c\boldsymbol{\eta}+\boldsymbol{\xi}_n=c(1,1,1,0)^{\mathrm{T}}+(4,3,0,-3)^{\mathrm{T}}\quad(\text{其中 }c\text{ 为任意常数})$$

练习　求解线性方程组 $\begin{cases} x_1+x_2+x_3+x_4+x_5=-1 \\ 3x_1+2x_2+x_3+x_4-3x_5=-5 \\ x_2+2x_3+2x_4+6x_5=2 \\ 5x_1+4x_2+3x_3+3x_4-x_5=-7 \end{cases}$，并用基础解系表示出其通解.

例2.13　已知向量 $\boldsymbol{\eta}_1=(1,\ -1,\ 0,\ 2)^{\mathrm{T}}$，$\boldsymbol{\eta}_2=(2,\ 1,\ -1,\ 4)^{\mathrm{T}}$，$\boldsymbol{\eta}_3=(4,\ 5,\ -3,\ 11)^{\mathrm{T}}$ 是线性方程组 $\begin{cases} a_1x_1+2x_2+a_3x_3+a_4x_4=d_1 \\ 4x_1+b_2x_2+3x_3+b_4x_4=d_2 \\ 3x_1+c_2x_2+5x_3+c_4x_4=d_3 \end{cases}$ 的三个解，求该方程组的解.

解　设方程组的系数矩阵为 $\boldsymbol{A}$，因为 $\boldsymbol{\eta}_1$，$\boldsymbol{\eta}_2$，$\boldsymbol{\eta}_3$ 为方程组的解，所以 $\boldsymbol{\eta}_2-\boldsymbol{\eta}_1$，$\boldsymbol{\eta}_3-\boldsymbol{\eta}_1$ 为对应的齐次线性方程组的两个线性无关的解向量，由 $4-\mathrm{R}(\boldsymbol{A})\geqslant 2\Rightarrow \mathrm{R}(\boldsymbol{A})\leqslant 2$，又因为系数矩阵 $\boldsymbol{A}$ 有 2 阶子式 $\begin{vmatrix} 4 & 3 \\ 3 & 5 \end{vmatrix}=11\neq 0$，所以 $\mathrm{R}(\boldsymbol{A})\geqslant 2$，因此，$\mathrm{R}(\boldsymbol{A})=2$. 所以齐次线性方程组基础解系由两个解向量构成，即 $\boldsymbol{\eta}_2-\boldsymbol{\eta}_1$，$\boldsymbol{\eta}_3-\boldsymbol{\eta}_1$ 是齐次线性方程组的一个基础解系.

故该线性方程组的通解为

$$\boldsymbol{\eta}_1+k_1(\boldsymbol{\eta}_2-\boldsymbol{\eta}_1)+k_2(\boldsymbol{\eta}_3-\boldsymbol{\eta}_1)\qquad (\text{其中 } k_1,\ k_2 \text{ 为任意常数})$$

例2.14　设四元非齐次线性方程组 $\boldsymbol{Ax}=\boldsymbol{b}$，已知 $\mathrm{R}(\boldsymbol{A})=3$，$\boldsymbol{\eta}_1$，$\boldsymbol{\eta}_2$，$\boldsymbol{\eta}_3$ 是它的三个解，并且 $\boldsymbol{\eta}_1=(2,\ 3,\ 4,\ 5)^{\mathrm{T}}$，$\boldsymbol{\eta}_2+\boldsymbol{\eta}_3=(1,\ 2,\ 3,\ 4)^{\mathrm{T}}$，试求方程组的全部解.

解　由 $\mathrm{R}(\boldsymbol{A})=3$ 可知，四元非齐次线性方程组 $\boldsymbol{Ax}=\boldsymbol{b}$ 有无穷多解，而且其对应的齐次线性方程组 $\boldsymbol{Ax}=\boldsymbol{0}$ 只有一个线性无关的基础解. 又 $\boldsymbol{\eta}_1$，$\boldsymbol{\eta}_2$，$\boldsymbol{\eta}_3$ 是它的三个解，故 $\boldsymbol{\eta}_2+\boldsymbol{\eta}_3$ 也是 $\boldsymbol{Ax}=\boldsymbol{b}$ 的解. 从而 $\boldsymbol{\eta}_1-(\boldsymbol{\eta}_2+\boldsymbol{\eta}_3)$ 是 $\boldsymbol{Ax}=\boldsymbol{0}$ 的解. 令

$$\boldsymbol{\xi}=\boldsymbol{\eta}_1-(\boldsymbol{\eta}_2+\boldsymbol{\eta}_3)=(1,\ 1,\ 1,\ 1)^{\mathrm{T}}$$

则 $\boldsymbol{\xi}$ 是 $\boldsymbol{Ax}=\boldsymbol{0}$ 的基础解系，又 $\boldsymbol{\eta}_1$ 是 $\boldsymbol{Ax}=\boldsymbol{b}$ 的特解，故四元线性方程组 $\boldsymbol{Ax}=\boldsymbol{b}$ 的通解为

$$\boldsymbol{\eta}_1+c\boldsymbol{\xi}=(2,\ 3,\ 4,\ 5)^{\mathrm{T}}+c(1,\ 1,\ 1,\ 1)^{\mathrm{T}}\quad (\text{其中 } c \text{ 为任意常数})$$

题型七　含参数的线性方程组的求解

对于含参数的线性方程组，参数的各种不同取值决定着方程组解的存在，因而解含参数的线性方程组必须对参数取值加以讨论. 求解含参数的线性方程组的方法主要有：

方法 1： 对线性方程组的增广矩阵实施初等行变换，将其化为行阶梯形矩阵，然后根据 $\mathrm{R}(\boldsymbol{A})=\mathrm{R}(\bar{\boldsymbol{A}})$ 是否成立，讨论参数取何值时线性方程组有解、无解. 有解时求出一般解.

方法 2： 当方程的个数与未知量的个数相同时，先利用克莱姆法则，即计算系数行列式 $|\boldsymbol{A}|$，对于使得 $|\boldsymbol{A}|\neq 0$ 的参数值，方程组有唯一解，且可以用克莱姆法则求出唯一解；而对于使得 $|\boldsymbol{A}|=0$ 的参数值，用消元法求解.

例2.15　问 k 为何值时，线性方程组 $\begin{cases} x_1+x_2+kx_3=4 \\ -x_1+kx_2+x_3=k^2 \\ x_1-x_2+2x_3=-4 \end{cases}$ 有唯一解、无解、有无穷多

解？当有解时求出其所有解.

解 线性方程组的系数矩阵为$A=\begin{pmatrix}1&1&k\\-1&k&1\\1&-1&2\end{pmatrix}$，则

$$|A|=\begin{vmatrix}1&1&k\\-1&k&1\\1&-1&2\end{vmatrix}=-(k-4)(k+1)$$

(1) 当$k\neq-1$且$k\neq4$时，有$|A|\neq0$，方程组有唯一解，由克莱姆法则，得

$$x_1=\frac{k^2+2k}{k+1},\quad x_2=\frac{k^2+2k+4}{k+1},\quad x_3=\frac{-2k}{k+1}$$

(2) 当$k=-1$时，对方程组的增广矩阵实施初等行变换：

$$\bar{A}=\left(\begin{array}{ccc:c}1&1&-1&4\\-1&-1&1&1\\1&-1&2&-4\end{array}\right)\to\left(\begin{array}{ccc:c}1&1&-1&4\\0&0&0&5\\0&-2&3&-8\end{array}\right)\to\left(\begin{array}{ccc:c}1&1&-1&4\\0&-2&3&-8\\0&0&0&5\end{array}\right)$$

因为$R(A)=2<3=R(\bar{A})$，所以方程组无解.

(3) 当$k=4$时，对方程组的增广矩阵实施初等行变换：

$$\bar{A}=\left(\begin{array}{ccc:c}1&1&4&4\\-1&4&1&16\\1&-1&2&-4\end{array}\right)\to\left(\begin{array}{ccc:c}1&1&4&4\\0&5&5&20\\0&-2&-2&-8\end{array}\right)\to\left(\begin{array}{ccc:c}1&1&4&4\\0&1&1&4\\0&0&0&0\end{array}\right)$$

$$\to\left(\begin{array}{ccc:c}1&0&3&0\\0&1&1&4\\0&0&0&0\end{array}\right)$$

因为$R(A)=R(\bar{A})=2$，故方程组有无穷多解.

对于$\begin{cases}x_1=-3x_3\\x_2=-x_3+4\end{cases}$，令$x_3=0$，得方程组的特解$\boldsymbol{\xi}_0=(0,\ 4,\ 0)^{\mathrm{T}}$，令$x_3=1$，得齐次线性方程组的基础解系$\boldsymbol{\eta}=(-3,\ -1,\ 1)^{\mathrm{T}}$.

所以方程组的通解为

$$c\boldsymbol{\eta}+\boldsymbol{\xi}_0=c(-3,\ -1,\ 1)^{\mathrm{T}}+(0,\ 4,\ 0)^{\mathrm{T}}\quad（其中 c 为任意常数）$$

例2.16 问a，b为何值时，线性方程组$\begin{cases}x_1+2x_2=3\\4x_1+7x_2+x_3=10\\x_2-x_3=b\\2x_1+3x_2+ax_3=4\end{cases}$有唯一解、无解、有无穷多解？当有解时求出其所有解.

解 对方程组的增广矩阵实施初等行变换：

$$\bar{A}=\left(\begin{array}{ccc:c}1&2&0&3\\4&7&1&10\\0&1&-1&b\\2&3&a&3\end{array}\right)\xrightarrow[r_4-2r_1]{r_2-4r_1}\left(\begin{array}{ccc:c}1&2&0&3\\0&-1&1&-2\\0&1&-1&b\\0&-1&a&-3\end{array}\right)$$

$$\xrightarrow[r_4-r_2]{\substack{r_1+2r_2\\ r_3+r_2}}\left(\begin{array}{cccc:c}1&0&2&&-1\\0&-1&1&&-2\\0&0&0&&b-2\\0&0&a-1&&-1\end{array}\right)\xrightarrow[r_3\leftrightarrow r_4]{r_2\times(-1)}\left(\begin{array}{ccc:c}1&0&2&-1\\0&1&-1&2\\0&0&a-1&-1\\0&0&0&b-2\end{array}\right)$$

$$\xrightarrow{r_3+\frac{1}{b-2}r_4}\left(\begin{array}{ccc:c}1&0&2&-1\\0&1&-1&2\\0&0&a-1&0\\0&0&0&b-2\end{array}\right)$$

(1) 当 $b\neq2$ 时，若 $a=1$，则 $\mathrm{R}(\boldsymbol{A})=2$，$\mathrm{R}(\bar{\boldsymbol{A}})=3$，线性方程组无解；若 $a\neq1$，则 $\mathrm{R}(\boldsymbol{A})=3$，$\mathrm{R}(\bar{\boldsymbol{A}})=4$，线性方程组无解.

(2) 当 $b=2$ 时，若 $a\neq1$，则 $\mathrm{R}(\boldsymbol{A})=\mathrm{R}(\bar{\boldsymbol{A}})=3$，此时线性方程组有唯一解，可求得解为

$$x_1=-1,\quad x_2=2,\quad x_3=0$$

若 $a=1$，则 $\mathrm{R}(\boldsymbol{A})=\mathrm{R}(\bar{\boldsymbol{A}})=2<3$，线性方程组有无穷多解. 原方程组可化为 $\begin{cases}x_1=-1-2x_3\\x_2=2+x_3\end{cases}$，令 $x_3=0$，得方程组的特解 $\boldsymbol{\xi}_0=(-1,\ 2,\ 0)^{\mathrm{T}}$，令 $x_3=1$，得齐次线性方程组的基础解系 $\boldsymbol{\eta}=(-2,\ 1,\ 1)^{\mathrm{T}}$.

所以方程组的通解为

$$c\boldsymbol{\eta}+\boldsymbol{\xi}_0=c(-2,\ 1,\ 1)^{\mathrm{T}}+(-1,\ 2,\ 0)^{\mathrm{T}}\quad(\text{其中 } c \text{ 为任意常数})$$

练习　当 λ 为何值时，方程组 $\begin{cases}x_1+x_3=\lambda\\4x_1+x_2+2x_3=\lambda+2\\6x_1+x_2+4x_3=2\lambda+3\end{cases}$ 有唯一解、无解、有无穷多解?

题型八　抽象线性方程组的求解

当没有具体给出方程组 $\boldsymbol{Ax}=\boldsymbol{b}$ 的系数矩阵 $\boldsymbol{A}$ 与常数项矩阵 $\boldsymbol{b}$ 时，关于抽象方程组 $\boldsymbol{Ax}=\boldsymbol{b}$ 的求解与证明，需要综合运用解的性质与解的结构定理.

例2.17　已知 $\boldsymbol{\beta}_1$，$\boldsymbol{\beta}_2$ 是非齐次线性方程组 $\boldsymbol{Ax}=\boldsymbol{b}$ 的两个不同的特解，$\boldsymbol{\alpha}_1$，$\boldsymbol{\alpha}_2$ 是齐次线性方程组 $\boldsymbol{Ax}=\boldsymbol{0}$ 的基础解系，证明：$\boldsymbol{\gamma}=k_1\boldsymbol{\alpha}+k_2(\boldsymbol{\alpha}_1-\boldsymbol{\alpha}_2)+\dfrac{\boldsymbol{\beta}_1+\boldsymbol{\beta}_2}{2}$ 为 $\boldsymbol{Ax}=\boldsymbol{b}$ 的通解.

证　因为 $\boldsymbol{\beta}_1$，$\boldsymbol{\beta}_2$ 是方程组 $\boldsymbol{Ax}=\boldsymbol{b}$ 的两个不同的解，所以 $\boldsymbol{A\beta}_1=\boldsymbol{b}$，$\boldsymbol{A\beta}_2=\boldsymbol{b}$，于是

$$\boldsymbol{A}\left[\frac{1}{2}(\boldsymbol{\beta}_1+\boldsymbol{\beta}_2)\right]=\frac{1}{2}(\boldsymbol{A\beta}_1+\boldsymbol{A\beta}_2)=\frac{1}{2}(\boldsymbol{b}+\boldsymbol{b})=\boldsymbol{b}$$

故 $\dfrac{1}{2}(\boldsymbol{\beta}_1+\boldsymbol{\beta}_2)$ 为 $\boldsymbol{Ax}=\boldsymbol{b}$ 的解.

因为 $\boldsymbol{\alpha}_1$，$\boldsymbol{\alpha}_2$ 是齐次线性方程组 $\boldsymbol{Ax}=\boldsymbol{0}$ 的基础解系，所以 $\boldsymbol{\alpha}_1$，$\boldsymbol{\alpha}_2$ 是 $\boldsymbol{Ax}=\boldsymbol{0}$ 的两个线性无关的解，故 $\boldsymbol{\alpha}_1$，$\boldsymbol{\alpha}_1-\boldsymbol{\alpha}_2$ 也为 $\boldsymbol{Ax}=\boldsymbol{0}$ 的两个线性无关的解.

所以 $\boldsymbol{\gamma}=k_1\boldsymbol{\alpha}_1+k_2(\boldsymbol{\alpha}_1-\boldsymbol{\alpha}_2)+\dfrac{\boldsymbol{\beta}_1+\boldsymbol{\beta}_2}{2}$ 为 $\boldsymbol{Ax}=\boldsymbol{b}$ 的通解.

例2.18　已知四元非齐次线性方程组 $\boldsymbol{Ax}=\boldsymbol{b}$ 的系数矩阵 $\boldsymbol{A}$ 的秩为 3，又 $\boldsymbol{\eta}_1$，$\boldsymbol{\eta}_2$，$\boldsymbol{\eta}_3$

是它的三个解向量，其中 $\boldsymbol{\eta}_1+\boldsymbol{\eta}_2=(1,\ 1,\ 0,\ 2)^{\mathrm{T}}$，$\boldsymbol{\eta}_2+\boldsymbol{\eta}_3=(1,\ 0,\ 1,\ 3)^{\mathrm{T}}$，试求 $\boldsymbol{A}\boldsymbol{x}=\boldsymbol{b}$ 的通解.

解 由 $\boldsymbol{A}(\boldsymbol{\eta}_1+\boldsymbol{\eta}_2)=\boldsymbol{A}\boldsymbol{\eta}_1+\boldsymbol{A}\boldsymbol{\eta}_2=2\boldsymbol{b}$，知 $\boldsymbol{\xi}_0=\frac{1}{2}(\boldsymbol{\eta}_1+\boldsymbol{\eta}_2)=\left(\frac{1}{2},\ \frac{1}{2},\ 0,\ 1\right)^{\mathrm{T}}$ 为 $\boldsymbol{A}\boldsymbol{x}=\boldsymbol{b}$ 的一个特解.

又由 $\mathrm{R}(\boldsymbol{A})=3$ 知，$\boldsymbol{A}\boldsymbol{x}=\boldsymbol{0}$ 的基础解系含有 $4-\mathrm{R}(\boldsymbol{A})=1$ 个解向量.

由方程组解的性质知 $\boldsymbol{\eta}_3-\boldsymbol{\eta}_1=(\boldsymbol{\eta}_2+\boldsymbol{\eta}_3)-(\boldsymbol{\eta}_1+\boldsymbol{\eta}_2)=(0,\ -1,\ 1,\ 1)^{\mathrm{T}}$ 是 $\boldsymbol{A}\boldsymbol{x}=\boldsymbol{0}$ 的非零解，从而 $\boldsymbol{\eta}_3-\boldsymbol{\eta}_1$ 为 $\boldsymbol{A}\boldsymbol{x}=\boldsymbol{0}$ 的一个基础解系，故 $\boldsymbol{A}\boldsymbol{x}=\boldsymbol{b}$ 的通解为

$$\boldsymbol{\xi}=\boldsymbol{\xi}_0+c(\boldsymbol{\eta}_3-\boldsymbol{\eta}_1)=\left(\frac{1}{2},\ \frac{1}{2},\ 0,\ 1\right)^{\mathrm{T}}+c(0,\ -1,\ 1,\ 1)^{\mathrm{T}}\quad（其中\ c\ 为任意常数）$$

例2.19 已知 4 阶方阵 $\boldsymbol{A}=(\boldsymbol{\alpha}_1,\ \boldsymbol{\alpha}_2,\ \boldsymbol{\alpha}_3,\ \boldsymbol{\alpha}_4)$，其中，$\boldsymbol{\alpha}_2$，$\boldsymbol{\alpha}_3$，$\boldsymbol{\alpha}_4$ 线性无关，$\boldsymbol{\alpha}_1=2\boldsymbol{\alpha}_2-\boldsymbol{\alpha}_3$，如果 $\boldsymbol{b}=\boldsymbol{\alpha}_1+\boldsymbol{\alpha}_2+\boldsymbol{\alpha}_3+\boldsymbol{\alpha}_4$，求线性方程组 $\boldsymbol{A}\boldsymbol{x}=\boldsymbol{b}$ 的通解.

解 由 $\boldsymbol{\alpha}_2$，$\boldsymbol{\alpha}_3$，$\boldsymbol{\alpha}_4$ 线性无关和 $\boldsymbol{\alpha}_1=2\boldsymbol{\alpha}_2-\boldsymbol{\alpha}_3=2\boldsymbol{\alpha}_2-\boldsymbol{\alpha}_3+0\boldsymbol{\alpha}_4$，知 $\mathrm{R}(\boldsymbol{A})=3$，从而 $\boldsymbol{A}\boldsymbol{x}=\boldsymbol{0}$ 的基础解系含有 $4-\mathrm{R}(\boldsymbol{A})=1$ 个解向量.

由 $\boldsymbol{\alpha}_1=2\boldsymbol{\alpha}_2-\boldsymbol{\alpha}_3$，即 $\boldsymbol{\alpha}_1-2\boldsymbol{\alpha}_2+\boldsymbol{\alpha}_3+0\boldsymbol{\alpha}_4=\boldsymbol{0}$，也即 $\boldsymbol{A}(1,\ -2,\ 1,\ 0)^{\mathrm{T}}=\boldsymbol{0}$ 知，$\boldsymbol{\eta}=(1,\ -2,\ 1,\ 0)^{\mathrm{T}}$ 为 $\boldsymbol{A}\boldsymbol{x}=\boldsymbol{0}$ 的一个基础解系.

又由 $\boldsymbol{b}=\boldsymbol{\alpha}_1+\boldsymbol{\alpha}_2+\boldsymbol{\alpha}_3+\boldsymbol{\alpha}_4=(\boldsymbol{\alpha}_1,\ \boldsymbol{\alpha}_2,\ \boldsymbol{\alpha}_3,\ \boldsymbol{\alpha}_4)(1,\ 1,\ 1,\ 1)^{\mathrm{T}}=\boldsymbol{A}(1,\ 1,\ 1,\ 1)^{\mathrm{T}}$ 知，$\boldsymbol{\xi}_0=(1,\ 1,\ 1,\ 1)^{\mathrm{T}}$ 为 $\boldsymbol{A}\boldsymbol{x}=\boldsymbol{b}$ 的一个特解，故线性方程组 $\boldsymbol{A}\boldsymbol{x}=\boldsymbol{b}$ 的通解为

$$\boldsymbol{\xi}=\boldsymbol{\xi}_0+c\boldsymbol{\eta}=(1,\ 1,\ 1,\ 1)^{\mathrm{T}}+c(1,\ -2,\ 1,\ 0)^{\mathrm{T}}\quad（其中\ c\ 为任意常数）$$

题型九　求两个线性方程组的公共解

求两个线性方程组（Ⅰ）与（Ⅱ）的公共解的方法有：

方法 1：如果两个线性方程组均用具体形式给出，则将它们联立求解即可.

方法 2：如果知道两个方程组的通解，则令其相等，求得通解中参数所满足的关系，从而得到公共解.

方法 3：如果知道线性方程组（Ⅰ）的一般形式，又知道线性方程组（Ⅱ）的通解，则将（Ⅱ）的通解代入（Ⅰ）中，确定通解中参数所满足的关系，从而求得公共解.

例2.20 设有两个四元齐次线性方程组（Ⅰ）$\begin{cases}x_1+x_2=0\\x_2-x_4=0\end{cases}$；（Ⅱ）$\begin{cases}x_1-x_2+x_3=0\\x_2-x_3+x_4=0\end{cases}$.

(1) 求线性方程组（Ⅰ）的基础解系；

(2) 试问方程组（Ⅰ）和（Ⅱ）是否有非零的公共解？若有，则求出所有的非零公共解；若没有，则说明理由.

解 (1)（Ⅰ）的基础解系为 $\boldsymbol{\xi}_1=(0,\ 0,\ 1,\ 0)^{\mathrm{T}}$，$\boldsymbol{\xi}_2=(-1,\ 1,\ 0,\ 1)^{\mathrm{T}}$.

(2) 关于公共解有下列求法：

方法 1：把（Ⅰ）和（Ⅱ）联立起来直接求解，令

$$\boldsymbol{A}=\begin{pmatrix}1&1&0&0\\0&1&0&-1\\1&-1&1&0\\0&1&-1&1\end{pmatrix}\rightarrow\begin{pmatrix}1&1&0&0\\0&1&0&-1\\0&0&1&-2\\0&0&0&0\end{pmatrix}\rightarrow\begin{pmatrix}1&0&0&1\\0&1&0&-1\\0&0&1&-2\\0&0&0&0\end{pmatrix}$$

由 $n-R(\boldsymbol{A})=4-3=1$，得基础解系为 $(-1, 1, 2, 1)^T$，从而(Ⅰ)和(Ⅱ)的全部公共解为 $k(-1, 1, 2, 1)^T$(k 为任意实数).

方法 2： 通过(Ⅰ)与(Ⅱ)各自的通解，寻找公共解. 可求得(Ⅱ)的基础解系为

$$\boldsymbol{\eta}_1=(0, 1, 1, 0)^T, \boldsymbol{\eta}_2=(-1, -1, 0, 1)^T$$

则 $k_1\boldsymbol{\xi}_1+k_2\boldsymbol{\xi}_2$，$l_1\boldsymbol{\eta}_1+l_2\boldsymbol{\eta}_2$ 分别为(Ⅰ)和(Ⅱ)的通解. 令其相等，即有

$$k_1(0, 0, 1, 0)^T+k_2(-1, 1, 0, 1)^T=l_1(0, 1, 1, 0)^T+l_2(-1, -1, 0, 1)^T$$

由此得

$$(-k_2, k_2, k_1, k_2)^T=(-l_2, l_1-l_2, l_1, l_2)^T$$

比较得

$$k_1=l_1=2k_2=2l_2$$

故公共解为

$$2k_2(0, 0, 1, 0)^T+k_2(-1, 1, 0, 1)^T=k_2(-1, 1, 2, 1)^T$$

方法 3： 把(Ⅰ)的通解代入(Ⅱ)中，寻求 k_1，k_2 应满足的关系式，从而求出公共解.

由于 $k_1\boldsymbol{\xi}_1+k_2\boldsymbol{\xi}_2=(-k_2, k_2, k_1, k_2)^T$，若是(Ⅱ)的解，则应满足(Ⅱ)的方程，故

$$\begin{cases}-k_2-k_2+k_1=0\\k_2-k_1+k_2=0\end{cases}$$

解出 $k_1=2k_2$，从而可求出公共解为 $k_2(-1, 1, 2, 1)^T$.

例2.21 四元齐次线性方程组(Ⅰ)为 $\begin{cases}x_1+x_2=0\\x_2-x_4=0\end{cases}$，又已知某个齐次线性方程组(Ⅱ)的全部解(通解)为 $c_1(0, 1, 1, 0)^T+c_2(-1, 2, 2, 1)^T$($c_1$，$c_2$ 为任意常数).

(1) 求线性方程组(Ⅰ)的基础解系；

(2) 问线性方程组(Ⅰ)与(Ⅱ)是否有非零的公共解？若有，求出所有非零公共解.

解 (1) 线性方程组(Ⅰ)的一般解为 $\begin{cases}x_1=-x_2\\x_4=x_2\end{cases}$($x_2$，$x_3$ 为自由未知量).

令 $\begin{pmatrix}x_2\\x_3\end{pmatrix}$ 分别取 $\begin{pmatrix}1\\0\end{pmatrix}$ 和 $\begin{pmatrix}0\\1\end{pmatrix}$，得方程组的一个基础解系 $\boldsymbol{\eta}_1=(-1, 1, 0, 1)^T$，$\boldsymbol{\eta}_2=(0, 0, 1, 0)^T$.

(2) (Ⅱ)的通解为 $(-c_2, c_1+2c_2, c_1+2c_2, c_2)^T$，将其代入(Ⅰ)解得 $c_1=-c_2$. 当 $c_1=-c_2\neq 0$ 时，(Ⅱ)的通解可化为 $c_1(0, 1, 1, 0)^T+c_2(-1, 2, 2, 1)^T=c_2(-1, 1, 1, 1)^T$. 所以，方程组(Ⅰ)和(Ⅱ)的所有非零公共解为 $c(-1, 1, 1, 1)^T$(c 为非零常数).

题型十　n 维向量及其线性运算

例2.22 已知 $\boldsymbol{\alpha}=(-2, 2, 5, 2)^T$，$\boldsymbol{\beta}=(4, 1, 3, 2)$，求 $2\boldsymbol{\alpha}-3\boldsymbol{\beta}$.

解 由题设，得

$$\begin{aligned}2\boldsymbol{\alpha}-3\boldsymbol{\beta}&=2(-2, 2, 5, 2)^T-3(4, 1, 3, 2)^T\\&=(-4, 4, 10, 4)^T-(12, 3, 9, 6)^T\\&=(-16, 1, 1, -2)^T\end{aligned}$$

例2.23 设向量 $3\boldsymbol{\alpha}+\boldsymbol{\beta}=(2, 1, 3, 2)^T$，$2\boldsymbol{\alpha}+3\boldsymbol{\beta}=(3, 1, 4, 6)^T$，求 $\boldsymbol{\alpha}$，$\boldsymbol{\beta}$.

解 由题设，得

$$7\boldsymbol{\alpha}=3(3\boldsymbol{\alpha}+\boldsymbol{\beta})-(2\boldsymbol{\alpha}+3\boldsymbol{\beta})=3(2,1,3,2)^{\mathrm{T}}-(3,1,4,6)^{\mathrm{T}}=(3,2,5,0)^{\mathrm{T}}$$

所以 $\boldsymbol{\alpha}=\frac{1}{7}(3,2,5,0)^{\mathrm{T}}$. 因此

$$\boldsymbol{\beta}=(2,1,3,2)^{\mathrm{T}}-3\boldsymbol{\alpha}=(2,1,3,2)^{\mathrm{T}}-\frac{3}{7}(3,2,5,0)^{\mathrm{T}}=\frac{1}{7}(5,1,6,14)^{\mathrm{T}}$$

题型十一 具体向量由向量组线性表示的判定

判断一个向量 $\boldsymbol{\beta}$ 能否由向量组 $\boldsymbol{\alpha}_1$，$\boldsymbol{\alpha}_2$，…，$\boldsymbol{\alpha}_s$ 线性表示的方法：

(1) 根据定义令 $\beta=k_1\boldsymbol{\alpha}_1+k_2\boldsymbol{\alpha}_2+\cdots+k_s\boldsymbol{\alpha}_s$，由向量的相等得到以 k_1，k_2，…，k_s 为未知量的非齐次线性方程组.

(2) 判断该非齐次线性方程组是否有解. 若方程组无解，则向量 $\boldsymbol{\beta}$ 不能由向量组 $\boldsymbol{\alpha}_1$，$\boldsymbol{\alpha}_2$，…，$\boldsymbol{\alpha}_s$ 线性表示. 若方程组有解，则向量 $\boldsymbol{\beta}$ 能由向量组 $\boldsymbol{\alpha}_1$，$\boldsymbol{\alpha}_2$，…，$\boldsymbol{\alpha}_s$ 线性表示.

(3) 当线性方程组有解时，求线性方程组的解 $(k_1,k_2,\cdots,k_s)$，进而得到表达式

$$\boldsymbol{\beta}=k_1\boldsymbol{\alpha}_1+k_2\boldsymbol{\alpha}_2+\cdots+k_s\boldsymbol{\alpha}_s$$

例 2.24 判定下列各组中的向量 $\boldsymbol{\beta}$ 是否可以表示为其余向量的线性组合. 若可以，试求出其一个线性表示式.

(1) $\boldsymbol{\beta}=(4,5,6)^{\mathrm{T}}$，$\boldsymbol{\alpha}_1=(3,-3,2)^{\mathrm{T}}$，$\boldsymbol{\alpha}_2=(-2,1,2)^{\mathrm{T}}$，$\boldsymbol{\alpha}_3=(1,2,-1)^{\mathrm{T}}$；

(2) $\boldsymbol{\beta}=(-1,1,3,1)^{\mathrm{T}}$，$\boldsymbol{\alpha}_1=(1,2,1,1)^{\mathrm{T}}$，$\boldsymbol{\alpha}_2=(1,1,1,2)^{\mathrm{T}}$，$\boldsymbol{\alpha}_3=(-3,-2,1,-3)^{\mathrm{T}}$.

解 (1) 设 $\boldsymbol{\beta}=k_1\boldsymbol{\alpha}_1+k_2\boldsymbol{\alpha}_2+k_3\boldsymbol{\alpha}_3$，则 k_1，k_2，k_3 是方程组 $\begin{cases}3k_1-2k_2+k_3=4\\-3k_1+k_2+2k_3=5\\2k_1+2k_2-k_3=6\end{cases}$ 的解. 对方程组的增广矩阵 $\overline{\boldsymbol{A}}$ 实施初等行变换：

$$\overline{\boldsymbol{A}}=\left(\begin{array}{ccc:c}3&-2&1&4\\-3&1&2&5\\2&2&-1&6\end{array}\right)\to\left(\begin{array}{ccc:c}1&-4&2&-2\\-3&1&2&5\\2&2&-1&6\end{array}\right)\to\left(\begin{array}{ccc:c}1&-4&2&-2\\0&-11&8&-1\\0&10&-5&10\end{array}\right)$$

$$\to\left(\begin{array}{ccc:c}1&-4&2&-2\\0&-1&3&9\\0&2&-1&2\end{array}\right)\to\left(\begin{array}{ccc:c}1&-4&2&-2\\0&1&-3&-9\\0&0&1&4\end{array}\right)\to\left(\begin{array}{ccc:c}1&0&0&2\\0&1&0&3\\0&0&1&4\end{array}\right)$$

得到方程组的解为 $\begin{cases}k_1=2\\k_2=3\\k_3=4\end{cases}$，所以 $\boldsymbol{\beta}=2\boldsymbol{\alpha}_1+3\boldsymbol{\alpha}_2+4\boldsymbol{\alpha}_3$.

(2) 设 $\boldsymbol{\beta}=k_1\boldsymbol{\alpha}_1+k_2\boldsymbol{\alpha}_2+k_3\boldsymbol{\alpha}_3$，则 k_1，k_2，k_3 是方程组

$$\begin{cases}k_1+k_2-3k_3=-1\\2k_1+k_2-2k_3=1\\k_1+k_2+k_3=3\\k_1+2k_2-3k_3=1\end{cases}$$

的解. 对方程组的增广矩阵 $\overline{\boldsymbol{A}}$ 实施初等行变换：

$$\overline{\boldsymbol{A}}=\left(\begin{array}{ccc:c}1&1&-3&-1\\2&1&-2&1\\1&1&1&3\\1&2&-3&1\end{array}\right)\to\left(\begin{array}{ccc:c}1&1&-3&-1\\0&-1&4&3\\0&0&4&4\\0&1&0&2\end{array}\right)\to\left(\begin{array}{ccc:c}1&1&-3&-1\\0&-1&4&3\\0&0&4&4\\0&0&4&5\end{array}\right)$$

$$\to\left(\begin{array}{ccc:c}1&1&-3&-1\\0&-1&4&3\\0&0&4&4\\0&0&0&1\end{array}\right)$$

因为 $\mathrm{R}(\boldsymbol{A})\neq\mathrm{R}(\boldsymbol{A})$，所以方程组无解，故 $\boldsymbol{\beta}$ 不能表示为 $\boldsymbol{\alpha}_1$，$\boldsymbol{\alpha}_2$，$\boldsymbol{\alpha}_3$ 的线性组合.

练习　判定向量组

$\boldsymbol{\beta}=(1,\ 0,\ -1/2)^{\mathrm{T}}$，$\boldsymbol{\alpha}_1=(1,\ 1,\ 1)^{\mathrm{T}}$，$\boldsymbol{\alpha}_2=(1,\ -1,\ -2)^{\mathrm{T}}$，$\boldsymbol{\alpha}_3=(-1,\ 1,\ 2)^{\mathrm{T}}$

中的向量 $\boldsymbol{\beta}$ 是否可以表示为其余向量的线性组合. 若可以，试求出其一个线性表示式.

例2.25　设 $\boldsymbol{\beta}=(1,\ b,\ c)^{\mathrm{T}}$，$\boldsymbol{\alpha}_1=(a,\ 2,\ 10)^{\mathrm{T}}$，$\boldsymbol{\alpha}_2=(-2,\ 1,\ 5)^{\mathrm{T}}$，$\boldsymbol{\alpha}_3=(-1,\ 1,\ 4)^{\mathrm{T}}$，问 a，b，c 为何值时：(1) $\boldsymbol{\beta}$ 可由 $\boldsymbol{\alpha}_1$，$\boldsymbol{\alpha}_2$，$\boldsymbol{\alpha}_3$ 线性表示，并且表示式唯一？(2) $\boldsymbol{\beta}$ 不能由 $\boldsymbol{\alpha}_1$，$\boldsymbol{\alpha}_2$，$\boldsymbol{\alpha}_3$ 线性表示？(3) $\boldsymbol{\beta}$ 可由 $\boldsymbol{\alpha}_1$，$\boldsymbol{\alpha}_2$，$\boldsymbol{\alpha}_3$ 线性表示，但表示式不唯一？并求出一般表示式.

解　考虑 $x_1\boldsymbol{\alpha}_1+x_2\boldsymbol{\alpha}_2+x_3\boldsymbol{\alpha}_3=\boldsymbol{\beta}$，即线性方程组 $\begin{cases}ax_1-2x_2-x_3=1\\2x_1+x_2+x_3=b\\10x_1+5x_2+4x_3=c\end{cases}$.

方法 1：(1) 方程组的系数行列式

$$|\boldsymbol{A}|=\begin{vmatrix}a&-2&-1\\2&1&1\\10&5&4\end{vmatrix}=\begin{vmatrix}a+2&-1&0\\2&1&1\\2&1&0\end{vmatrix}=-\begin{vmatrix}a+2&-1\\2&1\end{vmatrix}=-a-4$$

由克莱姆法则知，当 $a\neq-4$ 时，$|\boldsymbol{A}|\neq0$，方程组有唯一解，即当 $a\neq-4$ 时，$\boldsymbol{\beta}$ 可由 $\boldsymbol{\alpha}_1$，$\boldsymbol{\alpha}_2$，$\boldsymbol{\alpha}_3$ 线性表示，并且表示式唯一.

(2) 当 $a=-4$ 时，对方程组的增广矩阵 $\overline{\boldsymbol{A}}$ 实施初等行变换：

$$\overline{\boldsymbol{A}}=\left(\begin{array}{ccc:c}-4&-2&-1&1\\2&1&1&b\\10&5&4&c\end{array}\right)\to\left(\begin{array}{ccc:c}2&1&1&b\\0&0&1&1+2b\\0&0&-1&c-5b\end{array}\right)\to\left(\begin{array}{ccc:c}2&1&1&b\\0&0&1&1+2b\\0&0&0&1+c-3b\end{array}\right)$$

由此可知：当 $1+c-3b\neq0$，即 $3b-c\neq1$ 时，$\mathrm{R}(\boldsymbol{A})=2\neq\mathrm{R}(\boldsymbol{A})=3$，方程组无解，即当 $3b-c\neq1$ 时，$\boldsymbol{\beta}$ 不能由 $\boldsymbol{\alpha}_1$，$\boldsymbol{\alpha}_2$，$\boldsymbol{\alpha}_3$ 线性表示.

(3) 当 $a=-4$ 且 $3b-c=1$ 时，$\mathrm{R}(\boldsymbol{A})=\mathrm{R}(\overline{\boldsymbol{A}})=2<3$，方程组有无穷多解，此时 $\boldsymbol{\beta}$ 可由 $\boldsymbol{\alpha}_1$，$\boldsymbol{\alpha}_2$，$\boldsymbol{\alpha}_3$ 线性表示，但表示式不唯一. 此时方程组的增广矩阵可化为

$$\overline{\boldsymbol{A}}\to\left(\begin{array}{cccc}2&1&1&b\\0&0&1&1+2b\\0&0&0&0\end{array}\right)\to\left(\begin{array}{cccc}2&1&0&-1-b\\0&0&1&1+2b\\0&0&0&0\end{array}\right)$$

得到方程组的一般解为

$$\begin{cases}x_2=-1-b-2x_1\\x_3=1+2b\end{cases}$$

令 $x_1=k$（k 为任意常数），则

$$\boldsymbol{\beta}=k\boldsymbol{\alpha}_1-(1+b+2k)\boldsymbol{\alpha}_2+(1+2b)\boldsymbol{\alpha}_3$$

方法 2：对方程组的增广矩阵 $\mathbf{A}$ 实施初等行变换：

$$\overline{\mathbf{A}}=\left(\begin{array}{ccc:c} a & -2 & -1 & 1 \\ 2 & 1 & 1 & b \\ 10 & 5 & 4 & c \end{array}\right)\to\left(\begin{array}{ccc:c} 2 & 1 & 1 & b \\ 0 & -2-\dfrac{a}{2} & -1-\dfrac{a}{2} & 1-\dfrac{ab}{2} \\ 0 & 0 & -1 & c-5b \end{array}\right)$$

(1) 当 $-2-\dfrac{a}{2}\neq0$，即 $a\neq-4$ 时，$\mathrm{R}(\mathbf{A})=\mathrm{R}(\overline{\mathbf{A}})=3$，方程组有唯一解，$\boldsymbol{\beta}$ 可由 $\boldsymbol{\alpha}_1$，$\boldsymbol{\alpha}_2$，$\boldsymbol{\alpha}_3$ 线性表示，并且表示式唯一.

(2) 当 $a=-4$ 时，$\overline{\mathbf{A}}$ 可化为

$$\overline{\mathbf{A}}\to\left(\begin{array}{ccc:c} 2 & 1 & 1 & b \\ 0 & 0 & 1 & 1+2b \\ 0 & 0 & -1 & c-5b \end{array}\right)\to\left(\begin{array}{ccc:c} 2 & 1 & 1 & b \\ 0 & 0 & 1 & 1+2b \\ 0 & 0 & 0 & 1+c-3b \end{array}\right)$$

由此可知：当 $1+c-3b\neq0$，即 $3b-c\neq1$ 时，$\mathrm{R}(\mathbf{A})=2\neq\mathrm{R}(\overline{\mathbf{A}})=3$，方程组无解，即当 $3b-c\neq1$ 时，$\boldsymbol{\beta}$ 不能由 $\boldsymbol{\alpha}_1$，$\boldsymbol{\alpha}_2$，$\boldsymbol{\alpha}_3$ 线性表示.

(3) 讨论与方法 1 相同.

例 2.26 设 $\boldsymbol{\alpha}_1=(6,\ 2,\ 0)^{\mathrm{T}}$，$\boldsymbol{\alpha}_2=(-2,\ 1,\ 5)^{\mathrm{T}}$，$\boldsymbol{\alpha}_3=(-1,\ 1,\ 4)^{\mathrm{T}}$，$\boldsymbol{\beta}=(1,\ a,\ b)^{\mathrm{T}}$，判定当 a，b 满足什么条件时，$\boldsymbol{\beta}$ 可由 $\boldsymbol{\alpha}_1$，$\boldsymbol{\alpha}_2$，$\boldsymbol{\alpha}_3$线性表示，并求出其表达式.

解 $\boldsymbol{\beta}$ 可由 $\boldsymbol{\alpha}_1$，$\boldsymbol{\alpha}_2$，$\boldsymbol{\alpha}_3$ 线性表示等价于方程组 $x_1\boldsymbol{\alpha}_1+x_2\boldsymbol{\alpha}_2+x_3\boldsymbol{\alpha}_3=\boldsymbol{\beta}$ 有非零解.

对方程组的增广矩阵实施初等行变换，得

$$\overline{\mathbf{A}}=\left(\begin{array}{ccc:c} 6 & -2 & -1 & 1 \\ 2 & 1 & 1 & a \\ 0 & 5 & 4 & b \end{array}\right)\to\left(\begin{array}{ccc:c} 6 & -2 & -1 & 1 \\ 6 & 3 & 3 & 3a \\ 0 & 5 & 4 & b \end{array}\right)$$

$$\to\left(\begin{array}{ccc:c} 6 & -2 & -1 & 1 \\ 0 & 5 & 4 & 3a-1 \\ 0 & 5 & 4 & b \end{array}\right)\to\left(\begin{array}{ccc:c} 6 & -2 & -1 & 1 \\ 0 & 5 & 4 & 3a-1 \\ 0 & 0 & 0 & b-3a+1 \end{array}\right)$$

故，当 $b\neq3a-1$ 时，$\mathrm{R}(\mathbf{A})<\mathrm{R}(\overline{\mathbf{A}})$，$\boldsymbol{\beta}$ 不能由 $\boldsymbol{\alpha}_1$，$\boldsymbol{\alpha}_2$，$\boldsymbol{\alpha}_3$线性表示；当 $b=3a-1$ 时，$\mathrm{R}(\mathbf{A})=\mathrm{R}(\overline{\mathbf{A}})=2$，$\boldsymbol{\beta}$ 可由 $\boldsymbol{\alpha}_1$，$\boldsymbol{\alpha}_2$，$\boldsymbol{\alpha}_3$ 线性表示. 此时，解下列同解方程组

$$\begin{cases} 6x_1-2x_2-x_3=1 \\ 5x_2+4x_3=3a-1 \end{cases}$$

得

$$x_1=-k+\frac{1}{2}\left(a+\frac{1-3a}{5}\right),\quad x_2=-8k-\frac{1-3a}{5},\quad x_3=10k\quad（其中 k 为任意常数）$$

故

$$\boldsymbol{\beta}=\left[-k+\frac{1}{2}\left(a+\frac{1-3a}{5}\right)\right]\boldsymbol{\alpha}_1+\left(-8k-\frac{1-3a}{5}\right)\boldsymbol{\alpha}_2+10k\boldsymbol{\alpha}_3$$

练习 设向量组 $\boldsymbol{\alpha}_1=(1,\ 2,\ 0)^{\mathrm{T}}$，$\boldsymbol{\alpha}_2=(1,\ a+2,\ -3a)^{\mathrm{T}}$，$\boldsymbol{\alpha}_3=(-1,\ -b-2,\ a+2b)^{\mathrm{T}}$ 和向量 $\boldsymbol{\beta}=(1,\ 3,\ -3)^{\mathrm{T}}$，试讨论当 a，b 为何值时：(1) $\boldsymbol{\beta}$ 可由 $\boldsymbol{\alpha}_1$，$\boldsymbol{\alpha}_2$，$\boldsymbol{\alpha}_3$ 线性表

示，且表示式唯一；(2) $\boldsymbol{\beta}$可由$\boldsymbol{\alpha}_1$，$\boldsymbol{\alpha}_2$，$\boldsymbol{\alpha}_3$线性表示，且表示式不唯一；(3) $\boldsymbol{\beta}$不能由$\boldsymbol{\alpha}_1$，$\boldsymbol{\alpha}_2$，$\boldsymbol{\alpha}_3$线性表示.

题型十二　抽象向量由向量组线性表示的判定与证明

对于抽象向量组$\boldsymbol{\alpha}_1$，$\boldsymbol{\alpha}_2$，…，$\boldsymbol{\alpha}_s$，$\boldsymbol{\beta}$，证明$\boldsymbol{\beta}$可由向量组$\boldsymbol{\alpha}_1$，$\boldsymbol{\alpha}_2$，…，$\boldsymbol{\alpha}_s$线性表示的方法是：

方法1： 证明表达式$k_1\boldsymbol{\alpha}_1+k_2\boldsymbol{\alpha}_2+\cdots+k_s\boldsymbol{\alpha}_s+k\boldsymbol{\beta}=\boldsymbol{0}$中$k\neq0$.

方法2： 证明向量组$\boldsymbol{\alpha}_1$，$\boldsymbol{\alpha}_2$，…，$\boldsymbol{\alpha}_s$，$\boldsymbol{\beta}$线性相关，而向量组$\boldsymbol{\alpha}_1$，$\boldsymbol{\alpha}_2$，…，$\boldsymbol{\alpha}_s$线性无关.

例2.27　设向量组$\boldsymbol{\alpha}_1$，$\boldsymbol{\alpha}_2$，$\boldsymbol{\alpha}_3$线性相关，向量组$\boldsymbol{\alpha}_2$，$\boldsymbol{\alpha}_3$，$\boldsymbol{\alpha}_4$线性无关，证明：(1) $\boldsymbol{\alpha}_1$可由$\boldsymbol{\alpha}_2$，$\boldsymbol{\alpha}_3$线性表示；(2) $\boldsymbol{\alpha}_4$不能由$\boldsymbol{\alpha}_1$，$\boldsymbol{\alpha}_2$，$\boldsymbol{\alpha}_3$线性表示.

证　(1) **方法1：** 因为$\boldsymbol{\alpha}_1$，$\boldsymbol{\alpha}_2$，$\boldsymbol{\alpha}_3$线性相关，故存在不全为零的数k_1，k_2，k_3，使得

$$k_1\boldsymbol{\alpha}_1+k_2\boldsymbol{\alpha}_2+k_3\boldsymbol{\alpha}_3=\boldsymbol{0}\quad(\text{其中 }k_1\neq0)$$

因为若$k_1=0$，则存在不全为零的数k_2，k_3，使得$k_2\boldsymbol{\alpha}_2+k_3\boldsymbol{\alpha}_3=\boldsymbol{0}$，即$\boldsymbol{\alpha}_2$，$\boldsymbol{\alpha}_3$线性相关，这与已知矛盾，故$k_1\neq0$，从而有

$$\boldsymbol{\alpha}_1=-\frac{k_2}{k_1}\boldsymbol{\alpha}_2-\frac{k_3}{k_1}\boldsymbol{\alpha}_3=l_2\boldsymbol{\alpha}_2+l_3\boldsymbol{\alpha}_3$$

故$\boldsymbol{\alpha}_1$可由$\boldsymbol{\alpha}_2$，$\boldsymbol{\alpha}_3$线性表示.

方法2： 已知$\boldsymbol{\alpha}_2$，$\boldsymbol{\alpha}_3$，$\boldsymbol{\alpha}_4$线性无关，所以$\boldsymbol{\alpha}_2$，$\boldsymbol{\alpha}_3$线性无关，又$\boldsymbol{\alpha}_1$，$\boldsymbol{\alpha}_2$，$\boldsymbol{\alpha}_3$线性相关，故$\boldsymbol{\alpha}_1$可由$\boldsymbol{\alpha}_2$，$\boldsymbol{\alpha}_3$线性表示.

(2) 反证法. 设$\boldsymbol{\alpha}_4$可由$\boldsymbol{\alpha}_1$，$\boldsymbol{\alpha}_2$，$\boldsymbol{\alpha}_3$线性表示，即

$$\boldsymbol{\alpha}_4=m_1\boldsymbol{\alpha}_1+m_2\boldsymbol{\alpha}_2+m_3\boldsymbol{\alpha}_3$$

由(1)知$\boldsymbol{\alpha}_1=l_2\boldsymbol{\alpha}_2+l_3\boldsymbol{\alpha}_3$，代入上式，得

$$\boldsymbol{\alpha}_4=(m_2+m_1l_2)\boldsymbol{\alpha}_2+(m_3+m_1l_3)\boldsymbol{\alpha}_3$$

即$\boldsymbol{\alpha}_4$可由$\boldsymbol{\alpha}_2$，$\boldsymbol{\alpha}_3$线性表示，从而$\boldsymbol{\alpha}_2$，$\boldsymbol{\alpha}_3$，$\boldsymbol{\alpha}_4$线性相关，这与已知矛盾，因此，$\boldsymbol{\alpha}_4$不能由$\boldsymbol{\alpha}_1$，$\boldsymbol{\alpha}_2$，$\boldsymbol{\alpha}_3$线性表示.

例2.28　若向量组$\boldsymbol{\alpha}_1$，$\boldsymbol{\alpha}_2$，…，$\boldsymbol{\alpha}_s$线性无关，向量$\boldsymbol{\beta}_1$可由该向量组线性表示，而$\boldsymbol{\beta}_2$不能由该向量组线性表示，l是任意常数，证明$l\boldsymbol{\beta}_1+\boldsymbol{\beta}_2$不能由向量组$\boldsymbol{\alpha}_1$，$\boldsymbol{\alpha}_2$，…，$\boldsymbol{\alpha}_s$线性表示.

证　反证法. 假设$l\boldsymbol{\beta}_1+\boldsymbol{\beta}_2$能由向量组$\boldsymbol{\alpha}_1$，$\boldsymbol{\alpha}_2$，…，$\boldsymbol{\alpha}_s$线性表示，所以可设

$$l\boldsymbol{\beta}_1+\boldsymbol{\beta}_2=k_1\boldsymbol{\alpha}_1+k_2\boldsymbol{\alpha}_2+\cdots+k_s\boldsymbol{\alpha}_s\tag{*}$$

由已知，$\boldsymbol{\beta}_1$可由该向量组$\boldsymbol{\alpha}_1$，$\boldsymbol{\alpha}_2$，…，$\boldsymbol{\alpha}_3$线性表示，所以可设

$$\boldsymbol{\beta}_1=m_1\boldsymbol{\alpha}_1+m_2\boldsymbol{\alpha}_2+\cdots+m_s\boldsymbol{\alpha}_s$$

代入式(*)并整理得

$$\boldsymbol{\beta}_2=(k_1-lm_1)\boldsymbol{\alpha}_1+(k_2-lm_2)\boldsymbol{\alpha}_2+\cdots+(k_s-lm_s)\boldsymbol{\alpha}_s$$

这与$\boldsymbol{\beta}_2$不能由该向量组线性表示矛盾，故$l\boldsymbol{\beta}_1+\boldsymbol{\beta}_2$不能由向量组$\boldsymbol{\alpha}_1$，$\boldsymbol{\alpha}_2$，…，$\boldsymbol{\alpha}_s$线性表示.

题型十三　具体向量组线性相关性的判定

对于具体给出的向量组，判别其线性相关与线性无关的方法有：

方法 1：(求秩法)将向量组 $\boldsymbol{\alpha}_1$，$\boldsymbol{\alpha}_2$，…，$\boldsymbol{\alpha}_s$ 排成矩阵 $\boldsymbol{A}=(\boldsymbol{\alpha}_1, \boldsymbol{\alpha}_2, \cdots, \boldsymbol{\alpha}_s)$，再求 $\boldsymbol{A}$ 的秩. 若 $R(\boldsymbol{A})<s$，则向量组线性相关；若 $R(\boldsymbol{A})=s$，则向量组线性无关.

方法 2：(行列式法)对于 n 个 n 维向量 $\boldsymbol{\alpha}_1$，$\boldsymbol{\alpha}_2$，…，$\boldsymbol{\alpha}_n$，排成矩阵

$$\boldsymbol{A}=(\boldsymbol{\alpha}_1, \boldsymbol{\alpha}_2, \cdots, \boldsymbol{\alpha}_n)$$

当 $|\boldsymbol{A}|=0$ 时，向量组线性相关；当 $|\boldsymbol{A}|\neq 0$ 时，向量组线性无关.

方法 3：(方程组法) 对于齐次线性方程组 $k_1\boldsymbol{\alpha}_1+k_2\boldsymbol{\alpha}_2+\cdots+k_s\boldsymbol{\alpha}_s=\boldsymbol{0}$，若方程组有非零解，则向量组 $\boldsymbol{\alpha}_1$，$\boldsymbol{\alpha}_2$，…，$\boldsymbol{\alpha}_s$ 线性相关；若方程组只有零解，则向量组 $\boldsymbol{\alpha}_1$，$\boldsymbol{\alpha}_2$，…，$\boldsymbol{\alpha}_s$ 线性无关.

方法 4：利用相关性的性质和定理证明.

例 2.29 判断下列向量组的线性相关性：

(1) $\boldsymbol{\alpha}_1=(1, 1, 1, 1)^{\mathrm{T}}$，$\boldsymbol{\alpha}_2=(1, 1, -1, -1)^{\mathrm{T}}$，$\boldsymbol{\alpha}_3=(1, -1, 1, -1)^{\mathrm{T}}$，$\boldsymbol{\alpha}_4=(1, -1, -1, 1)^{\mathrm{T}}$；

(2) $\boldsymbol{\alpha}_1=(1, 1, 3, 1)^{\mathrm{T}}$，$\boldsymbol{\alpha}_2=(1, 1, -1, 3)^{\mathrm{T}}$，$\boldsymbol{\alpha}_3=(5, -2, 7, 9)^{\mathrm{T}}$，$\boldsymbol{\alpha}_4=(1, 2, -5, 5)^{\mathrm{T}}$.

解 (1) **方法 1**：将向量组 $\boldsymbol{\alpha}_1$，$\boldsymbol{\alpha}_2$，$\boldsymbol{\alpha}_3$，$\boldsymbol{\alpha}_4$ 排成矩阵 $\boldsymbol{A}=(\boldsymbol{\alpha}_1, \boldsymbol{\alpha}_2, \boldsymbol{\alpha}_3, \boldsymbol{\alpha}_4)$，由

$$\boldsymbol{A}=\begin{pmatrix}1&1&1&1\\1&1&-1&-1\\1&-1&1&-1\\1&-1&-1&1\end{pmatrix}\xrightarrow[r_4-r_1]{\substack{r_2-r_1\\r_3-r_1}}\begin{pmatrix}1&1&1&1\\0&0&-2&-2\\0&-2&0&-2\\0&-2&-2&0\end{pmatrix}\xrightarrow{r_2\leftrightarrow r_3}\begin{pmatrix}1&1&1&1\\0&-2&0&-2\\0&0&-2&-2\\0&-2&-2&0\end{pmatrix}$$

$$\xrightarrow{r_4-r_2}\begin{pmatrix}1&1&1&1\\0&-2&0&-2\\0&0&-2&-2\\0&0&-2&2\end{pmatrix}\xrightarrow{r_4-r_3}\begin{pmatrix}1&1&1&1\\0&-2&0&-2\\0&0&-2&-2\\0&0&0&4\end{pmatrix}$$

知 $R(\boldsymbol{A})=4$，故 $\boldsymbol{\alpha}_1$，$\boldsymbol{\alpha}_2$，$\boldsymbol{\alpha}_3$，$\boldsymbol{\alpha}_4$ 线性无关.

方法 2：这里是判断四个四维向量的相关性，以它们为列构成 4 阶行列式. 由

$$|\boldsymbol{A}|=\begin{vmatrix}1&1&1&1\\1&1&-1&-1\\1&-1&1&-1\\1&-1&-1&1\end{vmatrix}=-16$$

知 $|\boldsymbol{A}|\neq 0$，所以 $\boldsymbol{\alpha}_1$，$\boldsymbol{\alpha}_2$，$\boldsymbol{\alpha}_3$，$\boldsymbol{\alpha}_4$ 线性无关.

(2) 计算行列式

$$|\boldsymbol{A}|=\begin{vmatrix}1&1&5&1\\1&1&-2&2\\3&-1&7&-5\\1&3&9&5\end{vmatrix}=\begin{vmatrix}1&1&5&1\\0&0&-7&1\\0&-4&-8&-8\\0&2&4&4\end{vmatrix}=\begin{vmatrix}0&-7&1\\-4&-8&-8\\2&4&4\end{vmatrix}=0$$

故 $\boldsymbol{\alpha}_1$，$\boldsymbol{\alpha}_2$，$\boldsymbol{\alpha}_3$，$\boldsymbol{\alpha}_4$ 线性相关.

练习　判断下列向量组的线性相关性：

(1) $\boldsymbol{\alpha}_1=(1, 1, -1, 1)^{\mathrm{T}}$，$\boldsymbol{\alpha}_2=(1, -1, 2, -1)^{\mathrm{T}}$，$\boldsymbol{\alpha}_3=(3, 1, 0, 1)^{\mathrm{T}}$；

(2) $\boldsymbol{\alpha}_1=(2, 1, 3)^{\mathrm{T}}$，$\boldsymbol{\alpha}_2=(-3, 1, 1)^{\mathrm{T}}$，$\boldsymbol{\alpha}_3=(1, 1, -2)^{\mathrm{T}}$.

例2.30　设

$$\boldsymbol{\alpha}_1=(1, 0, 1, 1)^{\mathrm{T}}, \quad \boldsymbol{\alpha}_2=(2, 1, 2, 1)^{\mathrm{T}}$$
$$\boldsymbol{\alpha}_3=(4, 5, a-2, -1)^{\mathrm{T}}, \quad \boldsymbol{\alpha}_4=(3, b+4, 3, 1)^{\mathrm{T}}$$

讨论向量组的线性相关性.

解　**方法1**：考查方程组 $x_1\boldsymbol{\alpha}_1+x_2\boldsymbol{\alpha}_2+x_3\boldsymbol{\alpha}_3+x_4\boldsymbol{\alpha}_4=\mathbf{0}$.

对方程组的系数矩阵实施初等行变换：

$$\boldsymbol{A}=\begin{pmatrix}1&2&4&3\\0&1&5&b+4\\1&2&a-2&3\\1&1&-1&1\end{pmatrix}\to\begin{pmatrix}1&1&-1&1\\1&2&4&3\\0&1&5&b+4\\1&2&a-2&3\end{pmatrix}\to\begin{pmatrix}1&1&-1&1\\0&1&5&2\\0&1&5&b+4\\0&1&a-1&2\end{pmatrix}$$
$$\to\begin{pmatrix}1&1&-1&1\\0&1&5&2\\0&0&0&b+2\\0&0&a-6&0\end{pmatrix}\to\begin{pmatrix}1&1&-1&1\\0&1&5&2\\0&0&a-6&0\\0&0&0&b+2\end{pmatrix}$$

当 $a\neq6$ 且 $b\neq-2$ 时，$\mathrm{R}(\boldsymbol{A})=4$，方程组有唯一零解，此时 $\boldsymbol{\alpha}_1$，$\boldsymbol{\alpha}_2$，$\boldsymbol{\alpha}_3$，$\boldsymbol{\alpha}_4$ 线性无关.

当 $a=6$ 或者 $b=-2$ 时，$\mathrm{R}(\boldsymbol{A})<4$，方程组有非零解，向量组 $\boldsymbol{\alpha}_1$，$\boldsymbol{\alpha}_2$，$\boldsymbol{\alpha}_3$，$\boldsymbol{\alpha}_4$ 线性相关.

方法2：以 $\boldsymbol{\alpha}_1$，$\boldsymbol{\alpha}_2$，$\boldsymbol{\alpha}_3$，$\boldsymbol{\alpha}_4$ 为列构成4阶行列式. 由

$$|\boldsymbol{A}|=\begin{vmatrix}1&2&4&3\\0&1&5&b+4\\1&2&a-2&3\\1&1&-1&1\end{vmatrix}=(a-6)(b+2)$$

当 $a\neq6$ 且 $b\neq-2$ 时，$|\boldsymbol{A}|\neq0$，故 $\boldsymbol{\alpha}_1$，$\boldsymbol{\alpha}_2$，$\boldsymbol{\alpha}_3$，$\boldsymbol{\alpha}_4$ 线性无关.

当 $a=6$ 或者 $b=-2$ 时，$|\boldsymbol{A}|=0$，向量组 $\boldsymbol{\alpha}_1$，$\boldsymbol{\alpha}_2$，$\boldsymbol{\alpha}_3$，$\boldsymbol{\alpha}_4$ 线性相关.

例2.31　设 $\boldsymbol{\alpha}_1=(1, 2, -3, 4)^{\mathrm{T}}$，$\boldsymbol{\alpha}_2=(1, 3, x, 2)^{\mathrm{T}}$，$\boldsymbol{\alpha}_3=(1, 0, 5, 8)^{\mathrm{T}}$，试问：当 x 为何值时，$\boldsymbol{\alpha}_1$，$\boldsymbol{\alpha}_2$，$\boldsymbol{\alpha}_3$ 线性无关？当 x 为何值时，$\boldsymbol{\alpha}_1$，$\boldsymbol{\alpha}_2$，$\boldsymbol{\alpha}_3$ 线性相关？当线性相关时，将 $\boldsymbol{\alpha}_3$ 用 $\boldsymbol{\alpha}_1$，$\boldsymbol{\alpha}_2$ 线性表示.

解　以 $\boldsymbol{\alpha}_1$，$\boldsymbol{\alpha}_2$，$\boldsymbol{\alpha}_3$ 为列构成矩阵，对其实施初等行变换：

$$(\boldsymbol{\alpha}_1, \boldsymbol{\alpha}_2, \boldsymbol{\alpha}_3)=\begin{pmatrix}1&1&1\\2&3&0\\-3&x&5\\4&2&8\end{pmatrix}\to\begin{pmatrix}1&1&1\\0&1&-2\\0&x+3&8\\0&-2&4\end{pmatrix}\to\begin{pmatrix}1&1&1\\0&1&-2\\0&x+7&0\\0&0&0\end{pmatrix}$$

当 $x\neq-7$ 时，$\mathrm{R}(\boldsymbol{\alpha}_1, \boldsymbol{\alpha}_2, \boldsymbol{\alpha}_3)=3$，$\boldsymbol{\alpha}_1$，$\boldsymbol{\alpha}_2$，$\boldsymbol{\alpha}_3$ 线性无关；当 $x=-7$ 时，$\mathrm{R}(\boldsymbol{\alpha}_1, \boldsymbol{\alpha}_2, \boldsymbol{\alpha}_3)=2$，$\boldsymbol{\alpha}_1$，$\boldsymbol{\alpha}_2$，$\boldsymbol{\alpha}_3$ 线性相关；当 $x=-7$ 时，求解同解方程组

$$\begin{cases}x_1+x_2+x_3=0\\x_2-2x_3=0\end{cases}$$

得到一组解 $x_1=-3$，$x_2=2$，$x_3=1$，故 $-3\boldsymbol{\alpha}_1+2\boldsymbol{\alpha}_2+\boldsymbol{\alpha}_3=\mathbf{0}$，即 $\boldsymbol{\alpha}_3=3\boldsymbol{\alpha}_1-2\boldsymbol{\alpha}_2$.

说明 最后将 $\boldsymbol{\alpha}_3$ 用 $\boldsymbol{\alpha}_1$，$\boldsymbol{\alpha}_2$ 线性表示时，还可以使用初等变换方法，对最后的矩阵做初等变换. 当 $x=-7$ 时，

$$\begin{pmatrix}1&1&1\\0&1&-2\\0&x+7&0\\0&0&0\end{pmatrix}=\begin{pmatrix}1&1&1\\0&1&-2\\0&0&0\\0&0&0\end{pmatrix}\to\begin{pmatrix}1&0&3\\0&1&-2\\0&0&0\\0&0&0\end{pmatrix}$$

由此可以看出 $\boldsymbol{\alpha}_3=3\boldsymbol{\alpha}_1-2\boldsymbol{\alpha}_2$.

例2.32 已知 $\boldsymbol{\alpha}_1=(1,1,2,1)^{\mathrm{T}}$，$\boldsymbol{\alpha}_2=(1,0,0,2)^{\mathrm{T}}$，$\boldsymbol{\alpha}_3=(-1,-4,-8,k)^{\mathrm{T}}$ 线性相关，求 k.

解 **方法 1**：利用矩阵的秩，有

$$\boldsymbol{A}=(\boldsymbol{\alpha}_1,\boldsymbol{\alpha}_2,\boldsymbol{\alpha}_3)=\begin{pmatrix}1&1&-1\\1&0&-4\\2&0&-8\\1&2&k\end{pmatrix}\to\begin{pmatrix}1&1&-1\\0&-1&-3\\0&0&k-2\\0&0&0\end{pmatrix}$$

由 $\boldsymbol{\alpha}_1$，$\boldsymbol{\alpha}_2$，$\boldsymbol{\alpha}_3$ 线性相关可知，必有 $\mathrm{R}(\boldsymbol{A})<3$，故 $k=2$.

方法 2：利用行列式及性质，将 $\boldsymbol{\alpha}_1$，$\boldsymbol{\alpha}_2$，$\boldsymbol{\alpha}_3$ 的第三个分量去掉，得向量组

$$\boldsymbol{\beta}_1=(1,1,1)^{\mathrm{T}},\quad \boldsymbol{\beta}_2=(1,0,2)^{\mathrm{T}},\quad \boldsymbol{\beta}_3=(-1,-4,k)^{\mathrm{T}}$$

则

$$|\boldsymbol{\beta}_1,\boldsymbol{\beta}_2,\boldsymbol{\beta}_3|=\begin{vmatrix}1&1&-1\\1&0&-4\\1&2&k\end{vmatrix}=\begin{vmatrix}1&1&-1\\1&0&-4\\-1&0&k+2\end{vmatrix}=-\begin{vmatrix}1&-4\\-1&k+2\end{vmatrix}=2-k$$

由于 $\boldsymbol{\alpha}_1$，$\boldsymbol{\alpha}_2$，$\boldsymbol{\alpha}_3$ 线性相关，所以 $\boldsymbol{\beta}_1$，$\boldsymbol{\beta}_2$，$\boldsymbol{\beta}_3$ 线性相关，故 $|\boldsymbol{\beta}_1,\boldsymbol{\beta}_2,\boldsymbol{\beta}_3|=0$，即 $k=2$.

练习 设向量组 $\boldsymbol{\alpha}_1=(a,2,1)^{\mathrm{T}}$，$\boldsymbol{\alpha}_2=(2,a,0)^{\mathrm{T}}$，$\boldsymbol{\alpha}_3=(1,-1,1)^{\mathrm{T}}$，试确定 a 为何值时，向量组线性相关.

题型十四　抽象向量组线性相关性的判定与证明

对于抽象向量组，判别或证明其线性相关与线性无关常采用以下方法：

方法 1：（定义法）先设 $k_1\boldsymbol{\alpha}_1+k_2\boldsymbol{\alpha}_2+\cdots+k_s\boldsymbol{\alpha}_s=\mathbf{0}$，根据条件对其做恒等变形，分析 k_1，k_2，…，k_s 是否不全为零还是必须全为零，从而得到 $\boldsymbol{\alpha}_1$，$\boldsymbol{\alpha}_2$，…，$\boldsymbol{\alpha}_s$ 是线性相关还是线性无关.

方法 2：（求秩法）要论证 $\boldsymbol{\alpha}_1$，$\boldsymbol{\alpha}_2$，…，$\boldsymbol{\alpha}_s$ 线性相关或线性无关，可将其构成矩阵 $\boldsymbol{A}$. 若 $\mathrm{R}(\boldsymbol{A})<s$，则 $\boldsymbol{\alpha}_1$，$\boldsymbol{\alpha}_2$，…，$\boldsymbol{\alpha}_s$ 线性相关；若 $\mathrm{R}(\boldsymbol{A})=s$，则 $\boldsymbol{\alpha}_1$，$\boldsymbol{\alpha}_2$，…，$\boldsymbol{\alpha}_s$ 线性无关.

方法 3：利用相关性有关结论或反证法进行判定与证明.

例2.33 设向量组 $\boldsymbol{\alpha}_1$，$\boldsymbol{\alpha}_2$，…，$\boldsymbol{\alpha}_m(m\geqslant 3)$线性无关，且向量组 $\boldsymbol{\beta}_1=\boldsymbol{\alpha}_1+\boldsymbol{\alpha}_2$，$\boldsymbol{\beta}_2=\boldsymbol{\alpha}_2+\boldsymbol{\alpha}_3$，…，$\boldsymbol{\beta}_m=\boldsymbol{\alpha}_m+\boldsymbol{\alpha}_1$. 试证明向量组 $\boldsymbol{\beta}_1$，$\boldsymbol{\beta}_2$，…，$\boldsymbol{\beta}_m$ 线性无关.

证 **方法 1**：设 x_1，x_2，…，x_m 是 m 个常数，且满足下面的方程组：

$$x_1\boldsymbol{\beta}_1+x_2\boldsymbol{\beta}_2+\cdots+x_m\boldsymbol{\beta}_m=\mathbf{0}$$

即

$$\begin{aligned}&x_1(\boldsymbol{\alpha}_1+\boldsymbol{\alpha}_2)+x_2(\boldsymbol{\alpha}_2+\boldsymbol{\alpha}_3)+\cdots+x_m(\boldsymbol{\alpha}_m+\boldsymbol{\alpha}_1)\\&=(x_1+x_m)\boldsymbol{\alpha}_1+(x_1+x_2)\boldsymbol{\alpha}_2+(x_2+x_3)\boldsymbol{\alpha}_3+\cdots+(x_{m-1}+x_m)\boldsymbol{\alpha}_m=\mathbf{0}\end{aligned}$$

由于向量组 $\boldsymbol{\alpha}_1$，$\boldsymbol{\alpha}_2$，…，$\boldsymbol{\alpha}_m(m\geqslant3)$线性无关，所以

$$\begin{cases}x_1+x_2=0\\x_2+x_3=0\\\cdots\cdots\\x_{m-1}+x_m=0\\x_m+x_1=0\end{cases}$$

解方程组得 $x_1=x_2=\cdots=x_m=0$，故向量组 $\boldsymbol{\beta}_1$，$\boldsymbol{\beta}_2$，…，$\boldsymbol{\beta}_m$ 线性无关.

方法 2：设 $\boldsymbol{A}=\begin{pmatrix}1&1&0&\cdots&0&0\\0&1&1&\cdots&0&0\\\vdots&\vdots&\vdots&&\vdots&\vdots\\0&0&0&\cdots&1&1\\1&0&0&\cdots&0&1\end{pmatrix}$，则

$$(\boldsymbol{\beta}_1,\ \boldsymbol{\beta}_2,\ \cdots,\ \boldsymbol{\beta}_m)^{\mathrm{T}}=\boldsymbol{A}(\boldsymbol{\alpha}_1,\ \boldsymbol{\alpha}_2,\ \cdots,\ \boldsymbol{\alpha}_m)^{\mathrm{T}}$$

由于 $|\boldsymbol{A}|=1\neq0$，故 $\mathrm{R}(\boldsymbol{\beta}_1,\ \boldsymbol{\beta}_2,\ \cdots,\ \boldsymbol{\beta}_m)=\mathrm{R}(\boldsymbol{\alpha}_1,\ \boldsymbol{\alpha}_2,\ \cdots,\ \boldsymbol{\alpha}_m)=m$，故 $\boldsymbol{\beta}_1$，$\boldsymbol{\beta}_2$，…，$\boldsymbol{\beta}_m$ 线性无关.

例 2.34　设向量组 $\boldsymbol{\alpha}_1$，$\boldsymbol{\alpha}_2$，…，$\boldsymbol{\alpha}_m(m>1)$ 线性无关，且 $\boldsymbol{\beta}=\boldsymbol{\alpha}_1+\boldsymbol{\alpha}_2+\cdots+\boldsymbol{\alpha}_m$，判断向量组 $\boldsymbol{\beta}-\boldsymbol{\alpha}_1$，$\boldsymbol{\beta}-\boldsymbol{\alpha}_2$，…，$\boldsymbol{\beta}-\boldsymbol{\alpha}_m$ 的线性相关性.

解　**方法 1**（定义法）：设

$$t_1(\boldsymbol{\beta}-\boldsymbol{\alpha}_1)+t_2(\boldsymbol{\beta}-\boldsymbol{\alpha}_2)+\cdots+t_m(\boldsymbol{\beta}-\boldsymbol{\alpha}_m)=\mathbf{0}$$

即

$$(t_2+t_3+\cdots+t_m)\boldsymbol{\alpha}_1+(t_1+t_3+\cdots+t_m)\boldsymbol{\alpha}_2+\cdots+(t_1+t_2+\cdots+t_{m-1})\boldsymbol{\alpha}_m=\mathbf{0}$$

由 $\boldsymbol{\alpha}_1$，$\boldsymbol{\alpha}_2$，…，$\boldsymbol{\alpha}_m$ 线性无关知系数 t_1，t_2，…，t_m 必须满足

$$\begin{cases}t_2+t_3+\cdots+t_m=0\\t_1+t_3+\cdots+t_m=0\\\cdots\cdots\\t_1+t_2+\cdots+t_{m-1}=0\end{cases}$$

这是一个齐次线性方程组，其系数行列式

$$D=\begin{vmatrix}0&1&\cdots&1\\1&0&\cdots&1\\\vdots&\vdots&&\vdots\\1&1&\cdots&0\end{vmatrix}=(-1)^{m-1}(m-1)\neq0$$

所以齐次方程组只有零解，即 $t_1=t_2=\cdots=t_m=0$，故 $\boldsymbol{\beta}-\boldsymbol{\alpha}_1$，$\boldsymbol{\beta}-\boldsymbol{\alpha}_2$，…，$\boldsymbol{\beta}-\boldsymbol{\alpha}_m$ 线性无关.

方法 2（求秩法）：

$(\boldsymbol{\beta}-\boldsymbol{\alpha}_1,\ \boldsymbol{\beta}-\boldsymbol{\alpha}_2,\ \cdots,\ \boldsymbol{\beta}-\boldsymbol{\alpha}_m)$

$$=(\boldsymbol{\alpha}_2+\boldsymbol{\alpha}_3+\cdots+\boldsymbol{\alpha}_m,\ \boldsymbol{\alpha}_1+\boldsymbol{\alpha}_3+\cdots+\boldsymbol{\alpha}_m,\ \cdots,\ \boldsymbol{\alpha}_1+\boldsymbol{\alpha}_2+\cdots+\boldsymbol{\alpha}_{m-1})$$

$$=(\boldsymbol{\alpha}_1,\ \boldsymbol{\alpha}_2,\ \cdots,\ \boldsymbol{\alpha}_m)\begin{pmatrix}0 & 1 & \cdots & 1\\ 1 & 0 & \cdots & 1\\ \vdots & \vdots & & \vdots\\ 1 & 1 & \cdots & 0\end{pmatrix}$$

由方法 1 知，矩阵$\begin{pmatrix}0 & 1 & \cdots & 1\\ 1 & 0 & \cdots & 1\\ \vdots & \vdots & & \vdots\\ 1 & 1 & \cdots & 0\end{pmatrix}$为满秩矩阵，故

$$\mathrm{R}(\boldsymbol{\beta}-\boldsymbol{\alpha}_1,\ \boldsymbol{\beta}-\boldsymbol{\alpha}_2,\ \cdots,\ \boldsymbol{\beta}-\boldsymbol{\alpha}_m)=\mathrm{R}(\boldsymbol{\alpha}_1,\ \boldsymbol{\alpha}_2,\ \cdots,\ \boldsymbol{\alpha}_m)$$

而由 $\boldsymbol{\alpha}_1$，$\boldsymbol{\alpha}_2$，…，$\boldsymbol{\alpha}_m$ 线性无关性知 $\mathrm{R}(\boldsymbol{\alpha}_1,\ \boldsymbol{\alpha}_2,\ \cdots,\ \boldsymbol{\alpha}_m)=m$，所以

$$\mathrm{R}(\boldsymbol{\beta}-\boldsymbol{\alpha}_1,\ \boldsymbol{\beta}-\boldsymbol{\alpha}_2,\ \cdots,\ \boldsymbol{\beta}-\boldsymbol{\alpha}_m)=m$$

即 $\boldsymbol{\beta}-\boldsymbol{\alpha}_1$，$\boldsymbol{\beta}-\boldsymbol{\alpha}_2$，…，$\boldsymbol{\beta}-\boldsymbol{\alpha}_m$ 线性无关.

例2.35 设 $\boldsymbol{A}$ 是 $n\times m$ 维矩阵，$\boldsymbol{B}$ 是 $m\times n$ 维矩阵，其中 $n<m$，若 $\boldsymbol{AB}=\boldsymbol{E}$，证明 $\boldsymbol{B}$ 的列向量组线性无关.

证 **方法 1**：设 $\boldsymbol{B}=(\boldsymbol{\beta}_1,\ \boldsymbol{\beta}_2,\ \cdots,\ \boldsymbol{\beta}_n)$，$\boldsymbol{E}=(\boldsymbol{e}_1,\ \boldsymbol{e}_2,\ \cdots,\ \boldsymbol{e}_n)$，则由 $\boldsymbol{AB}=\boldsymbol{E}$ 得 $\boldsymbol{AB}_i=\boldsymbol{e}_i(i=1,\ 2,\ \cdots,\ n)$.

若 $t_1\boldsymbol{\beta}_1+t_2\boldsymbol{\beta}_2+\cdots+t_n\boldsymbol{\beta}_n=\boldsymbol{0}$，两边左乘 $\boldsymbol{A}$，得

$$t_1\boldsymbol{A\beta}_1+t_2\boldsymbol{A\beta}_2+\cdots+t_n\boldsymbol{A\beta}_n=\boldsymbol{0}$$

即

$$t_1\boldsymbol{e}_1+t_2\boldsymbol{e}_2+\cdots+t_n\boldsymbol{e}_n=\boldsymbol{0}$$

因为 $\boldsymbol{e}_1$，$\boldsymbol{e}_2$，…，$\boldsymbol{e}_n$ 线性无关，所以 $t_1=t_2=\cdots=t_n=0$，故 $\boldsymbol{\beta}_1$，$\boldsymbol{\beta}_2$，…，$\boldsymbol{\beta}_n$ 线性无关.

方法 2：由 $\boldsymbol{AB}=\boldsymbol{E}$，得 $\mathrm{R}(\boldsymbol{AB})=n$，而 $\mathrm{R}(\boldsymbol{AB})\leqslant\mathrm{R}(\boldsymbol{B})$，所以 $\mathrm{R}(\boldsymbol{B})\geqslant n$，又 $\boldsymbol{B}$ 是 $m\times n$ 维矩阵，所以 $\mathrm{R}(\boldsymbol{B})\leqslant n$，故 $\mathrm{R}(\boldsymbol{B})=n$，即 $\boldsymbol{B}$ 列满秩，所以 $\boldsymbol{B}$ 的列向量组线性无关.

例2.36 设向量组 $\boldsymbol{\alpha}_1$，$\boldsymbol{\alpha}_2$，…，$\boldsymbol{\alpha}_m(m>1)$线性无关，记 $\boldsymbol{\alpha}_{m+1}=\boldsymbol{\alpha}_1+\boldsymbol{\alpha}_2+\cdots+\boldsymbol{\alpha}_m$，证明：$\boldsymbol{\alpha}_1$，$\boldsymbol{\alpha}_2$，…，$\boldsymbol{\alpha}_m$，$\boldsymbol{\alpha}_{m+1}$中任意 m 个向量线性无关.

证 当 $\boldsymbol{\alpha}_1$，$\boldsymbol{\alpha}_2$，…，$\boldsymbol{\alpha}_m$，$\boldsymbol{\alpha}_{m+1}$中的 m 个向量不含 $\boldsymbol{\alpha}_{m+1}$时，由题设知，这 m 个向量必线性无关；当 $\boldsymbol{\alpha}_1$，$\boldsymbol{\alpha}_2$，…，$\boldsymbol{\alpha}_m$，$\boldsymbol{\alpha}_{m+1}$中的 m 个向量含 $\boldsymbol{\alpha}_{m+1}$时，不妨设这 m 个向量为 $\boldsymbol{\alpha}_2$，…，$\boldsymbol{\alpha}_m$，$\boldsymbol{\alpha}_{m+1}$. 下面利用不同方法证明它们是线性无关的.

方法 1：设 $t_2\boldsymbol{\alpha}_2+\cdots+t_m\boldsymbol{\alpha}_m+t_{m+1}\boldsymbol{\alpha}_{m+1}=\boldsymbol{0}$，由 $\boldsymbol{\alpha}_{m+1}=\boldsymbol{\alpha}_1+\boldsymbol{\alpha}_2+\cdots+\boldsymbol{\alpha}_m$ 有

$$t_{m+1}\boldsymbol{\alpha}_1+(t_2+t_{m+1})\boldsymbol{\alpha}_2+\cdots+(t_m+t_{m+1})\boldsymbol{\alpha}_m=\boldsymbol{0}$$

因为 $\boldsymbol{\alpha}_1$，$\boldsymbol{\alpha}_2$，…，$\boldsymbol{\alpha}_m$ 线性无关，所以 $t_{m+1}=0$，$t_i+t_{m+1}=0(i=2,\ 3,\ \cdots,\ m)$，于是 $t_2=\cdots=t_m=t_{m+1}=0$，故向量组 $\boldsymbol{\alpha}_2$，…，$\boldsymbol{\alpha}_m$，$\boldsymbol{\alpha}_{m+1}$线性无关.

方法 2：易见向量组 $\boldsymbol{\alpha}_2$，…，$\boldsymbol{\alpha}_m$，$\boldsymbol{\alpha}_{m+1}$可由 $\boldsymbol{\alpha}_1$，$\boldsymbol{\alpha}_2$，…，$\boldsymbol{\alpha}_m$ 线性表示.

由 $\boldsymbol{\alpha}_{m+1}=\boldsymbol{\alpha}_1+\boldsymbol{\alpha}_2+\cdots+\boldsymbol{\alpha}_m$ 有

$$\boldsymbol{\alpha}_1=\boldsymbol{\alpha}_{m+1}-\boldsymbol{\alpha}_2-\cdots-\boldsymbol{\alpha}_m,\quad \boldsymbol{\alpha}_i=\boldsymbol{\alpha}_i\quad(i=2,\ 3,\ \cdots,\ m)$$

所以向量组 $\boldsymbol{\alpha}_1$，$\boldsymbol{\alpha}_2$，…，$\boldsymbol{\alpha}_m$ 也可由 $\boldsymbol{\alpha}_2$，…，$\boldsymbol{\alpha}_m$，$\boldsymbol{\alpha}_{m+1}$线性表示.

因此向量组 $\boldsymbol{\alpha}_1$，$\boldsymbol{\alpha}_2$，…，$\boldsymbol{\alpha}_m$ 与 $\boldsymbol{\alpha}_2$，…，$\boldsymbol{\alpha}_m$，$\boldsymbol{\alpha}_{m+1}$等价，从而

$$\mathrm{R}(\boldsymbol{\alpha}_2,\ \cdots,\ \boldsymbol{\alpha}_m,\ \boldsymbol{\alpha}_{m+1})=\mathrm{R}(\boldsymbol{\alpha}_1,\ \boldsymbol{\alpha}_2,\ \cdots,\ \boldsymbol{\alpha}_m)=m$$

所以 $\boldsymbol{\alpha}_2$，…，$\boldsymbol{\alpha}_m$，$\boldsymbol{\alpha}_{m+1}$线性无关.

方法 3：做矩阵 $\boldsymbol{A}=(\boldsymbol{\alpha}_1, \boldsymbol{\alpha}_2, \cdots, \boldsymbol{\alpha}_m)$，$\boldsymbol{B}=(\boldsymbol{\alpha}_2, \boldsymbol{\alpha}_3, \cdots, \boldsymbol{\alpha}_{m+1})$，则由 $\boldsymbol{\alpha}_1$，$\boldsymbol{\alpha}_2$，…，$\boldsymbol{\alpha}_m$ 线性无关知 $\mathrm{R}(\boldsymbol{A})=m$，将 $\boldsymbol{B}$ 的前 $m-1$ 列乘（-1）加到第 m 列可得

$$\begin{aligned}\boldsymbol{B}=(\boldsymbol{\alpha}_2, \boldsymbol{\alpha}_3, \cdots, \boldsymbol{\alpha}_{m+1})&\rightarrow(\boldsymbol{\alpha}_2, \boldsymbol{\alpha}_3, \cdots, \boldsymbol{\alpha}_{m+1}-\boldsymbol{\alpha}_2-\cdots-\boldsymbol{\alpha}_m)\\&\rightarrow(\boldsymbol{\alpha}_1, \boldsymbol{\alpha}_2, \cdots, \boldsymbol{\alpha}_m)=\boldsymbol{A}\end{aligned}$$

所以 $\mathrm{R}(\boldsymbol{B})=\mathrm{R}(\boldsymbol{A})=m$，因此 $\boldsymbol{\alpha}_2$，…，$\boldsymbol{\alpha}_m$，$\boldsymbol{\alpha}_{m+1}$线性无关.

方法 4：令 $\boldsymbol{B}=(\boldsymbol{\alpha}_2, \boldsymbol{\alpha}_3, \cdots, \boldsymbol{\alpha}_{m+1})$，则

$$\boldsymbol{B}=(\boldsymbol{\alpha}_2, \boldsymbol{\alpha}_3, \cdots, \boldsymbol{\alpha}_{m+1})=(\boldsymbol{\alpha}_1, \boldsymbol{\alpha}_2, \cdots, \boldsymbol{\alpha}_m)\begin{pmatrix}0 & 0 & \cdots & 0 & 1\\1 & 0 & \cdots & 0 & 1\\0 & 1 & \cdots & 0 & 1\\\vdots & \vdots & & \vdots & \vdots\\0 & 0 & \cdots & 1 & 1\end{pmatrix}=\boldsymbol{AC}$$

由于 $|\boldsymbol{C}|=(-1)^{m+1}\neq0$，所以 $\mathrm{R}(\boldsymbol{B})=\mathrm{R}(\boldsymbol{A})=m$，从而 $\boldsymbol{\alpha}_2$，…，$\boldsymbol{\alpha}_m$，$\boldsymbol{\alpha}_{m+1}$线性无关.

题型十五　向量组的秩与极大线性无关组

对于具体给出的向量组，求向量组的秩与极大线性无关组的基本方法：

方法 1：将向量组 $\boldsymbol{\alpha}_1$，$\boldsymbol{\alpha}_2$，…，$\boldsymbol{\alpha}_m$ 排成矩阵 $\boldsymbol{A}=(\boldsymbol{\alpha}_1, \boldsymbol{\alpha}_2, \cdots, \boldsymbol{\alpha}_m)$，对矩阵 $\boldsymbol{A}$ 实施初等行变换，将其化为行阶梯形矩阵，则行阶梯形矩阵的非零行数 r 即为矩阵的秩 $\mathrm{R}(\boldsymbol{A})=r$. 各非零行的第一个非零元素所在的列就为向量组 $\boldsymbol{\alpha}_1$，$\boldsymbol{\alpha}_2$，…，$\boldsymbol{\alpha}_m$ 的极大无关组.

方法 2：将向量组 $\boldsymbol{\alpha}_1$，$\boldsymbol{\alpha}_2$，…，$\boldsymbol{\alpha}_m$ 排成矩阵 $\boldsymbol{A}=(\boldsymbol{\alpha}_1, \boldsymbol{\alpha}_2, \cdots, \boldsymbol{\alpha}_m)$，对矩阵 $\boldsymbol{A}$ 实施初等行变换，将其化为行阶梯形矩阵，则行阶梯形矩阵的非零行数 r 即为矩阵的秩 $\mathrm{R}(\boldsymbol{A})=r$. 在行阶梯形矩阵中找出非零的 r 阶子式，该子式在原矩阵 $\boldsymbol{A}$ 中对应的列向量组为极大无关组.

对于抽象的向量组，求矩阵的秩时常利用秩的有关性质.

例 2.37　求下述向量组的秩：

(1) $\boldsymbol{\alpha}_1=(3, 1, 2, 5)^{\mathrm{T}}$，$\boldsymbol{\alpha}_2=(1, 1, 1, 2)^{\mathrm{T}}$，$\boldsymbol{\alpha}_3=(2, 0, 1, 3)^{\mathrm{T}}$，$\boldsymbol{\alpha}_4=(1, -1, 0, 1)^{\mathrm{T}}$，$\boldsymbol{\alpha}_5=(1, -1, 0, 1)^{\mathrm{T}}$；

(2) $\boldsymbol{\alpha}_1=(1, 1, x)^{\mathrm{T}}$，$\boldsymbol{\alpha}_2=(1, x, 1)^{\mathrm{T}}$，$\boldsymbol{\alpha}_3=(2, 1, 1)^{\mathrm{T}}$.

解　(1) 对矩阵 $\boldsymbol{A}=(\boldsymbol{\alpha}_1, \boldsymbol{\alpha}_2, \boldsymbol{\alpha}_3, \boldsymbol{\alpha}_4, \boldsymbol{\alpha}_5)$做初等行变换，得

$$\boldsymbol{A}=(\boldsymbol{\alpha}_1, \boldsymbol{\alpha}_2, \boldsymbol{\alpha}_3, \boldsymbol{\alpha}_4, \boldsymbol{\alpha}_5)=\begin{pmatrix}3 & 1 & 2 & 1 & 1\\1 & 1 & 0 & -1 & -1\\2 & 1 & 1 & 0 & 0\\5 & 2 & 3 & 1 & 1\end{pmatrix}\rightarrow\begin{pmatrix}1 & 1 & 0 & -1 & -1\\3 & 1 & 2 & 1 & 1\\2 & 1 & 1 & 0 & 0\\5 & 2 & 3 & 1 & 1\end{pmatrix}$$

$$\rightarrow\begin{pmatrix}1 & 1 & 0 & -1 & -1\\0 & -2 & 2 & 4 & 4\\0 & -1 & 1 & 2 & 2\\0 & -3 & 3 & 6 & 6\end{pmatrix}\rightarrow\begin{pmatrix}1 & 1 & 0 & -1 & -1\\0 & -2 & 2 & 4 & 4\\0 & 0 & 0 & 0 & 0\\0 & 0 & 0 & 0 & 0\end{pmatrix}$$

由此可知向量组的秩是 2.

(2) 对矩阵 $\boldsymbol{A}=(\boldsymbol{\alpha}_1,\ \boldsymbol{\alpha}_2,\ \boldsymbol{\alpha}_3)$实施初等行变换，得

$$\boldsymbol{A}=(\boldsymbol{\alpha}_1,\ \boldsymbol{\alpha}_2,\ \boldsymbol{\alpha}_3)=\begin{pmatrix}1&1&2\\1&x&1\\x&1&1\end{pmatrix}\to\begin{pmatrix}1&1&2\\0&x-1&-1\\0&1-x&1-2x\end{pmatrix}\to\begin{pmatrix}1&1&2\\0&x-1&-1\\0&0&-2x\end{pmatrix}$$

当 $x=1$ 时，$\begin{pmatrix}1&1&2\\0&x-1&-1\\0&0&-2x\end{pmatrix}=\begin{pmatrix}1&1&2\\0&0&-1\\0&0&-2\end{pmatrix}\to\begin{pmatrix}1&1&2\\0&0&-1\\0&0&0\end{pmatrix}$，故向量组的秩为 2.

当 $x=0$ 时，$\begin{pmatrix}1&1&2\\0&x-1&-1\\0&0&-2x\end{pmatrix}=\begin{pmatrix}1&1&2\\0&-1&-1\\0&0&0\end{pmatrix}$，故向量组的秩为 2.

当 $x\neq1$ 且 $x\neq0$ 时，向量组的秩为 3.

例2.38 设向量组 $\boldsymbol{\alpha}_1=(a,\ 3,\ 1)^{\mathrm{T}}$，$\boldsymbol{\alpha}_2=(2,\ b,\ 3)^{\mathrm{T}}$，$\boldsymbol{\alpha}_3=(1,\ 2,\ 1)^{\mathrm{T}}$，$\boldsymbol{\alpha}_4=(2,\ 3,\ 1)^{\mathrm{T}}$ 的秩为 2，求 a，b.

解 做矩阵 $\boldsymbol{A}=(\boldsymbol{\alpha}_3,\ \boldsymbol{\alpha}_4,\ \boldsymbol{\alpha}_1,\ \boldsymbol{\alpha}_2)$，并对 $\boldsymbol{A}$ 实施初等行变换：

$$\boldsymbol{A}=\begin{pmatrix}1&2&a&2\\2&3&3&b\\1&1&1&3\end{pmatrix}\to\begin{pmatrix}1&2&a&2\\0&-1&3-2a&b-4\\0&-1&1-a&1\end{pmatrix}\to\begin{pmatrix}1&2&a&2\\0&-1&3-2a&b-4\\0&0&a-2&5-b\end{pmatrix}$$

因为 $\mathrm{R}(\boldsymbol{A})=2$，所以 $a=2$ 且 $b=5$.

练 习 求向量组 $\boldsymbol{\alpha}_1=(1,\ 2,\ 1)^{\mathrm{T}}$，$\boldsymbol{\alpha}_2=(x,\ -1,\ 10)^{\mathrm{T}}$，$\boldsymbol{\alpha}_3=(-1,\ x,\ -6)^{\mathrm{T}}$，$\boldsymbol{\alpha}_4=(2,\ 5,\ 1)^{\mathrm{T}}$ 的秩.

例2.39 已知 $\boldsymbol{\alpha}_1=(1,\ 1,\ 1)^{\mathrm{T}}$，$\boldsymbol{\alpha}_2=(2,\ 1,\ 4)^{\mathrm{T}}$，$\boldsymbol{\alpha}_3=(3,\ 4,\ 3)^{\mathrm{T}}$，$\boldsymbol{\alpha}_4=(5,\ 2,\ 4)^{\mathrm{T}}$，求向量组的极大线性无关组.

解 对矩阵 $\boldsymbol{A}=(\boldsymbol{\alpha}_1,\ \boldsymbol{\alpha}_2,\ \boldsymbol{\alpha}_3,\ \boldsymbol{\alpha}_4)$ 实施初等行变换化成行阶梯形矩阵：

$$\boldsymbol{A}=(\boldsymbol{\alpha}_1,\ \boldsymbol{\alpha}_2,\ \boldsymbol{\alpha}_3,\ \boldsymbol{\alpha}_4)=\begin{pmatrix}1&2&3&5\\1&1&4&2\\1&4&3&4\end{pmatrix}\to\begin{pmatrix}1&2&3&5\\0&-1&1&-3\\0&2&0&-1\end{pmatrix}\to\begin{pmatrix}1&2&3&5\\0&-1&1&-3\\0&0&2&-7\end{pmatrix}$$

由此可知，向量组的极大线性无关组为 $\boldsymbol{\alpha}_1$，$\boldsymbol{\alpha}_2$，$\boldsymbol{\alpha}_3$ 或者 $\boldsymbol{\alpha}_1$，$\boldsymbol{\alpha}_2$，$\boldsymbol{\alpha}_4$.

例2.40 已知 $\boldsymbol{\alpha}_1=(5,\ 2,\ -3,\ 1)^{\mathrm{T}}$，$\boldsymbol{\alpha}_2=(4,\ 1,\ -2,\ 3)^{\mathrm{T}}$，$\boldsymbol{\alpha}_3=(1,\ 1,\ -1,\ -2)^{\mathrm{T}}$，$\boldsymbol{\alpha}_4=(3,\ 4,\ -1,\ 2)^{\mathrm{T}}$，求向量组的极大线性无关组，并将其余向量用此极大无关组线性表示.

解 对矩阵 $\boldsymbol{A}=(\boldsymbol{\alpha}_1,\ \boldsymbol{\alpha}_2,\ \boldsymbol{\alpha}_3,\ \boldsymbol{\alpha}_4)$ 实施初等行变换化成行阶梯形矩阵：

$$\boldsymbol{A}=(\boldsymbol{\alpha}_1,\ \boldsymbol{\alpha}_2,\ \boldsymbol{\alpha}_3,\ \boldsymbol{\alpha}_4)=\begin{pmatrix}5&4&1&3\\2&1&1&4\\-3&-2&-1&-1\\1&3&-2&2\end{pmatrix}\to\begin{pmatrix}1&3&-2&2\\2&1&1&4\\-3&-2&-1&-1\\5&4&1&3\end{pmatrix}$$

$$\to\begin{pmatrix}1&3&-2&2\\0&-5&5&0\\0&7&-7&5\\0&-11&11&-7\end{pmatrix}\to\begin{pmatrix}1&3&-2&2\\0&-5&5&0\\0&0&0&5\\0&0&0&-7\end{pmatrix}\to\begin{pmatrix}1&3&-2&2\\0&-5&5&0\\0&0&0&5\\0&0&0&0\end{pmatrix}$$

由此可知，矩阵的一个极大线性无关组为 $\boldsymbol{\alpha}_1$，$\boldsymbol{\alpha}_2$，$\boldsymbol{\alpha}_4$.

对上述行阶梯形矩阵继续实施初等行变换，得

$$\begin{pmatrix}1&3&-2&2\\0&-5&5&0\\0&0&0&5\\0&0&0&0\end{pmatrix}\to\begin{pmatrix}1&3&-2&0\\0&-5&5&0\\0&0&0&5\\0&0&0&0\end{pmatrix}\to\begin{pmatrix}1&0&1&0\\0&-5&5&0\\0&0&0&5\\0&0&0&0\end{pmatrix}\to\begin{pmatrix}1&0&1&0\\0&1&-1&0\\0&0&0&1\\0&0&0&0\end{pmatrix}$$

所以 $\boldsymbol{\alpha}_3=\boldsymbol{\alpha}_1-\boldsymbol{\alpha}_2$.

练习　求向量组 $\boldsymbol{\alpha}_1=(1,\ -2,\ 5)^{\mathrm{T}}$，$\boldsymbol{\alpha}_2=(3,\ 2,\ -1)^{\mathrm{T}}$，$\boldsymbol{\alpha}_3=(3,\ 10,\ -17)^{\mathrm{T}}$ 的一个极大无关组，并将其余向量表示为该极大无关组的线性组合.

例2.41　求向量组 $\boldsymbol{\alpha}_1=(1,\ 1,\ c)^{\mathrm{T}}$，$\boldsymbol{\alpha}_2=(b,\ 2b,\ 1)^{\mathrm{T}}$，$\boldsymbol{\alpha}_3=(1,\ 1,\ 1)^{\mathrm{T}}$，$\boldsymbol{\alpha}_4=(3,\ 4,\ 4)^{\mathrm{T}}$ 的秩和一个极大无关组.

解　对矩阵 $\boldsymbol{A}=(\boldsymbol{\alpha}_1,\ \boldsymbol{\alpha}_2,\ \boldsymbol{\alpha}_3,\ \boldsymbol{\alpha}_4)$ 实施初等行变换，化成行阶梯形矩阵：

$$\boldsymbol{A}=\begin{pmatrix}1&b&1&3\\1&2b&1&4\\c&1&1&4\end{pmatrix}\to\begin{pmatrix}1&0&1&2\\0&1&1-c&4-2c\\0&0&-b(1-c)&1-b(4-2c)\end{pmatrix}$$

(1) 当 $b\neq0$ 且 $c\neq1$ 时，$\mathrm{R}(\boldsymbol{A})=3$，故向量组的秩为 3，且 $\boldsymbol{\alpha}_1$，$\boldsymbol{\alpha}_2$，$\boldsymbol{\alpha}_3$ 是一个极大无关组.

(2) 当 $b=0$ 时，$\mathrm{R}(\boldsymbol{A})=3$，故向量组的秩为 3，且 $\boldsymbol{\alpha}_1$，$\boldsymbol{\alpha}_2$，$\boldsymbol{\alpha}_4$ 是一个极大无关组.

(3) 当 $c=1$ 时，若 $b=\dfrac{1}{2}$，则 $\mathrm{R}(\boldsymbol{A})=2$，此时向量组的秩为 2，且 $\boldsymbol{\alpha}_1$，$\boldsymbol{\alpha}_2$ 是一个极大无关组；若 $b\neq\dfrac{1}{2}$，则 $\mathrm{R}(\boldsymbol{A})=3$，此时向量组的秩为 3，且 $\boldsymbol{\alpha}_1$，$\boldsymbol{\alpha}_2$，$\boldsymbol{\alpha}_4$ 是一个极大无关组.

例2.42　已知向量组 $\boldsymbol{\alpha}_1=(1,\ 2,\ -3)^{\mathrm{T}}$，$\boldsymbol{\alpha}_2=(3,\ 0,\ 1)^{\mathrm{T}}$，$\boldsymbol{\alpha}_3=(9,\ 6,\ -7)^{\mathrm{T}}$ 与向量组 $\boldsymbol{\beta}_1=(0,\ 1,\ -1)^{\mathrm{T}}$，$\boldsymbol{\beta}_2=(a,\ 2,\ 1)^{\mathrm{T}}$，$\boldsymbol{\beta}_3=(b,\ 1,\ 0)^{\mathrm{T}}$ 具有相同的秩，且 $\boldsymbol{\beta}_3$ 可由 $\boldsymbol{\alpha}_1$，$\boldsymbol{\alpha}_2$，$\boldsymbol{\alpha}_3$ 线性表示，求 a，b 的值.

解　**方法 1**：求向量组 $\boldsymbol{\alpha}_1$，$\boldsymbol{\alpha}_2$，$\boldsymbol{\alpha}_3$ 的秩，由

$$(\boldsymbol{\alpha}_1,\ \boldsymbol{\alpha}_2,\ \boldsymbol{\alpha}_3)=\begin{pmatrix}1&3&9\\2&0&6\\-3&1&-7\end{pmatrix}\to\begin{pmatrix}1&3&9\\0&-6&-12\\0&10&20\end{pmatrix}\to\begin{pmatrix}1&3&9\\0&1&2\\0&0&0\end{pmatrix}$$

知 $\mathrm{R}(\boldsymbol{\alpha}_1,\ \boldsymbol{\alpha}_2,\ \boldsymbol{\alpha}_3)=\mathrm{R}(\boldsymbol{\beta}_1,\ \boldsymbol{\beta}_2,\ \boldsymbol{\beta}_3)=2$，所以 $\boldsymbol{\alpha}_1$，$\boldsymbol{\alpha}_2$ 线性无关，$\boldsymbol{\beta}_1$，$\boldsymbol{\beta}_2$，$\boldsymbol{\beta}_3$ 线性相关. 从而

$$\begin{vmatrix}0&a&b\\1&2&1\\-1&1&0\end{vmatrix}=\begin{vmatrix}0&a&b\\0&3&1\\-1&1&0\end{vmatrix}=3b-a=0$$

解得 $a=3b$，又 $\boldsymbol{\beta}_3$ 可由 $\boldsymbol{\alpha}_1$，$\boldsymbol{\alpha}_2$，$\boldsymbol{\alpha}_3$ 线性表示，从而 $\boldsymbol{\beta}_3$ 可由 $\boldsymbol{\alpha}_1$，$\boldsymbol{\alpha}_2$ 线性表示，所以 $\boldsymbol{\alpha}_1$，$\boldsymbol{\alpha}_2$，$\boldsymbol{\beta}_3$ 线性相关，于是

$$\begin{vmatrix}1&3&b\\2&0&1\\-3&1&0\end{vmatrix}=\begin{vmatrix}10&0&b\\2&0&1\\-3&1&0\end{vmatrix}=2b-10=0$$

解得 $b=5$. 于是得 $a=15$，$b=5$.

方法 2：因为 $\boldsymbol{\beta}_3$ 可由 $\boldsymbol{\alpha}_1$，$\boldsymbol{\alpha}_2$，$\boldsymbol{\alpha}_3$ 线性表示，故线性方程组

$$\begin{pmatrix} 1 & 3 & 9 \\ 2 & 0 & 6 \\ -3 & 1 & -7 \end{pmatrix}\begin{pmatrix} x_1 \\ x_2 \\ x_3 \end{pmatrix}=\begin{pmatrix} b \\ 1 \\ 0 \end{pmatrix}$$

有解，对增广矩阵实施初等行变换

$$\left(\begin{array}{ccc:c} 1 & 3 & 9 & b \\ 2 & 0 & 6 & 1 \\ -3 & 1 & -7 & 0 \end{array}\right) \to \left(\begin{array}{ccc:c} 1 & 3 & 9 & b \\ 0 & -6 & -12 & 1-2b \\ 0 & 10 & 20 & 3b \end{array}\right) \to \left(\begin{array}{ccc:c} 1 & 3 & 9 & b \\ 0 & 1 & 2 & \dfrac{2b-1}{6} \\ 0 & 0 & 0 & \dfrac{3b}{10}-\dfrac{2b-1}{6} \end{array}\right)$$

由非齐次线性方程组有解的条件知 $\dfrac{3b}{10}-\dfrac{2b-1}{6}=0$，解得 $b=5$. 由方法 1 知 $\mathrm{R}(\boldsymbol{\beta}_1, \boldsymbol{\beta}_2, \boldsymbol{\beta}_3)=2$，从而

$$\begin{vmatrix} 0 & a & 5 \\ 1 & 2 & 1 \\ -1 & 1 & 0 \end{vmatrix}=\begin{vmatrix} 0 & a & 5 \\ 0 & 3 & 1 \\ -1 & 1 & 0 \end{vmatrix}=15-a=0$$

于是得 $a=15$，$b=5$.

例 2.43 设向量组 $\boldsymbol{\alpha}_1$，$\boldsymbol{\alpha}_2$，…，$\boldsymbol{\alpha}_m$ 的秩为 r，且

$$\boldsymbol{\beta}_1=\boldsymbol{\alpha}_2+\boldsymbol{\alpha}_3+\cdots+\boldsymbol{\alpha}_m,\ \boldsymbol{\beta}_2=\boldsymbol{\alpha}_1+\boldsymbol{\alpha}_3+\cdots+\boldsymbol{\alpha}_m,\ \cdots,\ \boldsymbol{\beta}_m=\boldsymbol{\alpha}_1+\boldsymbol{\alpha}_2+\cdots+\boldsymbol{\alpha}_{m-1}$$

求向量组 $\boldsymbol{\beta}_1$，$\boldsymbol{\beta}_2$，…，$\boldsymbol{\beta}_m$ 的秩.

解 **方法 1**：因为 $\boldsymbol{\beta}_1+\boldsymbol{\beta}_2+\cdots+\boldsymbol{\beta}_m=(m-1)(\boldsymbol{\alpha}_1+\boldsymbol{\alpha}_2+\cdots+\boldsymbol{\alpha}_m)$，且

$$\boldsymbol{\alpha}_i+\boldsymbol{\beta}_i=\boldsymbol{\alpha}_1+\boldsymbol{\alpha}_2+\cdots+\boldsymbol{\alpha}_m(i=1, 2, \cdots, m)$$

所以

$$\boldsymbol{\alpha}_i=(\boldsymbol{\alpha}_1+\boldsymbol{\alpha}_2+\cdots+\boldsymbol{\alpha}_m)-\boldsymbol{\beta}_i=\frac{1}{m-1}(\boldsymbol{\beta}_1+\boldsymbol{\beta}_2+\cdots+\boldsymbol{\beta}_m)-\boldsymbol{\beta}_i(i=1, 2, \cdots, m)$$

故向量组 $\boldsymbol{\alpha}_1$，$\boldsymbol{\alpha}_2$，…，$\boldsymbol{\alpha}_m$ 与 $\boldsymbol{\beta}_1$，$\boldsymbol{\beta}_2$，…，$\boldsymbol{\beta}_m$ 等价，从而向量组 $\boldsymbol{\beta}_1$，$\boldsymbol{\beta}_2$，…，$\boldsymbol{\beta}_m$ 的秩为 r.

方法 2：将 $\boldsymbol{\beta}_1$，$\boldsymbol{\beta}_2$，…，$\boldsymbol{\beta}_m$ 看成列向量，则有

$$(\boldsymbol{\beta}_1, \boldsymbol{\beta}_2, \cdots, \boldsymbol{\beta}_m)=(\boldsymbol{\alpha}_1, \boldsymbol{\alpha}_2, \cdots, \boldsymbol{\alpha}_m)\boldsymbol{P}$$

其中

$$\boldsymbol{P}=\begin{pmatrix} 0 & 1 & \cdots & 1 \\ 1 & 0 & \cdots & 1 \\ \vdots & \vdots & & \vdots \\ 1 & 1 & \cdots & 0 \end{pmatrix}_{m\times m}$$

可求得 $|\boldsymbol{P}|=(-1)^{m-1}(m-1)$，即 $\boldsymbol{P}$ 可逆，从而 $\boldsymbol{\alpha}_1$，$\boldsymbol{\alpha}_2$，…，$\boldsymbol{\alpha}_m$ 可由 $\boldsymbol{\beta}_1$，$\boldsymbol{\beta}_2$，…，$\boldsymbol{\beta}_m$ 线性表示，即向量组 $\boldsymbol{\alpha}_1$，$\boldsymbol{\alpha}_2$，…，$\boldsymbol{\alpha}_m$ 与 $\boldsymbol{\beta}_1$，$\boldsymbol{\beta}_2$，…，$\boldsymbol{\beta}_m$ 等价，从而向量组 $\boldsymbol{\beta}_1$，$\boldsymbol{\beta}_2$，…，$\boldsymbol{\beta}_m$ 的秩为 r.

题型十六　有关向量组秩的证明

有关向量组秩的证明，常利用向量组的下述结论：

(1) 若向量组(Ⅰ)可由向量组(Ⅱ)线性表示，则(Ⅰ)的秩不超过(Ⅱ)的秩；

(2) 等价向量组具有相同的秩；

(3) 秩为 r 的向量组中任意 r 个线性无关的向量都是该向量组的极大无关组.

例2.44　设向量组(Ⅰ)$\boldsymbol{\alpha}_1$，$\boldsymbol{\alpha}_2$，…，$\boldsymbol{\alpha}_m$ 的秩为 r，证明向量组(Ⅱ)$\boldsymbol{\alpha}_1$，$\boldsymbol{\alpha}_2$，…，$\boldsymbol{\alpha}_m$，$\boldsymbol{\beta}$ 的秩仍为 r 的充分必要条件是 $\boldsymbol{\beta}$ 可由向量组(Ⅰ)线性表示.

证　必要性：不妨设 $\boldsymbol{\alpha}_1$，$\boldsymbol{\alpha}_2$，…，$\boldsymbol{\alpha}_r$ 是(Ⅰ)的极大无关组，因为 R(Ⅱ)$=r$，所以 $\boldsymbol{\alpha}_1$，$\boldsymbol{\alpha}_2$，…，$\boldsymbol{\alpha}_r$ 亦是(Ⅱ)的极大无关组，从而 $\boldsymbol{\beta}$ 可由 $\boldsymbol{\alpha}_1$，$\boldsymbol{\alpha}_2$，…，$\boldsymbol{\alpha}_r$ 线性表示，即 $\boldsymbol{\beta}$ 可由向量组(Ⅰ)线性表示.

充分性：若 $\boldsymbol{\beta}$ 可由 $\boldsymbol{\alpha}_1$，$\boldsymbol{\alpha}_2$，…，$\boldsymbol{\alpha}_m$ 线性表示，则说明向量组(Ⅰ)与(Ⅱ)可互相线性表示，即(Ⅰ)与(Ⅱ)等价，所以 R(Ⅰ)=R(Ⅱ)$=r$.

例2.45　设向量组(Ⅰ)$\boldsymbol{\alpha}_1$，$\boldsymbol{\alpha}_2$，…，$\boldsymbol{\alpha}_s$，(Ⅱ)$\boldsymbol{\beta}_1$，$\boldsymbol{\beta}_2$，…，$\boldsymbol{\beta}_t$，(Ⅲ)$\boldsymbol{\alpha}_1$，$\boldsymbol{\alpha}_2$，…，$\boldsymbol{\alpha}_s$，$\boldsymbol{\beta}_1$，$\boldsymbol{\beta}_2$，…，$\boldsymbol{\beta}_t$ 的秩分别为 r_1，r_2，r_3，证明 $\max(r_1, r_2)\leqslant r_3\leqslant r_1+r_2$.

证　由于向量组(Ⅲ)由(Ⅰ)和(Ⅱ)构成，所以 $\max(r_1, r_2)\leqslant r_3$ 显然成立.

下面证 $r_3\leqslant r_1+r_2$. 不妨设 $\boldsymbol{\alpha}_1$，$\boldsymbol{\alpha}_2$，…，$\boldsymbol{\alpha}_{r_1}$ 与 $\boldsymbol{\beta}_1$，$\boldsymbol{\beta}_2$，…，$\boldsymbol{\beta}_{r_2}$ 分别为向量组(Ⅰ)与(Ⅱ)的极大无关组，则 $\boldsymbol{\alpha}_1$，$\boldsymbol{\alpha}_2$，…，$\boldsymbol{\alpha}_{r_1}$ 与(Ⅰ)等价，$\boldsymbol{\beta}_1$，$\boldsymbol{\beta}_2$，…，$\boldsymbol{\beta}_{r_2}$ 与(Ⅱ)等价，从而向量组(Ⅳ)$\boldsymbol{\alpha}_1$，$\boldsymbol{\alpha}_2$，…，$\boldsymbol{\alpha}_{r_1}$，$\boldsymbol{\beta}_1$，$\boldsymbol{\beta}_2$，…，$\boldsymbol{\beta}_{r_2}$ 与(Ⅲ)等价，所以 $r_3\leqslant$ R(Ⅳ)$\leqslant r_1+r_2$.

说明　由此例可得 $R(\boldsymbol{A}\,\vdots\,\boldsymbol{B})\leqslant R(\boldsymbol{A})+R(\boldsymbol{B})$，其中 $\boldsymbol{A}$ 为 $m\times s$ 维矩阵，$\boldsymbol{B}$ 为 $m\times t$ 维矩阵.

题型十七　线性方程组与向量综合题

例2.46　设 $\boldsymbol{\alpha}_1$，$\boldsymbol{\alpha}_2$，$\boldsymbol{\alpha}_3$，$\boldsymbol{\alpha}_4$ 是 4 维列向量，$\boldsymbol{\alpha}_2$，$\boldsymbol{\alpha}_3$，$\boldsymbol{\alpha}_4$ 线性无关，矩阵 $\boldsymbol{A}=(\boldsymbol{\alpha}_1, \boldsymbol{\alpha}_2, \boldsymbol{\alpha}_3, \boldsymbol{\alpha}_4)$，并且 $\boldsymbol{\alpha}_1=3\boldsymbol{\alpha}_2+\boldsymbol{\alpha}_3$，$\boldsymbol{\beta}=5\boldsymbol{\alpha}_2+\boldsymbol{\alpha}_3+\boldsymbol{\alpha}_4$，试求线性方程组 $\boldsymbol{Ax}=\boldsymbol{\beta}$ 的全部解.

解　将方程组 $\boldsymbol{Ax}=\boldsymbol{\beta}$ 改写成向量形式：

$$x_1\boldsymbol{\alpha}_1+x_2\boldsymbol{\alpha}_2+x_3\boldsymbol{\alpha}_3+x_4\boldsymbol{\alpha}_4=\boldsymbol{\beta}$$

将 $\boldsymbol{\alpha}_1=3\boldsymbol{\alpha}_2+\boldsymbol{\alpha}_3$，$\boldsymbol{\beta}=5\boldsymbol{\alpha}_2+\boldsymbol{\alpha}_3+\boldsymbol{\alpha}_4$ 代入上述方程组，得

$$(3x_1+x_2-5)\boldsymbol{\alpha}_2+(x_1+x_3-1)\boldsymbol{\alpha}_3+(x_4-1)\boldsymbol{\alpha}_4=\boldsymbol{0}$$

因为 $\boldsymbol{\alpha}_2$，$\boldsymbol{\alpha}_3$，$\boldsymbol{\alpha}_4$ 线性无关，故

$$\begin{cases}3x_1+x_2-5=0\\x_1+x_3-1=0\\x_4-1=0\end{cases}$$

解上述方程组可得 $\boldsymbol{Ax}=\boldsymbol{\beta}$ 的全部解为

$$(x_1, x_2, x_3, x_4)^{\mathrm{T}}=(0, 5, 1, 1)^{\mathrm{T}}+c(1, -3, -1, 0)^{\mathrm{T}}\quad (c\text{ 为任意常数})$$

例2.47　设 $\boldsymbol{A}$ 是 $n(n\geqslant 2)$ 阶方阵，$\boldsymbol{A}^*$ 是其伴随矩阵，证明：

$$R(\boldsymbol{A}^*)=\begin{cases}n & (R(\boldsymbol{A})=n)\\1 & (R(\boldsymbol{A})=n-1)\\0 & (R(\boldsymbol{A})<n-1)\end{cases}$$

证 （1）当 $R(\boldsymbol{A})=n$ 时，矩阵 $\boldsymbol{A}$ 可逆，有 $|\boldsymbol{A}|\neq 0$，由 $\boldsymbol{A}\boldsymbol{A}^*=|\boldsymbol{A}|\boldsymbol{E}$ 知 $|\boldsymbol{A}\boldsymbol{A}^*|=|\boldsymbol{A}||\boldsymbol{A}^*|=|\boldsymbol{A}|^n$，故 $|\boldsymbol{A}^*|=|\boldsymbol{A}|^{n-1}\neq 0$，所以 $R(\boldsymbol{A}^*)=n$.

（2）当 $R(\boldsymbol{A})=n-1$ 时，由矩阵秩的定义知，$\boldsymbol{A}$ 中一定存在 $n-1$ 阶子式不等于零. 而 $\boldsymbol{A}^*$ 是由 $\boldsymbol{A}$ 的元素 a_{ij} 的代数余子式 A_{ij} 组成的，故 $R(\boldsymbol{A}^*)\geqslant 1$.

又因为 $R(\boldsymbol{A})=n-1$，有 $|\boldsymbol{A}|=0$，于是 $\boldsymbol{A}\boldsymbol{A}^*=|\boldsymbol{A}|\boldsymbol{E}=\boldsymbol{O}$，从而，$R(\boldsymbol{A})+R(\boldsymbol{A}^*)\leqslant n$，而 $R(\boldsymbol{A})=n-1$，故 $R(\boldsymbol{A}^*)\leqslant 1$，所以 $R(\boldsymbol{A}^*)=1$.

（3）当 $R(\boldsymbol{A})<n-1$ 时，由矩阵秩的定义知，$\boldsymbol{A}$ 的全部 $n-1$ 阶子式都为零，故 $\boldsymbol{A}$ 的元素 a_{ij} 的代数余子式 A_{ij} 均为零，即 $\boldsymbol{A}^*=\boldsymbol{O}$. 所以 $R(\boldsymbol{A}^*)=0$.

例 2.48 证明线性方程组的增广矩阵的秩比系数矩阵的秩最多大 1.

证 设线性方程组

$$\begin{cases}a_{11}x_1+a_{12}x_2+\cdots+a_{1n}x_n=b_1\\ a_{21}x_1+a_{22}x_2+\cdots+a_{2n}x_n=b_2\\ \cdots\cdots\\ a_{m1}x_1+a_{m2}x_2+\cdots+a_{mn}x_n=b_m\end{cases}$$

其系数矩阵和增广矩阵分别为

$$\boldsymbol{A}=\begin{pmatrix}a_{11}&a_{12}&\cdots&a_{1n}\\ a_{21}&a_{22}&\cdots&a_{2n}\\ \vdots&\vdots&&\vdots\\ a_{m1}&a_{m2}&\cdots&a_{mn}\end{pmatrix},\quad \overline{\boldsymbol{A}}=\begin{pmatrix}a_{11}&a_{12}&\cdots&a_{1n}&b_1\\ a_{21}&a_{22}&\cdots&a_{2n}&b_2\\ \vdots&\vdots&&\vdots&\vdots\\ a_{m1}&a_{m2}&\cdots&a_{mn}&b_m\end{pmatrix}$$

令

$$\boldsymbol{\alpha}_j=\begin{pmatrix}a_{1j}\\ a_{2j}\\ \vdots\\ a_{mj}\end{pmatrix}\ (j=1,\ 2,\ \cdots,\ n),\quad \boldsymbol{\beta}=\begin{pmatrix}b_1\\ b_2\\ \vdots\\ b_m\end{pmatrix}$$

则

$$R(\boldsymbol{A})=R(\boldsymbol{\alpha}_1,\ \boldsymbol{\alpha}_2,\ \cdots,\ \boldsymbol{\alpha}_n),\qquad R(\overline{\boldsymbol{A}})=R(\boldsymbol{\alpha}_1,\ \boldsymbol{\alpha}_2,\ \cdots,\ \boldsymbol{\alpha}_n,\ \boldsymbol{\beta})$$

设 $R(\boldsymbol{A})=r$ 且 $\boldsymbol{\alpha}_{i1},\ \boldsymbol{\alpha}_{i2},\ \cdots,\ \boldsymbol{\alpha}_{ir}$ 为 $\boldsymbol{\alpha}_1,\ \boldsymbol{\alpha}_2,\ \cdots,\ \boldsymbol{\alpha}_n$ 的一个极大无关组，则有下列情况：

（1）$\boldsymbol{\beta}$ 可由 $\boldsymbol{\alpha}_{i1},\ \boldsymbol{\alpha}_{i2},\ \cdots,\ \boldsymbol{\alpha}_{ir}$ 线性表示，此时 $\boldsymbol{\alpha}_1,\ \boldsymbol{\alpha}_2,\ \cdots,\ \boldsymbol{\alpha}_n$ 也是 $\boldsymbol{\alpha}_1,\ \boldsymbol{\alpha}_2,\ \cdots,\ \boldsymbol{\alpha}_n,\ \boldsymbol{\beta}$ 的一个极大无关组，所以 $R(\overline{\boldsymbol{A}})=r$；

（2）$\boldsymbol{\beta}$ 不能由 $\boldsymbol{\alpha}_{i1},\ \boldsymbol{\alpha}_{i2},\ \cdots,\ \boldsymbol{\alpha}_{ir}$ 线性表示，此时 $\boldsymbol{\alpha}_{i1},\ \boldsymbol{\alpha}_{i2},\ \cdots,\ \boldsymbol{\alpha}_{ir},\ \boldsymbol{\beta}$ 是 $\boldsymbol{\alpha}_1,\ \boldsymbol{\alpha}_2,\ \cdots,\ \boldsymbol{\alpha}_n,\ \boldsymbol{\beta}$ 的一个极大无关组，所以 $R(\overline{\boldsymbol{A}})=r+1$.

综上可知，必有 $R(\overline{\boldsymbol{A}})\leqslant R(\boldsymbol{A})+1$.

例 2.49 设非齐次线性方程组 $\boldsymbol{A}\boldsymbol{x}=\boldsymbol{b}$，$R(\boldsymbol{A})=r$，$\boldsymbol{\alpha}_0,\ \boldsymbol{\alpha}_1,\ \cdots,\ \boldsymbol{\alpha}_{n-r}$ 是它的 $n-r$ 个线性无关的解向量. 证明：$\boldsymbol{\alpha}_1-\boldsymbol{\alpha}_0,\ \boldsymbol{\alpha}_2-\boldsymbol{\alpha}_0,\ \cdots,\ \boldsymbol{\alpha}_{n-r}-\boldsymbol{\alpha}_0$ 是其导出组 $\boldsymbol{A}\boldsymbol{x}=\boldsymbol{0}$ 的一个基础解系.

证 由于 $\boldsymbol{\alpha}_0,\ \boldsymbol{\alpha}_1,\ \cdots,\ \boldsymbol{\alpha}_{n-r}$ 是方程组 $\boldsymbol{A}\boldsymbol{x}=\boldsymbol{b}$ 的解，$\boldsymbol{\alpha}_1-\boldsymbol{\alpha}_0,\ \boldsymbol{\alpha}_2-\boldsymbol{\alpha}_0,\ \cdots,\ \boldsymbol{\alpha}_{n-r}-\boldsymbol{\alpha}_0$ 均是其导出组 $\boldsymbol{A}\boldsymbol{x}=\boldsymbol{0}$ 的解，故设

$$k_1(\boldsymbol{\alpha}_1-\boldsymbol{\alpha}_0)+k_2(\boldsymbol{\alpha}_2-\boldsymbol{\alpha}_0)+\cdots+k_{n-r}(\boldsymbol{\alpha}_{n-r}-\boldsymbol{\alpha}_0)=\mathbf{0}$$

即

$$k_1\boldsymbol{\alpha}_1+k_2\boldsymbol{\alpha}_2+\cdots+k_{n-r}\boldsymbol{\alpha}_{n-r}-(k_1+k_2+\cdots+k_{n-r})\boldsymbol{\alpha}_0=\mathbf{0}$$

因为 $\boldsymbol{\alpha}_0$，$\boldsymbol{\alpha}_1$，…，$\boldsymbol{\alpha}_{n-r}$线性无关，故 $k_1=k_2=\cdots=k_{n-r}=0$，所以 $\boldsymbol{\alpha}_1-\boldsymbol{\alpha}_0$，$\boldsymbol{\alpha}_2-\boldsymbol{\alpha}_0$，…，$\boldsymbol{\alpha}_{n-r}-\boldsymbol{\alpha}_0$ 线性无关，故是其导出组的基础解系.

例2.50 若 r 阶方阵 $\boldsymbol{A}$ 的 r 个列向量为方程组 $\boldsymbol{Cx}=\mathbf{0}$ 的一个基础解系，且若 $\mathrm{R}(\boldsymbol{A})=r$，则 $\boldsymbol{B}$ 为 r 阶非奇异方阵，证明：$\boldsymbol{AB}$ 的 r 个列向量也是 $\boldsymbol{Cx}=\mathbf{0}$ 的一个基础解系.

证 首先由已知 $\boldsymbol{CA}=\boldsymbol{O}$ 可得到 $\boldsymbol{CAB}=\boldsymbol{OB}=\boldsymbol{O}$，即 $\boldsymbol{AB}$ 的 r 个列向量也是 $\boldsymbol{Cx}=\mathbf{0}$ 的解，又由题设知 $\boldsymbol{Cx}=\mathbf{0}$ 的基础解系含 r 个解向量，故接下去只需证明 $\boldsymbol{AB}$ 的 r 个列向量线性无关即可.

方法 1：因为 $\boldsymbol{B}$ 是 r 阶非奇异方阵，所以 $\mathrm{R}(\boldsymbol{AB})=\mathrm{R}(\boldsymbol{A})=r$，这就说明了 $\boldsymbol{AB}$ 的 r 个列向量线性无关.

方法 2：设 $\boldsymbol{A}=(\boldsymbol{\alpha}_1, \boldsymbol{\alpha}_2, \cdots, \boldsymbol{\alpha}_r)$，$\boldsymbol{AB}=(\boldsymbol{\beta}_1, \boldsymbol{\beta}_2, \cdots, \boldsymbol{\beta}_r)$，则由

$$(\boldsymbol{\alpha}_1, \boldsymbol{\alpha}_2, \cdots, \boldsymbol{\alpha}_r)\boldsymbol{B}=(\boldsymbol{\beta}_1, \boldsymbol{\beta}_2, \cdots, \boldsymbol{\beta}_r)$$

得 $\boldsymbol{\beta}_1$，$\boldsymbol{\beta}_2$，…，$\boldsymbol{\beta}_r$ 可由 $\boldsymbol{\alpha}_1$，$\boldsymbol{\alpha}_2$，…，$\boldsymbol{\alpha}_r$ 线性表示. 又因为 $\boldsymbol{B}$ 是非奇异方阵，所以

$$(\boldsymbol{\alpha}_1, \boldsymbol{\alpha}_2, \cdots, \boldsymbol{\alpha}_r)=(\boldsymbol{\beta}_1, \boldsymbol{\beta}_2, \cdots, \boldsymbol{\beta}_r)\boldsymbol{B}^{-1}$$

说明 $\boldsymbol{\alpha}_1$，$\boldsymbol{\alpha}_2$，…，$\boldsymbol{\alpha}_r$ 也可由 $\boldsymbol{\beta}_1$，$\boldsymbol{\beta}_2$，…，$\boldsymbol{\beta}_r$ 线性表示，故向量组 $\boldsymbol{\beta}_1$，$\boldsymbol{\beta}_2$，…，$\boldsymbol{\beta}_r$ 与 $\boldsymbol{\alpha}_1$，$\boldsymbol{\alpha}_2$，…，$\boldsymbol{\alpha}_r$ 等价，从而等秩. 于是由 $\mathrm{R}(\boldsymbol{A})=r$ 知 $\mathrm{R}(\boldsymbol{AB})=r$，即 $\boldsymbol{\beta}_1$，$\boldsymbol{\beta}_2$，…，$\boldsymbol{\beta}_r$ 线性无关.

单元自测题

一、填空题

1. 已知 $\boldsymbol{\alpha}=(3, 5, 7, 9)$，$\boldsymbol{\beta}=(-1, 5, 2, 0)$，且满足 $2\boldsymbol{\alpha}+3\boldsymbol{x}=\boldsymbol{\beta}$，则 $\boldsymbol{x}=$______.

2. 当 $k=$________时，向量 $\boldsymbol{\beta}=(1, k, 5)$ 能由 $\boldsymbol{\alpha}_1=(1, -3, 2)$，$\boldsymbol{\alpha}_2=(2, -1, 1)$ 线性表示.

3. $\boldsymbol{A}$ 为 $m\times n$ 维矩阵，齐次线性方程组 $\boldsymbol{Ax}=\mathbf{0}$ 有非零解的充要条件是________.

4. $\boldsymbol{A}$ 为 $m\times n$ 维矩阵，齐次线性方程组 $\boldsymbol{Ax}=\mathbf{0}$ 中非自由变量的个数为 r，则 $\mathrm{R}(\boldsymbol{A})=$________，解空间的维数为________.

5. 方程 $x_1+x_2+x_3+x_4=0$ 的通解为________.

6. 已知向量组 $\boldsymbol{\alpha}_1=(1, 2, 3, 4)$，$\boldsymbol{\alpha}_2=(2, 3, 4, 5)$，$\boldsymbol{\alpha}_3=(3, 4, 5, 6)$，$\boldsymbol{\alpha}_4=(4, 5, 6, 7)$，则向量组的秩为________.

7. 设向量组 $\boldsymbol{\alpha}_1=(1, 1, 1)$，$\boldsymbol{\alpha}_2=(a, 0, b)$，$\boldsymbol{\alpha}_3=(1, 3, 2)$，若 $\boldsymbol{\alpha}_1$，$\boldsymbol{\alpha}_2$，$\boldsymbol{\alpha}_3$ 线性相关，则 a，b 满足关系式________.

8. 齐次线性方程组 $\begin{cases}\lambda x_1+x_2+x_3=0\\ x_1+\lambda x_2+x_3=0\\ x_1+x_2+x_3=0\end{cases}$ 只有零解，则 λ 应满足条件________.

9. 已知线性方程组$\begin{pmatrix}1&2&1\\2&3&a+1\\1&a&-2\end{pmatrix}\begin{pmatrix}x_1\\x_2\\x_3\end{pmatrix}=\begin{pmatrix}1\\3\\0\end{pmatrix}$无解，则 $a=$________.

10. 设 3 阶方阵 $\boldsymbol{A}=\begin{pmatrix}1&2&-2\\4&t&3\\3&-1&1\end{pmatrix}$，$\boldsymbol{B}$ 为 3 阶非零矩阵，$\boldsymbol{AB}=\boldsymbol{O}$，则 $t=$________，$|\boldsymbol{B}|=$________.

二、选择题

1. 当 $t=$________时向量组 $\boldsymbol{\alpha}_1=(2，1，0)$，$\boldsymbol{\alpha}_2=(3，2，5)$，$\boldsymbol{\alpha}_3=(5，4，t)$ 线性相关.

A. 5　　B. 10　　C. 15　　D. 20

2. 设向量组 $\boldsymbol{\alpha}_1=(1，-1，2，4)$，$\boldsymbol{\alpha}_2=(0，3，1，2)$，$\boldsymbol{\alpha}_3=(3，0，7，14)$，$\boldsymbol{\alpha}_4=(1，-2，2，0)$，$\boldsymbol{\alpha}_5=(2，1，5，10)$，则该向量组的极大无关组是(　　).

A. $\boldsymbol{\alpha}_1，\boldsymbol{\alpha}_2，\boldsymbol{\alpha}_3$　　B. $\boldsymbol{\alpha}_1，\boldsymbol{\alpha}_2，\boldsymbol{\alpha}_4$

C. $\boldsymbol{\alpha}_1，\boldsymbol{\alpha}_2，\boldsymbol{\alpha}_5$　　D. $\boldsymbol{\alpha}_1，\boldsymbol{\alpha}_2，\boldsymbol{\alpha}_4，\boldsymbol{\alpha}_5$

3. 设 $\boldsymbol{\alpha}_1，\boldsymbol{\alpha}_2，\boldsymbol{\beta}$ 线性相关，$\boldsymbol{\alpha}_2，\boldsymbol{\alpha}_3，\boldsymbol{\beta}$ 线性无关，则(　　).

A. $\boldsymbol{\alpha}_1，\boldsymbol{\alpha}_2，\boldsymbol{\alpha}_3$ 线性相关　　B. $\boldsymbol{\alpha}_1，\boldsymbol{\alpha}_2，\boldsymbol{\alpha}_3$ 线性无关

C. $\boldsymbol{\alpha}_1$ 可以用 $\boldsymbol{\alpha}_2，\boldsymbol{\alpha}_3，\boldsymbol{\beta}$ 线性表示　　D. $\boldsymbol{\beta}$ 可以用 $\boldsymbol{\alpha}_1，\boldsymbol{\alpha}_3$ 线性表示

4. 已知 $\boldsymbol{A}$ 为 4×3 维矩阵，且 $\mathrm{R}(\boldsymbol{A})=2$，$\boldsymbol{B}=\begin{pmatrix}1&0&0&2\\2&1&0&3\\3&2&1&4\end{pmatrix}$，则 $\mathrm{R}(\boldsymbol{AB})=$(　　).

A. 2　　B. 3　　C. 1　　D. 4

5. n 维向量组 $\boldsymbol{\alpha}_1，\boldsymbol{\alpha}_2，\cdots，\boldsymbol{\alpha}_s(3\leqslant s\leqslant n)$线性无关的充要条件是(　　).

A. $\boldsymbol{\alpha}_1，\boldsymbol{\alpha}_2，\cdots，\boldsymbol{\alpha}_s$ 中任何两个向量都线性无关

B. 存在不全为零的 s 个数 $k_1，\cdots，k_s$，使得 $k_1\boldsymbol{\alpha}_1+k_2\boldsymbol{\alpha}_2+\cdots+k_s\boldsymbol{\alpha}_s\neq\mathbf{0}$

C. $\boldsymbol{\alpha}_1，\boldsymbol{\alpha}_2，\cdots，\boldsymbol{\alpha}_s$ 中任何一个向量都不能用其余向量线性表示

D. $\boldsymbol{\alpha}_1，\boldsymbol{\alpha}_2，\cdots，\boldsymbol{\alpha}_s$ 中存在一个向量不能用其余向量线性表示

6. 向量组 $\boldsymbol{\alpha}_1，\boldsymbol{\alpha}_2，\cdots，\boldsymbol{\alpha}_s$ 线性相关的充要条件是(　　).

A. $\boldsymbol{\alpha}_1，\boldsymbol{\alpha}_2，\cdots，\boldsymbol{\alpha}_s$ 中有一个零向量

B. $\boldsymbol{\alpha}_1，\boldsymbol{\alpha}_2，\cdots，\boldsymbol{\alpha}_s$ 中任意两个向量的分量成比例

C. $\boldsymbol{\alpha}_1，\boldsymbol{\alpha}_2，\cdots，\boldsymbol{\alpha}_s$ 中有一个向量是其余向量的线性组合

D. $\boldsymbol{\alpha}_1，\boldsymbol{\alpha}_2，\cdots，\boldsymbol{\alpha}_s$ 中任意一个向量都是其余向量的线性组合

7. 齐次线性方程组有非零解的充要条件是(　　).

A. $\boldsymbol{A}$ 的列向量组线性相关　　B. $\boldsymbol{A}$ 的行向量组线性相关

C. $\boldsymbol{A}$ 为方阵且 $|\boldsymbol{A}|=0$　　D. $\boldsymbol{A}$ 的行数小于 $\boldsymbol{A}$ 的列数

8. $\boldsymbol{A}$ 为 $m\times n$ 维矩阵，非齐次线性方程组 $\boldsymbol{Ax}=\boldsymbol{b}$ 的解不唯一，则下列结论正确的为(　　).

A. $m<n$　　B. $\mathrm{R}(\boldsymbol{A})<m$

C. $\boldsymbol{A}$ 为零矩阵　　　　　　　　D. $\boldsymbol{Ax}=\boldsymbol{0}$ 的解不唯一

9. 设矩阵 $\boldsymbol{A}_{m\times n}$ 的秩为 m，且 $m<n$，则必有(　　).

A. $\boldsymbol{A}$ 中任意 m 个列向量都线性无关

B. $\boldsymbol{A}$ 的任意 m 阶子式都不等于 0

C. $\boldsymbol{A}$ 的每一列都是其他列的线性组合

D. 对任意 m 维列向量 $\boldsymbol{b}$，都有 $\mathrm{R}(\boldsymbol{A}\vdots\boldsymbol{b})=m$

10. 设有齐次线性方程组 $\boldsymbol{Ax}=\boldsymbol{0}$ 和 $\boldsymbol{Bx}=\boldsymbol{0}$，其中 $\boldsymbol{A}$，$\boldsymbol{B}$ 均为 $m\times n$ 维矩阵，则下述四个命题正确的是(　　).

(1) 若 $\boldsymbol{Ax}=\boldsymbol{0}$ 的解均是 $\boldsymbol{Bx}=\boldsymbol{0}$ 的解，则 $\mathrm{R}(\boldsymbol{A})\geqslant\mathrm{R}(\boldsymbol{B})$；

(2) 若 $\mathrm{R}(\boldsymbol{A})\geqslant\mathrm{R}(\boldsymbol{B})$，则 $\boldsymbol{Ax}=\boldsymbol{0}$ 的解均是 $\boldsymbol{Bx}=\boldsymbol{0}$ 的解；

(3) 若 $\boldsymbol{Ax}=\boldsymbol{0}$ 与 $\boldsymbol{Bx}=\boldsymbol{0}$ 同解，则 $\mathrm{R}(\boldsymbol{A})=\mathrm{R}(\boldsymbol{B})$；

(4) 若 $\mathrm{R}(\boldsymbol{A})=\mathrm{R}(\boldsymbol{B})$，则 $\boldsymbol{Ax}=\boldsymbol{0}$ 与 $\boldsymbol{Bx}=\boldsymbol{0}$ 同解.

A. (1)(2)　　B. (1)(3)　　C. (2)(4)　　D. (3)(4)

三、计算题

1. 设 $\boldsymbol{\alpha}_1=(-1,0,1)$，$\boldsymbol{\alpha}_2=(0,1,-2)$，如果向量 $\boldsymbol{\beta}$ 满足 $2\boldsymbol{\alpha}_1-(\boldsymbol{\beta}+\boldsymbol{\alpha}_2)=\boldsymbol{0}$，求向量 $\boldsymbol{\beta}$.

2. 设 $\boldsymbol{\alpha}_1=(1,1,2,2)^{\mathrm{T}}$，$\boldsymbol{\alpha}_2=(1,2,1,3)^{\mathrm{T}}$，$\boldsymbol{\alpha}_3=(1,-1,4,0)^{\mathrm{T}}$，$\boldsymbol{\beta}=(1,0,3,1)^{\mathrm{T}}$，证明向量 $\boldsymbol{\beta}$ 能由向量组 $\boldsymbol{\alpha}_1$，$\boldsymbol{\alpha}_2$，$\boldsymbol{\alpha}_3$ 线性表示，并求出表示式.

3. 设有向量组 $\boldsymbol{\alpha}_1=(1,2,-1)$，$\boldsymbol{\alpha}_2=(-1,-2,1)$，$\boldsymbol{\alpha}_3=(1,2,3)$，试求该向量组的一个极大无关组，并用它表示其余向量.

4. 设 $\boldsymbol{A}=\begin{pmatrix}1&2&1&2\\0&1&c&c\\1&c&0&1\end{pmatrix}$，且方程 $\boldsymbol{Ax}=\boldsymbol{0}$ 的解空间的维数为 2，求 $\boldsymbol{Ax}=\boldsymbol{0}$ 的通解.

5. 设矩阵 $\boldsymbol{A}=\begin{pmatrix}k&1&1&1\\1&k&1&1\\1&1&k&1\\1&1&1&k\end{pmatrix}$，且 $\mathrm{R}(\boldsymbol{A})=3$，求常数 k.

6. 求线性方程组 $\begin{cases}2x_1-x_2+x_4=-1\\x_1+3x_2-7x_3+4x_4=3\\3x_1-2x_2+x_3+x_4=-2\end{cases}$ 的通解.

7. 线性方程组 $\begin{cases}x_1+x_2=-a_1\\x_2+x_3=a_2\\x_3+x_4=-a_3\\x_1+x_4=a_4\end{cases}$ 何时有解？在有解时，求出它的结构式通解.

8. 求当 a，b 为何值时，线性方程组 $\begin{cases}x_1+x_2+x_3+x_4=0\\x_2+2x_3+2x_4=1\\-x_2+(a-3)x_3-2x_4=b\\3x_1+2x_2+x_3+ax_4=-1\end{cases}$ 无解、有唯一解、

有无穷多解？并求出有无穷多解时的通解.

9. 设 $\boldsymbol{\alpha}_1=(1, 4, 0, 2)^{\mathrm{T}}$，$\boldsymbol{\alpha}_2=(2, 7, 1, 3)^{\mathrm{T}}$，$\boldsymbol{\alpha}_3=(0, 1, -1, a)^{\mathrm{T}}$，$\boldsymbol{\beta}=(3, 10, b, 4)^{\mathrm{T}}$，问：

(1) 当 a，b 取何值时，$\boldsymbol{\beta}$ 不能由 $\boldsymbol{\alpha}_1$，$\boldsymbol{\alpha}_2$，$\boldsymbol{\alpha}_3$ 线性表示？

(2) 当 a，b 取何值时，$\boldsymbol{\beta}$ 可由 $\boldsymbol{\alpha}_1$，$\boldsymbol{\alpha}_2$，$\boldsymbol{\alpha}_3$ 线性表示？并写出此表示式.

四、证明题

1. 设 $\boldsymbol{\beta}_1=\boldsymbol{\alpha}_1+\boldsymbol{\alpha}_2$，$\boldsymbol{\beta}_2=\boldsymbol{\alpha}_2+\boldsymbol{\alpha}_3$，$\boldsymbol{\beta}_3=\boldsymbol{\alpha}_3+\boldsymbol{\alpha}_4$，$\boldsymbol{\beta}_4=\boldsymbol{\alpha}_4+\boldsymbol{\alpha}_1$，证明：向量组 $\boldsymbol{\beta}_1$，$\boldsymbol{\beta}_2$，$\boldsymbol{\beta}_3$，$\boldsymbol{\beta}_4$ 线性相关.

2. 证明：向量组 $\boldsymbol{\alpha}_1$，$\boldsymbol{\alpha}_2$，…，$\boldsymbol{\alpha}_r$ 线性无关的充要条件是向量组 $\boldsymbol{\alpha}_1$，$\boldsymbol{\alpha}_1+\boldsymbol{\alpha}_2$，…，$\boldsymbol{\alpha}_1+\boldsymbol{\alpha}_2+\cdots+\boldsymbol{\alpha}_r$ 线性无关.

3. 若 n 元齐次线性方程组 $\boldsymbol{Ax}=\boldsymbol{0}$ 与 $\boldsymbol{Bx}=\boldsymbol{0}$ 同解，试证 $\mathrm{R}(\boldsymbol{A})=\mathrm{R}(\boldsymbol{B})$.

4. 设 $\boldsymbol{A}=(a_{ij})$ 是 $m\times n$ 维矩阵，$\boldsymbol{\beta}=(b_1, b_2, \cdots, b_n)$ 是 n 维向量，如果方程组（Ⅰ）$\boldsymbol{Ax}=\boldsymbol{0}$ 的解全是方程（Ⅱ）$b_1x_1+b_2x_2+\cdots+b_nx_n=0$ 的解，证明 $\boldsymbol{\beta}$ 可用 $\boldsymbol{A}$ 的行向量 $\boldsymbol{\alpha}_1$，$\boldsymbol{\alpha}_2$，…，$\boldsymbol{\alpha}_m$ 线性表示.

单元自测题答案与提示

一、填空题

1. $\left(-\frac{7}{3}, -\frac{5}{3}, -4, -6\right)$.

2. -8.

3. $\mathrm{R}(\boldsymbol{A})<n$.（提示：$\boldsymbol{Ax}=\boldsymbol{0}$ 有非零解当且仅当 $\boldsymbol{A}$ 的列向量线性相关.）

4. r，$n-r$.

5. $k(1, -1, 0, 0)^{\mathrm{T}}$.

6. 2.

7. $a=2b$.

8. $\lambda\neq1$.

9. -1.

10. -3，0.

二、选择题

1. C. 2. B. 3. C. 4. A. 5. C. 6. C. 7. B. 8. D. 9. C. 10. B.

三、计算题

1. 由 $2\boldsymbol{\alpha}_1-(\boldsymbol{\beta}+\boldsymbol{\alpha}_2)=\boldsymbol{0}$，得 $\boldsymbol{\beta}=-\boldsymbol{\alpha}_2+2\boldsymbol{\alpha}_1$，将 $\boldsymbol{\alpha}_1=(-1, 0, 1)$，$\boldsymbol{\alpha}_2=(0, 1, -2)$ 代入，得 $\boldsymbol{\beta}=-\boldsymbol{\alpha}_2+2\boldsymbol{\alpha}_1=(-2, -1, 4)$.

2. $\boldsymbol{\beta}$ 能由向量组 $\boldsymbol{\alpha}_1$，$\boldsymbol{\alpha}_2$，$\boldsymbol{\alpha}_3$ 线性表示$\Leftrightarrow \boldsymbol{\beta}=x_1\boldsymbol{\alpha}_1+x_2\boldsymbol{\alpha}_2+x_3\boldsymbol{\alpha}_3$ 有解，即 $\boldsymbol{Ax}=\boldsymbol{\beta}$ 有解. 这就说明 $\boldsymbol{\beta}$ 能由向量组 $\boldsymbol{\alpha}_1$，$\boldsymbol{\alpha}_2$，$\boldsymbol{\alpha}_3$ 线性表示的表示式与方程 $\boldsymbol{Ax}=\boldsymbol{\beta}$ 的解集是一一对应的. 表示式为

$$\boldsymbol{\beta}=(-3c+2)\boldsymbol{\alpha}_1+(2c-1)\boldsymbol{\alpha}_2+c\boldsymbol{\alpha}_3 \qquad (c\in\mathbf{R})$$

3. 用初等行变换法：

$$\boldsymbol{A}=\begin{pmatrix}1 & -1 & 1\\ 2 & -2 & 2\\ -1 & 1 & 3\end{pmatrix}\to\begin{pmatrix}1 & -1 & 1\\ 0 & 0 & 0\\ 0 & 0 & 4\end{pmatrix}\to\begin{pmatrix}1 & -1 & 1\\ 0 & 0 & 4\\ 0 & 0 & 0\end{pmatrix}$$

所以 $\boldsymbol{\alpha}_1$，$\boldsymbol{\alpha}_3$ 与 $\boldsymbol{\alpha}_2$，$\boldsymbol{\alpha}_3$ 均为极大无关组，且 $\boldsymbol{\alpha}_2=-\boldsymbol{\alpha}_1+0\cdot\boldsymbol{\alpha}_3$.

4. 由于方程 $\boldsymbol{Ax}=\boldsymbol{0}$ 的解空间的维数为 2，则 $\boldsymbol{Ax}=\boldsymbol{0}$ 的基础解系含有两个解向量，故

$$\mathrm{R}(\boldsymbol{A})=2,\ \boldsymbol{A}=\begin{pmatrix}1 & 2 & 1 & 2\\ 0 & 1 & c & c\\ 1 & c & 0 & 1\end{pmatrix}\to\begin{pmatrix}1 & 0 & 1-2c & 2-2c\\ 0 & 1 & c & c\\ 0 & 0 & -(c-1)^2 & -(c-1)^2\end{pmatrix}$$

要使 $\mathrm{R}(\boldsymbol{A})=2$，只需 $-(c-1)^2=0$，可得 $c=1$，此时，同解方程组为 $\begin{cases}x_1=x_3\\ x_2=-x_3-x_4\end{cases}$，其通解为

$$(x_1,\ x_2,\ x_3,\ x_4)^{\mathrm{T}}=k_1\ (1,\ -1,\ 1,\ 0)^{\mathrm{T}}+k_2(0,\ -1,\ 0,\ 1)^{\mathrm{T}}$$

5. 由题设，得

$$|\boldsymbol{A}|=\begin{vmatrix}k & 1 & 1 & 1\\ 1 & k & 1 & 1\\ 1 & 1 & k & 1\\ 1 & 1 & 1 & k\end{vmatrix}=(k+3)\begin{vmatrix}1 & 1 & 1 & 1\\ 1 & k & 1 & 1\\ 1 & 1 & k & 1\\ 1 & 1 & 1 & k\end{vmatrix}=(k+3)\begin{vmatrix}1 & 1 & 1 & 1\\ 0 & k-1 & 0 & 0\\ 0 & 0 & k-1 & 0\\ 0 & 0 & 0 & k-1\end{vmatrix}$$
$$=(k+3)(k-1)^3$$

因为 $\mathrm{R}(\boldsymbol{A})=3$，所以 $|\boldsymbol{A}|=0$，得 $k=-3$（当 $k=1$ 时，$\mathrm{R}(\boldsymbol{A})=1$，故舍去）.

6. 由题设，得

$$\bar{\boldsymbol{A}}=\left(\begin{array}{cccc:c}2 & -1 & 0 & 1 & -1\\ 1 & 3 & -7 & 4 & 3\\ 3 & -2 & 1 & 1 & -2\end{array}\right)\to\left(\begin{array}{cccc:c}0 & -7 & 14 & -7 & -7\\ 1 & 3 & -7 & 4 & 3\\ 0 & -11 & 22 & -11 & -11\end{array}\right)$$
$$\to\left(\begin{array}{cccc:c}1 & 3 & -7 & 4 & 3\\ 0 & 1 & -2 & 1 & 1\\ 0 & 0 & 0 & 0 & 0\end{array}\right)\to\left(\begin{array}{cccc:c}1 & 0 & -1 & 1 & 0\\ 0 & 1 & -2 & 1 & 1\\ 0 & 0 & 0 & 0 & 0\end{array}\right)$$

同解方程组为 $\begin{cases}x_1=x_3-x_4\\ x_2=1+2x_3-x_4\end{cases}$，通解为

$$x=(0,\ 1,\ 0,\ 0)^{\mathrm{T}}+k_1\ (1,\ 2,\ 1,\ 0)^{\mathrm{T}}+k_2(-1,\ -1,\ 0,\ 1)^{\mathrm{T}} \qquad (k_1,\ k_2\in\mathbf{R})$$

7. 由题设，得

$$\bar{\boldsymbol{A}}=\left(\begin{array}{cccc:c}1 & 1 & 0 & 0 & -a_1\\ 0 & 1 & 1 & 0 & a_2\\ 0 & 0 & 1 & 1 & -a_3\\ 1 & 0 & 0 & 1 & a_4\end{array}\right)\to\left(\begin{array}{cccc:c}1 & 1 & 0 & 0 & -a_1\\ 0 & 1 & 1 & 0 & a_2\\ 0 & 0 & 1 & 1 & -a_3\\ 0 & 0 & 0 & 0 & a_1+a_2+a_3+a_4\end{array}\right)$$

$$\rightarrow\left(\begin{array}{cccc:c}1&0&0&1&-a_1-a_2-a_3\\0&1&0&-1&a_2+a_3\\0&0&1&1&-a_3\\0&0&0&0&a_1+a_2+a_3+a_4\end{array}\right)$$

方程组有解$\Leftrightarrow a_1+a_2+a_3+a_4=0$. 当$a_1+a_2+a_3+a_4=0$时，同解方程组为

$$\begin{cases}x_1=-a_1-a_2-a_3-x_4\\x_2=a_2+a_3+x_4\\x_3=-a_3-x_4\end{cases}$$

通解为

$$(x_1, x_2, x_3, x_4)^{\mathrm{T}}=(-a_1-a_2-a_3, a_2+a_3, -a_3, 0)^{\mathrm{T}}+k(-1, 1, -1, 1)^{\mathrm{T}}\quad (k\in\mathbf{R})$$

8. 设方程组的增广矩阵为$\bar{\boldsymbol{A}}$，对$\bar{\boldsymbol{A}}$实施初等行变换：

$$\bar{\boldsymbol{A}}=\left(\begin{array}{cccc:c}1&1&1&1&0\\0&1&2&2&1\\0&-1&a-3&-2&b\\3&2&1&a&-1\end{array}\right)\rightarrow\left(\begin{array}{cccc:c}1&1&1&1&0\\0&1&2&2&1\\0&-1&a-3&-2&b\\0&-1&-2&a-3&-1\end{array}\right)$$

$$\rightarrow\left(\begin{array}{cccc:c}1&1&1&1&0\\0&1&2&2&1\\0&0&a-1&0&b+1\\0&0&0&a-1&0\end{array}\right)\rightarrow\left(\begin{array}{cccc:c}1&0&-1&-1&-1\\0&1&2&2&1\\0&0&a-1&0&b+1\\0&0&0&a-1&0\end{array}\right)$$

当$\mathrm{R}(\boldsymbol{A})\neq\mathrm{R}(\bar{\boldsymbol{A}})$，即$a=1$且$b\neq-1$时，线性方程组无解. 当$\mathrm{R}(\boldsymbol{A})=\mathrm{R}(\bar{\boldsymbol{A}})=4$，即$a\neq1$时，线性方程组有唯一解. 当$\mathrm{R}(\boldsymbol{A})=\mathrm{R}(\bar{\boldsymbol{A}})<4$，即$a=1$且$b=-1$时，线性方程组有无穷多解. 当$a=1$且$b=-1$时，线性方程组的一般解为$\begin{cases}x_1=x_3+x_4-1\\x_2=-2x_3-2x_4+1\end{cases}$，特解为$\boldsymbol{\xi}_0=(-1, 1, 0, 0)^{\mathrm{T}}$，其对应的齐次线性方程组的基础解系为

$$\boldsymbol{\eta}_1=(1, -2, 1, 0)^{\mathrm{T}},\quad \boldsymbol{\eta}_2=(1, -2, 0, 1)^{\mathrm{T}}$$

所以，线性方程组的通解为

$$\boldsymbol{\xi}=\boldsymbol{\xi}_0+c_1\boldsymbol{\eta}_1+c_2\boldsymbol{\eta}_2\quad (c_1, c_2\text{为任意常数})$$

9.（1）当$b\neq2$时，$\boldsymbol{\beta}$不能由$\boldsymbol{\alpha}_1$，$\boldsymbol{\alpha}_2$，$\boldsymbol{\alpha}_3$线性表示.

（2）当$b=2$且$a\neq1$时，$\boldsymbol{\beta}$可由$\boldsymbol{\alpha}_1$，$\boldsymbol{\alpha}_2$，$\boldsymbol{\alpha}_3$唯一地线性表示，$\boldsymbol{\beta}=-\boldsymbol{\alpha}_1+2\boldsymbol{\alpha}_2$；当$b=2$且$a=1$时，$\boldsymbol{\beta}$可由$\boldsymbol{\alpha}_1$，$\boldsymbol{\alpha}_2$，$\boldsymbol{\alpha}_3$表示且表示法不唯一：

$$\boldsymbol{\beta}=(-2k+3)\boldsymbol{\alpha}_1+k\boldsymbol{\alpha}_2+(k-2)\boldsymbol{\alpha}_3\quad (k\in\mathbf{R})$$

四、证明题

1. 设有x_1，x_2，x_3，x_4使得$x_1\boldsymbol{\beta}_1+x_2\boldsymbol{\beta}_2+x_3\boldsymbol{\beta}_3+x_4\boldsymbol{\beta}_4=\mathbf{0}$，则

$$x_1(\boldsymbol{\alpha}_1+\boldsymbol{\alpha}_2)+x_2(\boldsymbol{\alpha}_2+\boldsymbol{\alpha}_3)+x_3(\boldsymbol{\alpha}_3+\boldsymbol{\alpha}_4)+x_4(\boldsymbol{\alpha}_4+\boldsymbol{\alpha}_1)=\mathbf{0}$$

即

$$(x_1+x_4)\boldsymbol{\alpha}_1+(x_1+x_2)\boldsymbol{\alpha}_2+(x_2+x_3)\boldsymbol{\alpha}_3+(x_3+x_4)\boldsymbol{\alpha}_4=\mathbf{0}$$

(1) 若 $\boldsymbol{\alpha}_1$，$\boldsymbol{\alpha}_2$，$\boldsymbol{\alpha}_3$，$\boldsymbol{\alpha}_4$ 线性相关，则存在不全为零的数 k_1，k_2，k_3，k_4，使得

$$k_1=x_1+x_4,\quad k_2=x_1+x_2,\quad k_3=x_2+x_3,\quad k_4=x_3+x_4$$

由 k_1，k_2，k_3，k_4 不全为零，知 x_1，x_2，x_3，x_4 不全为零，即 $\boldsymbol{\beta}_1$，$\boldsymbol{\beta}_2$，$\boldsymbol{\beta}_3$，$\boldsymbol{\beta}_4$ 线性相关.

(2) 若 $\boldsymbol{\alpha}_1$，$\boldsymbol{\alpha}_2$，$\boldsymbol{\alpha}_3$，$\boldsymbol{\alpha}_4$ 线性无关，则 $\begin{cases}x_1+x_4=0\\x_1+x_2=0\\x_2+x_3=0\\x_3+x_4=0\end{cases}$，即

$$\begin{pmatrix}1&0&0&1\\1&1&0&0\\0&1&1&0\\0&0&1&1\end{pmatrix}\begin{pmatrix}x_1\\x_2\\x_3\\x_4\end{pmatrix}=0$$

由 $\begin{vmatrix}1&0&0&1\\1&1&0&0\\0&1&1&0\\0&0&1&1\end{vmatrix}=0$，知此齐次方程存在非零解，则 $\boldsymbol{\beta}_1$，$\boldsymbol{\beta}_2$，$\boldsymbol{\beta}_3$，$\boldsymbol{\beta}_4$ 线性相关，所以向量组 $\boldsymbol{\beta}_1$，$\boldsymbol{\beta}_2$，$\boldsymbol{\beta}_3$，$\boldsymbol{\beta}_4$ 线性相关.

2. 必要性：设有数 k_1，k_2，…，k_r，使得

$$k_1\boldsymbol{\alpha}_1+k_2(\boldsymbol{\alpha}_1+\boldsymbol{\alpha}_2)+\cdots+k_r(\boldsymbol{\alpha}_1+\boldsymbol{\alpha}_2+\cdots+\boldsymbol{\alpha}_r)=\mathbf{0}$$

则有

$$(k_1+k_2+\cdots+k_r)\boldsymbol{\alpha}_1+(k_2+\cdots+k_{r-1}+k_r)\boldsymbol{\alpha}_2+\cdots+(k_{r-1}+k_r)\boldsymbol{\alpha}_{r-1}+k_r\boldsymbol{\alpha}_r=\mathbf{0}$$

由 $\boldsymbol{\alpha}_1$，$\boldsymbol{\alpha}_2$，…，$\boldsymbol{\alpha}_r$ 线性无关知，仅有

$$\begin{cases}k_1+k_2+\cdots+k_r=0\\k_2+\cdots+k_r=0\\\cdots\cdots\\k_r=0\end{cases}$$

即仅有 $k_1=k_2=\cdots=k_r=0$，于是 $\boldsymbol{\alpha}_1$，$\boldsymbol{\alpha}_1+\boldsymbol{\alpha}_2$，…，$\boldsymbol{\alpha}_1+\boldsymbol{\alpha}_2+\cdots+\boldsymbol{\alpha}_r$ 线性无关.

充分性：设有数 k_1，k_2，…，k_r 使得 $k_1\boldsymbol{\alpha}_1+k_2\boldsymbol{\alpha}_2+\cdots+k_r\boldsymbol{\alpha}_r=\mathbf{0}$，则有

$$\begin{aligned}&(k_1-k_2)\boldsymbol{\alpha}_1+(k_2-k_3)(\boldsymbol{\alpha}_1+\boldsymbol{\alpha}_2)+(k_3-k_4)(\boldsymbol{\alpha}_1+\boldsymbol{\alpha}_2+\boldsymbol{\alpha}_3)+\cdots\\&+(k_{r-1}-k_r)(\boldsymbol{\alpha}_1+\boldsymbol{\alpha}_2+\cdots+\boldsymbol{\alpha}_{r-1})+k_r(\boldsymbol{\alpha}_1+\boldsymbol{\alpha}_2+\cdots+\boldsymbol{\alpha}_r)=\mathbf{0}\end{aligned}$$

因为 $\boldsymbol{\alpha}_1$，$\boldsymbol{\alpha}_1+\boldsymbol{\alpha}_2$，…，$\boldsymbol{\alpha}_1+\boldsymbol{\alpha}_2+\cdots+\boldsymbol{\alpha}_r$线性无关，所以仅有

$$\begin{cases}k_1-k_2=0\\k_2-k_3=0\\\cdots\cdots\\k_{r-1}-k_r=0\\k_r=0\end{cases}$$

即得 $k_1=k_2=\cdots=k_r=0$，故 $\boldsymbol{\alpha}_1$，$\boldsymbol{\alpha}_2$，…，$\boldsymbol{\alpha}_r$ 线性无关.

3. 若 $\boldsymbol{Ax}=\mathbf{0}$ 与 $\boldsymbol{Bx}=\mathbf{0}$ 只有零解，则 $\mathrm{R}(\boldsymbol{A})=\mathrm{R}(\boldsymbol{B})=n$ 命题成立.

设 $\mathrm{R}(\boldsymbol{A})=r_1<n$，$\mathrm{R}(\boldsymbol{B})=r_2<n$，因为 $\boldsymbol{Ax}=\mathbf{0}$ 与 $\boldsymbol{Bx}=\mathbf{0}$ 同解，所以 $\boldsymbol{Ax}=\mathbf{0}$ 的基础解

系 $\boldsymbol{\xi}_1$，$\boldsymbol{\xi}_2$，…，$\boldsymbol{\xi}_{n-r_1}$ 与 $\boldsymbol{Bx}=\boldsymbol{0}$ 的基础解系 $\boldsymbol{\eta}_1$，$\boldsymbol{\eta}_2$，…，$\boldsymbol{\eta}_{n-r_2}$ 是等价向量组.

由于等价向量组具有相同的秩，又基础解系是线性无关组，故 $n-r_1=n-r_2$，即$r_1=r_2$.

4. 构造一个联立方程组(Ⅲ)：

$$\begin{cases}a_{11}x_1+a_{12}x_2+\cdots+a_{1n}x_n=0\\ a_{21}x_1+a_{22}x_2+\cdots+a_{2n}x_n=0\\ \cdots\cdots\\ a_{m1}x_1+a_{m2}x_2+\cdots+a_{mn}x_n=0\\ b_1x_1+b_2x_2+\cdots+b_nx_n=0\end{cases}$$

记为 $\boldsymbol{Cx}=\boldsymbol{0}$，显然(Ⅲ)的解必是(Ⅰ)的解，又因(Ⅰ)的解全是(Ⅱ)的解，于是(Ⅰ)的解也必全是(Ⅲ)的解，所以(Ⅰ)和(Ⅲ)是同解方程组，它们有相同的解，从而 $n-\mathrm{R}(\boldsymbol{A})=n-\mathrm{R}(\boldsymbol{C})$，得到 $\mathrm{R}(\boldsymbol{A})=\mathrm{R}(\boldsymbol{C})$，即

$$\mathrm{R}(\boldsymbol{\alpha}_1,\boldsymbol{\alpha}_2,\cdots,\boldsymbol{\alpha}_m)=\mathrm{R}(\boldsymbol{\alpha}_1,\boldsymbol{\alpha}_2,\cdots,\boldsymbol{\alpha}_m,\boldsymbol{\beta})$$

因此，极大线性无关组所含向量个数相等，故 $\boldsymbol{\alpha}_1$，$\boldsymbol{\alpha}_2$，…，$\boldsymbol{\alpha}_m$ 的极大线性无关组也必是 $\boldsymbol{\alpha}_1$，$\boldsymbol{\alpha}_2$，…，$\boldsymbol{\alpha}_m$，$\boldsymbol{\beta}$ 的极大线性无关组，从而 $\boldsymbol{\beta}$ 可由 $\boldsymbol{\alpha}_1$，$\boldsymbol{\alpha}_2$，…，$\boldsymbol{\alpha}_m$ 线性表示.

第三章

向量空间

本章主要内容包括向量空间的概念、$\mathbf{R}^n$ 的基与向量的坐标、向量的内积与正交矩阵. 本章的重点是线性无关向量组的正交化方法.

一、教学基本要求

(1) 了解向量空间的概念；了解 $\mathbf{R}^n$ 的基、子空间及其维数的概念；了解向量在不同基下的坐标变换.

(2) 了解向量内积的定义；掌握线性无关向量组的施密特正交化方法.

(3) 了解正交矩阵的定义；了解正交矩阵的主要性质.

二、内容概要

1. 向量空间的基本概念

向量空间的基本概念见表 3-1.

表 3-1 向量空间的基本概念

向量空间的定义	设 V 是一个非空集合，P 是一个数域. 如果对于其中每两个元素 α 与 β 定义了它们的和 $\alpha+\beta$ 也是 V 中的元素，对于任何元素 $\alpha\in V$ 与数 $k\in P$ 定义了乘积 $k\alpha$ 也是集合 V 中的元素，并且这两种运算满足 8 条运算规律（见教材），则称集合 V 是数域 P 上的向量空间.
子空间	数域 P 上向量空间 V 的一个非空子集合 W，如果 W 对于 V 的两种运算是封闭的，即：①对任意 α，$\beta\in W$，均有 $\alpha+\beta\in W$，②对任意 $k\in P$，$\alpha\in W$，均有 $k\alpha\in W$，则称 W 为 V 的一个子空间.

续表

基与坐标	①在 $\mathbf{R}^n$ 中，任意 n 个线性无关的向量 $\boldsymbol{\alpha}_1$，$\boldsymbol{\alpha}_2$，…，$\boldsymbol{\alpha}_n$ 称为 $\mathbf{R}^n$ 的一组基； ②$\mathbf{R}^n$ 中的向量组 $\boldsymbol{\varepsilon}_1=(1,0,\cdots,0)^{\mathrm{T}}$，$\boldsymbol{\varepsilon}_2=(0,1,\cdots,0)^{\mathrm{T}}$，…，$\boldsymbol{\varepsilon}_n=(0,0,\cdots,1)^{\mathrm{T}}$ 为 $\mathbf{R}^n$ 的一组基，一般称 $\boldsymbol{\varepsilon}_1$，$\boldsymbol{\varepsilon}_2$，…，$\boldsymbol{\varepsilon}_n$ 为 $\mathbf{R}^n$ 的标准基或自然基； ③设向量 $\boldsymbol{\alpha}_1$，$\boldsymbol{\alpha}_2$，…，$\boldsymbol{\alpha}_n$ 为 $\mathbf{R}^n$ 的一组基，$\boldsymbol{\alpha}$ 是 $\mathbf{R}^n$ 中的向量，则存在唯一的一组数 a_1，a_2，…，a_n，使 $\boldsymbol{\alpha}=a_1\boldsymbol{\alpha}_1+a_2\boldsymbol{\alpha}_2+\cdots+a_n\boldsymbol{\alpha}_n$，称 a_1，a_2，…，a_n 为向量 $\boldsymbol{\alpha}$ 在基 $\boldsymbol{\alpha}_1$，$\boldsymbol{\alpha}_2$，…，$\boldsymbol{\alpha}_n$ 下的坐标，记为 $(a_1,a_2,\cdots,a_n)$.
基变换与过渡矩阵	①设 $\boldsymbol{\alpha}_1$，$\boldsymbol{\alpha}_2$，…，$\boldsymbol{\alpha}_n$ 和 $\boldsymbol{\beta}_1$，$\boldsymbol{\beta}_2$，…，$\boldsymbol{\beta}_n$ 是 $\mathbf{R}^n$ 的两组基，且 $\begin{cases}\boldsymbol{\beta}_1=p_{11}\boldsymbol{\alpha}_1+p_{12}\boldsymbol{\alpha}_2+\cdots+p_{1n}\boldsymbol{\alpha}_n\\ \boldsymbol{\beta}_2=p_{21}\boldsymbol{\alpha}_1+p_{22}\boldsymbol{\alpha}_2+\cdots+p_{2n}\boldsymbol{\alpha}_n\\ \cdots\cdots\\ \boldsymbol{\beta}_n=p_{n1}\boldsymbol{\alpha}_1+p_{n2}\boldsymbol{\alpha}_2+\cdots+p_{nn}\boldsymbol{\alpha}_n\end{cases}$，$\boldsymbol{P}=\begin{pmatrix}p_{11}&p_{12}&\cdots&p_{1n}\\ p_{21}&p_{22}&\cdots&p_{2n}\\ \vdots&\vdots&&\vdots\\ p_{n1}&p_{n2}&\cdots&p_{nn}\end{pmatrix}$ 此变换称为基变换公式，矩阵 $\boldsymbol{P}$ 称为由基 $\boldsymbol{\alpha}_1$，$\boldsymbol{\alpha}_2$，…，$\boldsymbol{\alpha}_n$ 到基 $\boldsymbol{\beta}_1$，$\boldsymbol{\beta}_2$，…，$\boldsymbol{\beta}_n$ 的过渡矩阵.
坐标变换公式	设 $\boldsymbol{\alpha}_1$，$\boldsymbol{\alpha}_2$，…，$\boldsymbol{\alpha}_n$ 与 $\boldsymbol{\beta}_1$，$\boldsymbol{\beta}_2$，…，$\boldsymbol{\beta}_n$ 是 $\mathbf{R}^n$ 的两组基，$\boldsymbol{\alpha}\in\mathbf{R}^n$，$\boldsymbol{\alpha}$ 关于基 $\boldsymbol{\alpha}_1$，$\boldsymbol{\alpha}_2$，…，$\boldsymbol{\alpha}_n$ 与基 $\boldsymbol{\beta}_1$，$\boldsymbol{\beta}_2$，…，$\boldsymbol{\beta}_n$ 的坐标分别为 $(x_1,x_2,\cdots,x_n)$ 和 $(y_1,y_2,\cdots,y_n)$，则坐标变换公式为 $\boldsymbol{x}=\boldsymbol{P}\boldsymbol{y}$，$\boldsymbol{y}=\boldsymbol{P}^{-1}\boldsymbol{x}$，$\boldsymbol{x}=(x_1,x_2,\cdots,x_n)^{\mathrm{T}}$，$\boldsymbol{y}=(y_1,y_2,\cdots,y_n)^{\mathrm{T}}$，其中 $\boldsymbol{P}$ 为基 $\boldsymbol{\alpha}_1$，$\boldsymbol{\alpha}_2$，…，$\boldsymbol{\alpha}_n$ 到基 $\boldsymbol{\beta}_1$，$\boldsymbol{\beta}_2$，…，$\boldsymbol{\beta}_n$ 的过渡矩阵.
过渡矩阵的求法	①取矩阵 $\boldsymbol{A}=(\boldsymbol{\alpha}_1,\boldsymbol{\alpha}_2,\cdots,\boldsymbol{\alpha}_n)$，$\boldsymbol{B}=(\boldsymbol{\beta}_1,\boldsymbol{\beta}_2,\cdots,\boldsymbol{\beta}_n)$，构造矩阵 $(\boldsymbol{A}\vdots\boldsymbol{B})$； ②对 $(\boldsymbol{A}\vdots\boldsymbol{B})$ 实施初等行变换，$(\boldsymbol{A}\vdots\boldsymbol{B})\to\cdots\to(\boldsymbol{E}\vdots\boldsymbol{A}^{-1}\boldsymbol{B})$，则过渡矩阵为 $\boldsymbol{P}=\boldsymbol{A}^{-1}\boldsymbol{B}$.

2. 向量的内积与正交矩阵

(1) 向量的内积与正交矩阵.

向量的内积与正交矩阵的概念和性质见表 3-2.

表 3-2　向量的内积与正交矩阵的概念和性质

向量的内积	定义	设向量 $\boldsymbol{\alpha}=(a_1,a_2,\cdots,a_n)^{\mathrm{T}}$，$\boldsymbol{\beta}=(b_1,b_2,\cdots,b_n)^{\mathrm{T}}$，则 $\boldsymbol{\alpha}^{\mathrm{T}}\boldsymbol{\beta}=a_1b_1+a_2b_2+\cdots+a_nb_n=\sum\limits_{i=1}^{n}a_ib_i$ 称为向量 $\boldsymbol{\alpha}$ 与 $\boldsymbol{\beta}$ 的内积，记作 $(\boldsymbol{\alpha},\boldsymbol{\beta})$.
	性质	①$(\boldsymbol{\alpha},\boldsymbol{\beta})=(\boldsymbol{\beta},\boldsymbol{\alpha})$； ② $(k\boldsymbol{\alpha},\boldsymbol{\beta})=k(\boldsymbol{\alpha},\boldsymbol{\beta})$，$k$ 为常数； ③$(\boldsymbol{\alpha}+\boldsymbol{\beta},\boldsymbol{\gamma})=(\boldsymbol{\alpha},\boldsymbol{\gamma})+(\boldsymbol{\beta},\boldsymbol{\gamma})$； ④$(\boldsymbol{\alpha},\boldsymbol{\alpha})\geqslant 0$，当且仅当 $\boldsymbol{\alpha}=\boldsymbol{0}$ 时，$(\boldsymbol{\alpha},\boldsymbol{\alpha})=0$.
	正交	对任意两个向量 $\boldsymbol{\alpha}$，$\boldsymbol{\beta}$，如果 $(\boldsymbol{\alpha},\boldsymbol{\beta})=0$，则称向量 $\boldsymbol{\alpha}$ 与 $\boldsymbol{\beta}$ 正交.

续表

<table>
<tr><td rowspan="2">向量的长度</td><td>定义</td><td>对向量 $\boldsymbol{\alpha}=(a_1, a_2, \cdots, a_n)^{\mathrm{T}}$，称实数 $\sqrt{(\boldsymbol{\alpha}, \boldsymbol{\alpha})}$ 为向量 $\boldsymbol{\alpha}$ 的长度或模，记作 $\|\boldsymbol{\alpha}\|$，即 $\|\boldsymbol{\alpha}\|=\sqrt{(\boldsymbol{\alpha}, \boldsymbol{\alpha})}=\sqrt{a_1^2+a_2^2+\cdots+a_n^2}$，长度为 1 的向量称为单位向量.</td></tr>
<tr><td>性质</td><td>① $\|\boldsymbol{\alpha}\|\geqslant 0$ 且 $\|\boldsymbol{\alpha}\|=0$ 的充要条件是 $\boldsymbol{\alpha}=\boldsymbol{0}$；
②对于任意实数 k，均有 $\|k\boldsymbol{\alpha}\|=\|k\|\cdot\|\boldsymbol{\alpha}\|$；
③ $|(\boldsymbol{\alpha}, \boldsymbol{\beta})|\leqslant\|\boldsymbol{\alpha}\|\cdot\|\boldsymbol{\beta}\|$；
④ $\|\boldsymbol{\alpha}+\boldsymbol{\beta}\|\leqslant\|\boldsymbol{\alpha}\|+\|\boldsymbol{\beta}\|$.</td></tr>
<tr><td rowspan="3">正交向量组</td><td>定义</td><td>设 n 维非零向量组 $\boldsymbol{\alpha}_1, \boldsymbol{\alpha}_2, \cdots, \boldsymbol{\alpha}_s$ ($\boldsymbol{\alpha}_i\neq 0$，$i=1, 2, \cdots, s$) 两两正交，即 $(\boldsymbol{\alpha}_i, \boldsymbol{\alpha}_j)=\boldsymbol{\alpha}_i^{\mathrm{T}}\boldsymbol{\alpha}_j=0$ ($i\neq j$，$i, j=1, 2, \cdots, s$)，则称 $\boldsymbol{\alpha}_1, \boldsymbol{\alpha}_2, \cdots, \boldsymbol{\alpha}_s$ 为正交向量组.</td></tr>
<tr><td>性质</td><td>若 n 维向量组 $\boldsymbol{\alpha}_1, \boldsymbol{\alpha}_2, \cdots, \boldsymbol{\alpha}_s$ 为正交向量组，则 $\boldsymbol{\alpha}_1, \boldsymbol{\alpha}_2, \cdots, \boldsymbol{\alpha}_s$ 线性无关.</td></tr>
<tr><td>标准正交基</td><td>设 $\boldsymbol{\alpha}_1, \boldsymbol{\alpha}_2, \cdots, \boldsymbol{\alpha}_n$ 是 $\mathbf{R}^n$ 的一组基，如果它们两两正交且都是单位向量，则称 $\boldsymbol{\alpha}_1, \boldsymbol{\alpha}_2, \cdots, \boldsymbol{\alpha}_n$ 为 $\mathbf{R}^n$ 的一组标准（规范）正交基.</td></tr>
<tr><td rowspan="2">正交矩阵</td><td>定义</td><td>设 $\boldsymbol{A}$ 为 n 阶方阵，如果 $\boldsymbol{A}$ 满足 $\boldsymbol{A}^{\mathrm{T}}\boldsymbol{A}=\boldsymbol{E}$，则称 $\boldsymbol{A}$ 为一个 n 阶正交矩阵.</td></tr>
<tr><td>性质</td><td>① $\boldsymbol{A}$ 为正交矩阵的充分必要条件是 $\boldsymbol{A}^{-1}=\boldsymbol{A}^{\mathrm{T}}$；
② $\boldsymbol{A}$ 为正交矩阵的充分必要条件是 $\boldsymbol{A}^{\mathrm{T}}$ 也为正交矩阵；
③若 $\boldsymbol{A}$ 为正交矩阵，则 $|\boldsymbol{A}|=1$ 或 $|\boldsymbol{A}|=-1$；
④若 $\boldsymbol{A}, \boldsymbol{B}$ 为正交矩阵，则 $\boldsymbol{AB}$ 也是正交矩阵；
⑤ $\boldsymbol{A}$ 为 n 阶正交矩阵的充分必要条件是 $\boldsymbol{A}$ 的列（行）向量组是 $\mathbf{R}^n$ 的标准正交基.</td></tr>
</table>

（2）施密特正交化方法：

设 $\boldsymbol{\alpha}_1, \boldsymbol{\alpha}_2, \cdots, \boldsymbol{\alpha}_s$ ($s\geqslant 2$) 是 $\mathbf{R}^n$ 中一个线性无关的向量组，令

$$\boldsymbol{\beta}_1=\boldsymbol{\alpha}_1$$

$$\boldsymbol{\beta}_2=\boldsymbol{\alpha}_2-\frac{(\boldsymbol{\alpha}_2, \boldsymbol{\beta}_1)}{(\boldsymbol{\beta}_1, \boldsymbol{\beta}_1)}\boldsymbol{\beta}_1$$

$$\boldsymbol{\beta}_3=\boldsymbol{\alpha}_3-\frac{(\boldsymbol{\alpha}_3, \boldsymbol{\beta}_1)}{(\boldsymbol{\beta}_1, \boldsymbol{\beta}_1)}\boldsymbol{\beta}_1-\frac{(\boldsymbol{\alpha}_3, \boldsymbol{\beta}_2)}{(\boldsymbol{\beta}_2, \boldsymbol{\beta}_2)}\boldsymbol{\beta}_2$$

……

$$\boldsymbol{\beta}_s=\boldsymbol{\alpha}_s-\frac{(\boldsymbol{\alpha}_s, \boldsymbol{\beta}_1)}{(\boldsymbol{\beta}_1, \boldsymbol{\beta}_1)}\boldsymbol{\beta}_1-\frac{(\boldsymbol{\alpha}_s, \boldsymbol{\beta}_2)}{(\boldsymbol{\beta}_2, \boldsymbol{\beta}_2)}\boldsymbol{\beta}_2-\cdots-\frac{(\boldsymbol{\alpha}_s, \boldsymbol{\beta}_{s-1})}{(\boldsymbol{\beta}_{s-1}, \boldsymbol{\beta}_{s-1})}\boldsymbol{\beta}_{s-1}$$

则 $\boldsymbol{\beta}_1, \boldsymbol{\beta}_2, \cdots, \boldsymbol{\beta}_s$ 是一个正交向量组，且 $\boldsymbol{\beta}_1, \boldsymbol{\beta}_2, \cdots, \boldsymbol{\beta}_s \cong \boldsymbol{\alpha}_1, \boldsymbol{\alpha}_2, \cdots, \boldsymbol{\alpha}_s$.

三、知识结构图

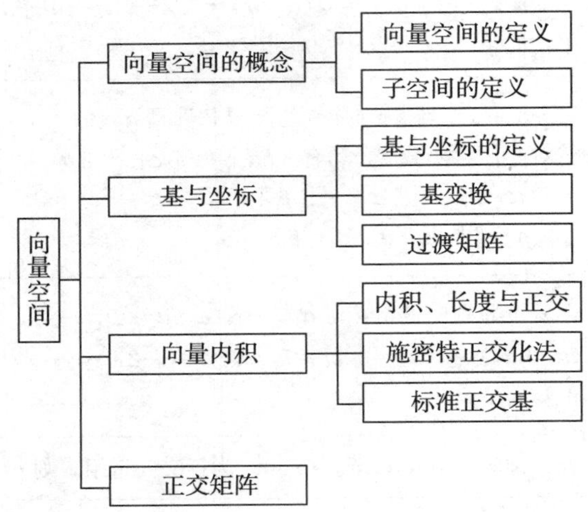

四、要点剖析

1. 向量空间

向量空间是线性代数中的一个基本概念，线性运算是向量空间的本质所在，一个向量集合若对于加法和数乘运算是封闭的，并且这两种运算满足 8 条运算规律，则该向量集合构成向量空间.

对向量空间应搞清楚基、维数、坐标等概念，重点放在由齐次线性方程组的全体解向量构成的向量空间——解空间的维数与基（基础解系）的求解上.

向量空间的基与维数的求取方法：

(1) 若 V 是由向量组 $\boldsymbol{\alpha}_1$，$\boldsymbol{\alpha}_2$，…，$\boldsymbol{\alpha}_m$ 生成的向量空间，求向量组 $\boldsymbol{\alpha}_1$，$\boldsymbol{\alpha}_2$，…，$\boldsymbol{\alpha}_m$ 的秩和极大线性无关组就得到 V 的维数和基.

(2) 若 V 是 r 维向量空间，则 V 中任意 r 个线性无关的向量都构成 V 的基.

(3) 若向量空间 V 由集合描述，先找出 V 中一组向量 $\boldsymbol{\alpha}_1$，$\boldsymbol{\alpha}_2$，…，$\boldsymbol{\alpha}_r$，证明其线性无关及 V 中任意向量均可由 $\boldsymbol{\alpha}_1$，$\boldsymbol{\alpha}_2$，…，$\boldsymbol{\alpha}_r$ 线性表示，则 $\boldsymbol{\alpha}_1$，$\boldsymbol{\alpha}_2$，…，$\boldsymbol{\alpha}_r$ 是 V 的一组基，且 V 的维数为 r.

2. 向量的内积

向量的长度、夹角等几何度量性质在许多问题研究中具有特殊的地位，为了使向量空间成为可度量的空间，引入了向量内积的概念.

设 $\boldsymbol{\alpha}=(a_1, a_2, \cdots, a_n)^{\mathrm{T}}$，$\boldsymbol{\beta}=(b_1, b_2, \cdots, b_n)^{\mathrm{T}}$ 为 $\mathbf{R}^n$ 中的两个向量，则

$$\boldsymbol{\alpha}^{\mathrm{T}}\boldsymbol{\beta}=a_1b_1+a_2b_2+\cdots+a_nb_n=\sum_{i=1}^{n}a_ib_i$$

称为向量 $\boldsymbol{\alpha}$ 与 $\boldsymbol{\beta}$ 的内积，记作$(\boldsymbol{\alpha}, \boldsymbol{\beta})$.

定义了向量的内积，进而有了正交向量组、单位向量、标准正交基、正交矩阵和正交变换等概念.

3. 标准正交基的确定

(1) 求向量空间的一组基；

(2) 将这组基经施密特正交化方法化为正交向量组；

(3) 将所得正交向量组的每个向量单位化.

五、释疑解难

问题 1 向量组的极大无关组与向量空间的基有什么区别与联系？

答 (1) 由向量空间的定义，除零空间外，任一向量空间作为一个向量的集合均必定是无限集. 但向量组所含向量个数可以是有限多个.

(2) 设 V 是向量空间，把 V 看作一个无限向量组，则 V 中向量组 A_0：$\boldsymbol{\alpha}_1$，$\boldsymbol{\alpha}_2$，…，$\boldsymbol{\alpha}_r$ 是 V 的一个基的充要条件是 A_0 是 V 的一个极大无关组，向量空间 V 的维数就等于向量组 V 的秩.

(3) 如果向量空间 V 是由 s 个向量的向量组 A：$\boldsymbol{\alpha}_1$，$\boldsymbol{\alpha}_2$，…，$\boldsymbol{\alpha}_s$ 生成的，则 V 与向量组 A 的联系特别紧密，表现在以下几个方面：

①$A\subset V$，且向量组 A 与向量组 V 等价；

②向量组 A 的任一个极大无关组是 V 的一个基；

③V 的维数等于向量组 A 的秩.

问题 2 向量空间的基有什么重要意义？

答 n 维向量所构成的向量空间 V（零空间除外）必定含无限多个向量，但 V 的任一个基所含向量个数均小于等于 n；V 中任一个向量都是这个基的线性组合，即可以由该基线性表示. 于是，把握住基也就把握住了整个向量空间；把握住有限个（个数$\leqslant n$）向量也就把握住了无限多个向量，其意义当然是很深刻的. 这与向量组用它的极大无关组来“代表”的意义是完全相同的.

问题 3 在向量空间中定义内积有什么意义？

答 在向量空间中，向量之间的运算只定义了加法与数乘（统称为向量的线性运算），如果把 3 维向量空间 $\mathbf{R}^3$ 与解析几何中 3 维几何空间相比较，就会发现前者缺少向量的几何度量性质，诸如向量的长度、两向量之间的夹角等. 但向量的几何度量性质在许多问题中有着特殊的地位. 在 $\mathbf{R}^n$ 中引入向量的内积就能合理定义向量的长度、两向量之间的夹角等，使之进一步成为一个可度量的向量空间，于是也就有了正交向量组、单位向量、标准正交基、正交矩阵和正交变换等概念.

六、典型例题解析

题型一 求向量空间的维数与基

求向量空间的维数和基时应根据不同的情形采用不同的方法.

情形 1：向量空间 V 用集合的形式给出. 此种情形可采取观察法，在 V 中找出一个向量组 $\boldsymbol{\alpha}_1$，$\boldsymbol{\alpha}_2$，…，$\boldsymbol{\alpha}_r$，证明该向量组线性无关，且 V 中任一向量均可由该向量组线性表示，则 $\boldsymbol{\alpha}_1$，$\boldsymbol{\alpha}_2$，…，$\boldsymbol{\alpha}_r$ 为向量空间 V 的一组基，且向量空间 V 的维数为 r.

情形 2：向量空间 V 是由向量组 $\boldsymbol{\alpha}_1$，$\boldsymbol{\alpha}_2$，…，$\boldsymbol{\alpha}_m$ 生成的向量空间. 由于生成向量空间的维数就等于向量组的秩，而向量空间的基就是向量组的一个极大线性无关组，故求向量组生成向量空间的维数和基，等价于求向量组的秩和极大无关组，即只需对以向量组为列向量的矩阵实施初等行变换，将其化为行阶梯形矩阵即可.

情形 3：已知 V 是 r 维向量空间. 此种情形只需在 V 中取 r 个线性无关的向量即可构成向量空间的基.

例 3.1 下列集合是否构成向量空间？为什么？若是向量空间，试求它的基和维数：

(1) $V_1=\{x=(x_1, x_2, \cdots, x_{n-1}, 0)^{\mathrm{T}} \mid x_1, \cdots, x_{n-1}\in\mathbf{R}\}$；

(2) $V_2=\{x=(x_1, x_2, \cdots, x_n)^{\mathrm{T}} \mid x_1, \cdots, x_n\in\mathbf{R}, x_1+x_2=1\}$.

证 (1) V_1 是向量空间. 由于 $(0, 0, \cdots, 0)^{\mathrm{T}}\in V_1$，所以 V_1 非空.

设 $\lambda\in\mathbf{R}$，$\boldsymbol{x}\in V_1$，$\boldsymbol{y}\in V_1$，即 $\boldsymbol{x}=(x_1, x_2, \cdots, x_{n-1}, 0)^{\mathrm{T}}$，$\boldsymbol{y}=(y_1, y_2, \cdots, y_{n-1}, 0)^{\mathrm{T}}$.

①$\boldsymbol{x}+\boldsymbol{y}=(x_1+y_1, x_2+y_2, \cdots, x_{n-1}+y_{n-1}, 0)^{\mathrm{T}}$，故 $\boldsymbol{x}+\boldsymbol{y}\in V_1$，即 V_1 对加法封闭.

②$\lambda\boldsymbol{x}=(\lambda x_1, \lambda x_2, \cdots, \lambda x_{n-1}, 0)^{\mathrm{T}}$，故 $\lambda\boldsymbol{x}\in V_1$，即 V_1 对数乘封闭.

所以，V_1 是向量空间.

(2) V_2 不是向量空间. 设 $\boldsymbol{x}\in V_2$，$\boldsymbol{x}=(x_1, x_2, \cdots, x_n)^{\mathrm{T}}$，$x_1+x_2=1$，则有 $2\boldsymbol{x}=(2x_1, 2x_2, \cdots, 2x_n)^{\mathrm{T}}$，且 $2x_1+2x_2=2(x_1+x_2)=2$，可见 $2\boldsymbol{x}\notin V_2$，即 V_2 对数乘运算不封闭，所以 V_2 不是向量空间.

例 3.2 在 $\mathbf{R}^4$ 中求出由向量 $\boldsymbol{\alpha}_1=(2, 1, 3, 1)^{\mathrm{T}}$，$\boldsymbol{\alpha}_2=(1, 2, 0, 1)^{\mathrm{T}}$，$\boldsymbol{\alpha}_3=(-1, 1, -3, 0)^{\mathrm{T}}$，$\boldsymbol{\alpha}_4=(1, 1, 1, 1)^{\mathrm{T}}$ 生成的向量空间的维数和一组基.

解 对下列矩阵实施初等行变换：

$$\boldsymbol{A}=(\boldsymbol{\alpha}_1, \boldsymbol{\alpha}_2, \boldsymbol{\alpha}_3, \boldsymbol{\alpha}_4)=\begin{pmatrix}2&1&-1&1\\1&2&1&1\\3&0&-3&1\\1&1&0&1\end{pmatrix}\to\begin{pmatrix}1&1&0&1\\1&2&1&1\\3&0&-3&1\\2&1&-1&1\end{pmatrix}$$

$$\to\begin{pmatrix}1&1&0&1\\0&1&1&0\\0&-3&-3&-2\\0&-1&-1&-1\end{pmatrix}\to\begin{pmatrix}1&1&0&1\\0&1&1&0\\0&0&0&-2\\0&0&0&-1\end{pmatrix}\to\begin{pmatrix}1&1&0&1\\0&1&1&0\\0&0&0&-2\\0&0&0&0\end{pmatrix}$$

故该向量组的秩为 3，$\boldsymbol{\alpha}_1$，$\boldsymbol{\alpha}_2$，$\boldsymbol{\alpha}_4$ 是它的一个极大线性无关组. 所以它们生成的向量空间的维数是 3，$\boldsymbol{\alpha}_1$，$\boldsymbol{\alpha}_2$，$\boldsymbol{\alpha}_4$ 是一组基.

例 3.3 设 $\boldsymbol{\alpha}_1=(1, 1, 1)^{\mathrm{T}}$，$\boldsymbol{\alpha}_2=(1, 2, 3)^{\mathrm{T}}$，$\boldsymbol{\alpha}_3=(0, 1, 0)^{\mathrm{T}}$；$\boldsymbol{\alpha}=(2, 1, 3)^{\mathrm{T}}$，证明 $\boldsymbol{\alpha}_1$，$\boldsymbol{\alpha}_2$，$\boldsymbol{\alpha}_3$ 是 $\mathbf{R}^3$ 的一组基，并求出向量 $\boldsymbol{\alpha}$ 在基 $\boldsymbol{\alpha}_1$，$\boldsymbol{\alpha}_2$，$\boldsymbol{\alpha}_3$ 下的坐标.

解 要证明 $\boldsymbol{\alpha}_1$，$\boldsymbol{\alpha}_2$，$\boldsymbol{\alpha}_3$ 是 3 维空间的一组基，只需证明 $\boldsymbol{\alpha}_1$，$\boldsymbol{\alpha}_2$，$\boldsymbol{\alpha}_3$ 是一个线性无

关组即可.

(1) 设存在实数 x_1, x_2, x_3, 使等式 $x_1\boldsymbol{\alpha}_1+x_2\boldsymbol{\alpha}_2+x_3\boldsymbol{\alpha}_3=\mathbf{0}$ 成立，即

$$\begin{cases}x_1+x_2=0\\x_1+2x_2+x_3=0\\x_1+3x_2=0\end{cases}$$

解方程组可得 $x_1=x_2=x_3=0$，所以 $\boldsymbol{\alpha}_1$, $\boldsymbol{\alpha}_2$, $\boldsymbol{\alpha}_3$ 线性无关，故 $\boldsymbol{\alpha}_1$, $\boldsymbol{\alpha}_2$, $\boldsymbol{\alpha}_3$ 是 $\mathbf{R}^3$ 的一组基.

(2) 设 $\boldsymbol{\alpha}$ 在这组基下的坐标为 (x_1, x_2, x_3)，则 $\boldsymbol{\alpha}=x_1\boldsymbol{\alpha}_1+x_2\boldsymbol{\alpha}_2+x_3\boldsymbol{\alpha}_3$，即

$$\begin{cases}x_1+x_2=2\\x_1+2x_2+x_3=1\\x_1+3x_2=3\end{cases}$$

解方程组可得 $x_1=\dfrac{3}{2}$, $x_2=\dfrac{1}{2}$, $x_3=-\dfrac{3}{2}$，故 $\boldsymbol{\alpha}$ 在这组基下的坐标为 $\left(\dfrac{3}{2}, \dfrac{1}{2}, -\dfrac{3}{2}\right)$.

练习　验证 $\boldsymbol{\alpha}_1=(1, -1, 0)^{\mathrm{T}}$, $\boldsymbol{\alpha}_2=(2, 1, 3)^{\mathrm{T}}$, $\boldsymbol{\alpha}_3=(3, 1, 2)^{\mathrm{T}}$ 为 $\mathbf{R}^3$ 的一组基，并把向量 $\boldsymbol{\beta}=(5, 0, 7)^{\mathrm{T}}$ 用这组基线性表示.

例 3.4　已知向量空间

$$V=\{\boldsymbol{x}=(x_1, x_2, x_3, x_4)^{\mathrm{T}} \mid x_1+x_2+x_3+x_4=0,\ x_2+x_3+x_4=0,\ x_1, x_2, x_3, x_4\in\mathbf{R}\}$$

求 V 的基和维数.

解　向量空间 V 是齐次线性方程组 $\begin{cases}x_1+x_2+x_3+x_4=0\\x_2+x_3+x_4=0\end{cases}$ 的解空间. 它的基就是该方程组的基础解系，其维数为基础解系所含向量的个数. 由于系数矩阵

$$\boldsymbol{A}=\begin{pmatrix}1&1&1&1\\0&1&1&1\end{pmatrix}\rightarrow\begin{pmatrix}1&0&0&0\\0&1&1&1\end{pmatrix}$$

同解方程组为 $\begin{cases}x_1=0\\x_2=-x_3-x_4\end{cases}$，它的基础解系为 $\boldsymbol{\alpha}_1=(0, -1, 1, 0)^{\mathrm{T}}$, $\boldsymbol{\alpha}_2=(0, -1, 0, 1)^{\mathrm{T}}$，故 V 为 2 维向量空间，且 $\boldsymbol{\alpha}_1$, $\boldsymbol{\alpha}_2$ 是 V 的一组基.

题型二　求过渡矩阵及坐标

求过渡矩阵应根据不同的情形采取不同的方法.

情形 1：两组基 $\boldsymbol{\alpha}_1$, $\boldsymbol{\alpha}_2$, …, $\boldsymbol{\alpha}_m$ 与 $\boldsymbol{\beta}_1$, $\boldsymbol{\beta}_2$, …, $\boldsymbol{\beta}_m$ 均已知；$\boldsymbol{\alpha}_1$, $\boldsymbol{\alpha}_2$, …, $\boldsymbol{\alpha}_m$ 到 $\boldsymbol{\beta}_1$, $\boldsymbol{\beta}_2$, …, $\boldsymbol{\beta}_m$ 的过渡矩阵为 $\boldsymbol{A}^{-1}\boldsymbol{B}$；$\boldsymbol{\beta}_1$, $\boldsymbol{\beta}_2$, …, $\boldsymbol{\beta}_m$ 到 $\boldsymbol{\alpha}_1$, $\boldsymbol{\alpha}_2$, …, $\boldsymbol{\alpha}_m$ 的过渡矩阵为 $\boldsymbol{B}^{-1}\boldsymbol{A}$. 过渡矩阵 $\boldsymbol{A}^{-1}\boldsymbol{B}$, $\boldsymbol{B}^{-1}\boldsymbol{A}$ 可以直接由初等变换求得.

情形 2：两组基 $\boldsymbol{\alpha}_1$, $\boldsymbol{\alpha}_2$, …, $\boldsymbol{\alpha}_m$ 与 $\boldsymbol{\beta}_1$, $\boldsymbol{\beta}_2$, …, $\boldsymbol{\beta}_m$ 之间的关系已知. 此时根据所给关系直接写出变换公式 $(\boldsymbol{\beta}_1, \boldsymbol{\beta}_2, \cdots, \boldsymbol{\beta}_m)=(\boldsymbol{\alpha}_1, \boldsymbol{\alpha}_2, \cdots, \boldsymbol{\alpha}_m)\boldsymbol{C}$，再写出过渡矩阵 $\boldsymbol{C}$.

情形 3：已知一组基 $\boldsymbol{\alpha}_1$, $\boldsymbol{\alpha}_2$, …, $\boldsymbol{\alpha}_m$，又知一个向量在两组基下的坐标之间的关系

$$(y_1, y_2, \cdots, y_m)^{\mathrm{T}}=\boldsymbol{C}(x_1, x_2, \cdots, x_m)^{\mathrm{T}}$$

由此可求出过渡矩阵 $\boldsymbol{C}$.

求向量坐标的方法：

情形 1：向量已知. 此时从定义出发，设出其坐标，再列方程组求解.

情形 2：已知向量在一组基下的坐标，求其在另一组基下的坐标时可利用坐标变换公式.

例 3.5 已知 $\mathbf{R}^3$ 的两组基为

$$\boldsymbol{\alpha}_1=(1,\ 1,\ 1)^T,\quad \boldsymbol{\alpha}_2=(1,\ 0,\ -1)^T,\quad \boldsymbol{\alpha}_3=(1,\ 0,\ 1)^T$$
$$\boldsymbol{\beta}_1=(1,\ 2,\ 1)^T,\quad \boldsymbol{\beta}_2=(2,\ 3,\ 4)^T,\quad \boldsymbol{\beta}_3=(3,\ 4,\ 3)^T$$

求由基 $\boldsymbol{\alpha}_1$，$\boldsymbol{\alpha}_2$，$\boldsymbol{\alpha}_3$ 到基 $\boldsymbol{\beta}_1$，$\boldsymbol{\beta}_2$，$\boldsymbol{\beta}_3$ 的过渡矩阵 $\boldsymbol{P}$.

解 取矩阵 $\boldsymbol{A}=(\boldsymbol{\alpha}_1,\ \boldsymbol{\alpha}_2,\ \boldsymbol{\alpha}_3)$，$\boldsymbol{B}=(\boldsymbol{\beta}_1,\ \boldsymbol{\beta}_2,\ \boldsymbol{\beta}_3)$，对$(\boldsymbol{A}\vdots\boldsymbol{B})$实施初等行变换：

$$(\boldsymbol{A}\vdots\boldsymbol{B})=\left(\begin{array}{ccc:ccc}1&1&1&1&2&3\\1&0&0&2&3&4\\1&-1&1&1&4&3\end{array}\right)\to\left(\begin{array}{ccc:ccc}1&0&0&2&3&4\\0&1&0&0&-1&0\\0&0&1&-1&0&-1\end{array}\right)$$

故过渡矩阵 $\boldsymbol{P}=\begin{pmatrix}2&3&4\\0&-1&0\\-1&0&-1\end{pmatrix}$.

练习 已知 $\mathbf{R}^3$ 的两组基为

$$\boldsymbol{\alpha}_1=(-3,\ 1,\ -2)^T,\quad \boldsymbol{\alpha}_2=(1,\ -1,\ 1)^T,\quad \boldsymbol{\alpha}_3=(2,\ 3,\ -1)^T$$
$$\boldsymbol{\beta}_1=(1,\ 2,\ 1)^T,\quad \boldsymbol{\beta}_2=(1,\ 2,\ 3)^T,\quad \boldsymbol{\beta}_3=(2,\ 0,\ 1)^T$$

求由基 $\boldsymbol{\alpha}_1$，$\boldsymbol{\alpha}_2$，$\boldsymbol{\alpha}_3$ 到基 $\boldsymbol{\beta}_1$，$\boldsymbol{\beta}_2$，$\boldsymbol{\beta}_3$ 的过渡矩阵 $\boldsymbol{P}$.

例 3.6 已知 $\mathbf{R}^3$ 中的两组基 $\boldsymbol{\alpha}_1=(1,\ 0,\ 1)^T$，$\boldsymbol{\alpha}_2=(0,\ 1,\ 0)^T$，$\boldsymbol{\alpha}_3=(1,\ 2,\ 2)^T$ 与 $\boldsymbol{\beta}_1=(1,\ 0,\ 0)^T$，$\boldsymbol{\beta}_2=(1,\ 1,\ 0)^T$，$\boldsymbol{\beta}_3=(1,\ 1,\ 1)^T$.

(1) 求由基 $\boldsymbol{\alpha}_1$，$\boldsymbol{\alpha}_2$，$\boldsymbol{\alpha}_3$ 到基 $\boldsymbol{\beta}_1$，$\boldsymbol{\beta}_2$，$\boldsymbol{\beta}_3$ 的过渡矩阵；

(2) 求 $\boldsymbol{\xi}=(1,\ 3,\ 0)^T$ 在基 $\boldsymbol{\alpha}_1$，$\boldsymbol{\alpha}_2$，$\boldsymbol{\alpha}_3$ 下的坐标.

解 (1) 设过渡矩阵为 $\boldsymbol{P}$，由$(\boldsymbol{\beta}_1,\ \boldsymbol{\beta}_2,\ \boldsymbol{\beta}_3)=(\boldsymbol{\alpha}_1,\ \boldsymbol{\alpha}_2,\ \boldsymbol{\alpha}_3)\boldsymbol{P}$，得

$$\boldsymbol{P}=(\boldsymbol{\alpha}_1,\ \boldsymbol{\alpha}_2,\ \boldsymbol{\alpha}_3)^{-1}(\boldsymbol{\beta}_1,\ \boldsymbol{\beta}_2,\ \boldsymbol{\beta}_3)=\begin{pmatrix}1&0&1\\0&1&2\\1&0&2\end{pmatrix}^{-1}\begin{pmatrix}1&1&1\\0&1&1\\0&0&1\end{pmatrix}$$
$$=\begin{pmatrix}2&0&-1\\2&1&-2\\-1&0&1\end{pmatrix}\begin{pmatrix}1&1&1\\0&1&1\\0&0&1\end{pmatrix}=\begin{pmatrix}2&2&1\\2&3&1\\-1&-1&0\end{pmatrix}$$

(2) 设 $\boldsymbol{\xi}$ 在基 $\boldsymbol{\alpha}_1$，$\boldsymbol{\alpha}_2$，$\boldsymbol{\alpha}_3$ 下的坐标为 x_1，x_2，x_3，则 $\boldsymbol{\xi}=x_1\boldsymbol{\alpha}_1+x_2\boldsymbol{\alpha}_2+x_3\boldsymbol{\alpha}_3$，即

$$\begin{cases}x_1+x_3=1\\x_2+2x_3=3\\x_1+2x_3=0\end{cases}$$

解此方程组可求得 $x_1=2$，$x_2=5$，$x_3=-1$，所以 $\boldsymbol{\xi}$ 在基 $\boldsymbol{\alpha}_1$，$\boldsymbol{\alpha}_2$，$\boldsymbol{\alpha}_3$ 下的坐标为$(2,\ 5,\ -1)$.

例 3.7 已知 $\mathbf{R}^3$ 中的两组基分别为 $\boldsymbol{\alpha}_1=(a,\ 1,\ 1)^T$，$\boldsymbol{\alpha}_2=(0,\ b,\ 1)^T$，$\boldsymbol{\alpha}_3=(0,\ 0,\ c)^T$ 与 $\boldsymbol{\beta}_1=(-1,\ -1,\ x)^T$，$\boldsymbol{\beta}_2=(y,\ -1,\ 1)^T$，$\boldsymbol{\beta}_3=(-1,\ z,\ 1)^T$，且基 $\boldsymbol{\alpha}_1$，$\boldsymbol{\alpha}_2$，$\boldsymbol{\alpha}_3$ 到基 $\boldsymbol{\beta}_1$，$\boldsymbol{\beta}_2$，$\boldsymbol{\beta}_3$ 的过渡矩阵为 $\boldsymbol{P}=\begin{pmatrix}-1&1&-1\\0&1&2\\0&2&0\end{pmatrix}$，试求 a，b，c 与 x，y，z 的值.

解　由 $(\boldsymbol{\beta}_1, \boldsymbol{\beta}_2, \boldsymbol{\beta}_3)=(\boldsymbol{\alpha}_1, \boldsymbol{\alpha}_2, \boldsymbol{\alpha}_3)\boldsymbol{P}$，即

$$\begin{pmatrix}-1 & y & -1\\ -1 & -1 & z\\ x & 1 & 1\end{pmatrix}=\begin{pmatrix}a & 0 & 0\\ 1 & b & 0\\ 1 & 1 & c\end{pmatrix}\begin{pmatrix}-1 & 1 & -1\\ 0 & 1 & 2\\ 0 & 2 & 0\end{pmatrix}=\begin{pmatrix}-a & a & -a\\ -1 & 1+b & -1+2b\\ -1 & 2c+2 & 1\end{pmatrix}$$

所以

$$-1=-a,\quad y=a,\quad -1=1+b,\quad z=-1+2b,\quad x=-1,\quad 1=2+2c$$

解得

$$a=1,\quad b=-2,\quad c=-\frac{1}{2},\quad x=-1,\quad y=1,\quad z=-5$$

例 3.8　设 $\boldsymbol{\alpha}_1, \boldsymbol{\alpha}_2, \boldsymbol{\alpha}_3$ 与 $\boldsymbol{\beta}_1, \boldsymbol{\beta}_2, \boldsymbol{\beta}_3$ 是 $\mathbf{R}^3$ 的两组基，且由基 $\boldsymbol{\beta}_1, \boldsymbol{\beta}_2, \boldsymbol{\beta}_3$ 到基 $\boldsymbol{\alpha}_1$，$\boldsymbol{\alpha}_2, \boldsymbol{\alpha}_3$ 的过渡矩阵为 $\boldsymbol{P}=\begin{pmatrix}1 & 1 & 1\\ 1 & 1 & 0\\ 1 & 0 & 0\end{pmatrix}$.

(1) 如果 $\boldsymbol{\alpha}$ 在基 $\boldsymbol{\beta}_1, \boldsymbol{\beta}_2, \boldsymbol{\beta}_3$ 下的坐标为 $(2, -1, 3)$，求 $\boldsymbol{\alpha}$ 在基 $\boldsymbol{\alpha}_1, \boldsymbol{\alpha}_2, \boldsymbol{\alpha}_3$ 下的坐标；

(2) 如果 $\boldsymbol{\alpha}_1=(1, 1, 0)^{\mathrm{T}}$，$\boldsymbol{\alpha}_2=(1, 0, -1)^{\mathrm{T}}$，$\boldsymbol{\alpha}_3=(0, -1, 1)^{\mathrm{T}}$，求基 $\boldsymbol{\beta}_1$，$\boldsymbol{\beta}_2, \boldsymbol{\beta}_3$；

(3) 如果 $\boldsymbol{\beta}_1=(1, 1, 0)^{\mathrm{T}}$，$\boldsymbol{\beta}_2=(1, 0, -1)^{\mathrm{T}}$，$\boldsymbol{\beta}_3=(0, -1, 1)^{\mathrm{T}}$，求基 $\boldsymbol{\alpha}_1$，$\boldsymbol{\alpha}_2, \boldsymbol{\alpha}_3$.

解　(1) 由已知得 $\boldsymbol{\alpha}=(\boldsymbol{\beta}_1, \boldsymbol{\beta}_2, \boldsymbol{\beta}_3)\begin{pmatrix}2\\ -1\\ 3\end{pmatrix}$，所以

$$\boldsymbol{\alpha}=(\boldsymbol{\alpha}_1, \boldsymbol{\alpha}_2, \boldsymbol{\alpha}_3)\boldsymbol{P}^{-1}\begin{pmatrix}2\\ -1\\ 3\end{pmatrix}=(\boldsymbol{\alpha}_1, \boldsymbol{\alpha}_2, \boldsymbol{\alpha}_3)\begin{pmatrix}1 & 1 & 1\\ 1 & 1 & 0\\ 1 & 0 & 0\end{pmatrix}^{-1}\begin{pmatrix}2\\ -1\\ 3\end{pmatrix}=(\boldsymbol{\alpha}_1, \boldsymbol{\alpha}_2, \boldsymbol{\alpha}_3)\begin{pmatrix}3\\ -4\\ 3\end{pmatrix}$$

即 $\boldsymbol{\alpha}$ 在基 $\boldsymbol{\alpha}_1, \boldsymbol{\alpha}_2, \boldsymbol{\alpha}_3$ 下的坐标为 $(3, -4, 3)$.

(2) 因为 $(\boldsymbol{\alpha}_1, \boldsymbol{\alpha}_2, \boldsymbol{\alpha}_3)=(\boldsymbol{\beta}_1, \boldsymbol{\beta}_2, \boldsymbol{\beta}_3)\boldsymbol{P}$，所以 $(\boldsymbol{\beta}_1, \boldsymbol{\beta}_2, \boldsymbol{\beta}_3)=(\boldsymbol{\alpha}_1, \boldsymbol{\alpha}_2, \boldsymbol{\alpha}_3)\boldsymbol{P}^{-1}$，即

$$(\boldsymbol{\beta}_1, \boldsymbol{\beta}_2, \boldsymbol{\beta}_3)=\begin{pmatrix}1 & 1 & 0\\ 1 & 0 & -1\\ 0 & -1 & 1\end{pmatrix}\begin{pmatrix}1 & 1 & 1\\ 1 & 1 & 0\\ 1 & 0 & 0\end{pmatrix}^{-1}=\begin{pmatrix}0 & 1 & 0\\ -1 & 1 & 1\\ 1 & -2 & 1\end{pmatrix}$$

也就是 $\boldsymbol{\beta}_1=(0, -1, 1)^{\mathrm{T}}$，$\boldsymbol{\beta}_2=(1, 1, -2)^{\mathrm{T}}$，$\boldsymbol{\beta}_3=(0, 1, 1)^{\mathrm{T}}$.

(3) 因为 $(\boldsymbol{\alpha}_1, \boldsymbol{\alpha}_2, \boldsymbol{\alpha}_3)=(\boldsymbol{\beta}_1, \boldsymbol{\beta}_2, \boldsymbol{\beta}_3)\boldsymbol{P}$，所以

$$(\boldsymbol{\alpha}_1, \boldsymbol{\alpha}_2, \boldsymbol{\alpha}_3)=\begin{pmatrix}1 & 1 & 0\\ 1 & 0 & -1\\ 0 & -1 & 1\end{pmatrix}\begin{pmatrix}1 & 1 & 1\\ 1 & 1 & 0\\ 1 & 0 & 0\end{pmatrix}=\begin{pmatrix}2 & 2 & 1\\ 0 & 1 & 1\\ 0 & -1 & 0\end{pmatrix}$$

即 $\boldsymbol{\alpha}_1=(2, 0, 0)^{\mathrm{T}}$，$\boldsymbol{\alpha}_2=(2, 1, -1)^{\mathrm{T}}$，$\boldsymbol{\alpha}_3=(1, 1, 0)^{\mathrm{T}}$.

例 3.9　设 $\boldsymbol{\alpha}_1, \boldsymbol{\alpha}_2, \cdots, \boldsymbol{\alpha}_n$ 是 n 维向量空间 V 的一组基，求：

(1) 由这组基到基 $\boldsymbol{\alpha}_2, \boldsymbol{\alpha}_3, \cdots, \boldsymbol{\alpha}_n, \boldsymbol{\alpha}_1$ 的过渡矩阵；

(2) 若 $\boldsymbol{\alpha}$ 在基 $\boldsymbol{\alpha}_2, \boldsymbol{\alpha}_3, \cdots, \boldsymbol{\alpha}_n, \boldsymbol{\alpha}_1$ 下的坐标为 $(a_1, a_2, \cdots, a_n)$，求 $\boldsymbol{\alpha}$ 在基 $\boldsymbol{\alpha}_1$，

$\boldsymbol{\alpha}_2$，…，$\boldsymbol{\alpha}_n$ 下的坐标.

解　(1) 因为

$$(\boldsymbol{\alpha}_1, \boldsymbol{\alpha}_2, \cdots, \boldsymbol{\alpha}_n)=(\boldsymbol{\alpha}_2, \boldsymbol{\alpha}_3, \cdots, \boldsymbol{\alpha}_n, \boldsymbol{\alpha}_1)\begin{pmatrix} 0 & 1 & 0 & \cdots & 0 \\ 0 & 0 & 1 & \cdots & 0 \\ 0 & 0 & 0 & \cdots & 0 \\ \vdots & \vdots & \vdots & & \vdots \\ 0 & 0 & 0 & \cdots & 1 \\ 1 & 0 & 0 & \cdots & 0 \end{pmatrix}$$

所以由基 $\boldsymbol{\alpha}_1$，$\boldsymbol{\alpha}_2$，…，$\boldsymbol{\alpha}_n$ 到基 $\boldsymbol{\alpha}_2$，$\boldsymbol{\alpha}_3$，…，$\boldsymbol{\alpha}_n$，$\boldsymbol{\alpha}_1$ 的过渡矩阵为 $\begin{pmatrix} 0 & 1 & 0 & \cdots & 0 \\ 0 & 0 & 1 & \cdots & 0 \\ 0 & 0 & 0 & \cdots & 0 \\ \vdots & \vdots & \vdots & & \vdots \\ 0 & 0 & 0 & \cdots & 1 \\ 1 & 0 & 0 & \cdots & 0 \end{pmatrix}$.

(2) 因为 $\boldsymbol{\alpha}$ 在基 $\boldsymbol{\alpha}_2$，$\boldsymbol{\alpha}_3$，…，$\boldsymbol{\alpha}_n$，$\boldsymbol{\alpha}_1$ 下的坐标为 $(a_1, a_2, \cdots, a_n)$，即

$$\boldsymbol{\alpha}=a_1\boldsymbol{\alpha}_2+a_2\boldsymbol{\alpha}_3+\cdots+a_{n-1}\boldsymbol{\alpha}_n+a_n\boldsymbol{\alpha}_1$$

可得

$$\boldsymbol{\alpha}=a_n\boldsymbol{\alpha}_1+a_1\boldsymbol{\alpha}_2+a_2\boldsymbol{\alpha}_3+\cdots+a_{n-1}\boldsymbol{\alpha}_n$$

所以，$\boldsymbol{\alpha}$ 在基 $\boldsymbol{\alpha}_1$，$\boldsymbol{\alpha}_2$，…，$\boldsymbol{\alpha}_n$ 下的坐标为 $(a_n, a_1, a_2, \cdots, a_{n-1})$.

题型三　向量的内积与向量组的正交化

(1) 向量的内积：设向量 $\boldsymbol{\alpha}=(a_1, a_2, \cdots, a_n)^{\mathrm{T}}$，$\boldsymbol{\beta}=(b_1, b_2, \cdots, b_n)^{\mathrm{T}}$，则向量 $\boldsymbol{\alpha}$ 与 $\boldsymbol{\beta}$ 的内积为 $(\boldsymbol{\alpha}, \boldsymbol{\beta})=\boldsymbol{\alpha}^{\mathrm{T}}\boldsymbol{\beta}=a_1b_1+a_2b_2+\cdots+a_nb_n=\sum\limits_{i=1}^{n}a_ib_i$.

(2) 向量组的正交化方法——施密特正交化方法.

例3.10　设 $\boldsymbol{\alpha}_1=(5, 2, -3, 1)^{\mathrm{T}}$，$\boldsymbol{\alpha}_2=(3, 1, 5, 4)^{\mathrm{T}}$，计算 $\|\boldsymbol{\alpha}_1\|$，$\|\boldsymbol{\alpha}_2\|$ 和 $(\boldsymbol{\alpha}_1, \boldsymbol{\alpha}_2)$.

解　由题设，得

$$\|\boldsymbol{\alpha}_1\|=\sqrt{5^2+2^2+(-3)^2+1^2}=\sqrt{25+4+9+1}=\sqrt{39}$$

$$\|\boldsymbol{\alpha}_2\|=\sqrt{3^2+1^2+5^2+4^2}=\sqrt{9+1+25+16}=\sqrt{51}$$

$$(\boldsymbol{\alpha}_1, \boldsymbol{\alpha}_2)=5\times3+2\times1+(-3)\times5+1\times4=6$$

例3.11　已知 $\boldsymbol{\alpha}_1=(1, 1, 1)^{\mathrm{T}}$，$\boldsymbol{\alpha}_2=(0, 1, 1)^{\mathrm{T}}$，$\boldsymbol{\alpha}_3=(1, 0, 1)^{\mathrm{T}}$，用施密特正交化方法将向量组 $\boldsymbol{\alpha}_1$，$\boldsymbol{\alpha}_2$，$\boldsymbol{\alpha}_3$ 化成标准正交向量组.

解　先用施密特正交化方法将向量组 $\boldsymbol{\alpha}_1$，$\boldsymbol{\alpha}_2$，$\boldsymbol{\alpha}_3$ 正交化：

$$\boldsymbol{\beta}_1=\boldsymbol{\alpha}_1=(1, 1, 1)^{\mathrm{T}}$$

$$\boldsymbol{\beta}_2'=\boldsymbol{\alpha}_2-\frac{(\boldsymbol{\alpha}_2, \boldsymbol{\beta}_1)}{(\boldsymbol{\beta}_1, \boldsymbol{\beta}_1)}\boldsymbol{\beta}_1=(0, 1, 1)^{\mathrm{T}}-\frac{2}{3}(1, 1, 1)^{\mathrm{T}}=\frac{1}{3}(-2, 1, 1)^{\mathrm{T}}$$

取

$$\boldsymbol{\beta}_2=(-2, 1, 1)^{\mathrm{T}}$$

$$\boldsymbol{\beta}_3'=\boldsymbol{\alpha}_3-\frac{(\boldsymbol{\alpha}_3,\ \boldsymbol{\beta}_2)}{(\boldsymbol{\beta}_2,\ \boldsymbol{\beta}_2)}\boldsymbol{\beta}_2-\frac{(\boldsymbol{\alpha}_3,\ \boldsymbol{\beta}_1)}{(\boldsymbol{\beta}_1,\ \boldsymbol{\beta}_1)}\boldsymbol{\beta}_1$$
$$=(1,\ 0,\ 1)^{\mathrm{T}}-\frac{-1}{6}(-2,\ 1,\ 1)^{\mathrm{T}}-\frac{2}{3}(1,\ 1,\ 1)^{\mathrm{T}}$$
$$=\frac{1}{2}(0,\ -1,\ 1)^{\mathrm{T}}$$

故取

$$\boldsymbol{\beta}_3=(0,\ -1,\ 1)^{\mathrm{T}}$$

再将 $\boldsymbol{\beta}_1$，$\boldsymbol{\beta}_2$，$\boldsymbol{\beta}_3$ 标准化即可得标准正交向量组

$$\boldsymbol{\gamma}_1=\frac{\boldsymbol{\beta}_1}{\|\boldsymbol{\beta}_1\|}=\frac{1}{\sqrt{3}}(1,\ 1,\ 1)^{\mathrm{T}}$$
$$\boldsymbol{\gamma}_2=\frac{\boldsymbol{\beta}_2}{\|\boldsymbol{\beta}_2\|}=\frac{1}{\sqrt{6}}(-2,\ 1,\ 1)^{\mathrm{T}}$$
$$\boldsymbol{\gamma}_3=\frac{\boldsymbol{\beta}_3}{\|\boldsymbol{\beta}_3\|}=\frac{1}{\sqrt{2}}(0,\ -1,\ 1)^{\mathrm{T}}$$

练习　已知 $\boldsymbol{\alpha}_1=(1,\ -2,\ 2)^{\mathrm{T}}$，$\boldsymbol{\alpha}_2=(-1,\ 0,\ -1)^{\mathrm{T}}$，$\boldsymbol{\alpha}_3=(5,\ -3,\ -7)^{\mathrm{T}}$，用施密特正交化方法将向量组 $\boldsymbol{\alpha}_1$，$\boldsymbol{\alpha}_2$，$\boldsymbol{\alpha}_3$ 化成标准正交向量组.

题型四　求标准正交基

求标准正交基的步骤是：

(1) 求向量空间的一组基；

(2) 用施密特正交化方法将向量组正交化；

(3) 对正交化后的向量组再单位化.

例3.12　设向量组 $\boldsymbol{\alpha}_1=(1,\ 1,\ 1,\ 1)^{\mathrm{T}}$，$\boldsymbol{\alpha}_2=(1,\ 1,\ -1,\ -1)^{\mathrm{T}}$，$\boldsymbol{\alpha}_3=(1,\ -1,\ 1,\ -1)^{\mathrm{T}}$，$\boldsymbol{\alpha}_4=(1,\ -1,\ -1,\ 1)^{\mathrm{T}}$，试判断它们是否为四维向量空间的一组基，且求四维空间的一组标准正交基.

解　令 $\boldsymbol{A}=(\boldsymbol{\alpha}_1,\ \boldsymbol{\alpha}_2,\ \boldsymbol{\alpha}_3,\ \boldsymbol{\alpha}_4)=\begin{pmatrix}1&1&1&1\\1&1&-1&-1\\1&-1&1&-1\\1&-1&-1&1\end{pmatrix}$，因为

$$|\boldsymbol{A}|=\begin{vmatrix}1&1&1&1\\1&1&-1&-1\\1&-1&1&-1\\1&-1&-1&1\end{vmatrix}=\begin{vmatrix}1&1&1&1\\0&0&-2&-2\\0&-2&0&-2\\0&-2&-2&0\end{vmatrix}\begin{vmatrix}0&-2&-2\\-2&0&-2\\-2&-2&0\end{vmatrix}=-16\neq 0$$

所以 $\boldsymbol{\alpha}_1$，$\boldsymbol{\alpha}_2$，$\boldsymbol{\alpha}_3$，$\boldsymbol{\alpha}_4$ 线性无关，即为四维空间的一组基.

不难验证 $\boldsymbol{\alpha}_1$，$\boldsymbol{\alpha}_2$，$\boldsymbol{\alpha}_3$，$\boldsymbol{\alpha}_4$ 相互正交，将其单位化，得

$$\boldsymbol{\beta}_1=\frac{\boldsymbol{\alpha}_1}{\|\boldsymbol{\alpha}_1\|}=\frac{1}{2}(1,\ 1,\ 1,\ 1)^{\mathrm{T}},\quad \boldsymbol{\beta}_2=\frac{\boldsymbol{\alpha}_2}{\|\boldsymbol{\alpha}_2\|}=\frac{1}{2}(1,\ 1,\ -1,\ -1)^{\mathrm{T}}$$
$$\boldsymbol{\beta}_3=\frac{\boldsymbol{\alpha}_3}{\|\boldsymbol{\alpha}_3\|}=\frac{1}{2}(1,\ -1,\ 1,\ -1)^{\mathrm{T}},\quad \boldsymbol{\beta}_4=\frac{\boldsymbol{\alpha}_4}{\|\boldsymbol{\alpha}_4\|}=\frac{1}{2}(1,\ -1,\ -1,\ 1)^{\mathrm{T}}$$

则 $\boldsymbol{\beta}_1$，$\boldsymbol{\beta}_2$，$\boldsymbol{\beta}_3$，$\boldsymbol{\beta}_4$ 为四维空间的一组标准正交基.

例3.13 求齐次方程组 $x_1-x_2-x_3+x_4=0$ 的解空间的一组正交基.

解 显然 $n-\mathrm{R}(\boldsymbol{A})=4-1=3$，即解空间的维数为 3. 又 $x_1-x_2-x_3+x_4=0$ 的基础解系为 $\boldsymbol{\alpha}_1=(1,1,0,0)^{\mathrm{T}}$，$\boldsymbol{\alpha}_2=(1,0,1,0)^{\mathrm{T}}$，$\boldsymbol{\alpha}_3=(-1,0,0,1)^{\mathrm{T}}$，也即解空间的一组基.

对 $\boldsymbol{\alpha}_1$，$\boldsymbol{\alpha}_2$，$\boldsymbol{\alpha}_3$ 正交化，得

$$\boldsymbol{\beta}_1=\boldsymbol{\alpha}_1=(1,1,0,0)^{\mathrm{T}}$$

$$\boldsymbol{\beta}_2=\boldsymbol{\alpha}_2-\frac{(\boldsymbol{\alpha}_2,\boldsymbol{\beta}_1)}{(\boldsymbol{\beta}_1,\boldsymbol{\beta}_1)}\boldsymbol{\beta}_1=\frac{1}{2}(1,-1,2,0)^{\mathrm{T}}$$

$$\boldsymbol{\beta}_3=\boldsymbol{\alpha}_3-\frac{(\boldsymbol{\alpha}_3,\boldsymbol{\beta}_1)}{(\boldsymbol{\beta}_1,\boldsymbol{\beta}_1)}\boldsymbol{\beta}_1-\frac{(\boldsymbol{\alpha}_3,\boldsymbol{\beta}_2)}{(\boldsymbol{\beta}_2,\boldsymbol{\beta}_2)}\boldsymbol{\beta}_2=\frac{1}{3}(-1,1,1,3)^{\mathrm{T}}$$

则 $\boldsymbol{\beta}_1$，$\boldsymbol{\beta}_2$，$\boldsymbol{\beta}_3$ 即为所求.

例3.14 求齐次线性方程组 $\begin{cases}2x_1+x_2-x_3+x_4-3x_5=0\\x_1+x_2+x_3+x_5=0\\3x_1+2x_2-x_3+x_4-2x_5=0\end{cases}$ 的解空间的一组标准正交基.

解 设方程组的系数矩阵为 $\boldsymbol{A}$，对 $\boldsymbol{A}$ 实施初等行变换

$$\boldsymbol{A}=\begin{pmatrix}2&1&-1&1&-3\\1&1&1&0&1\\3&2&-1&1&-2\end{pmatrix}\rightarrow\begin{pmatrix}1&1&1&0&1\\0&-1&-3&1&-5\\0&-1&-4&1&-5\end{pmatrix}$$

$$\rightarrow\begin{pmatrix}1&1&1&0&1\\0&-1&-3&1&-5\\0&0&-1&0&0\end{pmatrix}\rightarrow\begin{pmatrix}1&0&-2&1&-4\\0&1&3&-1&5\\0&0&1&0&0\end{pmatrix}$$

得到方程组的一般解

$$\begin{cases}x_1=2x_3-x_4+4x_5\\x_2=-3x_3+x_4-5x_5\\x_3=0\end{cases}\quad（其中\ x_4,\ x_5\ 为自由未知量）$$

令 $\begin{pmatrix}x_4\\x_5\end{pmatrix}$ 分别取 $\begin{pmatrix}1\\0\end{pmatrix}$，$\begin{pmatrix}0\\1\end{pmatrix}$，得到方程组的一个基础解系

$$\boldsymbol{\eta}_1=(-1,1,0,1,0)^{\mathrm{T}},\quad \boldsymbol{\eta}_2=(4,-5,0,0,1)^{\mathrm{T}}$$

将 $\boldsymbol{\eta}_1$，$\boldsymbol{\eta}_2$ 正交单位化即得到解（向量）空间的一组标准正交基，即

$$\boldsymbol{\gamma}_1=\frac{1}{\sqrt{3}}(-1,1,0,1,0)^{\mathrm{T}},\quad \boldsymbol{\gamma}_2=\frac{1}{\sqrt{15}}(1,-2,0,3,1)^{\mathrm{T}}$$

练习 求齐次线性方程组 $\begin{cases}3x_1+2x_2-5x_3+4x_4=0\\3x_1-x_2+3x_3-3x_4=0\\3x_1+5x_2-13x_3+11x_4=0\end{cases}$ 的解空间的维数和一组标准正交基.

题型五　正交矩阵的判别与证明

判定一个矩阵 $\boldsymbol{A}$ 是否为正交矩阵常用正交矩阵的定义，即 $\boldsymbol{A}^{\mathrm{T}}\boldsymbol{A}=\boldsymbol{A}\boldsymbol{A}^{\mathrm{T}}=\boldsymbol{E}$（或 $\boldsymbol{A}^{\mathrm{T}}=$

$\boldsymbol{A}^{-1}$)，也可以验证 $\boldsymbol{A}$ 的列（或行）向量是否为两两正交的单位向量.

例3.15 设矩阵 $\boldsymbol{A}=\begin{pmatrix} a & b & c & d \\ -b & a & -d & c \\ -c & d & a & -b \\ -d & -c & b & a \end{pmatrix}$. (1) $\boldsymbol{A}$ 是否为正交矩阵？(2) 求 $|\boldsymbol{A}|$.

解 (1) 由题设，得

$$\boldsymbol{A}^{\mathrm{T}}\boldsymbol{A}=\begin{pmatrix} a & -b & -c & -d \\ b & a & d & -c \\ c & -d & a & b \\ d & c & -b & a \end{pmatrix}\begin{pmatrix} a & b & c & d \\ -b & a & -d & c \\ -c & d & a & -b \\ -d & -c & b & a \end{pmatrix}$$

$$=\begin{pmatrix} a^2+b^2+c^2+d^2 & 0 & 0 & 0 \\ 0 & a^2+b^2+c^2+d^2 & 0 & 0 \\ 0 & 0 & a^2+b^2+c^2+d^2 & 0 \\ 0 & 0 & 0 & a^2+b^2+c^2+d^2 \end{pmatrix}$$

当 $a^2+b^2+c^2+d^2=1$ 时，$\boldsymbol{A}$ 为正交矩阵.

当 $a^2+b^2+c^2+d^2\neq 1$ 时，$\boldsymbol{A}$ 不是正交矩阵.

(2) 因为 $|\boldsymbol{A}|^2=|\boldsymbol{A}^{\mathrm{T}}\boldsymbol{A}|=(a^2+b^2+c^2+d^2)^4$，所以 $|\boldsymbol{A}|=(a^2+b^2+c^2+d^2)^2$.

练习 判别矩阵 $\begin{pmatrix} 2 & 1 & 0 \\ -1 & 1 & 1 \\ 1 & -1 & 1 \end{pmatrix}$ 和 $\dfrac{1}{\sqrt{2}}\begin{pmatrix} 1 & 0 & 1 & 0 \\ 1 & 0 & -1 & 0 \\ 0 & 1 & 0 & 1 \\ 0 & -1 & 0 & 1 \end{pmatrix}$ 是否为正交矩阵.

例3.16 若 $\boldsymbol{\alpha}_1$，$\boldsymbol{\alpha}_2$，…，$\boldsymbol{\alpha}_n$ 为 $\mathbf{R}^n$ 中的一组标准正交基，且

$$(\boldsymbol{\beta}_1, \boldsymbol{\beta}_2, \cdots, \boldsymbol{\beta}_n)=(\boldsymbol{\alpha}_1, \boldsymbol{\alpha}_2, \cdots, \boldsymbol{\alpha}_n)\boldsymbol{Q}$$

则 $\boldsymbol{\beta}_1$，$\boldsymbol{\beta}_2$，…，$\boldsymbol{\beta}_n$ 也是 $\mathbf{R}^n$ 中的一组标准正交基的充要条件是 $\boldsymbol{Q}$ 为正交矩阵.

证 由于 $\boldsymbol{\alpha}_1$，$\boldsymbol{\alpha}_2$，…，$\boldsymbol{\alpha}_n$ 为标准正交基，故矩阵 $\boldsymbol{A}=(\boldsymbol{\alpha}_1, \boldsymbol{\alpha}_2, \cdots, \boldsymbol{\alpha}_n)$ 为正交矩阵，即 $\boldsymbol{A}^{\mathrm{T}}\boldsymbol{A}=\boldsymbol{A}\boldsymbol{A}^{\mathrm{T}}=\boldsymbol{E}$. 又记 $(\boldsymbol{\beta}_1, \boldsymbol{\beta}_2, \cdots, \boldsymbol{\beta}_n)=\boldsymbol{B}$.

必要性：若 $\boldsymbol{\beta}_1$，$\boldsymbol{\beta}_2$，…，$\boldsymbol{\beta}_n$ 为标准正交基，则矩阵 $\boldsymbol{B}$ 为正交矩阵，且 $\boldsymbol{B}=\boldsymbol{A}\boldsymbol{Q}$，故

$$\boldsymbol{Q}^{\mathrm{T}}\boldsymbol{Q}=(\boldsymbol{A}^{-1}\boldsymbol{B})^{\mathrm{T}}(\boldsymbol{A}^{-1}\boldsymbol{B})=(\boldsymbol{A}^{\mathrm{T}}\boldsymbol{B})^{\mathrm{T}}(\boldsymbol{A}^{\mathrm{T}}\boldsymbol{B})=\boldsymbol{B}^{\mathrm{T}}\boldsymbol{A}\boldsymbol{A}^{\mathrm{T}}\boldsymbol{B}=\boldsymbol{B}^{\mathrm{T}}\boldsymbol{B}=\boldsymbol{E}$$

即 $\boldsymbol{Q}$ 为正交矩阵.

充分性：若 $\boldsymbol{Q}$ 为正交矩阵，则

$$\boldsymbol{B}^{\mathrm{T}}\boldsymbol{B}=(\boldsymbol{A}\boldsymbol{Q})^{\mathrm{T}}(\boldsymbol{A}\boldsymbol{Q})=\boldsymbol{Q}^{\mathrm{T}}\boldsymbol{A}^{\mathrm{T}}\boldsymbol{A}\boldsymbol{Q}=\boldsymbol{E}$$

即 $\boldsymbol{\beta}_1$，$\boldsymbol{\beta}_2$，…，$\boldsymbol{\beta}_n$ 为 $\mathbf{R}^n$ 中的一组标准正交基.

例3.17 设 $\boldsymbol{A}$ 和 $\boldsymbol{P}$ 都是正交矩阵，证明：(1) $\boldsymbol{A}$ 的伴随矩阵 $\boldsymbol{A}^*$ 是正交矩阵；(2) $\boldsymbol{P}^{-1}\boldsymbol{A}\boldsymbol{P}$ 也是正交矩阵.

证 (1) 因为 $\boldsymbol{A}$ 是正交矩阵，故 $\boldsymbol{A}^{\mathrm{T}}=\boldsymbol{A}^{-1}$. 又因为 $\boldsymbol{A}^*=|\boldsymbol{A}|\boldsymbol{A}^{-1}$，所以

$$(\boldsymbol{A}^*)^{\mathrm{T}}\boldsymbol{A}^*=(|\boldsymbol{A}|\boldsymbol{A}^{-1})^{\mathrm{T}}(|\boldsymbol{A}|\boldsymbol{A}^{-1})=|\boldsymbol{A}|^2\boldsymbol{A}\boldsymbol{A}^{\mathrm{T}}=|\boldsymbol{A}|^2\boldsymbol{E}=\boldsymbol{E}$$

故伴随矩阵 $\boldsymbol{A}^*$ 是正交矩阵.

(2) 因为 $\boldsymbol{A}$ 和 $\boldsymbol{P}$ 是正交矩阵，故 $\boldsymbol{A}^{\mathrm{T}}=\boldsymbol{A}^{-1}$，$\boldsymbol{P}^{\mathrm{T}}=\boldsymbol{P}^{-1}$，所以

$$(\boldsymbol{P}^{-1}\boldsymbol{A}\boldsymbol{P})^{\mathrm{T}}\boldsymbol{P}^{-1}\boldsymbol{A}\boldsymbol{P}=\boldsymbol{P}^{\mathrm{T}}\boldsymbol{A}^{\mathrm{T}}(\boldsymbol{P}^{-1})^{\mathrm{T}}\boldsymbol{P}^{-1}\boldsymbol{A}\boldsymbol{P}=\boldsymbol{P}^{\mathrm{T}}\boldsymbol{A}^{\mathrm{T}}(\boldsymbol{P}^{\mathrm{T}})^{\mathrm{T}}\boldsymbol{P}^{-1}\boldsymbol{A}\boldsymbol{P}$$

$$=\boldsymbol{P}^{\mathrm{T}}\boldsymbol{A}^{\mathrm{T}}\boldsymbol{P}\boldsymbol{P}^{-1}\boldsymbol{A}\boldsymbol{P}=\boldsymbol{P}^{\mathrm{T}}\boldsymbol{A}^{\mathrm{T}}\boldsymbol{A}\boldsymbol{P}=\boldsymbol{P}^{\mathrm{T}}\boldsymbol{P}=\boldsymbol{E}$$

故 $\boldsymbol{P}^{-1}\boldsymbol{A}\boldsymbol{P}$ 也是正交矩阵.

例3.18 设 $\boldsymbol{A}$ 是 n 阶对称矩阵，$\boldsymbol{B}$ 是 n 阶反对称矩阵，$\boldsymbol{A}-\boldsymbol{B}$ 是可逆矩阵，且$\boldsymbol{AB}=\boldsymbol{BA}$，证明：$(\boldsymbol{A}+\boldsymbol{B})(\boldsymbol{A}-\boldsymbol{B})^{-1}$是正交矩阵.

证 由题设知 $\boldsymbol{A}^{\mathrm{T}}=\boldsymbol{A}$，$\boldsymbol{B}^{\mathrm{T}}=-\boldsymbol{B}$，$\boldsymbol{A}-\boldsymbol{B}$ 可逆，故$(\boldsymbol{A}+\boldsymbol{B})^{\mathrm{T}}=\boldsymbol{A}-\boldsymbol{B}$ 也可逆，由$\boldsymbol{AB}=\boldsymbol{BA}$ 可得

$$\begin{aligned}&[(\boldsymbol{A}+\boldsymbol{B})(\boldsymbol{A}-\boldsymbol{B})^{-1}]^{\mathrm{T}}\ [(\boldsymbol{A}+\boldsymbol{B})(\boldsymbol{A}-\boldsymbol{B})^{-1}]\\&=[(\boldsymbol{A}-\boldsymbol{B})^{-1}]^{\mathrm{T}}(\boldsymbol{A}+\boldsymbol{B})^{\mathrm{T}}(\boldsymbol{A}+\boldsymbol{B})(\boldsymbol{A}-\boldsymbol{B})^{-1}\\&=(\boldsymbol{A}+\boldsymbol{B})^{-1}(\boldsymbol{A}-\boldsymbol{B})(\boldsymbol{A}+\boldsymbol{B})(\boldsymbol{A}-\boldsymbol{B})^{-1}\\&=(\boldsymbol{A}+\boldsymbol{B})^{-1}(\boldsymbol{A}^2+\boldsymbol{AB}-\boldsymbol{BA}-\boldsymbol{B}^2)(\boldsymbol{A}-\boldsymbol{B})^{-1}\\&=(\boldsymbol{A}+\boldsymbol{B})^{-1}(\boldsymbol{A}+\boldsymbol{B})(\boldsymbol{A}-\boldsymbol{B})(\boldsymbol{A}-\boldsymbol{B})^{-1}=\boldsymbol{E}\end{aligned}$$

因此$(\boldsymbol{A}+\boldsymbol{B})(\boldsymbol{A}-\boldsymbol{B})^{-1}$是正交矩阵.

单元自测题

一、填空题

1. 向量 $\boldsymbol{\alpha}=(-1，0，1，2)^{\mathrm{T}}$ 与 $\boldsymbol{\beta}=(0，-2，0，-1)^{\mathrm{T}}$ 的内积为________.

2. 若向量 $\boldsymbol{\alpha}=(a，0，1)^{\mathrm{T}}$ 与 $\boldsymbol{\beta}=(2，-2，4)^{\mathrm{T}}$ 正交，则 $a=$________.

3. 向量 $\boldsymbol{\alpha}=(2，0，0)^{\mathrm{T}}$ 在基 $\boldsymbol{\alpha}_1=(1，1，0)^{\mathrm{T}}$，$\boldsymbol{\alpha}_2=(1，0，1)^{\mathrm{T}}$，$\boldsymbol{\alpha}_3=(0，1，1)^{\mathrm{T}}$ 下的坐标为________.

4. 由 $\mathbf{R}^3$ 的基 $\boldsymbol{\alpha}_1$，$\boldsymbol{\alpha}_2$，$\boldsymbol{\alpha}_3$ 到基 $\boldsymbol{\alpha}_1+2\boldsymbol{\alpha}_2$，$\boldsymbol{\alpha}_2$，$3\boldsymbol{\alpha}_3$ 的过渡矩阵为________.

5. 设 $\boldsymbol{\alpha}_1=(1，-2，1)^{\mathrm{T}}$，$\boldsymbol{\alpha}_2=(1，-1，1)^{\mathrm{T}}$，则 $\boldsymbol{\alpha}_3=$________时，有 $\boldsymbol{\alpha}_1$，$\boldsymbol{\alpha}_2$，$\boldsymbol{\alpha}_3$ 为 $\mathbf{R}^3$ 的基.

二、计算题

1. 在 $\mathbf{R}^4$ 中，求向量 $\boldsymbol{\alpha}=(0，0，0，1)^{\mathrm{T}}$ 在基 $\boldsymbol{\varepsilon}_1=(1，1，0，1)^{\mathrm{T}}$，$\boldsymbol{\varepsilon}_2=(2，1，3，1)^{\mathrm{T}}$，$\boldsymbol{\varepsilon}_3=(1，1，0，0)^{\mathrm{T}}$，$\boldsymbol{\varepsilon}_4=(0，1，-1，-1)^{\mathrm{T}}$ 下的坐标.

2. 已知 $\mathbf{R}^3$ 的两组基为

$$\boldsymbol{\alpha}_1=(1，1，1)^{\mathrm{T}}，\quad \boldsymbol{\alpha}_2=(1，0，-1)^{\mathrm{T}}，\quad \boldsymbol{\alpha}_3=(1，0，1)^{\mathrm{T}}$$
$$\boldsymbol{\beta}_1=(1，2，1)^{\mathrm{T}}，\quad \boldsymbol{\beta}_2=(2，3，4)^{\mathrm{T}}，\quad \boldsymbol{\beta}_3=(3，4，3)^{\mathrm{T}}$$

求由基 $\boldsymbol{\alpha}_1$，$\boldsymbol{\alpha}_2$，$\boldsymbol{\alpha}_3$ 到基 $\boldsymbol{\beta}_1$，$\boldsymbol{\beta}_2$，$\boldsymbol{\beta}_3$ 的过渡矩阵 $\boldsymbol{P}$.

3. 利用施密特正交化方法，将向量组

$$\boldsymbol{\alpha}_1=(1，-2，2)^{\mathrm{T}}，\boldsymbol{\alpha}_2=(-1，0，-1)^{\mathrm{T}}，\boldsymbol{\alpha}_3=(5，-3，-7)^{\mathrm{T}}$$

化为正交的单位向量组.

4. 在 $\mathbf{R}^4$ 中，求由向量 $\boldsymbol{\alpha}_1=(2，0，1，2)^{\mathrm{T}}$，$\boldsymbol{\alpha}_2=(-1，1，0，3)^{\mathrm{T}}$，$\boldsymbol{\alpha}_3=(0，2，1，8)^{\mathrm{T}}$，$\boldsymbol{\alpha}_4=(5，-1，2，1)^{\mathrm{T}}$ 生成的子空间的维数和一组基.

5. 在 $\mathbf{R}^4$ 中求一单位向量与$(1，1，-1，1)^{\mathrm{T}}$，$(1，-1，-1，1)^{\mathrm{T}}$，$(2，1，1，3)^{\mathrm{T}}$

都正交.

6. 求齐次线性方程组$\begin{cases}2x_1+x_2-x_3+x_4-3x_5=0\\x_1+x_2-x_3+x_5=0\end{cases}$的解空间的一组标准正交基.

三、证明题

1. 设 $\boldsymbol{\alpha}_1$，$\boldsymbol{\alpha}_2$，$\boldsymbol{\alpha}_3$ 是 $\mathbf{R}^3$ 的一组标准正交基，证明：向量组

$$\boldsymbol{\beta}_1=\frac{2}{3}\boldsymbol{\alpha}_1+\frac{2}{3}\boldsymbol{\alpha}_2-\frac{1}{3}\boldsymbol{\alpha}_3,\quad \boldsymbol{\beta}_2=\frac{2}{3}\boldsymbol{\alpha}_1-\frac{1}{3}\boldsymbol{\alpha}_2+\frac{2}{3}\boldsymbol{\alpha}_3,\quad \boldsymbol{\beta}_3=\frac{1}{3}\boldsymbol{\alpha}_1-\frac{2}{3}\boldsymbol{\alpha}_2-\frac{2}{3}\boldsymbol{\alpha}_3$$

也是 $\mathbf{R}^3$ 的一组标准正交基.

2. 设 $\boldsymbol{A}$，$\boldsymbol{B}$ 都是 n 阶正交矩阵，且 $|\boldsymbol{A}|=1$，$|\boldsymbol{B}|=-1$，证明：$|\boldsymbol{A}+\boldsymbol{B}|=0$.

3. 如果 $\boldsymbol{A}$ 为 n 阶实对称矩阵，$\boldsymbol{B}$ 为 n 阶正交矩阵，则 $\boldsymbol{B}^{-1}\boldsymbol{AB}$ 为 n 阶实对称矩阵.

4. 设 $\boldsymbol{A}$ 为 n 阶实反对称矩阵(即 $\boldsymbol{A}^{\mathrm{T}}=-\boldsymbol{A}$)，且存在列向量 $\boldsymbol{X}$，$\boldsymbol{Y}\in\mathbf{R}^n$，使 $\boldsymbol{AX}=\boldsymbol{Y}$，求证：$\boldsymbol{X}$ 与 $\boldsymbol{Y}$ 正交.

单元自测题答案与提示

一、填空题

1. $\boldsymbol{\alpha}^{\mathrm{T}}\boldsymbol{\beta}=-2$.

2. $a=-2$.

3. $(1,1,-1)^{\mathrm{T}}$.（提示：由 $\boldsymbol{\alpha}=k_1\boldsymbol{\alpha}_1+k_2\boldsymbol{\alpha}_2+k_3\boldsymbol{\alpha}_3$，解得 $k_1=1$，$k_2=1$，$k_3=-1$，向量 $\boldsymbol{\alpha}$ 的坐标为$(1,1,-1)^{\mathrm{T}}$.）

4. $\begin{pmatrix}1&0&0\\2&2&0\\0&0&3\end{pmatrix}$.

5. $\boldsymbol{\alpha}_3=(0,0,1)^{\mathrm{T}}$.（提示：令 $\boldsymbol{A}=(\boldsymbol{\alpha}_1,\boldsymbol{\alpha}_2,\boldsymbol{\alpha}_3)$，则 $\boldsymbol{\alpha}_1$，$\boldsymbol{\alpha}_2$，$\boldsymbol{\alpha}_3$ 线性无关的充要条件是 $|\boldsymbol{A}|\neq0$，取 $\boldsymbol{\alpha}_3=(0,0,1)^{\mathrm{T}}$ 即可.）

二、计算题

1. 解线性方程组 $\boldsymbol{\alpha}=x_1\boldsymbol{\varepsilon}_1+x_2\boldsymbol{\varepsilon}_2+x_3\boldsymbol{\varepsilon}_3+x_4\boldsymbol{\varepsilon}_4$，即

$$\begin{cases}x_1+2x_2+x_3=0\\x_1+x_2+x_3+x_4=0\\3x_2-x_4=0\\x_1+x_2-x_4=1\end{cases}$$

对方程组的增广矩阵实施初等行变换：

$$\overline{\boldsymbol{A}}=\left(\begin{array}{cccc:c}1&2&1&0&0\\1&1&1&1&0\\0&3&0&-1&0\\1&1&0&-1&1\end{array}\right)\rightarrow\left(\begin{array}{cccc:c}1&1&1&1&0\\0&1&0&-1&0\\0&3&0&-1&0\\0&-1&-1&-1&1\end{array}\right)\rightarrow\left(\begin{array}{cccc:c}1&1&1&1&0\\0&1&0&-1&0\\0&0&1&2&-1\\0&0&0&1&0\end{array}\right)$$

$$\to\left(\begin{array}{cccc:c}1&1&1&0&0\\0&1&0&0&0\\0&0&1&0&-1\\0&0&0&1&0\end{array}\right)\to\left(\begin{array}{cccc:c}1&0&0&0&1\\0&1&0&0&0\\0&0&1&0&-1\\0&0&0&1&0\end{array}\right)$$

所以方程组的解为 $x_1=1$，$x_2=0$，$x_3=-1$，$x_4=0$，即向量 $\boldsymbol{\alpha}$ 在基 $\boldsymbol{\varepsilon}_1$，$\boldsymbol{\varepsilon}_2$，$\boldsymbol{\varepsilon}_3$，$\boldsymbol{\varepsilon}_4$ 下的坐标为(1，0，−1，0).

2. 取矩阵 $\boldsymbol{A}=(\boldsymbol{\alpha}_1,\ \boldsymbol{\alpha}_2,\ \boldsymbol{\alpha}_3)$，$\boldsymbol{B}=(\boldsymbol{\beta}_1,\ \boldsymbol{\beta}_2,\ \boldsymbol{\beta}_3)$，对 $(\boldsymbol{A}\vdots\boldsymbol{B})$ 实施初等行变换：

$$(\boldsymbol{A}\vdots\boldsymbol{B})=\left(\begin{array}{ccc:ccc}1&1&1&1&2&3\\1&0&0&2&3&4\\1&-1&1&1&4&3\end{array}\right)\to\left(\begin{array}{ccc:ccc}1&0&0&2&3&4\\0&1&0&0&-1&0\\0&0&1&-1&0&-1\end{array}\right)$$

故过渡矩阵 $\boldsymbol{P}=\begin{pmatrix}2&3&4\\0&-1&0\\-1&0&-1\end{pmatrix}$.

3. 令

$$\boldsymbol{\beta}_1=\boldsymbol{\alpha}_1=(1,\ -2,\ 2)^{\mathrm{T}}$$

$$\boldsymbol{\beta}_2=\boldsymbol{\alpha}_2-\frac{\boldsymbol{\alpha}_2^{\mathrm{T}}\boldsymbol{\beta}_1}{\boldsymbol{\beta}_1^{\mathrm{T}}\boldsymbol{\beta}_1}\boldsymbol{\beta}_1=(-1,\ 0,\ -1)^{\mathrm{T}}+\left(\frac{1}{3},\ -\frac{2}{3},\ \frac{2}{3}\right)^{\mathrm{T}}=\left(-\frac{2}{3},\ -\frac{2}{3},\ -\frac{1}{3}\right)^{\mathrm{T}}$$

$$\begin{aligned}\boldsymbol{\beta}_3&=\boldsymbol{\alpha}_3-\frac{\boldsymbol{\alpha}_3^{\mathrm{T}}\boldsymbol{\beta}_1}{\boldsymbol{\beta}_1^{\mathrm{T}}\boldsymbol{\beta}_1}\boldsymbol{\beta}_1-\frac{\boldsymbol{\alpha}_3^{\mathrm{T}}\boldsymbol{\beta}_2}{\boldsymbol{\beta}_2^{\mathrm{T}}\boldsymbol{\beta}_2}\boldsymbol{\beta}_2\\&=(5,\ -3,\ -7)^{\mathrm{T}}+\left(\frac{1}{3},\ -\frac{2}{3},\ \frac{2}{3}\right)^{\mathrm{T}}-\left(-\frac{2}{3},\ -\frac{2}{3},\ -\frac{1}{3}\right)^{\mathrm{T}}\\&=(6,\ -3,\ -6)^{\mathrm{T}}\end{aligned}$$

再将向量组 $\boldsymbol{\beta}_1$，$\boldsymbol{\beta}_2$，$\boldsymbol{\beta}_3$ 单位化，即得到正交的单位向量组：

$$\boldsymbol{\gamma}_1=\left(\frac{1}{3},\ -\frac{2}{3},\ \frac{2}{3}\right)^{\mathrm{T}},\ \boldsymbol{\gamma}_2=\left(-\frac{2}{3},\ -\frac{2}{3},\ -\frac{1}{3}\right)^{\mathrm{T}},\ \boldsymbol{\gamma}_3=\left(\frac{2}{3},\ -\frac{1}{3},\ -\frac{2}{3}\right)^{\mathrm{T}}$$

4. 向量组 $\boldsymbol{\alpha}_1$，$\boldsymbol{\alpha}_2$，$\boldsymbol{\alpha}_3$，$\boldsymbol{\alpha}_4$ 的极大无关组就是它所生成的子空间的一组基，此向量组的秩是此子空间的维数.

$$\boldsymbol{A}=\begin{pmatrix}2&-1&0&5\\0&1&2&-1\\1&0&1&2\\2&3&8&1\end{pmatrix}\to\begin{pmatrix}2&0&0&0\\0&1&2&-1\\1&\frac{1}{2}&1&-\frac{1}{2}\\2&4&8&-4\end{pmatrix}\to\begin{pmatrix}2&0&0&0\\0&1&0&0\\1&\frac{1}{2}&0&0\\2&4&0&0\end{pmatrix}=\boldsymbol{B}$$

所以 $\boldsymbol{B}$ 的秩为 2，而且第 1 列和第 2 列线性无关，为极大无关组. 故在 $\boldsymbol{A}$ 中，$\boldsymbol{\alpha}_1$，$\boldsymbol{\alpha}_2$ 为极大无关组，是 $\boldsymbol{\alpha}_1$，$\boldsymbol{\alpha}_2$，$\boldsymbol{\alpha}_3$，$\boldsymbol{\alpha}_4$ 生成的子空间的一组基，维数为 2.

5. 一个非零向量 $\boldsymbol{x}=(x_1,\ x_2,\ x_3,\ x_4)^{\mathrm{T}}$ 同三个向量正交的充要条件是 x_1，x_2，x_3，x_4 为方程组

$$\begin{cases}x_1+x_2-x_3+x_4=0\\x_1-x_2-x_3+x_4=0\\2x_1+x_2+x_3+3x_4=0\end{cases}$$

的非零解.

对方程组的系数矩阵实施初等行变换：

$$\boldsymbol{A}=\begin{pmatrix}1&1&-1&1\\1&-1&-1&1\\2&1&1&3\end{pmatrix}\rightarrow\begin{pmatrix}1&1&-1&1\\0&-2&0&0\\0&-1&3&1\end{pmatrix}\rightarrow\begin{pmatrix}1&1&-1&1\\0&1&-3&-1\\0&0&3&1\end{pmatrix}\rightarrow\begin{pmatrix}1&0&-4&0\\0&1&0&0\\0&0&3&1\end{pmatrix}$$

同解方程组为$\begin{cases}x_1=4x_3\\x_2=0\\x_4=-3x_3\end{cases}$，令 $x_3=1$，得一解向量 $\boldsymbol{\alpha}=(4,\ 0,\ 1,\ -3)^{\mathrm{T}}$.

将 $\boldsymbol{\alpha}=(4,\ 0,\ 1,\ -3)^{\mathrm{T}}$ 单位化，得 $\boldsymbol{\varepsilon}=\dfrac{\boldsymbol{\alpha}}{\|\boldsymbol{\alpha}\|}=\dfrac{1}{\sqrt{26}}(4,\ 0,\ 1,\ -3)^{\mathrm{T}}$，即为所求的单位向量.

6. 对方程组的系数矩阵实施初等行变换：

$$\boldsymbol{A}=\begin{pmatrix}2&1&-1&1&-3\\1&1&-1&0&1\end{pmatrix}\rightarrow\begin{pmatrix}1&1&-1&0&1\\0&-1&1&1&-5\end{pmatrix}\rightarrow\begin{pmatrix}1&0&0&1&-4\\0&1&-1&-1&5\end{pmatrix}$$

同解方程组为$\begin{cases}x_1=-x_4+4x_5\\x_2=x_3+x_4-5x_5\end{cases}$，因为 $\mathrm{R}(\boldsymbol{A})=2$，所以解空间是三维的，得基础解系

$$\boldsymbol{\alpha}_1=(0,\ 1,\ 1,\ 0,\ 0)^{\mathrm{T}},\ \boldsymbol{\alpha}_2=(-1,\ 1,\ 0,\ 1,\ 0)^{\mathrm{T}},\ \boldsymbol{\alpha}_3=(4,\ -5,\ 0,\ 0,\ 1)^{\mathrm{T}}$$

即为解空间的一组基.

先对其正交化，令

$$\boldsymbol{\beta}_1=\boldsymbol{\alpha}_1=(0,\ 1,\ 1,\ 0,\ 0)^{\mathrm{T}}$$

$$\boldsymbol{\beta}_2=\boldsymbol{\alpha}_2-\frac{(\boldsymbol{\alpha}_2,\ \boldsymbol{\beta}_1)}{(\boldsymbol{\beta}_1,\ \boldsymbol{\beta}_1)}\boldsymbol{\beta}_1=\frac{1}{2}(-2,\ 1,\ -1,\ 2,\ 0)^{\mathrm{T}}$$

$$\boldsymbol{\beta}_3=\boldsymbol{\alpha}_3-\frac{(\boldsymbol{\alpha}_3,\ \boldsymbol{\beta}_1)}{(\boldsymbol{\beta}_1,\ \boldsymbol{\beta}_1)}\boldsymbol{\beta}_1-\frac{(\boldsymbol{\alpha}_3,\ \boldsymbol{\beta}_2)}{(\boldsymbol{\beta}_2,\ \boldsymbol{\beta}_2)}\boldsymbol{\beta}_2=\frac{1}{5}(7,\ -6,\ 6,\ 13,\ 5)^{\mathrm{T}}$$

再对其单位化，即得

$$\boldsymbol{\eta}_1=\frac{1}{\sqrt{2}}(0,\ 1,\ 1,\ 0,\ 0)^{\mathrm{T}}$$

$$\boldsymbol{\eta}_2=\frac{1}{\sqrt{10}}(-2,\ 1,\ -1,\ 2,\ 0)^{\mathrm{T}}$$

$$\boldsymbol{\eta}_3=\frac{1}{\sqrt{315}}(7,\ -6,\ 6,\ 13,\ 5)^{\mathrm{T}}$$

这就是所给齐次线性方程组的一组标准正交基.

三、证明题

1. 设 $k_1\boldsymbol{\beta}_1+k_2\boldsymbol{\beta}_2+k_3\boldsymbol{\beta}_3=\mathbf{0}$，将

$$\boldsymbol{\beta}_1=\frac{2}{3}\boldsymbol{\alpha}_1+\frac{2}{3}\boldsymbol{\alpha}_2-\frac{1}{3}\boldsymbol{\alpha}_3,\ \boldsymbol{\beta}_2=\frac{2}{3}\boldsymbol{\alpha}_1-\frac{1}{3}\boldsymbol{\alpha}_2+\frac{2}{3}\boldsymbol{\alpha}_3,\ \boldsymbol{\beta}_3=\frac{1}{3}\boldsymbol{\alpha}_1-\frac{2}{3}\boldsymbol{\alpha}_2-\frac{2}{3}\boldsymbol{\alpha}_3$$

代入其中并化简得

$$(2k_1+2k_2+k_3)\boldsymbol{\alpha}_1+(2k_1-k_2-2k_3)\boldsymbol{\alpha}_2+(-k_1+2k_2-2k_3)\boldsymbol{\alpha}_3=\mathbf{0}$$

又 $\boldsymbol{\alpha}_1$，$\boldsymbol{\alpha}_2$，$\boldsymbol{\alpha}_3$ 线性无关，故有

$$\begin{cases}2k_1+2k_2+k_3=0\\2k_1-k_2-2k_3=0\\-k_1+2k_2-2k_3=0\end{cases}$$

由于系数行列式 $\begin{vmatrix}2&2&1\\2&-1&-2\\-1&2&-2\end{vmatrix}\neq0$，所以 $k_1=k_2=k_3=0$，因此 $\boldsymbol{\beta}_1$，$\boldsymbol{\beta}_2$，$\boldsymbol{\beta}_3$ 线性无关，又 $\boldsymbol{\alpha}_1$，$\boldsymbol{\alpha}_2$，$\boldsymbol{\alpha}_3$ 是 $\mathbf{R}^3$ 的一组标准正交基，所以

$$\boldsymbol{\beta}_1^{\mathrm{T}}\boldsymbol{\beta}_2=\left(\frac{2}{3}\boldsymbol{\alpha}_1+\frac{2}{3}\boldsymbol{\alpha}_2-\frac{1}{3}\boldsymbol{\alpha}_3\right)^{\mathrm{T}}\left(\frac{2}{3}\boldsymbol{\alpha}_1-\frac{1}{3}\boldsymbol{\alpha}_2+\frac{2}{3}\boldsymbol{\alpha}_3\right)=0$$

同理，$\boldsymbol{\beta}_2^{\mathrm{T}}\boldsymbol{\beta}_3=0$，$\boldsymbol{\beta}_3^{\mathrm{T}}\boldsymbol{\beta}_1=0$，又 $\|\boldsymbol{\alpha}_1\|=\|\boldsymbol{\alpha}_2\|=\|\boldsymbol{\alpha}_3\|=1$，所以 $\|\boldsymbol{\beta}_1\|=\|\boldsymbol{\beta}_2\|=\|\boldsymbol{\beta}_3\|=1$，即向量组 $\boldsymbol{\beta}_1$，$\boldsymbol{\beta}_2$，$\boldsymbol{\beta}_3$ 也是 $\mathbf{R}^3$ 的一组标准正交基.

2. 因为 $\boldsymbol{A}$，$\boldsymbol{B}$ 都是正交矩阵，所以，$\boldsymbol{A}^{\mathrm{T}}\boldsymbol{A}=\boldsymbol{E}$，$\boldsymbol{B}^{\mathrm{T}}\boldsymbol{B}=\boldsymbol{E}$，于是

$$\begin{aligned}|\boldsymbol{A}+\boldsymbol{B}|&=|\boldsymbol{A}\boldsymbol{B}^{\mathrm{T}}\boldsymbol{B}+\boldsymbol{A}\boldsymbol{A}^{\mathrm{T}}\boldsymbol{B}|=|\boldsymbol{A}(\boldsymbol{B}^{\mathrm{T}}+\boldsymbol{A}^{\mathrm{T}})\boldsymbol{B}|\\&=|\boldsymbol{A}|\,|(\boldsymbol{A}+\boldsymbol{B})^{\mathrm{T}}|\,|\boldsymbol{B}|=-|\boldsymbol{A}+\boldsymbol{B}|\end{aligned}$$

故 $|\boldsymbol{A}+\boldsymbol{B}|=0$.

3. 因为

$$(\boldsymbol{B}^{-1}\boldsymbol{A}\boldsymbol{B})^{\mathrm{T}}=\boldsymbol{B}^{\mathrm{T}}\boldsymbol{A}^{\mathrm{T}}(\boldsymbol{B}^{-1})^{\mathrm{T}}=\boldsymbol{B}^{\mathrm{T}}\boldsymbol{A}^{\mathrm{T}}(\boldsymbol{B}^{\mathrm{T}})^{-1}$$

又 $\boldsymbol{A}$ 为 n 阶实对称矩阵，$\boldsymbol{B}$ 为 n 阶正交矩阵，所以 $\boldsymbol{A}^{\mathrm{T}}=\boldsymbol{A}$，$\boldsymbol{B}^{\mathrm{T}}\boldsymbol{B}=\boldsymbol{E}$，即 $(\boldsymbol{B}^{\mathrm{T}})^{-1}=\boldsymbol{B}$，于是

$$(\boldsymbol{B}^{-1}\boldsymbol{A}\boldsymbol{B})^{\mathrm{T}}=\boldsymbol{B}^{\mathrm{T}}\boldsymbol{A}^{\mathrm{T}}(\boldsymbol{B}^{\mathrm{T}})^{-1}=\boldsymbol{B}^{\mathrm{T}}\boldsymbol{A}\boldsymbol{B}=\boldsymbol{B}^{-1}\boldsymbol{A}\boldsymbol{B}$$

所以 $\boldsymbol{B}^{-1}\boldsymbol{A}\boldsymbol{B}$ 为 n 阶实对称矩阵.

4. 由 $\boldsymbol{A}\boldsymbol{X}=\boldsymbol{Y}$ 可得 $-\boldsymbol{A}\boldsymbol{X}=-\boldsymbol{Y}$，$(\boldsymbol{A}\boldsymbol{X})^{\mathrm{T}}=\boldsymbol{Y}^{\mathrm{T}}$，则

$$\boldsymbol{A}^{\mathrm{T}}\boldsymbol{X}=-\boldsymbol{Y},\quad \boldsymbol{X}^{\mathrm{T}}=\boldsymbol{Y}^{\mathrm{T}}(\boldsymbol{A}^{\mathrm{T}})^{-1}$$

所以

$$\boldsymbol{X}^{\mathrm{T}}\boldsymbol{Y}=\boldsymbol{Y}^{\mathrm{T}}(\boldsymbol{A}^{\mathrm{T}})^{-1}(-\boldsymbol{A}^{\mathrm{T}}\boldsymbol{X})=-\boldsymbol{Y}^{\mathrm{T}}\boldsymbol{X}$$

又 $\boldsymbol{X}$，$\boldsymbol{Y}\in\mathbf{R}^n$，所以，$\boldsymbol{X}^{\mathrm{T}}\boldsymbol{Y}=0$，即 $\boldsymbol{X}$ 与 $\boldsymbol{Y}$ 正交.

第四章

矩阵的特征值和特征向量

本章主要内容包括矩阵的特征值和特征向量、相似矩阵与矩阵对角化的条件、实对称矩阵的对角化，其中矩阵的特征值和特征向量的求法和实对称矩阵的对角化为本章的重点，在学习过程中要注意和前面的内容相结合.

一、教学基本要求

（1）了解矩阵的特征值、特征向量等概念及相关性质；掌握求矩阵的特征值和特征向量的方法.

（2）了解矩阵相似的概念.

（3）掌握将实对称矩阵化为对角矩阵的方法.

二、内容概要

1. 矩阵的特征值和特征向量的概念与性质

矩阵的特征值和特征向量的概念与性质见表 4－1.

表 4－1　　矩阵的特征值和特征向量的概念与性质

定义	设 $\boldsymbol{A}$ 是 n 阶方阵，如果存在数 λ 和非零列向量 $\boldsymbol{\alpha}$，使得 $\boldsymbol{A\alpha}=\lambda\boldsymbol{\alpha}$，则称 λ 为 $\boldsymbol{A}$ 的一个特征值，$\boldsymbol{\alpha}$ 称为矩阵 $\boldsymbol{A}$ 的属于特征值 λ 的一个特征向量. 矩阵 $\boldsymbol{A}-\lambda\boldsymbol{E}$ 称为矩阵 $\boldsymbol{A}$ 的特征矩阵；行列式 $\lvert\boldsymbol{A}-\lambda\boldsymbol{E}\rvert$ 称为矩阵 $\boldsymbol{A}$ 的特征多项式；$\lvert\boldsymbol{A}-\lambda\boldsymbol{E}\rvert=0$ 称为矩阵 $\boldsymbol{A}$ 的特征方程.
判别	设 $\boldsymbol{A}$ 是一个 n 阶方阵，则 λ 是 $\boldsymbol{A}$ 的特征值，$\boldsymbol{\alpha}$ 是 $\boldsymbol{A}$ 的属于特征值 λ 的特征向量的充分必要条件是：λ 为特征方程 $\lvert\boldsymbol{A}-\lambda\boldsymbol{E}\rvert=0$ 的根，$\boldsymbol{\alpha}$ 是齐次线性方程组 $(\boldsymbol{A}-\lambda\boldsymbol{E})\boldsymbol{x}=\boldsymbol{0}$ 的非零解.

续表

求法	① 求出 n 阶方阵 $\boldsymbol{A}$ 的特征多项式 $\lvert\boldsymbol{A}-\lambda\boldsymbol{E}\rvert$； ② 求出 $\lvert\boldsymbol{A}-\lambda\boldsymbol{E}\rvert=0$ 的全部特征根 λ_1，λ_2，…，λ_n(其中可能有重根)，即 $\boldsymbol{A}$ 的全部特征值； ③ 对每个特征值 $\lambda_i(i=1,2,\cdots,n)$，求出对应的齐次线性方程组 $(\boldsymbol{A}-\lambda_i\boldsymbol{E})\boldsymbol{x}=\boldsymbol{0}$ 的基础解系 $\boldsymbol{\eta}_1$，$\boldsymbol{\eta}_2$，…，$\boldsymbol{\eta}_{n-r}$(其中 $r=\mathrm{R}(\boldsymbol{A}-\lambda_i\boldsymbol{E})$)，则 $\boldsymbol{A}$ 的属于特征值 λ_i 的全部特征向量为 $c_1\boldsymbol{\eta}_1+c_2\boldsymbol{\eta}_2+\cdots+c_{n-r}\boldsymbol{\eta}_{n-r}$(其中 c_1，c_2，…，c_{n-r} 是不全为零的常数).
性质	① 如果向量 $\boldsymbol{\alpha}$ 为矩阵 $\boldsymbol{A}$ 的属于特征值 λ 的特征向量，则对任意常数 $k\neq0$，向量 $k\boldsymbol{\alpha}$ 也是矩阵 $\boldsymbol{A}$ 的属于特征值 λ 的特征向量； ② 如果向量 $\boldsymbol{\alpha}_1$，$\boldsymbol{\alpha}_2$ 均为矩阵 $\boldsymbol{A}$ 的属于特征值 λ 的特征向量，且 $\boldsymbol{\alpha}_1+\boldsymbol{\alpha}_2\neq\boldsymbol{0}$，则 $\boldsymbol{\alpha}_1+\boldsymbol{\alpha}_2$ 也是矩阵 $\boldsymbol{A}$ 的属于特征值 λ 的特征向量； ③ n 阶方阵 $\boldsymbol{A}$ 与其转置矩阵 $\boldsymbol{A}^{\mathrm{T}}$ 有相同的特征值； ④ n 阶方阵 $\boldsymbol{A}$ 可逆的充分必要条件是其任一特征值均不等于零； ⑤ 设 $\boldsymbol{A}$ 为 n 阶方阵，λ_1，λ_2，…，λ_m 是 $\boldsymbol{A}$ 的 m 个互不相同的特征值，$\boldsymbol{\alpha}_1$，$\boldsymbol{\alpha}_2$，…，$\boldsymbol{\alpha}_m$ 分别是 $\boldsymbol{A}$ 的属于 λ_1，λ_2，…，λ_m 的特征向量，则 $\boldsymbol{\alpha}_1$，$\boldsymbol{\alpha}_2$，…，$\boldsymbol{\alpha}_m$ 线性无关； ⑥ 如果 n 阶方阵 $\boldsymbol{A}$ 有 n 个不同的特征值，则 $\boldsymbol{A}$ 有 n 个线性无关的特征向量； ⑦ 设 λ 是 n 阶方阵 $\boldsymbol{A}$ 的 k 重特征值，则 $\boldsymbol{A}$ 的属于 λ 的线性无关的特征向量至多有 k 个； ⑧ 设 n 阶方阵 $\boldsymbol{A}=(a_{ij})$ 的 n 个特征值为 λ_1，λ_2，…，λ_n，则 $\lambda_1+\lambda_2+\cdots+\lambda_n=a_{11}+a_{22}+\cdots+a_{nn}$，$\lambda_1\lambda_2\cdots\lambda_n=\lvert\boldsymbol{A}\rvert$

2. 相似矩阵与矩阵对角化的条件

相似矩阵的概念与矩阵对角化的条件和方法见表 4-2.

表 4-2　相似矩阵的概念与矩阵对角化的条件和方法

定义	① 设 $\boldsymbol{A}$，$\boldsymbol{B}$ 都是 n 阶方阵，如果存在 n 阶可逆矩阵 $\boldsymbol{P}$，使 $\boldsymbol{P}^{-1}\boldsymbol{AP}=\boldsymbol{B}$，则称矩阵 $\boldsymbol{A}$ 与 $\boldsymbol{B}$ 相似，记为 $\boldsymbol{A}\sim\boldsymbol{B}$； ② 对 n 阶方阵 $\boldsymbol{A}$，如果存在 n 阶对角矩阵 $\boldsymbol{\Lambda}$，使 $\boldsymbol{A}\sim\boldsymbol{\Lambda}$，则称 $\boldsymbol{A}$ 可对角化.
性质	①若 $\boldsymbol{A}\sim\boldsymbol{B}$，$\boldsymbol{B}\sim\boldsymbol{C}$，则 $\boldsymbol{A}\sim\boldsymbol{C}$； ② 若 $\boldsymbol{A}\sim\boldsymbol{B}$，则 $\boldsymbol{A}$ 与 $\boldsymbol{B}$ 有相同的特征多项式和特征值； ③ 若 $\boldsymbol{A}\sim\boldsymbol{B}$，则 $\boldsymbol{A}$ 与 $\boldsymbol{B}$ 的行列式相等，即 $\lvert\boldsymbol{A}\rvert=\lvert\boldsymbol{B}\rvert$； ④ 若 $\boldsymbol{A}\sim\boldsymbol{B}$，则 $\boldsymbol{A}$ 与 $\boldsymbol{B}$ 的秩相等，即 $\mathrm{R}(\boldsymbol{A})=\mathrm{R}(\boldsymbol{B})$； ⑤ 若 $\boldsymbol{A}\sim\boldsymbol{B}$，则矩阵 $\boldsymbol{A}^m$ 与 $\boldsymbol{B}^m$ 相似，其中 m 为正整数.
矩阵对角化的条件	① n 阶方阵 $\boldsymbol{A}$ 可对角化的充分必要条件是 $\boldsymbol{A}$ 有 n 个线性无关的特征向量； ② n 阶方阵 $\boldsymbol{A}$ 可对角化的充分必要条件是 $\boldsymbol{A}$ 的 k 重特征值有 k 个线性无关的特征向量； ③ 如果 n 阶方阵 $\boldsymbol{A}$ 有 n 个互不相同的特征值，则 $\boldsymbol{A}$ 可相似对角化.

续表

矩阵对角化的方法	用可逆矩阵变换将矩阵 $\boldsymbol{A}$ 对角化的步骤： ① 求出 n 阶方阵 $\boldsymbol{A}$ 的所有不同的特征值 λ_1，λ_2，…，λ_m，它们的重数分别为 n_1，n_2，…，n_m. ② 求 $\boldsymbol{A}$ 的特征向量. 对每个特征值 $\lambda_i(i=1,2,\cdots,m)$，求出齐次线性方程组 $(\boldsymbol{A}-\lambda_i\boldsymbol{E})\boldsymbol{x}=\boldsymbol{0}$ 的一个基础解系 $\boldsymbol{\alpha}_{i1}$，$\boldsymbol{\alpha}_{i2}$，…，$\boldsymbol{\alpha}_{in_i}(i=1,2,\cdots,m)$. ③ 判别 $\boldsymbol{A}$ 是否可对角化. 若对 $\boldsymbol{A}$ 的 n_i 重特征值 $\lambda_i(i=1,2,\cdots,m)$，对应的有 n_i 个线性无关的特征向量，则 $\boldsymbol{A}$ 可对角化，否则 $\boldsymbol{A}$ 不可对角化. ④ 当 $\boldsymbol{A}$ 可对角化时，求出可逆矩阵 $\boldsymbol{P}$ 和对角矩阵 $\boldsymbol{\Lambda}$： $\boldsymbol{P}=(\boldsymbol{\alpha}_{11},\boldsymbol{\alpha}_{12},\cdots,\boldsymbol{\alpha}_{1n_1},\boldsymbol{\alpha}_{21},\boldsymbol{\alpha}_{22},\cdots,\boldsymbol{\alpha}_{2n_2},\cdots,\boldsymbol{\alpha}_{m1},\boldsymbol{\alpha}_{m2},\cdots,\boldsymbol{\alpha}_{mn_m})$ $\boldsymbol{\Lambda}=\mathrm{diag}(\underbrace{\lambda_1,\cdots,\lambda_1}_{n_1},\underbrace{\lambda_2,\cdots\lambda_2}_{n_2},\cdots,\underbrace{\lambda_m,\cdots,\lambda_m}_{n_m})$

3. 实对称矩阵的对角化

实对称矩阵的性质与对角化见表 4－3.

表 4－3　实对称矩阵的性质与对角化

实对称矩阵的性质	① 实对称矩阵的特征值都是实数； ② 实对称矩阵的属于不同特征值的特征向量彼此正交； ③ 设 λ 是 n 阶实对称矩阵 $\boldsymbol{A}$ 的 k 重特征值，则特征矩阵 $\boldsymbol{A}-\lambda\boldsymbol{E}$ 的秩 $\mathrm{R}(\boldsymbol{A}-\lambda\boldsymbol{E})=n-k$，从而 $\boldsymbol{A}$ 的属于 λ 的线性无关的特征向量恰好有 k 个； ④ n 阶实对称矩阵 $\boldsymbol{A}$ 一定可以对角化，即存在正交矩阵 $\boldsymbol{Q}$，使得 $\boldsymbol{Q}^{-1}\boldsymbol{A}\boldsymbol{Q}=\boldsymbol{Q}^{\mathrm{T}}\boldsymbol{A}\boldsymbol{Q}=\boldsymbol{\Lambda}$，其中对角矩阵 $\boldsymbol{\Lambda}=\mathrm{diag}(\lambda_1,\lambda_2,\cdots,\lambda_n)$，$\lambda_i(i=1,2,\cdots,n)$ 是 $\boldsymbol{A}$ 的特征值.
实对称矩阵对角化的步骤	用正交矩阵将实对称矩阵 $\boldsymbol{A}$ 对角化的步骤： ① 求出 n 阶矩阵 $\boldsymbol{A}$ 的所有不同的特征值 λ_1，λ_2，…，λ_m，它们的重数分别为 n_1，n_2，…，n_m； ② 对每个特征值 $\lambda_i(i=1,2,\cdots,m)$，求出齐次线性方程组 $(\boldsymbol{A}-\lambda_i\boldsymbol{E})\boldsymbol{x}=\boldsymbol{0}$ 的一个基础解系 $\boldsymbol{\alpha}_{i1}$，$\boldsymbol{\alpha}_{i2}$，…，$\boldsymbol{\alpha}_{in_i}(i=1,2,\cdots,m)$； ③ 利用施密特正交化方法将 $\boldsymbol{\alpha}_{i1}$，$\boldsymbol{\alpha}_{i2}$，…，$\boldsymbol{\alpha}_{in_i}$ 正交化和单位化(若特征值为单根，只需将对应的线性无关的特征向量单位化)，得 $\boldsymbol{A}$ 的属于 λ_i 的 n_i 个两两正交的单位特征向量 $\boldsymbol{\beta}_{i1}$，$\boldsymbol{\beta}_{i2}$，…，$\boldsymbol{\beta}_{in_i}(i=1,2,\cdots,m)$； ④ 取 $\boldsymbol{Q}=(\boldsymbol{\beta}_{11},\boldsymbol{\beta}_{12},\cdots,\boldsymbol{\beta}_{1n_1},\boldsymbol{\beta}_{21},\boldsymbol{\beta}_{22},\cdots,\boldsymbol{\beta}_{2n_2},\cdots,\boldsymbol{\beta}_{m1},\boldsymbol{\beta}_{m2},\cdots,\boldsymbol{\beta}_{mn_m})$，则 $\boldsymbol{Q}$ 为正交矩阵，且使 $\boldsymbol{Q}^{-1}\boldsymbol{A}\boldsymbol{Q}=\boldsymbol{\Lambda}$，其中 $\boldsymbol{\Lambda}=\mathrm{diag}(\underbrace{\lambda_1,\cdots,\lambda_1}_{n_1},\underbrace{\lambda_2,\cdots,\lambda_2}_{n_2},\cdots,\underbrace{\lambda_m,\cdots,\lambda_m}_{n_m})$

三、知识结构图

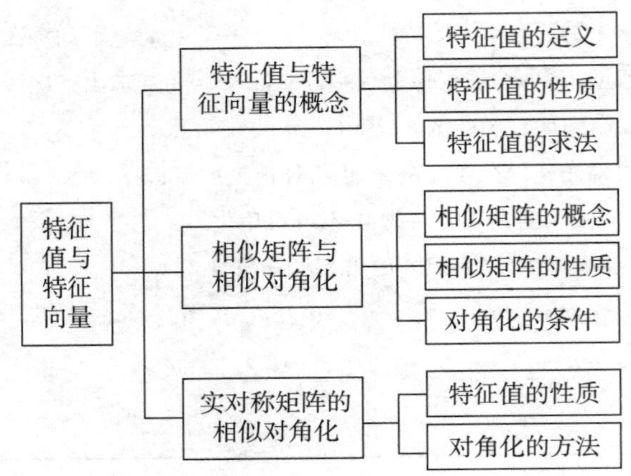

四、要点剖析

1. 矩阵的特征值和特征向量

矩阵的特征值与特征向量是矩阵的一个重要特征，关于矩阵的特征值和特征向量应明确以下几点：

(1) 矩阵 $\boldsymbol{A}$ 的属于特征值 λ_0 的特征向量有无穷多个. 这是因为矩阵 $\boldsymbol{A}$ 的属于特征值 λ_0 的特征向量是齐次线性方程组 $(\boldsymbol{A}-\lambda_0\boldsymbol{E})\boldsymbol{x}=\boldsymbol{0}$ 的非零解，由齐次线性方程组解的理论知，方程组有无穷多解，因此，矩阵 $\boldsymbol{A}$ 的属于特征值 λ_0 的特征向量有无穷多个. 而齐次线性方程组 $(\boldsymbol{A}-\lambda_0\boldsymbol{E})\boldsymbol{x}=\boldsymbol{0}$ 的基础解系则为矩阵 $\boldsymbol{A}$ 的属于特征值 λ_0 的线性无关的特征向量组的极大线性无关组，其个数等于 $n-\mathrm{R}(\boldsymbol{A}-\lambda_0\boldsymbol{E})$.

(2) 属于不同特征值的特征向量间的关系是线性无关的，即矩阵 $\boldsymbol{A}$ 的一个特征向量只能属于一个特征值，不可能属于两个不同的特征值.

(3) 矩阵 $\boldsymbol{A}$ 的特征值重数与对应的线性无关的特征向量的个数之间的关系是：当 $\boldsymbol{A}$ 为对称矩阵时，若 λ 是矩阵 $\boldsymbol{A}$ 的 r 重特征值，则有 r 个线性无关的特征向量与 λ 对应；当 $\boldsymbol{A}$ 不是对称矩阵时，矩阵 $\boldsymbol{A}$ 的特征值的重数与该特征值对应的线性无关的特征向量的个数不一定相同.

(4) 要熟练掌握矩阵的特征值和特征向量的求法，这是本章的重点.

当矩阵 $\boldsymbol{A}$ 是具体给定的矩阵时，求 $\boldsymbol{A}$ 的特征值和特征向量的步骤如下：

① 求出 n 阶方阵 $\boldsymbol{A}$ 的特征多项式 $|\boldsymbol{A}-\lambda\boldsymbol{E}|$；

② 求出特征方程 $|\boldsymbol{A}-\lambda\boldsymbol{E}|=0$ 的全部特征根 λ_1，λ_2，…，λ_n(其中可能有重根)，即 $\boldsymbol{A}$ 的全部特征值；

③ 对于每个特征值 $\lambda_i(i=1, 2, \cdots, n)$，求出对应的齐次线性方程组 $(\boldsymbol{A}-\lambda_i\boldsymbol{E})\boldsymbol{x}=\boldsymbol{0}$ 的基础解系 $\boldsymbol{\eta}_1$，$\boldsymbol{\eta}_2$，…，$\boldsymbol{\eta}_{n-r}$(其中 $r=\mathrm{R}(\boldsymbol{A}-\lambda_i\boldsymbol{E})$)，则 $\boldsymbol{A}$ 的属于特征值 λ_i 的全部特征向量为

$$c_1\boldsymbol{\eta}_1+c_2\boldsymbol{\eta}_2+\cdots+c_{n-r}\boldsymbol{\eta}_{n-r}$$（其中 c_1，c_2，…，c_{n-r} 是不全为零的常数）

当矩阵 $\boldsymbol{A}$ 是抽象矩阵时，求 $\boldsymbol{A}$ 的特征值和特征向量通常需要考虑特征值与特征向量的定义或等价定义.

2. 矩阵相似与等价的关系

矩阵相似的定义：如果存在 n 阶可逆矩阵 $\boldsymbol{P}$，使 $\boldsymbol{P}^{-1}\boldsymbol{AP}=\boldsymbol{B}$，则称矩阵 $\boldsymbol{A}$ 与 $\boldsymbol{B}$ 相似.

矩阵等价的定义：如果矩阵 $\boldsymbol{B}$ 可以由 $m\times n$ 维矩阵 $\boldsymbol{A}$ 经过有限次初等变换得到，则称矩阵 $\boldsymbol{A}$ 与 $\boldsymbol{B}$ 是等价的，即存在 m 阶初等矩阵 $\boldsymbol{P}_1$，$\boldsymbol{P}_2$，…，$\boldsymbol{P}_s$ 和 n 阶初等矩阵 $\boldsymbol{Q}_1$，$\boldsymbol{Q}_2$，…，$\boldsymbol{Q}_t$，使得

$$\boldsymbol{P}_s\cdots\boldsymbol{P}_2\boldsymbol{P}_1\boldsymbol{A}\boldsymbol{Q}_1\boldsymbol{Q}_2\cdots\boldsymbol{Q}_t=\boldsymbol{B}$$

也即存在 m 阶可逆矩阵 $\boldsymbol{P}$ 和 n 阶可逆矩阵 $\boldsymbol{Q}$，使得 $\boldsymbol{PAQ}=\boldsymbol{B}$.

矩阵相似与等价的关系：两矩阵等价，它们不一定相似. 当两矩阵不是 n 阶方阵时，根本不存在相似的概念；即使矩阵 $\boldsymbol{P}$ 和 $\boldsymbol{Q}$ 都是 n 阶方阵，两矩阵也不一定是互逆的，因而不一定相似. 而若两矩阵相似，则一定等价. 因为在 $\boldsymbol{P}^{-1}\boldsymbol{AP}=\boldsymbol{B}$ 中，$\boldsymbol{P}$ 和 $\boldsymbol{P}^{-1}$ 都是可逆矩阵，它们均可表示为若干初等矩阵的乘积，于是由定义知 $\boldsymbol{A}$ 与 $\boldsymbol{B}$ 是等价的. 因此相似是等价的充分条件.

3. 矩阵 A 相似对角化的基本条件

① 若 $\boldsymbol{A}$ 是对称矩阵，则一定可对角化；

② n 阶矩阵 $\boldsymbol{A}$ 相似于对角矩阵的充分必要条件是 $\boldsymbol{A}$ 有 n 个线性无关的特征向量；

③ 如果 n 阶矩阵 $\boldsymbol{A}$ 有 n 个互不相同的特征值，则矩阵 $\boldsymbol{A}$ 可相似对角化；

④ n 阶矩阵 $\boldsymbol{A}$ 可对角化的充要条件是 $\boldsymbol{A}$ 的 k 重特征值有 k 个线性无关的特征向量.

4. 实对称矩阵的相似对角化

实对称矩阵正交相似对角化是本章的核心，其他概念如向量的内积、正交化过程、正交矩阵、特征值与特征向量等都是为了解决实对称矩阵正交相似对角化问题的需要提出的，学习中要着重掌握这些概念与实对称矩阵正交相似对角化问题的联系.

要熟练掌握用正交矩阵将实对称矩阵 $\boldsymbol{A}$ 对角化的方法和步骤：

① 求出 n 阶矩阵 $\boldsymbol{A}$ 的所有不同的特征值 λ_1，λ_2，…，λ_m，它们的重数分别为 n_1，n_2，…，n_m；

② 对每个特征值 $\lambda_i(i=1,\ 2,\ \cdots,\ m)$，求出齐次线性方程组 $(\boldsymbol{A}-\lambda_i\boldsymbol{E})\boldsymbol{x}=\boldsymbol{0}$ 的一个基础解系 $\boldsymbol{\alpha}_{i1}$，$\boldsymbol{\alpha}_{i2}$，…，$\boldsymbol{\alpha}_{in_i}(i=1,\ 2,\ \cdots,\ m)$；

③ 利用施密特正交化方法将 $\boldsymbol{\alpha}_{i1}$，$\boldsymbol{\alpha}_{i2}$，…，$\boldsymbol{\alpha}_{in_i}$ 正交化和单位化(若特征值为单根，只需将对应的线性无关的特征向量单位化)，得 $\boldsymbol{A}$ 的属于 λ_i 的 n_i 个两两正交的单位特征向量

$$\boldsymbol{\beta}_{i1},\ \boldsymbol{\beta}_{i2},\ \cdots,\ \boldsymbol{\beta}_{in_i}\ (i=1,\ 2,\ \cdots,\ m)$$

④ 取 $\boldsymbol{Q}=(\boldsymbol{\beta}_{11},\ \boldsymbol{\beta}_{12},\ \cdots,\ \boldsymbol{\beta}_{1n_1},\ \boldsymbol{\beta}_{21},\ \boldsymbol{\beta}_{22},\ \cdots,\ \boldsymbol{\beta}_{2n_2},\ \cdots,\ \boldsymbol{\beta}_{m1},\ \boldsymbol{\beta}_{m2},\ \cdots,\ \boldsymbol{\beta}_{mn_m})$，则 $\boldsymbol{Q}$ 为正交矩阵，且使 $\boldsymbol{Q}^{-1}\boldsymbol{AQ}=\boldsymbol{\Lambda}$，其中

$$\boldsymbol{\Lambda}=\mathrm{diag}(\underbrace{\lambda_1,\ \cdots,\ \lambda_1}_{n_1},\ \underbrace{\lambda_2,\ \cdots\lambda_2}_{n_2},\ \cdots,\ \underbrace{\lambda_m,\ \cdots,\ \lambda_m}_{n_m})$$

五、释疑解难

问题1 若矩阵$\boldsymbol{A}$与$\boldsymbol{B}$相似，则它们有相同的特征值. 反过来，若矩阵$\boldsymbol{A}$与$\boldsymbol{B}$有相同的特征值，那么：(1) 它们是否相似？(2) 在什么条件下，它们必定相似？

答 (1) 若矩阵$\boldsymbol{A}$与$\boldsymbol{B}$有相同的特征值，它们可能相似，也可能不相似.

例如，取$\boldsymbol{A}=\begin{pmatrix}1&&\\&2&\\&&0\end{pmatrix}$与$\boldsymbol{B}=\begin{pmatrix}1&&\\&0&\\&&2\end{pmatrix}$，它们有相同的特征值 0，1，2，存在可逆矩阵$\boldsymbol{P}=\begin{pmatrix}1&0&0\\0&0&1\\0&1&0\end{pmatrix}$，且$\boldsymbol{P}=\boldsymbol{P}^{-1}$，使得$\boldsymbol{PAP}^{-1}=\boldsymbol{PAP}=\boldsymbol{B}$，故$\boldsymbol{A}$与$\boldsymbol{B}$相似.

例如，取$\boldsymbol{A}=\boldsymbol{E}=\begin{pmatrix}1&0\\0&1\end{pmatrix}$，$\boldsymbol{B}=\begin{pmatrix}1&1\\0&1\end{pmatrix}$，则易求得两矩阵的特征值同为 1，但二者不相似，因若不然，存在 2 阶可逆矩阵$\boldsymbol{P}$，使得$\boldsymbol{B}=\boldsymbol{P}^{-1}\boldsymbol{AP}=\boldsymbol{P}^{-1}\boldsymbol{EP}=\boldsymbol{E}$，与$\boldsymbol{B}\neq\boldsymbol{E}$矛盾.

(2) 当n阶矩阵$\boldsymbol{A}$与$\boldsymbol{B}$都能对角化时，若它们有相同的特征值，则它们一定相似.

证 设n阶矩阵$\boldsymbol{A}$与$\boldsymbol{B}$都能对角化且特征值相同. 于是，$\boldsymbol{A}$与对角矩阵$\boldsymbol{\Lambda}$相似，$\boldsymbol{B}$与对角矩阵$\boldsymbol{\Lambda}_1$相似. 由于$\boldsymbol{\Lambda}$与$\boldsymbol{\Lambda}_1$的对角元都是$\boldsymbol{A}$（或$\boldsymbol{B}$）的特征值，只是排列的次序不同，由$\boldsymbol{\Lambda}$与$\boldsymbol{\Lambda}_1$相似，从而$\boldsymbol{A}$与$\boldsymbol{B}$相似.

问题2 研究矩阵的相似关系有何作用？方阵能相似对角化有什么意义？

答 矩阵的相似关系是两矩阵之间的一种重要关系. 由于相似的两个矩阵有许多共同性质，如两者有相同的秩、相同的特征值等，因此，可通过研究与矩阵$\boldsymbol{A}$相似的较简单的矩阵的性质和特征，以掌握较复杂的矩阵$\boldsymbol{A}$的性质和特征，达到简化所研究的问题的目的.

由相似矩阵的定义知，若n阶方阵$\boldsymbol{A}$能相似对角化，即存在可逆阵$\boldsymbol{P}$，使得

$$\boldsymbol{P}^{-1}\boldsymbol{AP}=\boldsymbol{\Lambda}=\mathrm{diag}(\lambda_1, \lambda_2, \cdots, \lambda_n)$$

则上式反映了$\boldsymbol{A}$自身所固有的重要属性，即方阵能相似对角化的意义在于：

(1) 对角矩阵$\boldsymbol{\Lambda}$的对角元必定是$\boldsymbol{A}$的n个特征值. 于是在不考虑$\boldsymbol{\Lambda}$的对角元次序的意义下，$\boldsymbol{\Lambda}$由$\boldsymbol{A}$唯一确定，而且矩阵$\boldsymbol{P}$的列向量组的结构完全由$\boldsymbol{\Lambda}$确定，从而也就由$\boldsymbol{A}$确定，即矩阵$\boldsymbol{P}$的第j个列向量是对应特征值λ_j的特征向量，并且这n个特征向量构成的向量组是线性无关的.

(2) $\boldsymbol{A}$能对角化的作用还表现在$\boldsymbol{A}$的多项式$\varphi(\boldsymbol{A})$的计算上. 由$\boldsymbol{A}=\boldsymbol{P\Lambda P}^{-1}$，有

$$\varphi(\boldsymbol{A})=\boldsymbol{P}\varphi(\boldsymbol{\Lambda})\boldsymbol{P}^{-1}=\boldsymbol{P}\mathrm{diag}(\varphi(\lambda_1), \varphi(\lambda_2), \cdots, \varphi(\lambda_n))\boldsymbol{P}^{-1}$$

即$\boldsymbol{A}$的多项式$\varphi(\boldsymbol{A})$可通过同一多项式的数值计算而得到.

(3) 若$\boldsymbol{A}$为对称矩阵，则$\boldsymbol{A}$必定能正交相似对角化.

问题3 判断下列说法是否正确：

(1) 若矩阵$\boldsymbol{A}$的特征值都是零，则$\boldsymbol{A}=\boldsymbol{O}$.

(2) 矩阵$\boldsymbol{A}$的一个特征向量可以属于不同的特征值.

(3) 对于任意n阶矩阵$\boldsymbol{A}$，$\boldsymbol{A}$与$\boldsymbol{A}^{\mathrm{T}}$均有相同的特征值和特征向量.

(4) 相似矩阵一定有相同的特征向量.

(5) 若 n 阶矩阵 $\boldsymbol{A}$ 与 $\boldsymbol{B}$ 相似于同一个对角矩阵，则 $\boldsymbol{A}$ 与 $\boldsymbol{B}$ 相似.

答　(1) 不正确，例如 $\boldsymbol{A}=\begin{pmatrix}0&1\\0&0\end{pmatrix}$，其特征多项式为

$$|\lambda\boldsymbol{E}-\boldsymbol{A}|=\begin{vmatrix}\lambda-0&1\\0&\lambda-0\end{vmatrix}=\lambda^2$$

故 $\boldsymbol{A}$ 的特征值全为零，但 $\boldsymbol{A}\neq\boldsymbol{O}$.

(2) 不正确. 假设 $\boldsymbol{A}$ 的特征向量 $\boldsymbol{\alpha}_0$ 属于 $\boldsymbol{A}$ 的特征值为 λ_1，λ_2 且 $\lambda_1\neq\lambda_2$，则 $\boldsymbol{A}\boldsymbol{\alpha}_0=\lambda_1\boldsymbol{\alpha}_0$ 且 $\boldsymbol{A}\boldsymbol{\alpha}_0=\lambda_2\boldsymbol{\alpha}_0$，于是 $\lambda_1\boldsymbol{\alpha}_0=\lambda_2\boldsymbol{\alpha}_0$，即 $(\lambda_1-\lambda_2)\boldsymbol{\alpha}_0=\boldsymbol{0}$，而 $\lambda_1-\lambda_2\neq 0$，所以 $\boldsymbol{\alpha}_0=\boldsymbol{0}$，这与 $\boldsymbol{\alpha}_0$ 是特征向量矛盾.

(3) 不正确. $\boldsymbol{A}$ 与 $\boldsymbol{A}^{\mathrm{T}}$ 有相同的特征值，但不一定有相同的特征向量.

① $\boldsymbol{A}$ 与 $\boldsymbol{A}^{\mathrm{T}}$ 一定有相同的特征值.

因为

$$|\lambda\boldsymbol{E}-\boldsymbol{A}^{\mathrm{T}}|=|(\lambda\boldsymbol{E}-\boldsymbol{A})^{\mathrm{T}}|=|\lambda\boldsymbol{E}-\boldsymbol{A}|$$

所以 $\boldsymbol{A}$ 与 $\boldsymbol{A}^{\mathrm{T}}$ 有相同的特征多项式，因而 $\boldsymbol{A}$ 与 $\boldsymbol{A}^{\mathrm{T}}$ 有相同的特征值.

② $\boldsymbol{A}$ 与 $\boldsymbol{A}^{\mathrm{T}}$ 不一定有相同的特征向量. 例如当 $\boldsymbol{A}=\begin{pmatrix}0&1\\0&0\end{pmatrix}$ 时，$\boldsymbol{A}^{\mathrm{T}}=\begin{pmatrix}0&0\\1&0\end{pmatrix}$，由 $\boldsymbol{A}\begin{pmatrix}1\\0\end{pmatrix}=\begin{pmatrix}0\\0\end{pmatrix}=0\begin{pmatrix}1\\0\end{pmatrix}$ 知，$\begin{pmatrix}1\\0\end{pmatrix}$ 是 $\boldsymbol{A}$ 的属于特征值 0 的一个特征向量，但对任意数 λ 均有

$$\boldsymbol{A}^{\mathrm{T}}\begin{pmatrix}1\\0\end{pmatrix}=\begin{pmatrix}0\\1\end{pmatrix}\neq\lambda\begin{pmatrix}1\\0\end{pmatrix}$$

所以 $\begin{pmatrix}1\\0\end{pmatrix}$ 并不是 $\boldsymbol{A}^{\mathrm{T}}$ 的特征向量.

(4) 不正确. 取

$$\boldsymbol{A}=\begin{pmatrix}0&1\\0&0\end{pmatrix},\ \boldsymbol{B}=\begin{pmatrix}0&0\\1&0\end{pmatrix},\ \boldsymbol{P}=\begin{pmatrix}0&1\\1&0\end{pmatrix}$$

则 $\boldsymbol{P}^{-1}\boldsymbol{A}\boldsymbol{P}=\boldsymbol{P}\boldsymbol{A}\boldsymbol{P}=\boldsymbol{B}$，即 $\boldsymbol{A}$ 与 $\boldsymbol{B}$ 相似.

但对于向量 $\boldsymbol{\alpha}=\begin{pmatrix}1\\0\end{pmatrix}$，有 $\boldsymbol{A}\begin{pmatrix}1\\0\end{pmatrix}=\begin{pmatrix}0\\0\end{pmatrix}=0\begin{pmatrix}1\\0\end{pmatrix}$，即 $\boldsymbol{A}\boldsymbol{\alpha}=0\boldsymbol{\alpha}$，所以 $\boldsymbol{\alpha}$ 是 $\boldsymbol{A}$ 的属于特征值 0 的一个特征向量. 但 $\boldsymbol{\alpha}$ 却不是 $\boldsymbol{B}$ 的特征向量.

(5) 正确. 事实上，若 $\boldsymbol{A}$ 与 $\boldsymbol{B}$ 相似于同一个对角矩阵 $\boldsymbol{D}$，则存在可逆矩阵 $\boldsymbol{X}$，$\boldsymbol{Y}$，分别满足 $\boldsymbol{X}^{-1}\boldsymbol{A}\boldsymbol{X}=\boldsymbol{D}$，$\boldsymbol{Y}^{-1}\boldsymbol{B}\boldsymbol{Y}=\boldsymbol{D}$，于是 $\boldsymbol{X}^{-1}\boldsymbol{A}\boldsymbol{X}=\boldsymbol{Y}^{-1}\boldsymbol{B}\boldsymbol{Y}$. 故 $(\boldsymbol{X}\boldsymbol{Y}^{-1})^{-1}\boldsymbol{A}(\boldsymbol{X}\boldsymbol{Y}^{-1})=\boldsymbol{B}$，此时 $\boldsymbol{A}$ 与 $\boldsymbol{B}$ 相似.

六、典型例题解析

题型一　求具体矩阵的特征值和特征向量

对于具体的数字矩阵 $\boldsymbol{A}$，求 $\boldsymbol{A}$ 的特征值与特征向量的步骤:

① 求 $\boldsymbol{A}$ 的全部特征值；

② 对每个特征值求出对应的齐次线性方程组的基础解系；

③ 构造基础解系的线性组合，即为 $\boldsymbol{A}$ 的属于对应的特征值的全部特征向量.

例 4.1 求下列矩阵的特征值和特征向量：

(1) $\boldsymbol{A}=\begin{pmatrix}1&-2&2\\-2&-2&4\\2&4&-2\end{pmatrix}$；(2) $\boldsymbol{A}=\begin{pmatrix}2&-1&2\\5&-3&3\\-1&0&-2\end{pmatrix}$；(3) $\boldsymbol{A}=\begin{pmatrix}1&3&1&2\\0&-1&1&3\\0&0&3&5\\0&0&0&3\end{pmatrix}$.

解 (1) 矩阵 $\boldsymbol{A}$ 的特征多项式

$$|\boldsymbol{A}-\lambda\boldsymbol{E}|=\begin{vmatrix}1-\lambda&-2&2\\-2&-2-\lambda&4\\2&4&-2-\lambda\end{vmatrix}\xlongequal{r_2+r_3}\begin{vmatrix}1-\lambda&-2&2\\0&2-\lambda&2-\lambda\\2&4&-2-\lambda\end{vmatrix}$$

$$\xlongequal{c_3-c_2}\begin{vmatrix}1-\lambda&-2&4\\0&2-\lambda&0\\2&4&-6-\lambda\end{vmatrix}=-(2-\lambda)^2(\lambda+7)$$

令 $|\boldsymbol{A}-\lambda\boldsymbol{E}|=0$，得矩阵 $\boldsymbol{A}$ 的特征值为 $\lambda_1=-7$，$\lambda_2=\lambda_3=2$.

当 $\lambda_1=-7$ 时，解齐次线性方程组 $(\boldsymbol{A}+7\boldsymbol{E})\boldsymbol{x}=\boldsymbol{0}$，由

$$\boldsymbol{A}+7\boldsymbol{E}=\begin{pmatrix}8&-2&2\\-2&5&4\\2&4&5\end{pmatrix}\to\begin{pmatrix}1&0&\frac{1}{2}\\0&1&1\\0&0&0\end{pmatrix}$$

得基础解系 $\boldsymbol{\alpha}_1=(1,\ 2,\ -2)^{\mathrm{T}}$，所以，$\boldsymbol{A}$ 的属于特征值 $\lambda_1=-7$ 的全部特征向量为

$$c_1\boldsymbol{\alpha}_1=c_1(1,\ 2,\ -2)^{\mathrm{T}}(c_1\neq 0\text{ 为任意常数})$$

当 $\lambda_2=\lambda_3=2$ 时，解齐次线性方程组 $(\boldsymbol{A}-2\boldsymbol{E})\boldsymbol{x}=\boldsymbol{0}$，由

$$\boldsymbol{A}-2\boldsymbol{E}=\begin{pmatrix}-1&-2&2\\-2&-4&4\\2&4&-4\end{pmatrix}\to\begin{pmatrix}1&2&-2\\0&0&0\\0&0&0\end{pmatrix}$$

得基础解系 $\boldsymbol{\alpha}_2=(-2,\ 1,\ 0)^{\mathrm{T}}$，$\boldsymbol{\alpha}_3=(2,\ 0,\ 1)^{\mathrm{T}}$. 所以，$\boldsymbol{A}$ 的属于特征值 $\lambda_2=\lambda_3=2$ 的全部特征向量为

$$c_2\boldsymbol{\alpha}_2+c_3\boldsymbol{\alpha}_3=c_2(-2,\ 1,\ 0)^{\mathrm{T}}+c_3(2,\ 0,\ 1)^{\mathrm{T}}(c_2,\ c_3\text{ 是不同时为零的任意常数})$$

(2) 矩阵 $\boldsymbol{A}$ 的特征多项式

$$|\boldsymbol{A}-\lambda\boldsymbol{E}|=\begin{vmatrix}2-\lambda&-1&2\\5&-3-\lambda&3\\-1&0&-2-\lambda\end{vmatrix}\xlongequal[c_1-c_3]{c_1+c_2}\begin{vmatrix}-1-\lambda&-1&2\\-1-\lambda&-3-\lambda&3\\1+\lambda&0&-2-\lambda\end{vmatrix}$$

$$=(1+\lambda)\begin{vmatrix}-1&-1&2\\-1&-3-\lambda&3\\1&0&-2-\lambda\end{vmatrix}\xlongequal[r_3+r_1]{r_2-r_1}(1+\lambda)\begin{vmatrix}-1&-1&2\\0&-2-\lambda&1\\0&-1&-\lambda\end{vmatrix}$$

$$=-(1+\lambda)\begin{vmatrix}-2-\lambda&1\\-1&-\lambda\end{vmatrix}=-(1+\lambda)^3$$

令$|\boldsymbol{A}-\lambda\boldsymbol{E}|=0$，得矩阵$\boldsymbol{A}$的特征值为$\lambda_1=\lambda_2=\lambda_3=-1$.

当$\lambda_1=\lambda_2=\lambda_3=-1$时，解齐次线性方程组$(\boldsymbol{A}+\boldsymbol{E})\boldsymbol{x}=\boldsymbol{0}$，由

$$\boldsymbol{A}+\boldsymbol{E}=\begin{pmatrix}3&-1&2\\5&-2&3\\-1&0&-1\end{pmatrix}\rightarrow\begin{pmatrix}1&0&1\\5&-2&3\\3&-1&2\end{pmatrix}\rightarrow\begin{pmatrix}1&0&1\\0&1&1\\0&0&0\end{pmatrix}$$

得基础解系$\boldsymbol{\alpha}=(1,1,-1)^{\mathrm{T}}$. 所以，$\boldsymbol{A}$的属于特征值$\lambda_1=\lambda_2=\lambda_3=-1$的全部特征向量为

$$c\boldsymbol{\alpha}=c(1,1,-1)^{\mathrm{T}}(c\text{ 是不为零的任意常数})$$

(3) 矩阵$\boldsymbol{A}$的特征多项式

$$|\boldsymbol{A}-\lambda\boldsymbol{E}|=\begin{vmatrix}1-\lambda&3&1&2\\0&-1-\lambda&1&3\\0&0&3-\lambda&5\\0&0&0&3-\lambda\end{vmatrix}=(\lambda-1)(\lambda+1)(\lambda-3)^2$$

令$|\boldsymbol{A}-\lambda\boldsymbol{E}|=0$，得矩阵$\boldsymbol{A}$的特征值为$\lambda_1=1$，$\lambda_2=-1$，$\lambda_3=\lambda_4=3$.

当$\lambda_1=1$时，解方程组$(\boldsymbol{A}-\boldsymbol{E})\boldsymbol{x}=\boldsymbol{0}$，由

$$\boldsymbol{A}-\boldsymbol{E}=\begin{pmatrix}0&3&1&2\\0&-2&1&3\\0&0&2&5\\0&0&0&2\end{pmatrix}\rightarrow\begin{pmatrix}0&1&0&0\\0&0&1&0\\0&0&0&1\\0&0&0&0\end{pmatrix}$$

得基础解系$\boldsymbol{\alpha}_1=(1,0,0,0)^{\mathrm{T}}$. 所以，$\boldsymbol{A}$的属于特征值$\lambda_1=1$的全部特征向量为

$$c_1\boldsymbol{\alpha}_1=c_1(1,0,0,0)^{\mathrm{T}}(c_1\text{ 是不为零的任意常数})$$

当$\lambda_2=-1$时，解方程组$(\boldsymbol{A}+\boldsymbol{E})\boldsymbol{x}=\boldsymbol{0}$，由

$$\boldsymbol{A}+\boldsymbol{E}=\begin{pmatrix}2&3&1&2\\0&0&1&3\\0&0&4&5\\0&0&0&4\end{pmatrix}\rightarrow\begin{pmatrix}2&3&0&0\\0&0&1&0\\0&0&0&1\\0&0&0&0\end{pmatrix}$$

得基础解系$\boldsymbol{\alpha}_2=(-3,2,0,0)^{\mathrm{T}}$. 所以，$\boldsymbol{A}$的属于特征值$\lambda_2=-1$的全部特征向量为

$$c_2\boldsymbol{\alpha}_2=c_2(-3,2,0,0)^{\mathrm{T}}(c_2\text{ 是不为零的任意常数})$$

当$\lambda_3=\lambda_4=3$时，解方程组$(\boldsymbol{A}-3\boldsymbol{E})\boldsymbol{x}=\boldsymbol{0}$，由

$$\boldsymbol{A}-3\boldsymbol{E}=\begin{pmatrix}-2&3&1&2\\0&-4&1&3\\0&0&0&5\\0&0&0&0\end{pmatrix}\rightarrow\begin{pmatrix}2&-7&0&0\\0&-4&1&0\\0&0&0&1\\0&0&0&0\end{pmatrix}$$

得基础解系$\boldsymbol{\alpha}_3=(7,2,8,0)^{\mathrm{T}}$. 所以，$\boldsymbol{A}$的属于特征值$\lambda_3=\lambda_4=3$的全部特征向量为

$$c_3\boldsymbol{\alpha}_3=c_3(7,2,8,0)^{\mathrm{T}}(c_3\text{ 是不为零的任意常数})$$

练习　求下列矩阵的特征值和特征向量：

(1) $\begin{pmatrix}2&-4\\-3&3\end{pmatrix}$；　　(2) $\begin{pmatrix}3&-2&-4\\-2&6&-2\\-4&-2&3\end{pmatrix}$.

例 4.2 设 $\lambda=0$ 是矩阵 $\boldsymbol{A}=\begin{pmatrix}1&0&1\\0&2&0\\1&0&a\end{pmatrix}$ 的特征值，求参数 a 及矩阵 $\boldsymbol{A}$ 的另一特征值.

解 **方法 1**：由于 $|\boldsymbol{A}|$ 为所有特征值之积，故由已知可得 $|\boldsymbol{A}|=0$. 又 $|\boldsymbol{A}|=\begin{vmatrix}1&0&1\\0&2&0\\1&0&a\end{vmatrix}=2(a-1)$，所以 $a=1$.

矩阵的特征多项式为

$$|\boldsymbol{A}-\lambda\boldsymbol{E}|=\begin{vmatrix}1-\lambda&0&1\\0&2-\lambda&0\\1&0&1-\lambda\end{vmatrix}=-\lambda(2-\lambda)^2$$

令 $|\boldsymbol{A}-\lambda\boldsymbol{E}|=0$，得矩阵的另一特征值为 2.

方法 2：矩阵 $\boldsymbol{A}$ 的特征多项式为

$$|\boldsymbol{A}-\lambda\boldsymbol{E}|=\begin{vmatrix}1-\lambda&0&1\\0&2-\lambda&0\\1&0&a-\lambda\end{vmatrix}=(1-\lambda)(2-\lambda)(a-\lambda)-(2-\lambda)$$

因为 $\lambda=0$ 是 $\boldsymbol{A}$ 的特征值，所以将 $\lambda=0$ 代入上式有 $2a-2=0$，即 $a=1$.

将 $a=1$ 代入特征方程 $|\boldsymbol{A}-\lambda\boldsymbol{E}|=0$ 得 $\lambda(2-\lambda)(\lambda-2)=0$，从而 $\lambda=2$ 为 $\boldsymbol{A}$ 的另一特征值.

练习 若矩阵 $\boldsymbol{A}=\begin{pmatrix}4&6&0\\-3&-5&0\\-3&-6&1\end{pmatrix}$ 有一个特征向量 $\boldsymbol{\alpha}=(-1,\ 1,\ k)^{\mathrm{T}}$，求 k 的值和对应于 $\boldsymbol{\alpha}$ 的特征值.

题型二 求抽象矩阵的特征值和特征向量

对于元素没有具体给出的抽象矩阵，要根据题设条件，利用特征值与特征向量的定义，或由特征方程的根和特征值的有关性质确定特征值的取值.

例 4.3 设 n 阶矩阵 $\boldsymbol{A}$ 有特征值 λ，对应的特征向量为 $\boldsymbol{\alpha}$，求 $k\boldsymbol{A}$，$\boldsymbol{A}^2$，$\boldsymbol{A}^k$，$f(\boldsymbol{A})$ 的特征值和特征向量，其中 $f(x)$ 是多项式 $f(x)=a_0+a_1x+\cdots+a_nx^n$.

解 **方法 1**：利用定义，由题设条件，有 $\boldsymbol{A\alpha}=\lambda\boldsymbol{\alpha}$，$\boldsymbol{\alpha}\neq\boldsymbol{0}$. 因为 $k\boldsymbol{A\alpha}=k\lambda\boldsymbol{\alpha}$，所以 $k\boldsymbol{A}$ 有特征值 $k\lambda$，特征向量仍是 $\boldsymbol{\alpha}$. 因为 $\boldsymbol{A}^2\boldsymbol{\alpha}=\boldsymbol{A}(\boldsymbol{A\alpha})=\lambda(\lambda\boldsymbol{\alpha})=\lambda^2\boldsymbol{\alpha}$，所以 $\boldsymbol{A}^2$ 有特征值 λ^2，特征向量仍为 $\boldsymbol{\alpha}$. 因为 $\boldsymbol{A}^k\boldsymbol{\alpha}=\lambda\boldsymbol{A}^{k-1}\boldsymbol{\alpha}=\lambda^2\boldsymbol{A}^{k-2}\boldsymbol{\alpha}=\cdots=\lambda^k\boldsymbol{\alpha}$，所以 $\boldsymbol{A}^k$ 有特征值 λ^k，特征向量仍为 $\boldsymbol{\alpha}$. 由于

$$\begin{aligned}&(a_0\boldsymbol{E}+a_1\boldsymbol{A}+a_2\boldsymbol{A}^2+\cdots+a_n\boldsymbol{A}^n)\boldsymbol{\alpha}\\&=a_0\boldsymbol{\alpha}+a_1\boldsymbol{A\alpha}+a_2\boldsymbol{A}^2\boldsymbol{\alpha}+\cdots+a_n\boldsymbol{A}^n\boldsymbol{\alpha}\\&=a_0\boldsymbol{\alpha}+a_1\lambda\boldsymbol{\alpha}+a_2\lambda^2\boldsymbol{\alpha}+\cdots+a_n\lambda^n\boldsymbol{\alpha}=f(\lambda)\boldsymbol{\alpha}\end{aligned}$$

所以 $f(\boldsymbol{A})$ 有特征值 $f(\lambda)$，特征向量仍是 $\boldsymbol{\alpha}$.

方法 2：利用特征方程，由题设条件知 $|\boldsymbol{A}-\lambda\boldsymbol{E}|=0$ 且 $(\boldsymbol{A}-\lambda\boldsymbol{E})\boldsymbol{\alpha}=\boldsymbol{0}$，$\boldsymbol{\alpha}\neq\boldsymbol{0}$.

由于 $k^n|\boldsymbol{A}-\lambda\boldsymbol{E}|=|k\boldsymbol{A}-k\lambda\boldsymbol{E}|=0$，故 $k\boldsymbol{A}$ 有特征值 $k\lambda$，又

$$(k\boldsymbol{A}-k\lambda\boldsymbol{E})\boldsymbol{\alpha}=k(\boldsymbol{A}-\lambda\boldsymbol{E})\boldsymbol{\alpha}=\boldsymbol{0}$$

故 $\boldsymbol{\alpha}$ 仍是 $k\boldsymbol{A}$ 的对应于 $k\lambda$ 的特征向量.

由于 $|\boldsymbol{A}+\lambda\boldsymbol{E}||\boldsymbol{A}-\lambda\boldsymbol{E}|=|\boldsymbol{A}^2-\lambda^2\boldsymbol{E}|=0$，故 λ^2 是 $\boldsymbol{A}^2$ 的特征值. 又

$$(\boldsymbol{A}+\lambda\boldsymbol{E})(\boldsymbol{A}-\lambda\boldsymbol{E})\boldsymbol{\alpha}=(\boldsymbol{A}^2-\lambda^2\boldsymbol{E})\boldsymbol{\alpha}=\boldsymbol{0}$$

故 $\boldsymbol{\alpha}$ 仍是 $\boldsymbol{A}^2$ 的对应于 λ^2 的特征向量.

由于

$$|\boldsymbol{A}-\lambda\boldsymbol{E}||\lambda^{k-1}\boldsymbol{E}+\lambda^{k-2}\boldsymbol{A}+\cdots+\lambda\boldsymbol{A}^{k-2}+\boldsymbol{A}^{k-1}|=|\boldsymbol{A}^k-\lambda^k\boldsymbol{E}|=0$$

$$(\boldsymbol{A}-\lambda\boldsymbol{E})(\lambda^{k-1}\boldsymbol{E}+\lambda^{k-2}\boldsymbol{A}+\cdots+\lambda\boldsymbol{A}^{k-2}+\boldsymbol{A}^{k-1})\boldsymbol{\alpha}=(\boldsymbol{A}^k-\lambda^k\boldsymbol{E})\boldsymbol{\alpha}=\boldsymbol{0}$$

可知，$\boldsymbol{A}^k$ 有特征值 λ^k，特征向量仍为 $\boldsymbol{\alpha}$.

由上述证明同理可知 $[f(\lambda)-f(\boldsymbol{A})]\boldsymbol{\alpha}=\boldsymbol{0}$，$\boldsymbol{\alpha}\neq\boldsymbol{0}$，故 $f(\boldsymbol{A})$ 有特征值 $f(\lambda)$，特征向量仍是 $\boldsymbol{\alpha}$.

说明　求抽象矩阵的特征值和特征向量，基本思路有两条（即方法 1 和方法 2），但在该题中，利用定义显然更容易些.

例 4.4　设 n 阶可逆矩阵 $\boldsymbol{A}$ 有特征值 λ，对应的特征向量为 $\boldsymbol{\alpha}$，求 $\boldsymbol{A}^{-1}$，$\boldsymbol{A}^*$，$\boldsymbol{E}-\boldsymbol{A}^{-1}$ 的特征值和特征向量.

解　因为矩阵 $\boldsymbol{A}$ 可逆，故有 $\lambda\neq 0$，否则若 $\lambda=0$，则 $|\boldsymbol{A}-\lambda\boldsymbol{E}|=|\boldsymbol{A}|=0$，这和矩阵 $\boldsymbol{A}$ 可逆矛盾，故 $\lambda\neq 0$.

由 $\boldsymbol{A}\boldsymbol{\alpha}=\lambda\boldsymbol{\alpha}$，有 $\boldsymbol{A}^{-1}\boldsymbol{A}\boldsymbol{\alpha}=\lambda\boldsymbol{A}^{-1}\boldsymbol{\alpha}$，得 $\boldsymbol{A}^{-1}\boldsymbol{\alpha}=\dfrac{1}{\lambda}\boldsymbol{\alpha}$，故 $\boldsymbol{A}^{-1}$ 的特征值为 $\dfrac{1}{\lambda}$，特征向量仍是 $\boldsymbol{\alpha}$.

由 $\boldsymbol{A}\boldsymbol{\alpha}=\lambda\boldsymbol{\alpha}$，有 $\boldsymbol{A}^*\boldsymbol{A}\boldsymbol{\alpha}=|\boldsymbol{A}|\boldsymbol{E}\boldsymbol{\alpha}=\lambda\boldsymbol{A}^*\boldsymbol{\alpha}$，得 $\boldsymbol{A}^*\boldsymbol{\alpha}=\dfrac{|\boldsymbol{A}|}{\lambda}\boldsymbol{\alpha}$，故 $\boldsymbol{A}^*$ 的特征值为 $\dfrac{|\boldsymbol{A}|}{\lambda}$，特征向量仍是 $\boldsymbol{\alpha}$.

同理，$(\boldsymbol{E}-\boldsymbol{A}^{-1})\boldsymbol{\alpha}=\boldsymbol{\alpha}-\boldsymbol{A}^{-1}\boldsymbol{\alpha}=\boldsymbol{\alpha}-\dfrac{1}{\lambda}\boldsymbol{\alpha}=\left(1-\dfrac{1}{\lambda}\right)\boldsymbol{\alpha}$，故 $\boldsymbol{E}-\boldsymbol{A}^{-1}$ 的特征值为 $1-\dfrac{1}{\lambda}$，特征向量仍是 $\boldsymbol{\alpha}$.

说明　$\boldsymbol{A}$ 以及与 $\boldsymbol{A}$ 有关的常用矩阵的特征向量，总结如下表：

矩阵	$\boldsymbol{A}$	$k\boldsymbol{A}$	$\boldsymbol{A}^k$	$f(\boldsymbol{A})$	$\boldsymbol{A}^{-1}$	$\boldsymbol{A}^*$	$\boldsymbol{A}^{-1}+f(\boldsymbol{A})$
特征值	λ	$k\lambda$	λ^k	$f(\lambda)$	λ^{-1}	$\lambda^{-1}|\boldsymbol{A}|$	$\lambda^{-1}+f(\lambda)$
特征向量	$\boldsymbol{\alpha}$	$\boldsymbol{\alpha}$	$\boldsymbol{\alpha}$	$\boldsymbol{\alpha}$	$\boldsymbol{\alpha}$	$\boldsymbol{\alpha}$	$\boldsymbol{\alpha}$

例 4.5　设 $\boldsymbol{A}$ 满足 $\boldsymbol{A}^2-3\boldsymbol{A}+2\boldsymbol{E}=\boldsymbol{O}$，试求 $2\boldsymbol{A}^{-1}+3\boldsymbol{E}$ 的特征值.

解　设 λ 为 $\boldsymbol{A}$ 的特征值，对应的特征向量 $\boldsymbol{\alpha}\neq\boldsymbol{0}$，则 $\boldsymbol{A}\boldsymbol{\alpha}=\lambda\boldsymbol{\alpha}$，从而由

$$(\boldsymbol{A}^2-3\boldsymbol{A}+2\boldsymbol{E})\boldsymbol{\alpha}=\boldsymbol{A}^2\boldsymbol{\alpha}-3\boldsymbol{A}\boldsymbol{\alpha}+2\boldsymbol{\alpha}=(\lambda^2-3\lambda+2)\boldsymbol{\alpha}=\boldsymbol{0}$$

可得 $\lambda_1=1$，$\lambda_2=2$，又 $2\boldsymbol{A}^{-1}+3\boldsymbol{E}$ 的特征值为 $\dfrac{2}{\lambda}+3$，故 $2\boldsymbol{A}^{-1}+3\boldsymbol{E}$ 的特征值为 5 或 4.

练习　(1) 已知 $\boldsymbol{A}^2=\boldsymbol{A}$，求 $\boldsymbol{A}$ 的特征值.

(2) 设 n 阶矩阵 $\boldsymbol{A}$ 满足关系式 $\boldsymbol{A}^2+k\boldsymbol{A}+6\boldsymbol{E}=\boldsymbol{O}$，且 $\boldsymbol{A}$ 有特征值 2，求 k 的值.

例 4.6 设 4 阶方阵 $\boldsymbol{A}$ 满足 $|3\boldsymbol{E}+\boldsymbol{A}|=0$，$\boldsymbol{A}\boldsymbol{A}^{\mathrm{T}}=2\boldsymbol{E}$，$|\boldsymbol{A}|<0$，求方阵 $\boldsymbol{A}$ 的伴随矩阵 $\boldsymbol{A}^*$ 的一个特征值.

分析 若已知 $\boldsymbol{A}$ 的一个特征值 λ，再求出 $|\boldsymbol{A}|$，即可得到 $\boldsymbol{A}^*$ 的特征值 $\frac{|\boldsymbol{A}|}{\lambda}$. 由条件 $|3\boldsymbol{E}+\boldsymbol{A}|=0$ 即可求出 $\boldsymbol{A}$ 的一个特征值.

解 由 $|3\boldsymbol{E}+\boldsymbol{A}|=|\boldsymbol{A}-(-3)\boldsymbol{E}|=0$ 知 $\boldsymbol{A}$ 的一个特征值 $\lambda=-3$.

又由 $\boldsymbol{A}\boldsymbol{A}^{\mathrm{T}}=2\boldsymbol{E}$ 得 $|\boldsymbol{A}\boldsymbol{A}^{\mathrm{T}}|=|2\boldsymbol{E}|=2^4|\boldsymbol{E}|=16$，即 $|\boldsymbol{A}||\boldsymbol{A}^{\mathrm{T}}|=|\boldsymbol{A}|^2=16$. 从而 $|\boldsymbol{A}|=\pm4$，因为 $|\boldsymbol{A}|<0$，所以 $|\boldsymbol{A}|=-4$，故伴随矩阵 $\boldsymbol{A}^*$ 的一个特征值为 $\frac{|\boldsymbol{A}|}{\lambda}=\frac{4}{3}$.

例 4.7 设 $\boldsymbol{A}$ 为 n 阶实矩阵，$\boldsymbol{A}\boldsymbol{A}^{\mathrm{T}}=\boldsymbol{E}$，$|\boldsymbol{A}|<0$，试求 $(\boldsymbol{A}^{-1})^*$ 的一个特征值.

解 由于 $(\boldsymbol{A}^{-1})^*=(\boldsymbol{A}^*)^{-1}$，故可先算 $\boldsymbol{A}^*$ 的特征值，而这又只需算出 $\boldsymbol{A}$ 的特征值及 $|\boldsymbol{A}|$.

因为 $\boldsymbol{A}\boldsymbol{A}^{\mathrm{T}}=\boldsymbol{E}$，所以 $|\boldsymbol{A}|^2=1$，即 $|\boldsymbol{A}|=\pm1$，又 $|\boldsymbol{A}|<0$，所以 $|\boldsymbol{A}|=-1$. 而

$$|\boldsymbol{A}+\boldsymbol{E}|=|\boldsymbol{A}+\boldsymbol{A}\boldsymbol{A}^{\mathrm{T}}|=|\boldsymbol{A}||\boldsymbol{A}^{\mathrm{T}}+\boldsymbol{E}|=|\boldsymbol{A}||\boldsymbol{A}+\boldsymbol{E}|=-|\boldsymbol{A}+\boldsymbol{E}|$$

所以 $|\boldsymbol{A}+\boldsymbol{E}|=0$，即 $\lambda=-1$ 是 $\boldsymbol{A}$ 的一个特征值.

于是可得 $\boldsymbol{A}^*$ 的一个特征值为 $\frac{|\boldsymbol{A}|}{\lambda}=1$，所以 $(\boldsymbol{A}^*)^{-1}$ 即 $(\boldsymbol{A}^{-1})^*$ 的一个特征值为 1.

题型三　由特征值或特征向量确定矩阵中的参数

若已知条件中给出特征向量，则由定义 $\boldsymbol{A}\boldsymbol{\alpha}=\lambda\boldsymbol{\alpha}$ 可以求出矩阵 $\boldsymbol{A}$ 中的参数和特征向量 $\boldsymbol{\alpha}$ 对应的特征值 λ；若只给出特征值而没有给出特征向量，则一般用特征方程 $|\boldsymbol{A}-\lambda\boldsymbol{E}|=0$ 求解.

例 4.8 已知向量 $\boldsymbol{\alpha}=\begin{pmatrix}1\\k\\1\end{pmatrix}$ 是矩阵 $\boldsymbol{A}=\begin{pmatrix}2&1&1\\1&2&1\\1&1&2\end{pmatrix}$ 的逆矩阵 $\boldsymbol{A}^{-1}$ 的特征向量，试求常数 k 的值.

解 设 λ 是特征向量 $\boldsymbol{\alpha}$ 对应的特征值，即 $\boldsymbol{A}^{-1}\boldsymbol{\alpha}=\lambda\boldsymbol{\alpha}$，则 $\boldsymbol{A}\boldsymbol{\alpha}=\frac{1}{\lambda}\boldsymbol{\alpha}$，故 $\boldsymbol{\alpha}$ 也是 $\boldsymbol{A}$ 的特征向量.

由 $\left|\boldsymbol{A}-\frac{1}{\lambda}\boldsymbol{E}\right|=-\left(\frac{1}{\lambda}-1\right)^2\left(\frac{1}{\lambda}-4\right)=0$，可求得 $\boldsymbol{A}$ 的特征值为 $\frac{1}{\lambda_1}=\frac{1}{\lambda_2}=1$，$\frac{1}{\lambda_3}=4$. 由 $\boldsymbol{A}\boldsymbol{\alpha}=\frac{1}{\lambda}\boldsymbol{\alpha}$，将特征值代入可解得 $k=-2$ 或 $k=1$.

例 4.9 设矩阵 $\boldsymbol{A}=\begin{pmatrix}a&-1&c\\5&b&3\\1-c&0&-a\end{pmatrix}$，其行列式 $|\boldsymbol{A}|=-1$，又 $\boldsymbol{A}$ 的伴随矩阵 $\boldsymbol{A}^*$ 有一个特征值 λ_0，属于 λ_0 的一个特征向量为 $\boldsymbol{\alpha}=(-1,-1,1)^{\mathrm{T}}$，求 a，b，c 和 λ_0 的值.

解 由题意有 $\boldsymbol{A}^*\boldsymbol{\alpha}=\lambda_0\boldsymbol{\alpha}$，则 $\boldsymbol{A}\boldsymbol{A}^*\boldsymbol{\alpha}=\lambda_0\boldsymbol{A}\boldsymbol{\alpha}$，而 $\boldsymbol{A}\boldsymbol{A}^*=|\boldsymbol{A}|\boldsymbol{E}=-\boldsymbol{E}$，所以，$\lambda_0\boldsymbol{A}\boldsymbol{\alpha}=-\boldsymbol{\alpha}$，即

$$\lambda_0\begin{pmatrix}a & -1 & c\\ 5 & b & 3\\ 1-c & 0 & -a\end{pmatrix}\begin{pmatrix}-1\\ -1\\ 1\end{pmatrix}=-\begin{pmatrix}-1\\ -1\\ 1\end{pmatrix}$$

也即$\begin{cases}\lambda_0(-a+1+c)=1\\ \lambda_0(-5-b+3)=1\text{；}\\ \lambda_0(c-1-a)=-1\end{cases}$解之得 $\lambda_0=1$，$b=-3$，$a=c$.

由 $|\boldsymbol{A}|=-1$ 和 $a=c$，$b=-3$，有

$$\begin{vmatrix}a & -1 & a\\ 5 & -3 & 3\\ 1-a & 0 & -a\end{vmatrix}=a-3=-1$$

故 $a=c=2$，因此 $a=2$，$b=-3$，$c=2$，$\lambda_0=1$.

例4.10　设矩阵 $\boldsymbol{A}=\begin{pmatrix}0 & 0 & 1\\ a & 1 & b\\ 1 & 0 & 0\end{pmatrix}$ 有三个线性无关的向量，求 a 与 b 应满足的条件.

解　矩阵的特征多项式为

$$|\boldsymbol{A}-\lambda\boldsymbol{E}|=\begin{vmatrix}-\lambda & 0 & 1\\ a & 1-\lambda & b\\ 1 & 0 & -\lambda\end{vmatrix}=(1-\lambda)\begin{vmatrix}-\lambda & 1\\ 1 & -\lambda\end{vmatrix}=-(\lambda-1)^2(\lambda+1)$$

所以 $\boldsymbol{A}$ 的特征值为 $\lambda_1=\lambda_2=1$，$\lambda_3=-1$.

由于不同的特征值对应的向量线性无关，所以若 $\boldsymbol{A}$ 有三个线性无关的特征向量，则对应于 $\lambda_1=\lambda_2=1$ 应有两个线性无关的特征向量，从而 $\mathrm{R}(\boldsymbol{A}-\boldsymbol{E})=1$，由

$$\boldsymbol{A}-\boldsymbol{E}=\begin{pmatrix}-1 & 0 & 1\\ a & 0 & b\\ 1 & 0 & -1\end{pmatrix}\rightarrow\begin{pmatrix}-1 & 0 & 1\\ 0 & 0 & a+b\\ 0 & 0 & 0\end{pmatrix}$$

知，当 $a+b=0$ 时，$\mathrm{R}(\boldsymbol{A}-\boldsymbol{E})=1$，此时 $\boldsymbol{A}$ 有三个线性无关的特征向量.

练习　设 $\boldsymbol{A}=\begin{pmatrix}1 & -1 & 0\\ 2 & x & 0\\ 4 & 2 & 1\end{pmatrix}$，且 $\boldsymbol{A}$ 的特征值为 1，2，3，试求 x 的值.

题型四　有关特征值与特征向量性质的证明

有关特征值与特征向量的证明问题，通常是由定义 $\boldsymbol{A\alpha}=\lambda\boldsymbol{\alpha}$ 出发，经过恒等变形推证有关结论.

例4.11　设 n 维实向量 $\boldsymbol{\alpha}=(a_1,\ a_2,\ \cdots,\ a_n)^{\mathrm{T}}$，证明：$\|\boldsymbol{\alpha}\|^2$ 是 $\boldsymbol{A}=\boldsymbol{\alpha\alpha}^{\mathrm{T}}$ 的特征值.

证　若 $\boldsymbol{\alpha}=\boldsymbol{0}$，则 $\boldsymbol{A}=\boldsymbol{\alpha\alpha}^{\mathrm{T}}=\boldsymbol{0}$，显然 $\boldsymbol{A}$ 有零特征值，此时 $\|\boldsymbol{\alpha}\|^2=0$，故 $\|\boldsymbol{\alpha}\|^2$ 是 $\boldsymbol{A}$ 的特征值.

若 $\boldsymbol{\alpha}\neq\boldsymbol{0}$，则 $\boldsymbol{A\alpha}=\boldsymbol{\alpha\alpha}^{\mathrm{T}}\boldsymbol{\alpha}=(\boldsymbol{\alpha}^{\mathrm{T}}\boldsymbol{\alpha})^{\mathrm{T}}\boldsymbol{\alpha}=\|\boldsymbol{\alpha}\|^2\boldsymbol{\alpha}$，由定义可知 $\|\boldsymbol{\alpha}\|^2$ 是 $\boldsymbol{A}$ 的特征值，对应的特征向量为 $\boldsymbol{\alpha}$.

例4.12　设 $\boldsymbol{\alpha}_1$，$\boldsymbol{\alpha}_2$ 是 $\boldsymbol{A}$ 的分别对应于不同特征值 λ_1，λ_2 的特征向量，证明：$\boldsymbol{\alpha}_1+\boldsymbol{\alpha}_2$ 不是 $\boldsymbol{A}$ 的特征向量.

证 用反证法. 假设 $\boldsymbol{\alpha}_1+\boldsymbol{\alpha}_2$ 是 $\boldsymbol{A}$ 的特征向量，其对应的特征值是 λ，则有

$$\boldsymbol{A}(\boldsymbol{\alpha}_1+\boldsymbol{\alpha}_2)=\lambda(\boldsymbol{\alpha}_1+\boldsymbol{\alpha}_2)$$

而由题设知 $\boldsymbol{A}\boldsymbol{\alpha}_1=\lambda_1\boldsymbol{\alpha}_1$，$\boldsymbol{A}\boldsymbol{\alpha}_2=\lambda_2\boldsymbol{\alpha}_2$，故有

$$\boldsymbol{A}(\boldsymbol{\alpha}_1+\boldsymbol{\alpha}_2)=\boldsymbol{A}\boldsymbol{\alpha}_1+\boldsymbol{A}\boldsymbol{\alpha}_2=\lambda_1\boldsymbol{\alpha}_1+\lambda_2\boldsymbol{\alpha}_2=\lambda\boldsymbol{\alpha}_1+\lambda\boldsymbol{\alpha}_2$$

从而有

$$(\lambda_1-\lambda)\boldsymbol{\alpha}_1+(\lambda_2-\lambda)\boldsymbol{\alpha}_2=\boldsymbol{0}$$

因不同特征值对应的特征向量线性无关，故有 $\lambda_1=\lambda=\lambda_2$，这与题设 $\lambda_1\neq\lambda_2$ 矛盾. 故不同特征值对应的特征向量之和不再是 $\boldsymbol{A}$ 的特征向量.

例4.13 设 $\boldsymbol{A}$ 为 n 阶方阵，$\boldsymbol{A}\neq\boldsymbol{E}$，且 $\mathrm{R}(\boldsymbol{A}+3\boldsymbol{E})+\mathrm{R}(\boldsymbol{A}-\boldsymbol{E})=n$. 证明：$-3$ 是 $\boldsymbol{A}$ 的特征值.

证 因为 $\boldsymbol{A}\neq\boldsymbol{E}$，所以 $\boldsymbol{A}-\boldsymbol{E}\neq\boldsymbol{0}$，故 $\mathrm{R}(\boldsymbol{A}-\boldsymbol{E})>0$. 由 $\mathrm{R}(\boldsymbol{A}+3\boldsymbol{E})+\mathrm{R}(\boldsymbol{A}-\boldsymbol{E})=n$，得 $\mathrm{R}(\boldsymbol{A}+3\boldsymbol{E})<n$，所以 $(\boldsymbol{A}+3\boldsymbol{E})\boldsymbol{x}=\boldsymbol{0}$ 有非零解，故 $|\boldsymbol{A}+3\boldsymbol{E}|=0$，即 -3 是 $\boldsymbol{A}$ 的特征值.

例4.14 设 $\boldsymbol{A}$，$\boldsymbol{B}$ 是 n 阶方阵：

(1) $\boldsymbol{A}$，$\boldsymbol{B}$ 均为对称矩阵，证明：$\boldsymbol{AB}$ 与 $\boldsymbol{BA}$ 有相同的特征值.

(2) $\boldsymbol{A}$ 是可逆矩阵(或 $\boldsymbol{B}$ 是可逆矩阵)，证明：$\boldsymbol{AB}$ 与 $\boldsymbol{BA}$ 有相同的特征值.

证 (1) **方法 1**：因为 $(\boldsymbol{AB})^{\mathrm{T}}=\boldsymbol{B}^{\mathrm{T}}\boldsymbol{A}^{\mathrm{T}}=\boldsymbol{BA}$，又因为若 $\boldsymbol{C}$ 是 n 阶方阵，则有

$$|\boldsymbol{C}-\lambda\boldsymbol{E}|=|(\boldsymbol{C}-\lambda\boldsymbol{E})^{\mathrm{T}}|=|\boldsymbol{C}^{\mathrm{T}}-\lambda\boldsymbol{E}|$$

可知 $\boldsymbol{C}$ 与 $\boldsymbol{C}^{\mathrm{T}}$ 有相同的特征值，故 $\boldsymbol{AB}$ 与 $(\boldsymbol{AB})^{\mathrm{T}}=\boldsymbol{BA}$ 有相同的特征值.

方法 2：因为 $\boldsymbol{A}^{\mathrm{T}}=\boldsymbol{A}$，$\boldsymbol{B}^{\mathrm{T}}=\boldsymbol{B}$，故有

$$|\boldsymbol{AB}-\lambda\boldsymbol{E}|=|(\boldsymbol{AB}-\lambda\boldsymbol{E})^{\mathrm{T}}|=|(\boldsymbol{AB})^{\mathrm{T}}-\lambda\boldsymbol{E}|=|\boldsymbol{B}^{\mathrm{T}}\boldsymbol{A}^{\mathrm{T}}-\lambda\boldsymbol{E}|=|\boldsymbol{BA}-\lambda\boldsymbol{E}|$$

从而知 $\boldsymbol{AB}$ 与 $\boldsymbol{BA}$ 的特征方程一样，因而特征值也相同.

(2) 由题设条件，$\boldsymbol{A}$ 可逆，故有

$$\boldsymbol{A}^{-1}(\boldsymbol{AB})\boldsymbol{A}=(\boldsymbol{A}^{-1}\boldsymbol{A})\boldsymbol{BA}=\boldsymbol{BA}$$

故 $\boldsymbol{AB}\sim\boldsymbol{BA}$，而相似矩阵有相同的特征值，从而得证 $\boldsymbol{AB}$ 与 $\boldsymbol{BA}$ 有相同的特征值.

题型五　方阵可相似对角化的判别

判别矩阵 $\boldsymbol{A}$ 可相似对角化的条件：

(1) 若矩阵 $\boldsymbol{A}$ 为实对称矩阵，则矩阵 $\boldsymbol{A}$ 可相似对角化.

(2) 若 n 阶方阵 $\boldsymbol{A}$ 有 n 个互不相同的特征值，则矩阵 $\boldsymbol{A}$ 可相似对角化.

(3) n 阶方阵 $\boldsymbol{A}$ 可相似对角化的充分必要条件是 $\boldsymbol{A}$ 有 n 个线性无关的特征向量.

(4) n 阶方阵 $\boldsymbol{A}$ 可相似对角化的充分必要条件是 $\boldsymbol{A}$ 的 k 重特征值有 k 个线性无关的特征向量.

例4.15 判断下列矩阵是否可相似对角化：

(1) $\boldsymbol{A}=\begin{pmatrix}2&1&1\\0&2&0\\0&-1&1\end{pmatrix}$；

(2) $\boldsymbol{A}=\begin{pmatrix}4&2&3\\2&1&2\\-1&-2&0\end{pmatrix}$.

解 (1) 矩阵 $\boldsymbol{A}$ 的特征多项式为

$$|\boldsymbol{A}-\lambda\boldsymbol{E}|=\begin{vmatrix}2-\lambda & 1 & 1\\ 0 & 2-\lambda & 0\\ 0 & -1 & 1-\lambda\end{vmatrix}=-(\lambda-2)^2(\lambda-1)$$

由 $|\boldsymbol{A}-\lambda\boldsymbol{E}|=0$，得矩阵 $\boldsymbol{A}$ 的特征值为 $\lambda_1=1$，$\lambda_2=\lambda_3=2$.

对于 $\lambda_1=1$，解齐次线性方程组 $(\boldsymbol{A}-\boldsymbol{E})\boldsymbol{x}=\boldsymbol{0}$，可得方程组的一个基础解系 $\boldsymbol{\alpha}_1=(-1,0,1)^{\mathrm{T}}$.

对于 $\lambda_2=\lambda_3=2$，解齐次线性方程组 $(\boldsymbol{A}-2\boldsymbol{E})\boldsymbol{x}=\boldsymbol{0}$，可得方程组的一个基础解系 $\boldsymbol{\alpha}_2=(1,0,0)^{\mathrm{T}}$，$\boldsymbol{\alpha}_3=(0,-1,1)^{\mathrm{T}}$.

由于 $\boldsymbol{A}$ 有三个线性无关的特征向量，故 $\boldsymbol{A}$ 可对角化.

(2) 矩阵 $\boldsymbol{A}$ 的特征多项式为

$$|\boldsymbol{A}-\lambda\boldsymbol{E}|=\begin{vmatrix}4-\lambda & 2 & 3\\ 2 & 1-\lambda & 2\\ -1 & -2 & -\lambda\end{vmatrix}=-(\lambda-1)^2(\lambda-3)$$

由 $|\boldsymbol{A}-\lambda\boldsymbol{E}|=0$，得矩阵 $\boldsymbol{A}$ 的特征值为 $\lambda_1=\lambda_2=1$，$\lambda_3=3$.

对于 $\lambda_1=\lambda_2=1$，解齐次线性方程组 $(\boldsymbol{A}-\boldsymbol{E})\boldsymbol{x}=\boldsymbol{0}$，可得方程组的一个基础解系 $\boldsymbol{\alpha}_1=(1,0,-1)^{\mathrm{T}}$，由于对应于 $\lambda_1=\lambda_2=1$ 的特征向量只有一个，故 $\boldsymbol{A}$ 不可对角化.

练习 判断矩阵 $\boldsymbol{A}=\begin{pmatrix}1 & -2 & 0\\ -2 & 2 & -2\\ 0 & -2 & -3\end{pmatrix}$ 是否可相似对角化.

例4.16 设 $\boldsymbol{A}=\begin{pmatrix}1 & 0 & 2\\ 0 & 1 & 4\\ a+5 & -a-2 & 2a\end{pmatrix}$，问 a 为何值时 $\boldsymbol{A}$ 能对角化?

解 矩阵的特征多项式为

$$|\boldsymbol{A}-\lambda\boldsymbol{E}|=\begin{vmatrix}1-\lambda & 0 & 2\\ 0 & 1-\lambda & 4\\ a+5 & -a-2 & 2a-\lambda\end{vmatrix}=(1-\lambda)(\lambda-2)[\lambda-(2a-1)]$$

①当 $2a-1\neq1,2$，即 $a\neq1,\dfrac{3}{2}$ 时，$\boldsymbol{A}$ 有三个不同的特征值，故 $\boldsymbol{A}$ 可对角化.

②当 $2a-1=1$，即 $a=1$ 时，$\boldsymbol{A}$ 有特征值 1（二重）和 2. 当 $\lambda=1$ 时，

$$\boldsymbol{A}-\boldsymbol{E}=\begin{pmatrix}0 & 0 & 2\\ 0 & 0 & 4\\ 6 & -3 & 1\end{pmatrix}\to\begin{pmatrix}6 & -3 & 1\\ 0 & 0 & 2\\ 0 & 0 & 0\end{pmatrix},\ \mathrm{R}(\boldsymbol{A}-\boldsymbol{E})=2$$

从而 $\lambda=1$ 的线性无关的特征向量只有一个，故不可对角化.

③当 $2a-1=2$，即 $a=\dfrac{3}{2}$ 时，$\boldsymbol{A}$ 有特征值 1 和 2（二重）. 当 $\lambda=2$ 时，

$$\boldsymbol{A}-2\boldsymbol{E}=\begin{pmatrix}-1 & 0 & 2\\ 0 & -1 & 4\\ 13/2 & -7/2 & 1\end{pmatrix}\to\begin{pmatrix}-1 & 0 & 2\\ 0 & -1 & 4\\ 0 & -7 & 28\end{pmatrix}\to\begin{pmatrix}-1 & 0 & 2\\ 0 & -1 & 4\\ 0 & 0 & 0\end{pmatrix}$$

有 $R(\boldsymbol{A}-2\boldsymbol{E})=2$，从而 $\lambda=2$ 的线性无关的特征向量只有一个，故不可对角化.

故当 $a\neq1$，$\frac{3}{2}$时，$\boldsymbol{A}$ 可对角化.

例4.17 已知矩阵 $\boldsymbol{A}=\begin{pmatrix}1 & a & -3\\ -1 & 4 & -3\\ 1 & -2 & 5\end{pmatrix}$的特征值有二重根，判断矩阵 $\boldsymbol{A}$ 能否对角化.

解 矩阵的特征多项式为

$$|\boldsymbol{A}-\lambda\boldsymbol{E}|=\begin{vmatrix}1-\lambda & a & -3\\ -1 & 4-\lambda & -3\\ 1 & -2 & 5-\lambda\end{vmatrix}=\begin{vmatrix}1-\lambda & a & -3\\ -1 & 4-\lambda & -3\\ 0 & 2-\lambda & 2-\lambda\end{vmatrix}$$

$$=(2-\lambda)\begin{vmatrix}1-\lambda & a & -3\\ -1 & 4-\lambda & -3\\ 0 & 1 & 1\end{vmatrix}=(2-\lambda)\begin{vmatrix}1-\lambda & 3+a & 0\\ -1 & 7-\lambda & 0\\ 0 & 1 & 1\end{vmatrix}$$

$$=(2-\lambda)\begin{vmatrix}1-\lambda & 3+a\\ -1 & 7-\lambda\end{vmatrix}$$

$$=(2-\lambda)(\lambda^2-8\lambda+10+a)$$

（1）若 $\lambda=2$ 是二重根，则 $\lambda^2-8\lambda+10+a$ 中含有 $2-\lambda$ 的因式，于是 $2^2-16+10+a=0$，解出 $a=2$，此时矩阵 $\boldsymbol{A}$ 的三个特征值是 2，2，6. 对于 $\lambda=2$，由于

$$\boldsymbol{A}-2\boldsymbol{E}=\begin{pmatrix}-1 & 2 & -3\\ -1 & 2 & -3\\ 1 & -2 & 3\end{pmatrix}\rightarrow\begin{pmatrix}-1 & 2 & -3\\ 0 & 0 & 0\\ 0 & 0 & 0\end{pmatrix}$$

所以 $R(\boldsymbol{A}-2\boldsymbol{E})=1$，故 $\lambda=2$ 有两个线性无关的特征向量，$\boldsymbol{A}$ 可对角化.

（2）若 $\lambda=2$ 不是重根，则 $\lambda^2-8\lambda+10+a$ 是完全平方数，于是知 $a=6$，矩阵 $\boldsymbol{A}$ 的特征值为 2，4，4. 对于 $\lambda=4$，由于

$$\boldsymbol{A}-4\boldsymbol{E}=\begin{pmatrix}-3 & 6 & -3\\ -1 & 0 & -3\\ 1 & -2 & 1\end{pmatrix}\rightarrow\begin{pmatrix}1 & -2 & 1\\ 0 & -2 & -2\\ 0 & 0 & 0\end{pmatrix}$$

所以 $R(\boldsymbol{A}-4\boldsymbol{E})=2$，知 $\lambda=4$ 只有一个线性无关的特征向量，故 $\boldsymbol{A}$ 不能对角化.

练习 设矩阵 $\boldsymbol{A}=\begin{pmatrix}2 & 0 & 1\\ 3 & 1 & x\\ 4 & 0 & 5\end{pmatrix}$可相似对角化，求 x.

例4.18 设 $\boldsymbol{A}$ 是 3 阶矩阵，若 $\boldsymbol{E}+\boldsymbol{A}$，$3\boldsymbol{E}-\boldsymbol{A}$，$\boldsymbol{E}-3\boldsymbol{A}$ 均不可逆，判断 $\boldsymbol{A}$ 是否相似于对角矩阵.

解 由于 $\boldsymbol{E}+\boldsymbol{A}$，$3\boldsymbol{E}-\boldsymbol{A}$，$\boldsymbol{E}-3\boldsymbol{A}$ 均不可逆，所以有

$$|\boldsymbol{E}+\boldsymbol{A}|=0,\quad|3\boldsymbol{E}-\boldsymbol{A}|=0,\quad|\boldsymbol{E}-3\boldsymbol{A}|=0$$

由行列式的性质可得

$$(-1)^3|-\boldsymbol{E}-\boldsymbol{A}|=0,\quad|3\boldsymbol{E}-\boldsymbol{A}|=0,\quad3^3\left|\frac{1}{3}\boldsymbol{E}-\boldsymbol{A}\right|=0$$

即

$$|-\boldsymbol{E}-\boldsymbol{A}|=0,\ |3\boldsymbol{E}-\boldsymbol{A}|=0,\ \left|\frac{1}{3}\boldsymbol{E}-\boldsymbol{A}\right|=0$$

所以-1，3，$\frac{1}{3}$是矩阵$\boldsymbol{A}$的三个不同的特征值，故能相似于对角矩阵.

例4.19 证明以下结论：

(1) 设$\boldsymbol{A}$为2阶实矩阵，$|\boldsymbol{A}|<0$，则$\boldsymbol{A}$与对角矩阵相似；

(2) 设$\boldsymbol{A}=\begin{pmatrix} a & b \\ c & d \end{pmatrix}$，$ad-bc=1$，$|a+d|>2$，则$\boldsymbol{A}$与对角矩阵相似.

证 (1) 设$\boldsymbol{A}=\begin{pmatrix} a_{11} & a_{12} \\ a_{21} & a_{22} \end{pmatrix}$，则$|\boldsymbol{A}|=\begin{vmatrix} a_{11} & a_{12} \\ a_{21} & a_{22} \end{vmatrix}$. 令

$$\begin{aligned} f(\lambda)=|\boldsymbol{A}-\lambda\boldsymbol{E}|&=\begin{vmatrix} a_{11}-\lambda & a_{12} \\ a_{21} & a_{22}-\lambda \end{vmatrix}=\lambda^2-(a_{11}+a_{22})\lambda+\begin{vmatrix} a_{11} & a_{12} \\ a_{21} & a_{22} \end{vmatrix} \\ &=\lambda^2-(a_{11}+a_{22})\lambda+|\boldsymbol{A}| \end{aligned}$$

设$\boldsymbol{A}$的两个特征值为λ_1，λ_2，则由$\lambda_1\lambda_2=|\boldsymbol{A}|<0$可知$\lambda_1$，$\lambda_2$异号，故$\boldsymbol{A}$可对角化.

(2) 矩阵$\boldsymbol{A}$的特征多项式为

$$f(\lambda)=|\boldsymbol{A}-\lambda\boldsymbol{E}|=\begin{vmatrix} a-\lambda & b \\ c & d-\lambda \end{vmatrix}=\lambda^2-(a+d)\lambda+ad-bc=\lambda^2-(a+d)\lambda+1$$

因为$|a+d|>2$，所以$f(\lambda)$的判别式$\Delta=(a+d)^2-4>0$，故$f(\lambda)=0$有两个不同的实根，即$\boldsymbol{A}$有两个不同的非零特征值，所以$\boldsymbol{A}$可对角化.

题型六　确定相似变换矩阵与对角矩阵

求相似矩阵与对角矩阵的步骤：

(1) 求出n阶矩阵$\boldsymbol{A}$的所有不同的特征值和特征向量；

(2) 判别$\boldsymbol{A}$是否可对角化；

(3) 当$\boldsymbol{A}$可对角化时，求出可逆矩阵$\boldsymbol{P}$和对角矩阵$\boldsymbol{\Lambda}$.

例4.20 若矩阵$\boldsymbol{A}=\begin{pmatrix} 2 & 2 & 0 \\ 8 & 2 & a \\ 0 & 0 & 6 \end{pmatrix}$相似于对角矩阵$\boldsymbol{\Lambda}$，试确定常数$a$的值，并求可逆矩阵$\boldsymbol{P}$，使$\boldsymbol{P}^{-1}\boldsymbol{A}\boldsymbol{P}=\boldsymbol{\Lambda}$.

解 矩阵$\boldsymbol{A}$的特征多项式为

$$|\boldsymbol{A}-\lambda\boldsymbol{E}|=\begin{vmatrix} 2-\lambda & 2 & 0 \\ 8 & 2-\lambda & a \\ 0 & 0 & 6-\lambda \end{vmatrix}=-(\lambda-6)^2(\lambda+2)$$

$\boldsymbol{A}$的特征值为$\lambda_1=\lambda_2=6$，$\lambda_3=-2$.

由于$\boldsymbol{A}$相似于对角矩阵，故对于$\lambda_1=\lambda_2=6$应有两个线性无关的特征向量，因此，$\mathrm{R}(\boldsymbol{A}-6\boldsymbol{E})=1$，由

$$\boldsymbol{A}-6\boldsymbol{E}=\begin{pmatrix} -4 & 2 & 0 \\ 8 & -4 & a \\ 0 & 0 & 0 \end{pmatrix}\to\begin{pmatrix} 2 & -1 & 0 \\ 0 & 0 & a \\ 0 & 0 & 0 \end{pmatrix}$$

知 $a=0$，此时可得 $\lambda_1=\lambda_2=6$ 的两个线性无关的特征向量 $\boldsymbol{\alpha}_1=(1,\ 2,\ 0)^{\mathrm{T}}$，$\boldsymbol{\alpha}_2=(0,\ 0,\ 1)^{\mathrm{T}}$.

当 $\lambda=-2$ 时，$\boldsymbol{\alpha}_3=(1,\ -2,\ 0)^{\mathrm{T}}$，令 $\boldsymbol{P}=\begin{pmatrix}1&0&1\\2&0&-2\\0&1&0\end{pmatrix}$，则有

$$\boldsymbol{P}^{-1}\boldsymbol{A}\boldsymbol{P}=\begin{pmatrix}6&0&0\\0&6&0\\0&0&-2\end{pmatrix}$$

例4.21 设 n 阶方阵 $\boldsymbol{A}=\begin{pmatrix}1&b&\cdots&b\\b&1&\cdots&b\\\vdots&\vdots&&\vdots\\b&b&\cdots&1\end{pmatrix}$.（1）求 $\boldsymbol{A}$ 的特征值和特征向量；（2）求可逆矩阵 $\boldsymbol{P}$，使 $\boldsymbol{P}^{-1}\boldsymbol{A}\boldsymbol{P}$ 为对角矩阵.

解 （1）当 $b=0$ 时，$\boldsymbol{A}=\boldsymbol{E}$，则特征值为 $\lambda_1=\cdots=\lambda_n=1$. 又因 $\boldsymbol{E}\boldsymbol{\alpha}=1\boldsymbol{\alpha}$，即任何非零列向量均为 1 的特征向量，所以对任意可逆矩阵 $\boldsymbol{P}$，均有 $\boldsymbol{P}^{-1}\boldsymbol{A}\boldsymbol{P}=\boldsymbol{P}^{-1}\boldsymbol{E}\boldsymbol{P}=\boldsymbol{E}$.

（2）当 $b\neq0$ 时，

$$|\boldsymbol{A}-\lambda\boldsymbol{E}|=\begin{vmatrix}1-\lambda&b&\cdots&b\\b&1-\lambda&\cdots&b\\\vdots&\vdots&&\vdots\\b&b&\cdots&1-\lambda\end{vmatrix}=\begin{vmatrix}1-\lambda+(n-1)b&b&\cdots&b\\1-\lambda+(n-1)b&1-\lambda&\cdots&b\\\vdots&\vdots&&\vdots\\1-\lambda+(n-1)b&b&\cdots&1-\lambda\end{vmatrix}$$

$$=[1-\lambda+(n-1)b]\begin{vmatrix}1&b&\cdots&b\\1&1-\lambda&\cdots&b\\\vdots&\vdots&&\vdots\\1&b&\cdots&1-\lambda\end{vmatrix}$$

$$=[1-\lambda+(n-1)b]\begin{vmatrix}1&b&\cdots&b\\0&1-b-\lambda&\cdots&0\\\vdots&\vdots&&\vdots\\0&0&\cdots&1-b-\lambda\end{vmatrix}$$

$$=[1-\lambda+(n-1)b][(1-b)-\lambda]^{n-1}$$

故 $\boldsymbol{A}$ 的特征值为 $\lambda_1=1+(n-1)b$，$\lambda_2=\cdots=\lambda_n=1-b$.

当 $\lambda_1=1+(n-1)b$ 时，

$$\boldsymbol{A}-\lambda\boldsymbol{E}=\begin{pmatrix}(1-n)b&b&b&\cdots&b\\b&(1-n)b&b&\cdots&b\\b&b&(1-n)b&\cdots&b\\\vdots&\vdots&\vdots&&\vdots\\b&b&b&\cdots&(1-n)b\end{pmatrix}\to\begin{pmatrix}1&0&0&\cdots&0&-1\\0&1&0&\cdots&0&-1\\0&0&1&\cdots&0&-1\\\vdots&\vdots&\vdots&&\vdots&\vdots\\0&0&0&\cdots&1&-1\\0&0&0&\cdots&0&0\end{pmatrix}$$

原方程组的同解方程组为

$$\begin{cases} x_1 = x_n \\ x_2 = x_n \\ \cdots\cdots \\ x_{n-1} = x_n \end{cases}$$

得特征向量 $\boldsymbol{\alpha}_1=(1, 1, \cdots, 1)^T$，所以全部特征向量为

$$c_1\boldsymbol{\alpha}_1 = c_1\ (1, 1, \cdots, 1)^T (c_1 \neq 0)$$

当 $\lambda_2=\lambda_3=\cdots=\lambda_n=1-b$ 时，

$$\boldsymbol{A}-\lambda\boldsymbol{E}=\begin{pmatrix} b & b & \cdots & b \\ b & b & \cdots & b \\ \vdots & \vdots & & \vdots \\ b & b & \cdots & b \end{pmatrix} \to \begin{pmatrix} 1 & 1 & \cdots & 1 \\ 0 & 0 & \cdots & 0 \\ \vdots & \vdots & & \vdots \\ 0 & 0 & \cdots & 0 \end{pmatrix}$$

故基础解系为

$$\boldsymbol{\alpha}_2=(1, -1, 0, \cdots 0)^T, \boldsymbol{\alpha}_3=(1, 0, -1, \cdots, 0)^T, \cdots, \boldsymbol{\alpha}_n=(1, 0, 0, \cdots, -1)^T$$

全部特征向量为

$$c_2\boldsymbol{\alpha}_2+c_3\boldsymbol{\alpha}_3+\cdots+c_n\boldsymbol{\alpha}_n (c_2, c_3, \cdots, c_n \text{ 是不全为零的常数})$$

令 $\boldsymbol{P}=(\boldsymbol{\alpha}_1, \boldsymbol{\alpha}_2, \cdots, \boldsymbol{\alpha}_n)$ 有 $\boldsymbol{P}^{-1}\boldsymbol{AP}=\text{diag}(1+(n-1)b, 1-b, \cdots, 1-b)$.

练习　设矩阵 $\boldsymbol{A}\sim\boldsymbol{B}$，其中 $\boldsymbol{A}=\begin{pmatrix} 1 & -1 & 1 \\ 2 & 4 & -2 \\ -3 & -3 & a \end{pmatrix}$，$\boldsymbol{B}=\begin{pmatrix} 2 & 0 & 0 \\ 0 & 2 & 0 \\ 0 & 0 & b \end{pmatrix}$. (1) 求 a，b 的值；(2) 求可逆矩阵 $\boldsymbol{P}$，使 $\boldsymbol{P}^{-1}\boldsymbol{AP}=\boldsymbol{B}$.

题型七　相似矩阵的判定与证明

已知两个具体的 n 阶方阵 $\boldsymbol{A}$，$\boldsymbol{B}$，判定 $\boldsymbol{A}$ 与 $\boldsymbol{B}$ 是否相似，常采用如下方法：

(1) 当 $|\boldsymbol{A}-\lambda\boldsymbol{E}|=|\boldsymbol{B}-\lambda\boldsymbol{E}|$，或 $|\boldsymbol{A}|=|\boldsymbol{B}|$，或 $\text{R}(\boldsymbol{A})=\text{R}(\boldsymbol{B})$ 中有一个不成立时，$\boldsymbol{A}$ 与 $\boldsymbol{B}$ 不相似(因为上述条件是 $\boldsymbol{A}$ 与 $\boldsymbol{B}$ 相似的必要条件).

(2) 当 $\boldsymbol{A}$ 与 $\boldsymbol{B}$ 均相似于同一个对角矩阵时，$\boldsymbol{A}$ 与 $\boldsymbol{B}$ 相似(所给条件仅是充分的).

(3) 对应抽象矩阵 $\boldsymbol{A}$ 与 $\boldsymbol{B}$，常用定义：存在可逆矩阵 $\boldsymbol{P}$，使 $\boldsymbol{P}^{-1}\boldsymbol{AP}=\boldsymbol{B}$ 来判别 $\boldsymbol{A}$ 与 $\boldsymbol{B}$ 是否相似.

例4.22　试判断下列矩阵 $\boldsymbol{A}$，$\boldsymbol{B}$ 是否相似.

(1) $\boldsymbol{A}=\begin{pmatrix} 4 & 6 & 0 \\ -3 & -5 & 0 \\ -3 & -6 & 1 \end{pmatrix}$，$\boldsymbol{B}=\begin{pmatrix} -2 & 0 & 0 \\ 0 & 1 & 0 \\ 0 & 0 & 1 \end{pmatrix}$；

(2) $\boldsymbol{A}=\begin{pmatrix} 2 & 0 & 0 \\ 0 & 3 & 5 \\ 0 & 1 & 2 \end{pmatrix}$，$\boldsymbol{B}=\begin{pmatrix} 3 & 1 & 0 \\ 7 & 3 & 0 \\ 0 & 0 & 1 \end{pmatrix}$.

解　(1) 因为

$$|\boldsymbol{A}-\lambda\boldsymbol{E}|=\begin{vmatrix} 4-\lambda & 6 & 0 \\ -3 & -5-\lambda & 0 \\ -3 & -6 & 1-\lambda \end{vmatrix}=-(\lambda+2)(\lambda-1)^2$$

故 $\boldsymbol{A}$ 的特征值 $\lambda_1=-2$，$\lambda_2=\lambda_3=1$(二重)，与对角矩阵 $\boldsymbol{B}$ 对角线上元素相同.

当 $\lambda=-2$ 时，解方程组 $(\boldsymbol{A}+2\boldsymbol{E})\boldsymbol{x}=\boldsymbol{0}$，得特征向量为 $\boldsymbol{\alpha}_1=(-1,\ 1,\ 1)^T$.

当 $\lambda=1$ 时，解方程组 $(\boldsymbol{A}-\boldsymbol{E})\boldsymbol{x}=\boldsymbol{0}$，得特征向量为

$$\boldsymbol{\alpha}_2=(-2,\ 1,\ 0)^T,\ \boldsymbol{\alpha}_3=(0,\ 0,\ 1)^T$$

所以，$\boldsymbol{A}$ 有三个线性无关的特征向量，令

$$\boldsymbol{P}=(\boldsymbol{\alpha}_1,\ \boldsymbol{\alpha}_2,\ \boldsymbol{\alpha}_3)=\begin{pmatrix}-1 & -2 & 0\\ 1 & 1 & 0\\ 1 & 0 & 1\end{pmatrix}$$

则不难验证 $\boldsymbol{P}$ 可逆，同时 $\boldsymbol{P}^{-1}\boldsymbol{AP}=\begin{pmatrix}-2 & 0 & 0\\ 0 & 1 & 0\\ 0 & 0 & 1\end{pmatrix}=\boldsymbol{B}$，故 $\boldsymbol{A}\sim\boldsymbol{B}$.

(2) 因为

$$|\boldsymbol{A}-\lambda\boldsymbol{E}|=\begin{vmatrix}2-\lambda & 0 & 0\\ 0 & 3-\lambda & 5\\ 0 & 1 & 2-\lambda\end{vmatrix}=-\lambda^3+7\lambda^2-11\lambda+2$$

$$|\boldsymbol{B}-\lambda\boldsymbol{E}|=\begin{vmatrix}3-\lambda & 1 & 0\\ 7 & 3-\lambda & 0\\ 0 & 0 & 1-\lambda\end{vmatrix}=-\lambda^3+7\lambda^2-8\lambda+2$$

所以 $|\boldsymbol{A}-\lambda\boldsymbol{E}|\neq|\boldsymbol{B}-\lambda\boldsymbol{E}|$，故 $\boldsymbol{A}$ 和 $\boldsymbol{B}$ 的特征值不相同，因此它们不相似.

例 4.23 已知矩阵 $\boldsymbol{A}=\begin{pmatrix}-2 & 0 & 0\\ 2 & a & 2\\ 3 & 1 & 1\end{pmatrix}$ 与 $\boldsymbol{B}=\begin{pmatrix}-1 & 0 & 0\\ 0 & 2 & 0\\ 0 & 0 & b\end{pmatrix}$ 相似，求 a 和 b 的值.

解 **方法 1**：相似矩阵有相同的特征多项式.

矩阵 $\boldsymbol{A}$，$\boldsymbol{B}$ 的特征多项式为

$$|\boldsymbol{A}-\lambda\boldsymbol{E}|=-(\lambda+2)[\lambda^2-(a+1)\lambda+(a-2)]$$
$$|\boldsymbol{B}-\lambda\boldsymbol{E}|=-(1+\lambda)(2-\lambda)(b-\lambda)$$

由相似矩阵有相同的特征多项式，令 $\lambda=-2$，得 $0=4\ (b+2)$，再令 $\lambda=-1$，得 $-2a=0$，解得 $a=0$，$b=-2$.

方法 2：相似矩阵有相同的特征值.

$\boldsymbol{B}$ 的特征值为 $\lambda_1=-1$，$\lambda_2=2$，$\lambda_3=b$，它们也是 $\boldsymbol{A}$ 的特征值，应满足 $|\boldsymbol{A}-\lambda\boldsymbol{E}|=0$，将 $\lambda_1=-1$ 代入，得 $|\boldsymbol{A}+\boldsymbol{E}|=-2a=0$，所以 $a=0$.

再由 $|\boldsymbol{A}|=\lambda_1\lambda_2\lambda_3$，即 $-2(a-2)=-2b$，得 $b=-2$.

例 4.24 判断下列两个矩阵 $\boldsymbol{A}$，$\boldsymbol{B}$ 是否相似.

$$\boldsymbol{A}=\begin{pmatrix}1 & 1 & \cdots & 1\\ 1 & 1 & \cdots & 1\\ \vdots & \vdots & & \vdots\\ 1 & 1 & \cdots & 1\end{pmatrix},\quad \boldsymbol{B}=\begin{pmatrix}n & 0 & \cdots & 0\\ 1 & 0 & \cdots & 0\\ \vdots & \vdots & & \vdots\\ 1 & 0 & \cdots & 0\end{pmatrix}$$

解 对于矩阵 $\boldsymbol{A}$，其特征多项式为 $|\boldsymbol{A}-\lambda\boldsymbol{E}|=(-1)^n(\lambda-n)\lambda^{n-1}$，故特征值为 $\lambda_2=\lambda_3=\cdots=\lambda_n=0$，$\lambda_1=n$.

又 $\boldsymbol{A}$ 为实对称矩阵，故必可与对角矩阵相似，即存在可逆矩阵 $\boldsymbol{P}_1$，使得

$$\boldsymbol{P}_1^{-1}\boldsymbol{A}\boldsymbol{P}_1=\boldsymbol{\Lambda}=\mathrm{diag}(n,\ 0,\ \cdots,\ 0)$$

对于矩阵 $\boldsymbol{B}$，其特征多项式为 $|\boldsymbol{B}-\lambda\boldsymbol{E}|=(-1)^n(\lambda-n)\lambda^{n-1}$，故 $\boldsymbol{A}$ 与 $\boldsymbol{B}$ 有相同的特征值.

由于 $\mathrm{R}(\boldsymbol{B})=1$，所以 $\boldsymbol{B}\boldsymbol{x}=\boldsymbol{0}$ 的基础解系含有 $n-1$ 个线性无关的向量，即对 $\boldsymbol{B}$ 的特征值 $\lambda=0$，有 $n-1$ 个线性无关的特征向量. 故 $\boldsymbol{B}$ 也可相似于对角矩阵，即存在可逆矩阵 $\boldsymbol{P}_2$，使

$$\boldsymbol{P}_2^{-1}\boldsymbol{B}\boldsymbol{P}_2=\boldsymbol{\Lambda}=\mathrm{diag}(n,\ 0,\ \cdots,\ 0)$$

所以 $\boldsymbol{P}_1^{-1}\boldsymbol{A}\boldsymbol{P}_1=\boldsymbol{P}_2^{-1}\boldsymbol{B}\boldsymbol{P}_2$，即 $\boldsymbol{P}_2\boldsymbol{P}_1^{-1}\boldsymbol{A}\boldsymbol{P}_1\boldsymbol{P}_2^{-1}=\boldsymbol{B}$，也即 $(\boldsymbol{P}_1\boldsymbol{P}_2^{-1})^{-1}\boldsymbol{A}(\boldsymbol{P}_1\boldsymbol{P}_2^{-1})=\boldsymbol{B}$，故 $\boldsymbol{A}$ 与 $\boldsymbol{B}$ 相似.

例4.25　(1) 若 $\boldsymbol{A}$ 与 $\boldsymbol{B}$ 相似，证明 $-2\boldsymbol{A}^3+2\boldsymbol{A}-\boldsymbol{E}$ 与 $-2\boldsymbol{B}^3+2\boldsymbol{B}-\boldsymbol{E}$ 相似.

(2) 若 $\boldsymbol{A}$ 与 $\boldsymbol{\Lambda}$ 相似，且 $\boldsymbol{\Lambda}=\begin{pmatrix}2&0&0\\0&1&0\\0&0&3\end{pmatrix}$，求行列式 $|\boldsymbol{A}^3+\boldsymbol{A}+2\boldsymbol{E}|$ 的值.

解　(1) 因为 $\boldsymbol{A}$ 与 $\boldsymbol{B}$ 相似，故有可逆矩阵 $\boldsymbol{P}$ 使 $\boldsymbol{A}=\boldsymbol{P}^{-1}\boldsymbol{B}\boldsymbol{P}$，从而有

$$\boldsymbol{A}^2=(\boldsymbol{P}^{-1}\boldsymbol{B}\boldsymbol{P})\cdot(\boldsymbol{P}^{-1}\boldsymbol{B}\boldsymbol{P})=\boldsymbol{P}^{-1}\boldsymbol{B}^2\boldsymbol{P}$$

类似有 $\boldsymbol{A}^3=\boldsymbol{P}^{-1}\boldsymbol{B}^3\boldsymbol{P}$，于是

$$\boldsymbol{P}^{-1}(-2\boldsymbol{B}^3+2\boldsymbol{B}-\boldsymbol{E})\boldsymbol{P}=-2\boldsymbol{P}^{-1}\boldsymbol{B}^3\boldsymbol{P}+2\boldsymbol{P}^{-1}\boldsymbol{B}\boldsymbol{P}-\boldsymbol{P}^{-1}\boldsymbol{E}\boldsymbol{P}=-2\boldsymbol{A}^3+2\boldsymbol{A}-\boldsymbol{E}$$

所以 $-2\boldsymbol{A}^3+2\boldsymbol{A}-\boldsymbol{E}$ 与 $-2\boldsymbol{B}^3+2\boldsymbol{B}-\boldsymbol{E}$ 相似.

(2) 由 $\boldsymbol{A}$ 与 $\boldsymbol{\Lambda}$ 相似，可得 $\boldsymbol{A}^3+\boldsymbol{A}+2\boldsymbol{E}$ 与 $\boldsymbol{\Lambda}^3+\boldsymbol{\Lambda}+2\boldsymbol{E}$ 相似，从而它们的行列式相等.

$$\boldsymbol{\Lambda}^3+\boldsymbol{\Lambda}+2\boldsymbol{E}=\begin{pmatrix}2^3&0&0\\0&1^3&0\\0&0&3^3\end{pmatrix}+\begin{pmatrix}2&0&0\\0&1&0\\0&0&3\end{pmatrix}+\begin{pmatrix}2&0&0\\0&2&0\\0&0&2\end{pmatrix}=\begin{pmatrix}12&0&0\\0&4&0\\0&0&32\end{pmatrix}$$

所以

$$|\boldsymbol{A}^3+\boldsymbol{A}+2\boldsymbol{E}|=|\boldsymbol{\Lambda}^3+\boldsymbol{\Lambda}+2\boldsymbol{E}|=\begin{vmatrix}12&0&0\\0&4&0\\0&0&32\end{vmatrix}=1\ 536$$

例4.26　如果 n 阶矩阵 $\boldsymbol{A}$ 满足 $\boldsymbol{A}^2=\boldsymbol{A}$，则称 $\boldsymbol{A}$ 为幂等矩阵. 证明：如果 $\boldsymbol{A}$ 为幂等矩阵，且 $\boldsymbol{A}\sim\boldsymbol{B}$，则 $\boldsymbol{B}$ 是幂等矩阵.

证　因为矩阵 $\boldsymbol{A}$ 与 $\boldsymbol{B}$ 相似，则存在一个可逆矩阵 $\boldsymbol{P}$，使得 $\boldsymbol{P}^{-1}\boldsymbol{B}\boldsymbol{P}=\boldsymbol{A}$，所以

$$\boldsymbol{A}^2=\boldsymbol{A}\cdot\boldsymbol{A}=(\boldsymbol{P}^{-1}\boldsymbol{B}\boldsymbol{P})(\boldsymbol{P}^{-1}\boldsymbol{B}\boldsymbol{P})=\boldsymbol{P}^{-1}\boldsymbol{B}^2\boldsymbol{P}$$

又 $\boldsymbol{A}^2=\boldsymbol{A}$，则 $\boldsymbol{P}^{-1}\boldsymbol{B}\boldsymbol{P}=\boldsymbol{P}^{-1}\boldsymbol{B}^2\boldsymbol{P}$，所以

$$\boldsymbol{P}(\boldsymbol{P}^{-1}\boldsymbol{B}\boldsymbol{P})\boldsymbol{P}^{-1}=\boldsymbol{P}(\boldsymbol{P}^{-1}\boldsymbol{B}^2\boldsymbol{P})\boldsymbol{P}^{-1}$$

即 $\boldsymbol{B}=\boldsymbol{B}^2$，故 $\boldsymbol{B}$ 是幂等矩阵.

例4.27　如果 $\boldsymbol{A}\sim\boldsymbol{B}$，则对任意的常数 λ，证明 $\lambda\boldsymbol{E}-\boldsymbol{A}\sim\lambda\boldsymbol{E}-\boldsymbol{B}$.

证　由于 $\boldsymbol{A}\sim\boldsymbol{B}$，则存在可逆矩阵 $\boldsymbol{P}$，使得 $\boldsymbol{P}^{-1}\boldsymbol{A}\boldsymbol{P}=\boldsymbol{B}$，所以 $\lambda\boldsymbol{E}-\boldsymbol{B}=\lambda\boldsymbol{E}-\boldsymbol{P}^{-1}\boldsymbol{A}\boldsymbol{P}$，分别左乘矩阵 $\boldsymbol{P}$，右乘 $\boldsymbol{P}^{-1}$，得

$$\boldsymbol{P}(\lambda\boldsymbol{E}-\boldsymbol{B})\boldsymbol{P}^{-1}=\boldsymbol{P}(\lambda\boldsymbol{E}-\boldsymbol{P}^{-1}\boldsymbol{A}\boldsymbol{P})\boldsymbol{P}^{-1}=\lambda\boldsymbol{E}-\boldsymbol{A}$$

即 $\boldsymbol{P}(\lambda\boldsymbol{E}-\boldsymbol{B})\boldsymbol{P}^{-1}=\lambda\boldsymbol{E}-\boldsymbol{A}$，也即 $\lambda\boldsymbol{E}-\boldsymbol{B}=\boldsymbol{P}^{-1}(\lambda\boldsymbol{E}-\boldsymbol{A})\boldsymbol{P}$，故对任意常数 λ，均有

$\lambda E-A\sim\lambda E-B$.

例4.28 设 n 阶矩阵 A 与 B 相似，m 阶矩阵 C 与 D 相似，证明：分块矩阵 $\begin{pmatrix}A & O\\ O & C\end{pmatrix}$ 与 $\begin{pmatrix}B & O\\ O & D\end{pmatrix}$ 相似.

证 因为 n 阶矩阵 A 与 B 相似，m 阶矩阵 C 与 D 相似，所以存在可逆矩阵 P_1，P_2，使得

$$P_1^{-1}AP_1=B，P_2^{-1}CP_2=D$$

因为

$$\begin{pmatrix}P_1^{-1} & O\\ O & P_2^{-1}\end{pmatrix}\begin{pmatrix}A & O\\ O & C\end{pmatrix}\begin{pmatrix}P_1 & O\\ O & P_2\end{pmatrix}=\begin{pmatrix}P_1^{-1}AP_1 & O\\ O & P_2^{-1}CP_2\end{pmatrix}=\begin{pmatrix}B & O\\ O & D\end{pmatrix}$$

即

$$\begin{pmatrix}P_1 & O\\ O & P_2\end{pmatrix}^{-1}\begin{pmatrix}A & O\\ O & C\end{pmatrix}\begin{pmatrix}P_1 & O\\ O & P_2\end{pmatrix}=\begin{pmatrix}B & O\\ O & D\end{pmatrix}$$

所以分块矩阵 $\begin{pmatrix}A & O\\ O & C\end{pmatrix}$ 与 $\begin{pmatrix}B & O\\ O & D\end{pmatrix}$ 相似.

题型八　由特征值和特征向量反求矩阵

由矩阵的特征值与特征向量的已知信息，确定矩阵 A 的元素，即为反求矩阵问题. 在解这类问题时，矩阵 A 一般是可对角化的，因此这类问题就是从关系式 $P^{-1}AP=\Lambda$ 中，通过 P，Λ 确定矩阵 A，而 P，Λ 需要由矩阵的特征值与特征向量的已知信息来确定.

例4.29 已知 3 阶方阵 A 的特征值为 $\lambda_1=1$，$\lambda_2=-1$，$\lambda_3=0$，对应的特征向量分别为 $\alpha_1=(1,0,-1)^T$，$\alpha_2=(0,3,2)^T$，$\alpha_3=(-2,-1,1)^T$，求矩阵 A.

解 由于

$$\begin{vmatrix}1 & 0 & -2\\ 0 & 3 & -1\\ -1 & 2 & 1\end{vmatrix}=\begin{vmatrix}1 & 0 & -2\\ 0 & 3 & -1\\ 0 & 2 & -1\end{vmatrix}=-1\neq 0$$

所以 α_1，α_2，α_3 线性无关，因此矩阵 A 可对角化，令

$$P=(\alpha_1,\alpha_2,\alpha_3)=\begin{pmatrix}1 & 0 & -2\\ 0 & 3 & -1\\ -1 & 2 & 1\end{pmatrix}$$

则 $P^{-1}AP=\begin{pmatrix}1 & 0 & 0\\ 0 & -1 & 0\\ 0 & 0 & 0\end{pmatrix}$，所以

$$A=P\begin{pmatrix}1 & 0 & 0\\ 0 & -1 & 0\\ 0 & 0 & 0\end{pmatrix}P^{-1}=\begin{pmatrix}-5 & 4 & -6\\ 3 & -3 & 3\\ 7 & -6 & 8\end{pmatrix}$$

例4.30 设 3 阶实对称矩阵 A 的特征值为 $\lambda_1=-1$，$\lambda_2=\lambda_3=1$，对应于 λ_1 的特征向量为 $\alpha_1=(0,1,1)^T$，求矩阵 A.

解 设 $\boldsymbol{\alpha}=(x_1, x_2, x_3)^{\mathrm{T}}$ 是 $\boldsymbol{A}$ 的属于 $\lambda_2=\lambda_3=1$ 的特征向量，由于 $\boldsymbol{A}$ 为对称矩阵，所以

$$\boldsymbol{\alpha}^{\mathrm{T}}\boldsymbol{\alpha}_1=x_2+x_3=0$$

即 $x_2=-x_3$，得 $\lambda_2=\lambda_3=1$ 对应的特征向量为

$$\boldsymbol{\alpha}_2=(1, 0, 0)^{\mathrm{T}}, \boldsymbol{\alpha}_3=(0, -1, 1)^{\mathrm{T}}$$

令 $\boldsymbol{P}=(\boldsymbol{\alpha}_1, \boldsymbol{\alpha}_2, \boldsymbol{\alpha}_3)=\begin{pmatrix}0&1&0\\1&0&-1\\1&0&1\end{pmatrix}$，则 $\boldsymbol{P}^{-1}\boldsymbol{A}\boldsymbol{P}=\begin{pmatrix}-1&0&0\\0&1&0\\0&0&1\end{pmatrix}$，故

$$\boldsymbol{A}=\boldsymbol{P}\begin{pmatrix}-1&0&0\\0&1&0\\0&0&1\end{pmatrix}\boldsymbol{P}^{-1}=\begin{pmatrix}1&0&0\\0&0&-1\\0&-1&0\end{pmatrix}$$

矩阵 $\boldsymbol{A}$ 也可经过正交变换矩阵求得，将 $\boldsymbol{\alpha}_1, \boldsymbol{\alpha}_2, \boldsymbol{\alpha}_3$ 单位化，可得正交矩阵

$$\boldsymbol{Q}=\begin{pmatrix}0&1&0\\\frac{1}{\sqrt{2}}&0&-\frac{1}{\sqrt{2}}\\\frac{1}{\sqrt{2}}&0&\frac{1}{\sqrt{2}}\end{pmatrix}$$

且

$$\boldsymbol{Q}^{\mathrm{T}}\boldsymbol{A}\boldsymbol{Q}=\begin{pmatrix}-1&0&0\\0&1&0\\0&0&1\end{pmatrix}$$

所以

$$\boldsymbol{A}=\boldsymbol{Q}\begin{pmatrix}-1&0&0\\0&1&0\\0&0&1\end{pmatrix}\boldsymbol{Q}^{\mathrm{T}}=\begin{pmatrix}1&0&0\\0&0&-1\\0&-1&0\end{pmatrix}$$

例4.31 设 3 阶实对称阵 $\boldsymbol{A}$ 的特征值为 $\lambda_1=1$，$\lambda_2=-1$，$\lambda_3=0$，其中 λ_1 与 λ_3 对应的特征向量分别为 $\boldsymbol{\alpha}_1=(1, a, 1)^{\mathrm{T}}$，$\boldsymbol{\alpha}_3=(a, a+1, 1)^{\mathrm{T}}$，求矩阵 $\boldsymbol{A}$.

解 由于 $\boldsymbol{A}$ 为实对称矩阵，所以 $\boldsymbol{\alpha}_1$，$\boldsymbol{\alpha}_3$ 正交，即 $\boldsymbol{\alpha}_1^{\mathrm{T}}\boldsymbol{\alpha}_3=a+a(a+1)+1=0$，解得 $a=-1$，从而

$$\boldsymbol{\alpha}_1=(1, -1, 1)^{\mathrm{T}}, \boldsymbol{\alpha}_3=(-1, 0, 1)^{\mathrm{T}}$$

设 $\boldsymbol{\alpha}_2=(x_1, x_2, x_3)^{\mathrm{T}}$ 是 $\boldsymbol{A}$ 的属于 $\lambda_2=-1$ 的特征向量，它与 $\boldsymbol{\alpha}_1$，$\boldsymbol{\alpha}_3$ 都正交，于是

$$\begin{cases}x_1-x_2+x_3=0\\-x_1+x_3=0\end{cases}$$

解得 $\boldsymbol{\alpha}_2=(1, 2, 1)^{\mathrm{T}}$，令 $\boldsymbol{P}=(\boldsymbol{\alpha}_1, \boldsymbol{\alpha}_2, \boldsymbol{\alpha}_3)=\begin{pmatrix}1&1&-1\\-1&2&0\\1&1&1\end{pmatrix}$，则 $\boldsymbol{P}^{-1}\boldsymbol{A}\boldsymbol{P}=\begin{pmatrix}1&0&0\\0&-1&0\\0&0&0\end{pmatrix}$，故

$$\boldsymbol{A}=\boldsymbol{P}\begin{pmatrix}1&0&0\\0&-1&0\\0&0&0\end{pmatrix}\boldsymbol{P}^{-1}=\frac{1}{6}\begin{pmatrix}1&-4&1\\-4&-2&-4\\1&-4&1\end{pmatrix}$$

练习 设3阶方阵 $\boldsymbol{A}$ 的特征值为 $\lambda_1=1$，$\lambda_2=0$，$\lambda_3=-1$，对应的特征向量依次为 $\boldsymbol{p}_1=(1,\ 2,\ 2)^{\mathrm{T}}$，$\boldsymbol{p}_2=(2,\ -2,\ 1)^{\mathrm{T}}$，$\boldsymbol{p}_3=(-2,\ -1,\ 2)^{\mathrm{T}}$，求 $\boldsymbol{A}$ 及 $\boldsymbol{A}^{50}$.

题型九　利用特征值证明矩阵的可逆性

利用矩阵的特征值证明矩阵可逆的结论：

(1) $\boldsymbol{A}$ 可逆 $\Leftrightarrow \boldsymbol{A}$ 无零特征值.

(2) 讨论形如 $\boldsymbol{A}-k\boldsymbol{E}$ 的矩阵的可逆性时，有时利用矩阵的特征值来讨论.

①$\boldsymbol{A}-k\boldsymbol{E}$ 可逆 $\Leftrightarrow |\boldsymbol{A}-k\boldsymbol{E}|\neq 0 \Leftrightarrow k$ 不是 $\boldsymbol{A}$ 的特征值；

②$\boldsymbol{A}-k\boldsymbol{E}$ 不可逆 $\Leftrightarrow |\boldsymbol{A}-k\boldsymbol{E}|=0 \Leftrightarrow k$ 是 $\boldsymbol{A}$ 的特征值.

例4.32 设矩阵 $\boldsymbol{A}$ 满足 $\boldsymbol{A}^2=\boldsymbol{E}$，证明 $3\boldsymbol{E}-\boldsymbol{A}$ 可逆.

证 因为 $\boldsymbol{A}^2=\boldsymbol{E}$，所以 $\boldsymbol{A}\boldsymbol{A}=\boldsymbol{E}$，即 $\boldsymbol{A}^{-1}=\boldsymbol{A}$，从而 $\boldsymbol{A}$ 的特征值 $\lambda\neq 0$. 设 $\boldsymbol{A}\boldsymbol{\alpha}=\lambda\boldsymbol{\alpha}$，$\boldsymbol{A}^2\boldsymbol{\alpha}=\lambda^2\boldsymbol{\alpha}$，又 $\boldsymbol{A}^2=\boldsymbol{E}$，$\boldsymbol{E}\boldsymbol{\alpha}=\boldsymbol{\alpha}$，所以 $\lambda^2\boldsymbol{\alpha}=\boldsymbol{\alpha}$，故 $(\lambda^2-1)\boldsymbol{\alpha}=\boldsymbol{0}$，因此 $\lambda=\pm 1$. 于是 $\boldsymbol{A}$ 的特征值只能是 ± 1，从而 3 不是 $\boldsymbol{A}$ 的特征值，因此 $|3\boldsymbol{E}-\boldsymbol{A}|\neq 0$，故 $3\boldsymbol{E}-\boldsymbol{A}$ 可逆.

题型十　实对称矩阵的正交相似与对角矩阵的确定

用正交矩阵将实对称矩阵 $\boldsymbol{A}$ 对角化的步骤：

(1) 求出矩阵 $\boldsymbol{A}$ 的所有不同的特征值，对每个特征值求出对应的齐次线性方程组的一个基础解系；

(2) 利用施密特正交化方法将全部基础解系正交化和单位化；

(3) 由正交单位化的全部基础解系构成正交矩阵 $\boldsymbol{Q}$，且使 $\boldsymbol{Q}^{-1}\boldsymbol{A}\boldsymbol{Q}=\boldsymbol{\Lambda}$.

例4.33 试求一个正交的相似变换矩阵，将对称矩阵 $\boldsymbol{A}=\begin{pmatrix}2 & 2 & -2\\ 2 & 5 & -4\\ -2 & -4 & 5\end{pmatrix}$ 化为对角矩阵.

解 矩阵 $\boldsymbol{A}$ 的特征多项式为

$$|\boldsymbol{A}-\lambda\boldsymbol{E}|=\begin{vmatrix}2-\lambda & 2 & -2\\ 2 & 5-\lambda & -4\\ -2 & -4 & 5-\lambda\end{vmatrix}=-(\lambda-1)^2(\lambda-10)$$

故得特征值为 $\lambda_1=\lambda_2=1$，$\lambda_3=10$.

当 $\lambda_1=\lambda_2=1$ 时，由 $(\boldsymbol{A}-\boldsymbol{E})\boldsymbol{x}=\boldsymbol{0}$，求得基础解系 $\boldsymbol{\alpha}_1=(-2,\ 1,\ 0)^{\mathrm{T}}$，$\boldsymbol{\alpha}_2=(2,\ 0,\ 1)^{\mathrm{T}}$.

将这两个向量正交单位化后，得两个正交单位特征向量：

$$\boldsymbol{\beta}_1=\frac{1}{\sqrt{5}}(-2,\ 1,\ 0)^{\mathrm{T}}；\ \boldsymbol{\beta}_2^*=(2,\ 0,\ 1)^{\mathrm{T}}-\frac{-4}{5}(-2,\ 1,\ 0)^{\mathrm{T}}=\left(\frac{2}{5},\ \frac{4}{5},\ 1\right)^{\mathrm{T}}$$

将 $\boldsymbol{\beta}_2^*$ 单位化，得

$$\boldsymbol{\beta}_2=\frac{\sqrt{5}}{3}\left(\frac{2}{5},\ \frac{4}{5},\ 1\right)^{\mathrm{T}}$$

当 $\lambda_3=10$ 时，由 $(\boldsymbol{A}-10\boldsymbol{E})\boldsymbol{x}=\boldsymbol{0}$，求得基础解系 $\boldsymbol{\alpha}_3=(-1,\ -2,\ 2)^{\mathrm{T}}$，将其单位化，得

$$\boldsymbol{\beta}_3=\frac{1}{3}(-1, -2, 2)^{\mathrm{T}}$$

所以正交矩阵 $\boldsymbol{Q}=(\boldsymbol{\beta}_1, \boldsymbol{\beta}_2, \boldsymbol{\beta}_3)=\begin{pmatrix} -\frac{2}{\sqrt{5}} & \frac{2\sqrt{5}}{15} & -\frac{1}{3} \\ \frac{1}{\sqrt{5}} & \frac{4\sqrt{5}}{15} & -\frac{2}{3} \\ 0 & \frac{\sqrt{5}}{3} & \frac{2}{3} \end{pmatrix}$，且 $\boldsymbol{Q}^{-1}\boldsymbol{A}\boldsymbol{Q}=\begin{pmatrix} 1 & 0 & 0 \\ 0 & 1 & 0 \\ 0 & 0 & 10 \end{pmatrix}$.

练习　设 $\boldsymbol{A}=\begin{pmatrix} 1 & -2 & 0 \\ -2 & 2 & -2 \\ 0 & -2 & 3 \end{pmatrix}$，试求一个正交的相似变换矩阵将 $\boldsymbol{A}$ 化为对角矩阵.

例 4.34　设 $\boldsymbol{A}=\begin{pmatrix} 0 & 1 & 0 & 0 \\ 1 & 0 & 0 & 0 \\ 0 & 0 & 2 & 1 \\ 0 & 0 & 1 & 2 \end{pmatrix}$，求一个满秩矩阵 $\boldsymbol{P}$，使得 $(\boldsymbol{AP})^{\mathrm{T}}(\boldsymbol{AP})$ 为对角矩阵.

解　因为 $\boldsymbol{A}^{\mathrm{T}}=\boldsymbol{A}$，所以

$$(\boldsymbol{AP})^{\mathrm{T}}(\boldsymbol{AP})=\boldsymbol{P}^{\mathrm{T}}\boldsymbol{A}^{\mathrm{T}}\boldsymbol{AP}=\boldsymbol{P}^{\mathrm{T}}\boldsymbol{A}^2\boldsymbol{P}$$

因此，要使 $(\boldsymbol{AP})^{\mathrm{T}}(\boldsymbol{AP})$ 为对角矩阵，只要求出正交矩阵 $\boldsymbol{P}$，使得 $\boldsymbol{P}^{\mathrm{T}}\boldsymbol{AP}$ 为对角矩阵即可，而这即为实对称矩阵 $\boldsymbol{A}$ 的正交对角化问题.

由 $|\boldsymbol{A}-\lambda\boldsymbol{E}|=(\lambda-1)^2(\lambda-3)(\lambda+1)$，得 $\boldsymbol{A}$ 的特征值为

$$\lambda_1=\lambda_2=1, \lambda_3=3, \lambda_4=-1$$

对于 $\lambda_1=\lambda_2=1$，解方程组 $(\boldsymbol{A}-\boldsymbol{E})\boldsymbol{x}=\boldsymbol{0}$，得基础解系为

$$\boldsymbol{\alpha}_1=(1, 1, 0, 0)^{\mathrm{T}}, \boldsymbol{\alpha}_2=(0, 0, 1, -1)^{\mathrm{T}}$$

将 $\boldsymbol{\alpha}_1$，$\boldsymbol{\alpha}_2$ 单位化，得

$$\boldsymbol{\beta}_1=\left(\frac{1}{\sqrt{2}}, \frac{1}{\sqrt{2}}, 0, 0\right)^{\mathrm{T}}, \boldsymbol{\beta}_2=\left(0, 0, \frac{1}{\sqrt{2}}, -\frac{1}{\sqrt{2}}\right)^{\mathrm{T}}$$

对于 $\lambda_3=3$，解方程组 $(\boldsymbol{A}-3\boldsymbol{E})\boldsymbol{x}=\boldsymbol{0}$，得基础解系为 $\boldsymbol{\alpha}_3=(0, 0, 1, 1)^{\mathrm{T}}$，将 $\boldsymbol{\alpha}_3$ 单位化，得

$$\boldsymbol{\beta}_3=\left(0, 0, \frac{1}{\sqrt{2}}, \frac{1}{\sqrt{2}}\right)^{\mathrm{T}}$$

对于 $\lambda_4=-1$，解方程组 $(\boldsymbol{A}+\boldsymbol{E})\boldsymbol{x}=\boldsymbol{0}$，得基础解系为 $\boldsymbol{\alpha}_4=(1, -1, 0, 0)^{\mathrm{T}}$，将 $\boldsymbol{\alpha}_4$ 单位化，得

$$\boldsymbol{\beta}_4=\left(\frac{1}{\sqrt{2}}, -\frac{1}{\sqrt{2}}, 0, 0\right)^{\mathrm{T}}$$

令

$$\boldsymbol{P}=(\boldsymbol{\beta}_1,\ \boldsymbol{\beta}_2,\ \boldsymbol{\beta}_3,\ \boldsymbol{\beta}_4)=\begin{pmatrix}\frac{1}{\sqrt{2}} & 0 & 0 & \frac{1}{\sqrt{2}}\\ \frac{1}{\sqrt{2}} & 0 & 0 & -\frac{1}{\sqrt{2}}\\ 0 & \frac{1}{\sqrt{2}} & \frac{1}{\sqrt{2}} & 0\\ 0 & -\frac{1}{\sqrt{2}} & \frac{1}{\sqrt{2}} & 0\end{pmatrix}$$

则 $\boldsymbol{P}^{\mathrm{T}}\boldsymbol{A}\boldsymbol{P}=\mathrm{diag}(1,1,3,-1)$，这时有

$$(\boldsymbol{A}\boldsymbol{P})^{\mathrm{T}}(\boldsymbol{A}\boldsymbol{P})=\boldsymbol{P}^{\mathrm{T}}\boldsymbol{A}^2\boldsymbol{P}=\begin{pmatrix}1&0&0&0\\0&1&0&0\\0&0&3&0\\0&0&0&-1\end{pmatrix}^2=\begin{pmatrix}1&0&0&0\\0&1&0&0\\0&0&9&0\\0&0&0&1\end{pmatrix}$$

题型十一　特征值和特征向量综合题

例4.35　(1) 已知 3 阶方阵 $\boldsymbol{A}$ 的特征值为 1，−1，2，且矩阵 $\boldsymbol{B}=\boldsymbol{A}^3-5\boldsymbol{A}^2$，试计算 $|\boldsymbol{B}|$，$|\boldsymbol{A}-5\boldsymbol{E}|$.

(2) 若 n 阶方阵 $\boldsymbol{A}$ 有 n 个特征值 0，1，2，…，$n-1$，且方阵 $\boldsymbol{B}$ 与 $\boldsymbol{A}$ 相似，求 $|\boldsymbol{E}+\boldsymbol{B}|$.

解　(1) 因为 3 阶方阵 $\boldsymbol{A}$ 的特征值为 1，−1，2，且 $\boldsymbol{B}=\boldsymbol{A}^3-5\boldsymbol{A}^2$，所以 $\boldsymbol{B}$ 的特征值为 $\lambda^3-5\lambda^2$，即为−4，−6，−12，从而

$$|\boldsymbol{B}|=(-4)\times(-6)\times(-12)=-288$$

又 $|\lambda\boldsymbol{E}-\boldsymbol{A}|=(\lambda-1)(\lambda+1)(\lambda-2)$，将 $\lambda=5$ 代入其中得 $|5\boldsymbol{E}-\boldsymbol{A}|=72$，故 $|\boldsymbol{A}-5\boldsymbol{E}|=-72$.

(2) 因为方阵 $\boldsymbol{B}$ 与 $\boldsymbol{A}$ 相似，故 $\boldsymbol{B}$ 有特征值 0，1，2，…，$n-1$，而 $\boldsymbol{E}+\boldsymbol{B}$ 的特征值为 $1+\lambda$，即 1，2，…，n，所以 $|\boldsymbol{E}+\boldsymbol{B}|=1\cdot2\cdot\cdots\cdot n=n!$.

例4.36　设矩阵 $\boldsymbol{A}=\begin{pmatrix}2&1&1\\1&2&1\\1&1&2\end{pmatrix}$，试计算 $\boldsymbol{A}^k$（k 为正整数）.

解　矩阵 $\boldsymbol{A}$ 的特征多项式为

$$|\boldsymbol{A}-\lambda\boldsymbol{E}|=\begin{vmatrix}2-\lambda&1&1\\1&2-\lambda&1\\1&1&2-\lambda\end{vmatrix}=(4-\lambda)(\lambda-1)^2$$

$\boldsymbol{A}$ 的特征值为 $\lambda_1=\lambda_2=1$，$\lambda_3=4$. 不难求出其对应的线性无关的特征向量分别为

$$\boldsymbol{\alpha}_1=(-1,\ 1,\ 0)^{\mathrm{T}},\ \boldsymbol{\alpha}_2=(-1,\ 0,\ 1)^{\mathrm{T}},\ \boldsymbol{\alpha}_3=(1,\ 1,\ 1)^{\mathrm{T}}$$

令 $\boldsymbol{P}=(\boldsymbol{\alpha}_1,\ \boldsymbol{\alpha}_2,\ \boldsymbol{\alpha}_3)=\begin{pmatrix}-1&-1&1\\1&0&1\\0&1&1\end{pmatrix}$，则 $\boldsymbol{P}^{-1}\boldsymbol{A}\boldsymbol{P}=\begin{pmatrix}1&0&0\\0&1&0\\0&0&4\end{pmatrix}$，所以

$$A^k=P\begin{pmatrix}1&0&0\\0&1&0\\0&0&4\end{pmatrix}^k P^{-1}=P\begin{pmatrix}1&0&0\\0&1&0\\0&0&4^k\end{pmatrix}P^{-1}=\frac{1}{3}\begin{pmatrix}2+4^k&-1+4^k&-1+4^k\\-1+4^k&2+4^k&-1+4^k\\-1+4^k&-1+4^k&2+4^k\end{pmatrix}$$

例4.37 设矩阵 $A=\begin{pmatrix}2&1&0\\-1&0&0\\-2&-1&2\end{pmatrix}$，试求 A 的伴随矩阵 A^* 的特征值和特征向量.

解 由于 A 的特征多项式

$$|A-\lambda E|=\begin{vmatrix}2-\lambda&1&0\\-1&-\lambda&0\\-2&-1&2-\lambda\end{vmatrix}=(2-\lambda)(\lambda-1)^2$$

故 A 的特征值为 $\lambda_1=\lambda_2=1$，$\lambda_3=2$.

特征值 $\lambda_1=\lambda_2=1$ 对应的特征向量为 $\boldsymbol{\alpha}_1=(1,\ -1,\ 1)^{\mathrm{T}}$，特征值 $\lambda_3=2$ 对应的特征向量为 $\boldsymbol{\alpha}_2=(0,\ 0,\ 1)^{\mathrm{T}}$.

因此，A^* 的特征值 $\mu_1=\mu_2=\dfrac{|A|}{\lambda_1}=2$，$\mu_3=\dfrac{|A|}{\lambda_3}=1$. A^* 属于 $\mu_1=\mu_2=2$ 的全部特征向量为 $k_1\boldsymbol{\alpha}_1=k_1(1,\ -1,\ 1)^{\mathrm{T}}$，$A^*$ 属于 $\mu_3=1$ 的全部特征向量为 $k_2\boldsymbol{\alpha}_2=k_2(0,\ 0,\ 1)^{\mathrm{T}}$.

说明 题中利用了矩阵 A 与 A^* 的特征值与特征向量的关系来求解. 同时，也可以先直接求出 A 的伴随矩阵 A^*，然后求 A^* 的特征值和特征向量.

例4.38 设 n 阶矩阵 A 满足条件 $A^2+A=2E$，证明 A 相似于对角矩阵.

证 设 A 的特征值为 λ，则由 $A^2+A=2E$，知 $\lambda^2+\lambda=2$，即 $(\lambda+2)(\lambda-1)=0$，故 A 的特征值为 $\lambda=-2$ 或 $\lambda=1$，且有 $(A+2E)(A-E)=O$.

下面分几种情况讨论：

(1) 如果 $\lambda=1$ 是特征值，而 $\lambda=-2$ 不是特征值，则 $|A+2E|\neq 0$，于是 $A+2E$ 可逆，故 $A-E=O$，即 $A=E$ 是对角矩阵.

(2) 如果 $\lambda=-2$ 是特征值，而 $\lambda=1$ 不是特征值，则 $|A-E|\neq 0$，于是 $A-E$ 可逆，故 $A+2E=O$，即 $A=-\dfrac{1}{2}E$ 是对角矩阵.

(3) 如果 $\lambda=1$，$\lambda=-2$ 都是特征值，由于 $(A+2E)(A-E)=O$，故

$$\mathrm{R}(A+2E)+\mathrm{R}(A-E)\leqslant n$$

同时又有

$$\mathrm{R}(A+2E)+\mathrm{R}(A-E)=\mathrm{R}(A+2E)+\mathrm{R}(E-A)\geqslant \mathrm{R}[A+2E+(E-A)]=\mathrm{R}(3E)=n$$

所以

$$\mathrm{R}(A+2E)+\mathrm{R}(A-E)=n$$

因此，A 有 n 个线性无关的特征向量，故与对角矩阵相似.

单元自测题

一、填空题

1. 已知3阶方阵 $\boldsymbol{A}$ 的三个特征值为1，-2，3，则 $|\boldsymbol{A}|=$________，$\boldsymbol{A}^{-1}$ 的特征值为________.

2. 已知向量 $\boldsymbol{\alpha}=\begin{pmatrix}1\\k\\1\end{pmatrix}$ 是 $\boldsymbol{A}=\begin{pmatrix}2&1&1\\1&2&1\\1&1&2\end{pmatrix}$ 的逆矩阵 $\boldsymbol{A}^{-1}$ 的特征向量，则常数 $k=$________.

3. 设 $\lambda=0$ 是矩阵 $\boldsymbol{A}=\begin{pmatrix}1&0&1\\0&2&0\\1&0&a\end{pmatrix}$ 的特征值，则 $a=$________，$\boldsymbol{A}$ 的另一特征值为________.

4. 设 $\boldsymbol{A}=\begin{pmatrix}0&0&1\\x&1&y\\1&0&0\end{pmatrix}$ 有三个线性无关的特征向量，则 x 和 y 应满足条件________.

5. 已知矩阵 $\boldsymbol{A}=\begin{pmatrix}1&-1&1\\2&4&-2\\-3&-3&5\end{pmatrix}$，$\boldsymbol{B}=\begin{pmatrix}\lambda&0&0\\0&2&0\\0&0&2\end{pmatrix}$，且 $\boldsymbol{A}\sim\boldsymbol{B}$，则 $\lambda=$________.

6. 已知 $\boldsymbol{A}$ 的特征值为1，-3，5，则 $\boldsymbol{A}^*$ 的特征值为________.

7. 已知矩阵 $\boldsymbol{A}=\begin{pmatrix}3&2&-1\\0&0&\boldsymbol{\alpha}\\0&0&0\end{pmatrix}$ 可对角化，则参数 $\boldsymbol{\alpha}=$________.

8. 3阶矩阵 $\boldsymbol{A}$ 有特征值 -1，1，2，则 $\boldsymbol{B}=8\boldsymbol{A}+5\boldsymbol{E}$ 的一个相似对角矩阵是________.

9. 若3阶矩阵 $\boldsymbol{A}$ 相似于 $\boldsymbol{B}$，矩阵 $\boldsymbol{A}$ 有特征值1，2，3，则 $|2\boldsymbol{B}-\boldsymbol{E}|=$________.

10. 若方阵 $\boldsymbol{A}$ 与 $\boldsymbol{B}=\begin{pmatrix}1&0&0\\0&1&0\\0&0&-1\end{pmatrix}$ 相似，则 $\boldsymbol{A}^{10}=$________.

二、选择题

1. 设 $\boldsymbol{A}=\begin{pmatrix}1&2\\3&2\end{pmatrix}$，则 $\boldsymbol{A}$ 的特征值是(　　).

A. 1，2　　B. 1，-4　　C. -1，4　　D. 2，3

2. 可逆矩阵 $\boldsymbol{A}$ 与矩阵(　　)有相同的特征值.

A. $\boldsymbol{A}^{\mathrm{T}}$　　B. $\boldsymbol{A}^{-1}$　　C. $\boldsymbol{A}^2$　　D. $\boldsymbol{A}+\boldsymbol{E}$

3. 设 $\boldsymbol{A}$ 为 n 阶方阵，以下结论中不成立的是(　　).

A. 若 $\boldsymbol{A}$ 可逆，则 $\boldsymbol{A}$ 的属于特征值 λ 的特征向量也是矩阵 $\boldsymbol{A}^{-1}$ 的属于 λ^{-1} 的特征向量

B. $\boldsymbol{A}$ 的特征向量即为方程 $(\boldsymbol{A}-\lambda\boldsymbol{E})\boldsymbol{x}=\boldsymbol{0}$ 的全部解

C. 若 $\boldsymbol{A}$ 存在属于特征值 λ 的 n 个线性无关的特征向量，则 $\boldsymbol{A}=\lambda\boldsymbol{E}$

D. $\boldsymbol{A}$ 与 $\boldsymbol{A}^{\mathrm{T}}$ 有相同的特征值

4. 设 $\lambda=2$ 是非奇异矩阵 $\boldsymbol{A}$ 的一个特征值，则矩阵 $(3^{-1}\boldsymbol{A}^2)^{-1}$ 有一个特征值(　　).

A. $\frac{4}{3}$　　B. $\frac{3}{4}$　　C. $\frac{1}{2}$　　D. $\frac{1}{4}$

5. 若 $\boldsymbol{A}\sim\boldsymbol{B}$，则下列结论中正确的是(　　).

A. $\boldsymbol{A}-\lambda\boldsymbol{E}=\boldsymbol{B}-\lambda\boldsymbol{E}$

B. $|\boldsymbol{A}|=|\boldsymbol{B}|$

C. 对于 λ，矩阵 $\boldsymbol{A}$ 与 $\boldsymbol{B}$ 有相同的特征向量

D. $\boldsymbol{A}$ 与 $\boldsymbol{B}$ 均和一个对角矩阵相似

6. n 阶方阵 $\boldsymbol{A}$ 与某对角矩阵相似，则下列结论中正确的是(　　).

A. 方阵 $\boldsymbol{A}$ 的秩等于 n　　B. 方阵 $\boldsymbol{A}$ 有 n 个不同的特征值

C. 方阵 $\boldsymbol{A}$ 是一个对角矩阵　　D. 方阵 $\boldsymbol{A}$ 有 n 个线性无关的特征向量

7. 设 $\boldsymbol{A}$ 为 n 阶可逆方阵，λ 为 $\boldsymbol{A}$ 的一个特征值，则 $\boldsymbol{A}$ 的伴随矩阵 $\boldsymbol{A}^*$ 的一个特征值为(　　).

A. $\lambda^{-1}|\boldsymbol{A}|^n$　　B. $\lambda^{-1}|\boldsymbol{A}|$

C. $\lambda|\boldsymbol{A}|$　　D. $\lambda^{-1}|\boldsymbol{A}|^{n-1}$

8. 设 n 阶方阵 $\boldsymbol{A}$ 满足 $|\boldsymbol{A}+\boldsymbol{E}|=0$，则 $\boldsymbol{A}$ 必有一个特征值为(　　).

A. 1　　B. -1　　C. 0　　D. 2

9. 设 $\boldsymbol{A}$ 的特征多项式 $|\lambda\boldsymbol{E}-\boldsymbol{A}|=\lambda^4+\lambda^3$，则 $\lambda=0$(　　).

A. 不是 $\boldsymbol{A}$ 的特征值　　B. 是 $\boldsymbol{A}$ 的单特征值

C. 是 $\boldsymbol{A}$ 的三重特征值　　D. 是 $\boldsymbol{A}$ 的四重特征值

10. 若 $\boldsymbol{A}\sim\boldsymbol{B}$，且 $\boldsymbol{A}$ 可逆，则下列结论中错误的是(　　).

A. $\boldsymbol{A}^{\mathrm{T}}\sim\boldsymbol{B}^{\mathrm{T}}$　　B. $\boldsymbol{A}^{-1}\sim\boldsymbol{B}^{-1}$

C. $\boldsymbol{A}^k\sim\boldsymbol{B}^k$　　D. 以上结论不全对

三、计算题

1. 若 $\boldsymbol{A}=\begin{pmatrix}1 & 2\\ x & -5\end{pmatrix}$ 的特征值为实数，求 x 的取值范围.

2. 求 $\boldsymbol{A}=\begin{pmatrix}2 & 1 & 1\\ 0 & 2 & 0\\ 0 & -1 & 1\end{pmatrix}$ 的特征值与特征向量.

3. 设 $\boldsymbol{A}=\begin{pmatrix}-1 & 2 & 2\\ 2 & -1 & -2\\ 2 & -2 & -1\end{pmatrix}$，求 $\boldsymbol{E}+\boldsymbol{A}^{-1}$ 的特征值.

4. 已知矩阵 $\boldsymbol{A}=\begin{pmatrix}2 & 0 & 0\\ 0 & 0 & 1\\ 0 & 1 & x\end{pmatrix}$ 与 $\boldsymbol{B}=\begin{pmatrix}2 & 0 & 0\\ 0 & y & 0\\ 0 & 0 & -1\end{pmatrix}$ 相似. (1) 求 x，y 的值；(2) 求可逆

矩阵 $\boldsymbol{P}$，使得 $\boldsymbol{P}^{-1}\boldsymbol{A}\boldsymbol{P}=\boldsymbol{B}$.

5. 已知 $\boldsymbol{p}=(1,1,-1)^{\mathrm{T}}$ 是矩阵 $\boldsymbol{A}=\begin{pmatrix}2 & -1 & 2\\5 & a & 3\\-1 & b & -2\end{pmatrix}$ 的一个特征向量.

(1) 求参数 a，b 及特征向量 $\boldsymbol{p}$ 所对应的特征值；

(2) $\boldsymbol{A}$ 能不能相似对角化？并说明理由.

6. 设 3 阶方阵 $\boldsymbol{A}$ 的特征值为 1，0，−1，对应的特征向量依次为 $\boldsymbol{p}_1=(1,2,2)^{\mathrm{T}}$，$\boldsymbol{p}_2=(2,-2,1)^{\mathrm{T}}$，$\boldsymbol{p}_3=(-2,-1,2)^{\mathrm{T}}$，求 $\boldsymbol{A}$ 及 $\boldsymbol{A}^{100}$.

7. 求正交矩阵 $\boldsymbol{P}$，将矩阵 $\boldsymbol{A}$ 对角化，其中 $\boldsymbol{A}=\begin{pmatrix}1 & -2 & 0\\-2 & 2 & -2\\0 & -2 & 3\end{pmatrix}$.

8. 设矩阵 $\boldsymbol{A}=\begin{pmatrix}1 & -2 & -4\\-2 & x & -2\\-4 & -2 & 1\end{pmatrix}$ 与 $\boldsymbol{\Lambda}=\begin{pmatrix}5 & 0 & 0\\0 & -4 & 0\\0 & 0 & y\end{pmatrix}$ 相似，求 x，y；并求一个正交矩阵 $\boldsymbol{Q}$，使 $\boldsymbol{Q}^{-1}\boldsymbol{A}\boldsymbol{Q}=\boldsymbol{\Lambda}$.

四、证明题

1. 设方阵 $\boldsymbol{A}$ 满足条件 $\boldsymbol{A}^{\mathrm{T}}\boldsymbol{A}=\boldsymbol{E}$，证明：$\boldsymbol{A}$ 的实特征向量所对应的特征值的绝对值等于 1.

2. 设 n 阶方阵 $\boldsymbol{A}$ 满足 $\boldsymbol{A}^2-3\boldsymbol{A}-4\boldsymbol{E}=\boldsymbol{O}$，证明：$\boldsymbol{A}$ 的特征值只能是 4 或 −1.

3. 设矩阵 $\boldsymbol{A}$ 可逆，且 $\boldsymbol{A}\sim\boldsymbol{B}$，证明：$\boldsymbol{A}^*\sim\boldsymbol{B}^*$.

单元自测题答案与提示

一、填空题

1. −6；1，−1/2，−1/3.

2. −2 或 1.

3. $a=-1$，$\lambda=2$.

4. $x+y=0$.（提示：特征值为 $\lambda_1=\lambda_2=1$，$\lambda_3=-1$，对于 $\lambda_1=\lambda_2=1$ 有 $\mathrm{R}(\boldsymbol{A}-\boldsymbol{E})=1$，可得 $x+y=0$.）

5. 6.

6. −3，5，−15.

7. 0.（提示：可对角化，即有三个线性无关的特征向量.）

8. $\boldsymbol{\Lambda}=\mathrm{diag}(-3,13,21)$.（提示：$\boldsymbol{B}=8\boldsymbol{A}+5\boldsymbol{E}$ 的特征值为 −3，13，21，故 $\boldsymbol{B}$ 的相似对角矩阵为 $\boldsymbol{\Lambda}=\mathrm{diag}(-3,13,21)$.）

9. 15.（提示：$\boldsymbol{B}$ 的特征值为 1，2，3，$2\boldsymbol{B}-\boldsymbol{E}$ 的特征值为 1，3，5. 从而 $|2\boldsymbol{B}-\boldsymbol{E}|=1\times3\times5=15$.）

10. $\boldsymbol{E}$.

二、选择题

1. C. 2. A. 3. B. 4. B. 5. B. 6. D. 7. C. 8. B. 9. B. 10. D.

三、计算题

1. 因为

$$\begin{vmatrix} \lambda-1 & -2 \\ -x & \lambda+5 \end{vmatrix}=\lambda^2+4\lambda-5-2x=0,\ \lambda=\frac{-4\pm\sqrt{16+4(5+2x)}}{2}$$

所以要使 λ 取实数，只需 $16+4(5+2x)\geqslant 0$，即 $x\geqslant -\frac{9}{2}$.

2. 矩阵 $\boldsymbol{A}$ 的特征多项式为

$$|\boldsymbol{A}-\lambda\boldsymbol{E}|=\begin{vmatrix} 2-\lambda & 1 & 1 \\ 0 & 2-\lambda & 0 \\ 0 & -1 & 1-\lambda \end{vmatrix}=-(\lambda-2)^2(\lambda-1)$$

令 $|\boldsymbol{A}-\lambda\boldsymbol{E}|=0$，得矩阵 $\boldsymbol{A}$ 的特征值为 $\lambda_1=1$，$\lambda_2=\lambda_3=2$.

对于 $\lambda_1=1$，解齐次线性方程组 $(\boldsymbol{A}-\boldsymbol{E})\boldsymbol{x}=\boldsymbol{0}$，可得方程组的一个基础解系 $\boldsymbol{\alpha}_1=(-1,\ 0,\ 1)^{\mathrm{T}}$，于是 $\boldsymbol{A}$ 的属于 $\lambda_1=1$ 的全部特征向量为 $c_1\boldsymbol{\alpha}_1$（c_1 为不等于零的常数）.

对于 $\lambda_2=\lambda_3=2$，解齐次线性方程组 $(\boldsymbol{A}-2\boldsymbol{E})\boldsymbol{x}=\boldsymbol{0}$，可得方程组的一个基础解系 $\boldsymbol{\alpha}_2=(1, 0,\ 0)^{\mathrm{T}}$，$\boldsymbol{\alpha}_3=(0,\ -1,\ 1)^{\mathrm{T}}$，于是 $\boldsymbol{A}$ 的属于 λ_2，λ_3 的全部特征向量为

$$c_2\boldsymbol{\alpha}_2+c_3\boldsymbol{\alpha}_3\ (c_2,\ c_3\ \text{为不全等于零的常数})$$

3. $\boldsymbol{A}$ 的特征值为 $\lambda_1=-5$，$\lambda_2=\lambda_3=1$，$\boldsymbol{E}+\boldsymbol{A}^{-1}$ 的特征值为 $-\frac{1}{5}+1$，$1+1$，$1+1$，即 $\frac{4}{5}$，2，2.

4. (1) 矩阵 $\boldsymbol{A}$ 与 $\boldsymbol{B}$ 的特征多项式分别为

$$|\boldsymbol{A}-\lambda\boldsymbol{E}|=\begin{vmatrix} 2-\lambda & 0 & 0 \\ 0 & -\lambda & 1 \\ 0 & 1 & x-\lambda \end{vmatrix}=(2-\lambda)(\lambda^2-\lambda x-1)$$

$$|\boldsymbol{B}-\lambda\boldsymbol{E}|=\begin{vmatrix} 2-\lambda & 0 & 0 \\ 0 & y-\lambda & 0 \\ 0 & 0 & -1-\lambda \end{vmatrix}=(2-\lambda)(\lambda-y)(\lambda+1)$$

因为 $\boldsymbol{A}$ 与 $\boldsymbol{B}$ 相似，所以 $|\boldsymbol{A}-\lambda\boldsymbol{E}|=|\boldsymbol{B}-\lambda\boldsymbol{E}|$，即

$$(2-\lambda)(\lambda^2-\lambda x-1)=(2-\lambda)(\lambda-y)(\lambda+1)$$

由此解得 $x=0$，$y=1$.

(2) 由 (1) 知 $\boldsymbol{A}$ 的特征值为 $\lambda_1=2$，$\lambda_2=1$，$\lambda_3=-1$.

对于 $\lambda_1=2$，解方程组 $(\boldsymbol{A}-2\boldsymbol{E})\boldsymbol{x}=\boldsymbol{0}$，得方程组的一个基础解系 $\boldsymbol{\alpha}_1=(1,\ 0,\ 0)^{\mathrm{T}}$.

对于 $\lambda_2=1$，解方程组 $(\boldsymbol{A}-\boldsymbol{E})\boldsymbol{x}=\boldsymbol{0}$，得方程组的一个基础解系 $\boldsymbol{\alpha}_2=(0,\ 1,\ 1)^{\mathrm{T}}$.

对于 $\lambda_3=-1$，解方程组 $(\boldsymbol{A}+\boldsymbol{E})\boldsymbol{x}=\boldsymbol{0}$，得方程组的一个基础解系 $\boldsymbol{\alpha}_3=(0,\ 1,\ -1)^{\mathrm{T}}$.

令 $\boldsymbol{P}=(\boldsymbol{\alpha}_1, \boldsymbol{\alpha}_2, \boldsymbol{\alpha}_3)=\begin{pmatrix}1&0&0\\0&1&1\\0&1&-1\end{pmatrix}$，则 $\boldsymbol{P}^{-1}\boldsymbol{A}\boldsymbol{P}=\boldsymbol{B}$.

5. (1) 设 λ 是特征向量 $\boldsymbol{p}$ 所对应的特征值，则 $(\boldsymbol{A}-\lambda\boldsymbol{E})\boldsymbol{p}=\boldsymbol{0}$，即

$$\begin{pmatrix}2-\lambda&-1&2\\5&a-\lambda&3\\-1&b&-2-\lambda\end{pmatrix}\begin{pmatrix}1\\1\\-1\end{pmatrix}=\begin{pmatrix}0\\0\\0\end{pmatrix}$$

解之得 $\lambda=-1$，$a=-3$，$b=0$.

矩阵 $\boldsymbol{A}$ 的特征多项式为

$$|\boldsymbol{A}-\lambda\boldsymbol{E}|=\begin{vmatrix}2-\lambda&-1&2\\5&-3-\lambda&3\\-1&0&-2-\lambda\end{vmatrix}=-(\lambda+1)^3$$

由 $|\boldsymbol{A}-\lambda\boldsymbol{E}|=0$，得矩阵 $\boldsymbol{A}$ 的特征值为 $\lambda_1=\lambda_2=\lambda_3=-1$.

对于 $\lambda_1=\lambda_2=\lambda_3=-1$，对方程组 $(\boldsymbol{A}+\boldsymbol{E})\boldsymbol{x}=\boldsymbol{0}$，对系数矩阵实施初等行变换：

$$\boldsymbol{A}+\boldsymbol{E}=\begin{pmatrix}3&-1&2\\5&-2&3\\-1&0&-1\end{pmatrix}\to\begin{pmatrix}1&0&1\\0&1&1\\0&0&0\end{pmatrix}$$

因为 $\mathrm{R}(\boldsymbol{A}+\boldsymbol{E})=2$，所以齐次线性方程组 $(\boldsymbol{A}+\boldsymbol{E})\boldsymbol{x}=\boldsymbol{0}$ 的基础解系只有一个解向量. 因此，$\boldsymbol{A}$ 不能相似对角化.

6. 因为矩阵 $\boldsymbol{A}$ 的特征值互异，所以对应的特征向量 $\boldsymbol{p}_1$，$\boldsymbol{p}_2$，$\boldsymbol{p}_3$ 线性无关.

取 $\boldsymbol{P}=\begin{pmatrix}1&2&-2\\2&-2&-1\\2&1&2\end{pmatrix}$，则

$$\boldsymbol{P}^{-1}=\frac{1}{9}\begin{pmatrix}1&2&2\\2&-2&1\\-2&-1&2\end{pmatrix},\quad \boldsymbol{P}^{-1}\boldsymbol{A}\boldsymbol{P}=\begin{pmatrix}1&0&0\\0&0&0\\0&0&-1\end{pmatrix}$$

所以

$$\boldsymbol{A}=\boldsymbol{P}\begin{pmatrix}1&0&0\\0&0&0\\0&0&-1\end{pmatrix}\boldsymbol{P}^{-1}=\frac{1}{3}\begin{pmatrix}-1&0&2\\0&1&2\\2&2&0\end{pmatrix}$$

$$\boldsymbol{A}^{100}=\boldsymbol{P}\begin{pmatrix}1&0&0\\0&0&0\\0&0&-1\end{pmatrix}^{100}\boldsymbol{P}^{-1}=\boldsymbol{P}\begin{pmatrix}1&0&0\\0&0&0\\0&0&1\end{pmatrix}\boldsymbol{P}^{-1}=\frac{1}{9}\begin{pmatrix}5&4&-2\\4&5&2\\-2&2&8\end{pmatrix}$$

7. 矩阵 $\boldsymbol{A}$ 的特征多项式为

$$|\boldsymbol{A}-\lambda\boldsymbol{E}|=\begin{vmatrix}1-\lambda&-2&0\\-2&2-\lambda&-2\\0&-2&3-\lambda\end{vmatrix}=-(\lambda+1)(\lambda-2)(\lambda-5)$$

由 $|\boldsymbol{A}-\lambda\boldsymbol{E}|=0$，得矩阵 $\boldsymbol{A}$ 的特征值为 $\lambda_1=-1$，$\lambda_2=2$，$\lambda_3=5$.

对于 $\lambda_1=-1$，解方程组 $(\boldsymbol{A}+\boldsymbol{E})\boldsymbol{x}=\boldsymbol{0}$，得方程组的一个基础解系 $\boldsymbol{\alpha}_1=(2, 2, 1)^{\mathrm{T}}$.

对于$\lambda_2=2$，解方程组$(\boldsymbol{A}-2\boldsymbol{E})\boldsymbol{x}=\boldsymbol{0}$，得方程组的一个基础解系$\boldsymbol{\alpha}_2=(-2,1,2)^{\mathrm{T}}$.

对于$\lambda_3=5$，解方程组$(\boldsymbol{A}-5\boldsymbol{E})\boldsymbol{x}=\boldsymbol{0}$，得方程组的一个基础解系$\boldsymbol{\alpha}_3=(1,-2,2)^{\mathrm{T}}$.

分别将$\boldsymbol{\alpha}_1$，$\boldsymbol{\alpha}_2$，$\boldsymbol{\alpha}_3$单位化，得

$$\boldsymbol{\beta}_1=\left(\frac{2}{3},\frac{2}{3},\frac{1}{3}\right)^{\mathrm{T}},\ \boldsymbol{\beta}_2=\left(-\frac{2}{3},\frac{1}{3},\frac{2}{3}\right)^{\mathrm{T}},\ \boldsymbol{\beta}_3=\left(\frac{1}{3},-\frac{2}{3},\frac{2}{3}\right)^{\mathrm{T}}$$

令$\boldsymbol{Q}=(\boldsymbol{\beta}_1,\boldsymbol{\beta}_2,\boldsymbol{\beta}_3)=\begin{pmatrix}\frac{2}{3}&-\frac{2}{3}&\frac{1}{3}\\\frac{2}{3}&\frac{1}{3}&-\frac{2}{3}\\\frac{1}{3}&\frac{2}{3}&\frac{2}{3}\end{pmatrix}$，则$\boldsymbol{Q}^{-1}\boldsymbol{A}\boldsymbol{Q}=\begin{pmatrix}-1&0&0\\0&2&0\\0&0&5\end{pmatrix}$.

8. 由方阵$\boldsymbol{A}$与$\boldsymbol{\Lambda}$相似，则$\boldsymbol{A}$与$\boldsymbol{\Lambda}$的特征多项式相同，即$|\boldsymbol{A}-\lambda\boldsymbol{E}|=|\boldsymbol{\Lambda}-\lambda\boldsymbol{E}|$，得

$$\begin{vmatrix}1-\lambda&-2&-4\\-2&x-\lambda&-2\\-4&-2&1-\lambda\end{vmatrix}=\begin{vmatrix}5-\lambda&0&0\\0&-4-\lambda&0\\0&0&y-\lambda\end{vmatrix}$$

解得$\begin{cases}x=4\\y=5\end{cases}$. 所以$\boldsymbol{A}$的特征值为$\lambda_1=\lambda_3=5$，$\lambda_2=-4$.

对应于$\lambda_1=\lambda_3=5$，解齐次线性方程组$(\boldsymbol{A}-5\boldsymbol{E})\boldsymbol{x}=\boldsymbol{0}$，由

$$\boldsymbol{A}-5\boldsymbol{E}=\begin{pmatrix}-4&-2&-4\\-2&-1&-2\\-4&-2&-4\end{pmatrix}\to\begin{pmatrix}2&1&2\\0&0&0\\0&0&0\end{pmatrix}$$

得基础解系$\boldsymbol{\alpha}_1=(1,0,-1)^{\mathrm{T}}$，$\boldsymbol{\alpha}_3=(1,-2,0)^{\mathrm{T}}$，将它们正交单位化，得

$$\boldsymbol{\beta}_1=\frac{1}{\sqrt{2}}(1,0,-1)^{\mathrm{T}},\ \boldsymbol{\beta}_3=\frac{1}{3\sqrt{2}}(1,-4,1)^{\mathrm{T}}$$

对应于$\lambda_2=-4$，解齐次线性方程组$(\boldsymbol{A}+4\boldsymbol{E})\boldsymbol{x}=\boldsymbol{0}$，由

$$\boldsymbol{A}+4\boldsymbol{E}=\begin{pmatrix}5&-2&-4\\-2&8&-2\\-4&-2&5\end{pmatrix}\to\begin{pmatrix}1&-2&0\\0&-2&1\\0&0&0\end{pmatrix}$$

得基础解系$\boldsymbol{\alpha}_2=(2,1,2)^{\mathrm{T}}$，将其单位化，得$\boldsymbol{\beta}_2=\frac{1}{3}(2,1,2)^{\mathrm{T}}$.

$$令\boldsymbol{Q}=(\boldsymbol{\beta}_1,\boldsymbol{\beta}_2,\boldsymbol{\beta}_3)=\begin{pmatrix}\frac{1}{\sqrt{2}}&\frac{2}{3}&\frac{1}{3\sqrt{2}}\\0&\frac{1}{3}&-\frac{4}{3\sqrt{2}}\\-\frac{1}{\sqrt{2}}&\frac{2}{3}&\frac{1}{3\sqrt{2}}\end{pmatrix}，则\boldsymbol{Q}^{-1}\boldsymbol{A}\boldsymbol{Q}=\begin{pmatrix}5&0&0\\0&-4&0\\0&0&5\end{pmatrix}.$$

四、证明题

1. 设$\boldsymbol{\alpha}$是$\boldsymbol{A}$的属于λ的特征向量，则$\boldsymbol{A}\boldsymbol{\alpha}=\lambda\boldsymbol{\alpha}$，$\boldsymbol{\alpha}^{\mathrm{T}}\boldsymbol{A}^{\mathrm{T}}=\lambda\boldsymbol{\alpha}^{\mathrm{T}}$，由此可得$\boldsymbol{\alpha}^{\mathrm{T}}\boldsymbol{A}^{\mathrm{T}}\boldsymbol{A}\boldsymbol{\alpha}=\lambda^2\boldsymbol{\alpha}^{\mathrm{T}}\boldsymbol{\alpha}$，又$\boldsymbol{A}^{\mathrm{T}}\boldsymbol{A}=\boldsymbol{E}$，所以$\boldsymbol{\alpha}^{\mathrm{T}}\boldsymbol{\alpha}=\lambda^2\boldsymbol{\alpha}^{\mathrm{T}}\boldsymbol{\alpha}$，即$(\lambda^2-1)\boldsymbol{\alpha}^{\mathrm{T}}\boldsymbol{\alpha}=0$. 因为$\boldsymbol{\alpha}$是实特征向量，故

$\boldsymbol{\alpha}^{\mathrm{T}}\boldsymbol{\alpha}>0$，所以$\lambda^2-1=0$，即$|\lambda|=1$.

2. 设λ是$\boldsymbol{A}$的特征值，对应的特征向量为$\boldsymbol{\alpha}\neq\mathbf{0}$. 由$\boldsymbol{A\alpha}=\lambda\boldsymbol{\alpha}$，有

$$\boldsymbol{A}^2\boldsymbol{\alpha}=\boldsymbol{A}(\boldsymbol{A\alpha})=\boldsymbol{A}(\lambda\boldsymbol{\alpha})=\lambda\boldsymbol{A\alpha}=\lambda^2\boldsymbol{\alpha}$$

等式$\boldsymbol{A}^2-3\boldsymbol{A}-4\boldsymbol{E}=\boldsymbol{O}$两边右乘$\boldsymbol{\alpha}$，有

$$\boldsymbol{A}^2\boldsymbol{\alpha}-3\boldsymbol{A\alpha}-4\boldsymbol{\alpha}=\boldsymbol{O}$$

即$\lambda^2\boldsymbol{\alpha}-3\lambda\boldsymbol{\alpha}-4\boldsymbol{\alpha}=\mathbf{0}$，也即$(\lambda^2-3\lambda-4)\boldsymbol{\alpha}=\mathbf{0}$，因为$\boldsymbol{\alpha}\neq\mathbf{0}$，所以$\lambda^2-3\lambda-4=0$，故$\lambda_1=4$，$\lambda_2=-1$.

3. 因为$\boldsymbol{A}$可逆，且$\boldsymbol{A}\sim\boldsymbol{B}$，故存在可逆矩阵$\boldsymbol{P}$使$\boldsymbol{P}^{-1}\boldsymbol{AP}=\boldsymbol{B}$，所以

$$\boldsymbol{P}^{-1}\boldsymbol{A}^{-1}\boldsymbol{P}=\boldsymbol{B}^{-1}$$

将上式两端同乘以$|\boldsymbol{A}|$，得

$$|\boldsymbol{A}|\boldsymbol{P}^{-1}\boldsymbol{A}^{-1}\boldsymbol{P}=|\boldsymbol{A}|\boldsymbol{B}^{-1}$$

又

$$|\boldsymbol{B}|=|\boldsymbol{P}^{-1}\boldsymbol{AP}|=|\boldsymbol{P}^{-1}||\boldsymbol{A}||\boldsymbol{P}|=|\boldsymbol{A}|$$

于是

$$\boldsymbol{P}^{-1}|\boldsymbol{A}|\boldsymbol{A}^{-1}\boldsymbol{P}=|\boldsymbol{B}|\boldsymbol{B}^{-1}$$

即$\boldsymbol{P}^{-1}\boldsymbol{A}^*\boldsymbol{P}=\boldsymbol{B}^*$，故$\boldsymbol{A}^*\sim\boldsymbol{B}^*$.

第五章

二次型

本章主要内容包括二次型与线性变换、二次型的标准形与规范形、正定二次型，其中二次型的标准化和二次型正定性的判定是本章的重点.

一、教学基本要求

(1) 了解二次型的概念；会用矩阵形式表示二次型.

(2) 了解合同变换和合同矩阵的概念；了解二次型的秩的概念；了解二次型的标准形、规范形等概念；了解惯性定理的条件和结论；会用正交变换化二次型为标准形.

(3) 了解正定(负定)二次型、正定(负定)矩阵的概念和性质.

二、内容概要

1. 二次型的概念与矩阵的合同

二次型的概念与矩阵的合同见表 5-1.

表 5-1　　二次型的概念与矩阵的合同

二次型的概念	二次型	$f(x_1, x_2, \cdots, x_n)=a_{11}x_1^2+a_{22}x_2^2+\cdots+a_{nn}x_n^2+2a_{12}x_1x_2+2a_{13}x_1x_3+\cdots+2a_{n-1,n}x_{n-1}x_n$；$f(x_1, x_2, \cdots, x_n)=\boldsymbol{x}^{\mathrm{T}}\boldsymbol{A}\boldsymbol{x}$，其中 $\boldsymbol{A}=(a_{ij})$ 为对称矩阵，$\boldsymbol{x}^{\mathrm{T}}=(x_1, x_2, \cdots, x_n)$.
	标准形	$f=d_1y_1^2+d_2y_2^2+\cdots+d_ny_n^2$ 称为二次型的标准形.
	规范形	$f=y_1^2+\cdots+y_p^2-y_{p+1}^2-\cdots-y_r^2 (p\leqslant r\leqslant n)$ 称为二次型的规范形.
线性变换		如果矩阵 $\boldsymbol{C}$ 可逆，则 $\boldsymbol{x}=\boldsymbol{C}\boldsymbol{y}$ 称为可逆的(非退化)线性变换，$\boldsymbol{y}=\boldsymbol{C}^{-1}\boldsymbol{x}$ 称为 $\boldsymbol{x}=\boldsymbol{C}\boldsymbol{y}$ 的逆变换. 如果矩阵 $\boldsymbol{C}$ 为正交矩阵，则线性变换 $\boldsymbol{x}=\boldsymbol{C}\boldsymbol{y}$ 称为正交线性变换.

续表

矩阵的合同	定义	设 $\boldsymbol{A}$，$\boldsymbol{B}$ 为两个 n 阶矩阵，如果存在 n 阶可逆矩阵 $\boldsymbol{C}$，使得 $\boldsymbol{B}=\boldsymbol{C}^{\mathrm{T}}\boldsymbol{A}\boldsymbol{C}$，则称矩阵 $\boldsymbol{A}$ 与 $\boldsymbol{B}$ 合同，记为 $\boldsymbol{A}\simeq\boldsymbol{B}$.
	性质	① 反身性：对任意 n 阶方阵 $\boldsymbol{A}$，均有 $\boldsymbol{A}\simeq\boldsymbol{A}$； ② 对称性：若 $\boldsymbol{A}\simeq\boldsymbol{B}$，则 $\boldsymbol{B}\simeq\boldsymbol{A}$； ③ 传递性：若 $\boldsymbol{A}\simeq\boldsymbol{B}$，$\boldsymbol{B}\simeq\boldsymbol{C}$，则 $\boldsymbol{A}\simeq\boldsymbol{C}$； ④ 若二次型 $\boldsymbol{x}^{\mathrm{T}}\boldsymbol{A}\boldsymbol{x}$ 经过可逆线性变换 $\boldsymbol{x}=\boldsymbol{C}\boldsymbol{y}$ 化为二次型 $\boldsymbol{y}^{\mathrm{T}}\boldsymbol{B}\boldsymbol{y}$，则矩阵 $\boldsymbol{A}$ 与 $\boldsymbol{B}$ 合同.

2. 二次型的标准化与规范化

二次型的标准化与规范化的定理及方法见表 5-2.

表 5-2 二次型的标准化与规范化的定理及方法

标准化定理	主轴定理	对于一个实二次型 $f(x_1, x_2, \cdots, x_n)=\boldsymbol{x}^{\mathrm{T}}\boldsymbol{A}\boldsymbol{x}$（其中 $\boldsymbol{A}^{\mathrm{T}}=\boldsymbol{A}$），一定存在一个正交线性变换 $\boldsymbol{x}=\boldsymbol{Q}\boldsymbol{y}$，使得二次型化为标准形 $\lambda_1 y_1^2+\lambda_2 y_2^2+\cdots+\lambda_n y_n^2$，其中 λ_i（$i=1, 2, \cdots, n$）是二次型矩阵 $\boldsymbol{A}$ 的特征值.
	惯性定理	任一实二次型 $f(x_1, x_2, \cdots, x_n)=\boldsymbol{x}^{\mathrm{T}}\boldsymbol{A}\boldsymbol{x}$（其中 $\boldsymbol{A}^{\mathrm{T}}=\boldsymbol{A}$）都可以经过可逆线性变换化为规范形 $y_1^2+\cdots+y_p^2-y_{p+1}^2-\cdots-y_r^2$（$p\leqslant r\leqslant n$），且规范形是唯一的，其中 $r=\mathrm{R}(\boldsymbol{A})$.
标准化方法	正交变换法	① 求出二次型矩阵的全部特征值 $\lambda_1, \lambda_2, \cdots, \lambda_n$； ② 求出属于不同特征值的两两正交的单位向量； ③ 以这些特征向量为列做正交矩阵 $\boldsymbol{Q}$，使 $\boldsymbol{Q}^{\mathrm{T}}\boldsymbol{A}\boldsymbol{Q}=\mathrm{diag}(\lambda_1, \lambda_2, \cdots, \lambda_n)$； ④ 做正交线性变换 $\boldsymbol{x}=\boldsymbol{Q}\boldsymbol{y}$，其中 $\boldsymbol{y}=(y_1, y_2, \cdots, y_n)^{\mathrm{T}}$，则将二次型 $f=\boldsymbol{x}^{\mathrm{T}}\boldsymbol{A}\boldsymbol{x}$ 化为标准形 $\lambda_1 y_1^2+\lambda_2 y_2^2+\cdots+\lambda_n y_n^2$.
	配方法	① 二次型中含有平方项. 方法：对平方项进行配方，直至化为完全平方项形式，再做线性变换，即可将二次型化为标准形. ② 二次型中不含有平方项. 方法：对二次型上所含的交叉乘积项（如 x_1x_2）做线性变换（$x_1=y_1+y_2$，$x_2=y_1-y_2$）将二次型化为含有平方项的形式.
规范化方法	① 先求二次型 $f=\boldsymbol{x}^{\mathrm{T}}\boldsymbol{A}\boldsymbol{x}$ 的标准形 $d_1y_1^2+\cdots+d_py_p^2-d_{p+1}y_{p+1}^2-\cdots-d_ry_r^2$ 其中 $d_i>0(i=1, 2, \cdots, r)$. ② 再做可逆线性变换 $y_1=\dfrac{1}{\sqrt{d_1}}z_1, \cdots, y_r=\dfrac{1}{\sqrt{d_r}}z_r, y_{r+1}=z_{r+1}, \cdots, y_n=z_n$，则原二次型化为规范形 $z_1^2+\cdots+z_p^2-z_{p+1}^2-\cdots-z_r^2$.	

3. 正定二次型与负定二次型

正定二次型与负定二次型的概念与判别见表 5－3.

表 5－3 正定二次型与负定二次型的概念与判别

	正定二次型	负定二次型
概念	设实二次型 $f(x_1, x_2, \cdots, x_n)=\boldsymbol{x}^{\mathrm{T}}\boldsymbol{Ax}$. 如果对于任意 $\boldsymbol{x}\neq\boldsymbol{0}$，均有 $f(x_1, x_2, \cdots, x_n)=\boldsymbol{x}^{\mathrm{T}}\boldsymbol{Ax}>0$，则称该二次型为正定二次型.	设实二次型 $f(x_1, x_2, \cdots, x_n)=\boldsymbol{x}^{\mathrm{T}}\boldsymbol{Ax}$. 如果对于任意 $\boldsymbol{x}\neq\boldsymbol{0}$，均有 $f(x_1, x_2, \cdots, x_n)=\boldsymbol{x}^{\mathrm{T}}\boldsymbol{Ax}<0$，则称该二次型为负定二次型.
判定定理	对于实二次型 $f(x_1, x_2, \cdots, x_n)=\boldsymbol{x}^{\mathrm{T}}\boldsymbol{Ax}$，下列命题是等价的： ① $f(x_1, x_2, \cdots, x_n)$正定； ② $f(x_1, x_2, \cdots, x_n)$ 的正惯性指数等于 n； ③ $\boldsymbol{A}$ 的特征值均大于零； ④ $\boldsymbol{A}$ 与同阶单位矩阵 $\boldsymbol{E}$ 合同； ⑤ 存在可逆矩阵 $\boldsymbol{P}$，使 $\boldsymbol{A}=\boldsymbol{P}^{\mathrm{T}}\boldsymbol{P}$； ⑥ 实对称矩阵 $\boldsymbol{A}$ 的各阶顺序主子式均大于零.	对于实二次型 $f(x_1, x_2, \cdots, x_n)=\boldsymbol{x}^{\mathrm{T}}\boldsymbol{Ax}$，下列命题是等价的： ① $f(x_1, x_2, \cdots, x_n)$负定； ② $f(x_1, x_2, \cdots, x_n)$的负惯性指数为 n； ③ 实对称矩阵 $\boldsymbol{A}$ 的特征值均小于零； ④ 实对称矩阵 $\boldsymbol{A}$ 与同阶矩阵 $-\boldsymbol{E}$ 合同； ⑤ 实对称矩阵 $\boldsymbol{A}$ 的奇数阶顺序主子式小于零，偶数阶顺序主子式大于零.

三、知识结构图

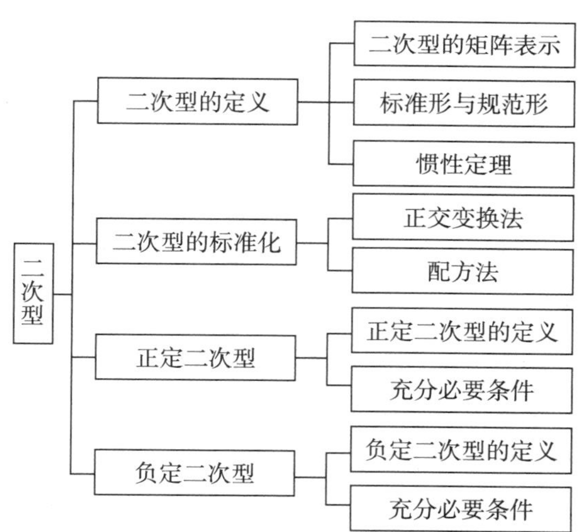

四、要点剖析

1. 二次型的概念

（1）二次型的矩阵表示：

$$f(x_1, x_2, \cdots, x_n)=(x_1, x_2, \cdots, x_n)\begin{pmatrix} a_{11} & a_{12} & \cdots & a_{1n} \\ a_{21} & a_{22} & \cdots & a_{2n} \\ \vdots & \vdots & & \vdots \\ a_{n1} & a_{n2} & \cdots & a_{nn} \end{pmatrix}\begin{pmatrix} x_1 \\ x_2 \\ \vdots \\ x_n \end{pmatrix}=\boldsymbol{x}^{\mathrm{T}}\boldsymbol{A}\boldsymbol{x}$$

其中 $a_{ij}=a_{ji}(i, j=1, 2, \cdots, n)$或$\boldsymbol{A}^{\mathrm{T}}=\boldsymbol{A}$，即 $\boldsymbol{A}$ 为对称矩阵. 对称矩阵 $\boldsymbol{A}$ 称为二次型 f 的矩阵，对称矩阵 $\boldsymbol{A}$ 的秩称为二次型 f 的秩.

化二次型为标准形是对称矩阵合同对角化的直接应用，故二次型的矩阵表示是必须掌握的，这是用矩阵方法解决二次型问题的前提. 对于对称矩阵 $\boldsymbol{A}$ 而言，有关秩的几个概念是：矩阵 $\boldsymbol{A}$ 的秩、$\boldsymbol{A}$ 的行列向量组的秩和二次型 $\boldsymbol{A}$ 的秩，它们之间是等价的.

(2) 对于二次型的标准形 $f=d_1y_1^2+d_2y_2^2+\cdots+d_ry_r^2$，其标准形不是唯一的，它与所做的合同变换有关，但系数不为零的平方项的个数由二次型矩阵 $\boldsymbol{A}$ 的秩唯一确定.

(3) 对于二次型的规范形 $f=z_1^2+\cdots+z_p^2-z_{p+1}^2-\cdots-z_r^2$，其规范形是唯一的，其中 $r=\mathrm{R}(\boldsymbol{A})$，$p$ 为正惯性指数，$r-p$ 为负惯性指数.

2. 用正交变换化二次型为标准形

(1) 主轴定理与惯性定理是化二次型为标准形的理论依据.

主轴定理 对于一个实二次型 $f(x_1, x_2, \cdots, x_n)=\boldsymbol{x}^{\mathrm{T}}\boldsymbol{A}\boldsymbol{x}$(其中 $\boldsymbol{A}^{\mathrm{T}}=\boldsymbol{A}$)，一定存在一个正交线性变换 $\boldsymbol{x}=\boldsymbol{Q}\boldsymbol{y}$，使得二次型化为标准形 $\lambda_1y_1^2+\lambda_2y_2^2+\cdots+\lambda_ny_n^2$，其中 $\lambda_i(i=1, 2, \cdots, n)$是二次型矩阵 $\boldsymbol{A}$ 的特征值.

惯性定理 任一实二次型 $f(x_1, x_2, \cdots, x_n)=\boldsymbol{x}^{\mathrm{T}}\boldsymbol{A}\boldsymbol{x}$(其中 $\boldsymbol{A}^{\mathrm{T}}=\boldsymbol{A}$)都可以经过可逆线性变换化为规范形 $y_1^2+\cdots+y_p^2-y_{p+1}^2-\cdots-y_r^2(p\leqslant r\leqslant n)$，且规范形是唯一的，其中 $r=\mathrm{R}(\boldsymbol{A})$是二次型的秩.

(2) 用正交变换法化二次型 $f(x_1, x_2, \cdots, x_n)=\boldsymbol{x}^{\mathrm{T}}\boldsymbol{A}\boldsymbol{x}$ 为标准形的基本步骤：

① 写出二次型的矩阵 $\boldsymbol{A}$；

② 由$|\boldsymbol{A}-\lambda\boldsymbol{E}|=0$，解得 $\boldsymbol{A}$ 的所有特征值$\lambda_1, \lambda_2, \cdots, \lambda_n$；

③ 求出对应于 $\lambda_i(i=1, 2, \cdots, n)$的线性无关的特征向量 $\boldsymbol{\alpha}_1, \boldsymbol{\alpha}_2, \cdots, \boldsymbol{\alpha}_n$；

④ 将 $\boldsymbol{\alpha}_1, \boldsymbol{\alpha}_2, \cdots, \boldsymbol{\alpha}_n$ 用施密特正交化方法正交化再单位化，得 $\boldsymbol{\beta}_1, \boldsymbol{\beta}_2, \cdots, \boldsymbol{\beta}_n$，取正交矩阵 $\boldsymbol{Q}=(\boldsymbol{\beta}_1, \boldsymbol{\beta}_2, \cdots, \boldsymbol{\beta}_n)$，使得 $\boldsymbol{Q}^{-1}\boldsymbol{A}\boldsymbol{Q}=\boldsymbol{Q}^{\mathrm{T}}\boldsymbol{A}\boldsymbol{Q}=\mathrm{diag}(\lambda_1, \lambda_2, \cdots, \lambda_n)$；

⑤ 做正交变换 $\boldsymbol{x}=\boldsymbol{Q}\boldsymbol{y}$，即可得 f 的标准形 $f=\lambda_1y_1^2+\lambda_2y_2^2+\cdots+\lambda_ny_n^2$.

3. 矩阵合同与矩阵相似之间的区别与联系

矩阵合同的定义：如果存在可逆矩阵 $\boldsymbol{P}$，使得 $\boldsymbol{B}=\boldsymbol{P}^{\mathrm{T}}\boldsymbol{A}\boldsymbol{P}$，则称矩阵 $\boldsymbol{A}$ 与 $\boldsymbol{B}$ 合同. 合同是一种等价关系，矩阵合同在证明矩阵正定性和化二次型为标准形中广泛应用.

矩阵相似的定义：如果存在可逆矩阵 $\boldsymbol{P}$，使 $\boldsymbol{P}^{-1}\boldsymbol{A}\boldsymbol{P}=\boldsymbol{B}$，则称矩阵 $\boldsymbol{A}$ 与 $\boldsymbol{B}$ 相似.

矩阵合同与矩阵相似之间的区别是：若 $\boldsymbol{P}$ 为正交矩阵，即 $\boldsymbol{P}^{\mathrm{T}}=\boldsymbol{P}^{-1}$，则合同与相似是等价的. 所以，如果 $\boldsymbol{A}$ 是实对称矩阵，则存在正交矩阵 $\boldsymbol{P}$，使 $\boldsymbol{P}^{-1}\boldsymbol{A}\boldsymbol{P}=\boldsymbol{\Lambda}$，此时 $\boldsymbol{A}$ 与 $\boldsymbol{\Lambda}$ 相似且合同.

4. 正定二次型的判别

二次型可以分为几类，其中正定二次型是二次型中最重要的一类，它具有特殊的性质. 要理解正定二次型的概念，需掌握判别正定二次型的等价条件.

① $\boldsymbol{A}$ 是正定矩阵；

② $\boldsymbol{A}$ 的特征值均大于零；

③ 它的正惯性指数等于 n；

④ $\boldsymbol{A}$ 与同阶单位矩阵 $\boldsymbol{E}$ 合同；

⑤ 存在可逆矩阵 $\boldsymbol{P}$，使 $\boldsymbol{A}=\boldsymbol{P}^{\mathrm{T}}\boldsymbol{P}$；

⑥ 矩阵 $\boldsymbol{A}=(a_{ij})_{n\times n}$ 的各阶顺序主子式 $A_i(i=1,2,\cdots,n)$ 均大于零，即

$$A_1=a_{11}>0,\ A_2=\begin{vmatrix}a_{11}&a_{12}\\a_{21}&a_{22}\end{vmatrix}>0,\ \cdots$$

$$A_{n-1}=\begin{vmatrix}a_{11}&\cdots&a_{1,n-1}\\ \vdots&&\vdots\\ a_{n-1,1}&\cdots&a_{n-1,n-1}\end{vmatrix}>0,$$

$$A_n=|\boldsymbol{A}|>0$$

对于具体的二次型的正定性的判别一般采用条件⑥；对于抽象的二次型的正定性的判别，通常采用定义及其他充要条件.

五、释疑解难

问题 1 n 元实二次型经不同的可逆线性变换得到的标准形唯一吗？经正交变换得到的标准形唯一吗？二次型的规范形唯一吗？

答 一个 n 元实二次型经不同的可逆线性变换可以得到不同的标准形. 因而，一般地，二次型的标准形不唯一.

例如：对二次型 $f=2x_1^2+3x_2^2+3x_3^2+4x_2x_3$，其矩阵为 $\boldsymbol{A}=\begin{pmatrix}2&0&0\\0&3&2\\0&2&3\end{pmatrix}$. 若用正交变换法将其化为标准形，有 $\boldsymbol{A}$ 的特征值为 $\lambda_1=2$，$\lambda_2=5$，$\lambda_3=1$，对应的特征向量分别为 $\boldsymbol{\alpha}_1=(1,0,0)^{\mathrm{T}}$，$\boldsymbol{\alpha}_2=(0,1,1)^{\mathrm{T}}$，$\boldsymbol{\alpha}_3=(0,-1,1)^{\mathrm{T}}$. 其确定的正交变换为

$$\begin{pmatrix}x_1\\x_2\\x_3\end{pmatrix}=\begin{pmatrix}1&0&0\\0&1/\sqrt{2}&-1/\sqrt{2}\\0&1/\sqrt{2}&1/\sqrt{2}\end{pmatrix}\begin{pmatrix}y_1\\y_2\\y_3\end{pmatrix}$$

标准形为 $f=2y_1^2+5y_2^2+y_3^2$.

若用配方法将其化为标准形，有

$$f=2x_1^2+3x_2^2+3x_3^2+4x_2x_3=2x_1^2+3\left(x_2+\frac{2}{3}x_3\right)^2+\frac{5}{3}x_3^2$$

作可逆变换

$$\begin{pmatrix}x_1\\x_2\\x_3\end{pmatrix}=\begin{pmatrix}1&0&0\\0&1&-\dfrac{2}{3}\\0&0&1\end{pmatrix}\begin{pmatrix}y_1\\y_2\\y_3\end{pmatrix}$$

标准形为 $f=2y_1^2+3y_2^2+\frac{5}{3}y_3^2$.

正因为 n 元实二次型 $f(x_1,x_2,\cdots,x_n)$ 经不同的可逆线性变换得到的标准形不同，才需要惯性定理来描述二次型 $f(x_1,x_2,\cdots,x_n)$ 在可逆线性变换下的不变量，即秩为 r 的实二次型 $f(x_1,x_2,\cdots,x_n)$ 的任意两标准形中平方项系数为正的项数 p 与平方项系数为负的项数 q 总是分别对应相等的，且 $p+q=r$.

n 元实二次型 $f(x_1,x_2,\cdots,x_n)$ 经正交变换得到的标准形中平方项的系数必为 $f(x_1,x_2,\cdots,x_n)$ 的矩阵 $\boldsymbol{A}$ 的特征值，因而在不考虑变换后变量的顺序时，标准形是唯一的，但本质上不唯一.

形如 $y_1^2+\cdots+y_p^2-y_{p+1}^2-\cdots-y_r^2(p\leqslant r\leqslant n)$ 的二次型，其中 $r=\mathrm{R}(\boldsymbol{A})$ 是二次型的秩，称为二次型 f 的规范形. 由惯性定理知，规范形中系数为 1 的平方项的个数等于其正惯性指数，而系数为 -1 的平方项的个数等于其负惯性指数，所以 n 元实二次型 $f(x_1,x_2,\cdots,x_n)$ 的规范形是唯一的.

问题 2 两个 n 阶方阵 $\boldsymbol{A}$ 与 $\boldsymbol{B}$ 等价、相似、合同之间有何关系？它们与二次型有何联系？

答 (1) $\boldsymbol{A}$ 与 $\boldsymbol{B}$ 等价、相似、合同的定义.

矩阵 $\boldsymbol{A}$ 与 $\boldsymbol{B}$ 等价的定义：如果矩阵 $\boldsymbol{B}$ 可以由矩阵 $\boldsymbol{A}$ 经过有限次初等变换得到，即存在可逆矩阵 $\boldsymbol{P}$，$\boldsymbol{Q}$，使得 $\boldsymbol{QAP}=\boldsymbol{B}$，则称矩阵 $\boldsymbol{A}$ 与 $\boldsymbol{B}$ 是等价的.

矩阵 $\boldsymbol{A}$ 与 $\boldsymbol{B}$ 相似的定义：设 $\boldsymbol{A}$，$\boldsymbol{B}$ 都是 n 阶方阵，如果存在 n 阶可逆矩阵 $\boldsymbol{P}$，使得 $\boldsymbol{P}^{-1}\boldsymbol{AP}=\boldsymbol{B}$，则称矩阵 $\boldsymbol{A}$ 与 $\boldsymbol{B}$ 相似.

矩阵 $\boldsymbol{A}$ 与 $\boldsymbol{B}$ 合同的定义：设 $\boldsymbol{A}$，$\boldsymbol{B}$ 为两个 n 阶方阵，如果存在 n 阶可逆矩阵 $\boldsymbol{C}$，使得 $\boldsymbol{B}=\boldsymbol{C}^{\mathrm{T}}\boldsymbol{AC}$，则称矩阵 $\boldsymbol{A}$ 与 $\boldsymbol{B}$ 合同，或 $\boldsymbol{A}$ 合同于 $\boldsymbol{B}$.

(2) n 阶方阵 $\boldsymbol{A}$ 与 $\boldsymbol{B}$ 等价、相似、合同之间的关系.

① 当 $\boldsymbol{A}$ 与 $\boldsymbol{B}$ 等价时，不一定有 $\boldsymbol{A}$ 与 $\boldsymbol{B}$ 相似；当 $\boldsymbol{A}$ 与 $\boldsymbol{B}$ 等价时，也不一定有 $\boldsymbol{A}$ 与 $\boldsymbol{B}$ 合同.

当 $\boldsymbol{A}$ 与 $\boldsymbol{B}$ 等价时，即存在可逆矩阵 $\boldsymbol{P}$，$\boldsymbol{Q}$，使得 $\boldsymbol{QAP}=\boldsymbol{B}$ 成立. 这时，只有当 $\boldsymbol{Q}=\boldsymbol{P}^{-1}$ 时，$\boldsymbol{A}$ 与 $\boldsymbol{B}$ 才相似；当 $\boldsymbol{Q}=\boldsymbol{P}^{\mathrm{T}}$ 时，$\boldsymbol{A}$ 与 $\boldsymbol{B}$ 才合同；当 $\boldsymbol{Q}=\boldsymbol{P}^{-1}=\boldsymbol{P}^{\mathrm{T}}$ 时，$\boldsymbol{A}$ 与 $\boldsymbol{B}$ 相似且合同.

② 若矩阵 $\boldsymbol{A}$ 与 $\boldsymbol{B}$ 相似，则 $\boldsymbol{A}$ 与 $\boldsymbol{B}$ 一定等价；若矩阵 $\boldsymbol{A}$ 与 $\boldsymbol{B}$ 合同，则 $\boldsymbol{A}$ 与 $\boldsymbol{B}$ 一定等价.

③ 若矩阵 $\boldsymbol{A}$ 与 $\boldsymbol{B}$ 相似，即存在 $\boldsymbol{P}$，使得 $\boldsymbol{P}^{-1}\boldsymbol{AP}=\boldsymbol{B}$，若 $\boldsymbol{P}$ 为正交矩阵，即 $\boldsymbol{P}^{-1}=\boldsymbol{P}^{\mathrm{T}}$，则 $\boldsymbol{A}$ 与 $\boldsymbol{B}$ 合同.

④ 当 $\boldsymbol{A}$ 与 $\boldsymbol{B}$ 为实对称矩阵时，存在正交矩阵 $\boldsymbol{P}$，使得 $\boldsymbol{P}^{-1}\boldsymbol{AP}=\boldsymbol{\Lambda}$，此时，$\boldsymbol{A}$ 与 $\boldsymbol{\Lambda}$ 相似且合同.

(3) 矩阵合同与二次型的联系.

因为二次型 $f(x_1,x_2,\cdots,x_n)=\boldsymbol{x}^{\mathrm{T}}\boldsymbol{Ax}$ 与实对称矩阵 $\boldsymbol{A}$ 是一一对应的，故化二次型为标准形的问题也可由矩阵间的合同关系描述：

$$\boldsymbol{A}\text{ 与 }\boldsymbol{B}\text{ 合同}\Leftrightarrow\mathrm{R}(\boldsymbol{A})=\mathrm{R}(\boldsymbol{B})\text{ 且正惯性指数 }p_A=p_B\Leftrightarrow\boldsymbol{A}\text{ 与 }\boldsymbol{B}\text{ 的规范形相同}$$

问题 3 化二次型 $f(x_1, x_2, \cdots, x_n)=\boldsymbol{x}^{\mathrm{T}}\boldsymbol{A}\boldsymbol{x}$ 为标准形常用的方法有哪些？各有何特点？

答 一般地，化二次型为标准形都是采用可逆线性变换的方法，即寻求一个合适的可逆矩阵 $\boldsymbol{P}$，使 $\boldsymbol{P}^{\mathrm{T}}\boldsymbol{A}\boldsymbol{P}$ 为对角形，再做变换 $\boldsymbol{x}=\boldsymbol{P}\boldsymbol{y}$，则二次型可化为标准形. 处理问题时常用的方法有三种：配方法、正交变换法和初等变换法. 三种方法各有用途，应根据具体问题、具体要求来选择.

① 配方法：配方法比较初等，易于掌握，特别是当所给定的二次型所含变量不多，所要解决的问题未对 $f(x_1, x_2, \cdots, x_n)=\boldsymbol{x}^{\mathrm{T}}\boldsymbol{A}\boldsymbol{x}$ 的标准形有特殊要求时，选择配方法简捷、快速. 但配方法也有缺陷，经过配方法所做的变换，变换后二次型的几何特性可能发生改变.

② 正交变换法：正交变换法涉及矩阵的特征值、特征向量、基础解系、向量的标准正交化等多种知识点，因此正交变换法综合、复杂. 但由于正交变换法实施的是正交变换 $\boldsymbol{x}=\boldsymbol{P}\boldsymbol{y}$，$\boldsymbol{P}$ 为正交矩阵，使得 $\boldsymbol{P}^{\mathrm{T}}\boldsymbol{A}\boldsymbol{P}$ 与 $\boldsymbol{A}$ 合同且相似，这样 $\boldsymbol{A}$ 的许多性质（如特征值、迹、行列式等）均被矩阵 $\boldsymbol{P}^{\mathrm{T}}\boldsymbol{A}\boldsymbol{P}$ 保持，且经过正交变换二次型的几何特性——几何图形的形状没有改变. 所以当研究二次型所表示的几何图形时使用正交变换法. 但当二次型所含变量过多时，就给特征值、特征向量的求解以及标准正交化带来了困难，此时如果没有对变换的正交性要求，可考虑其他方法.

③ 初等变换法：初等变换法以矩阵的初等变换为基础，方法直观、操作简便. 在二次型的变量较多且不要求正交变换和对标准形无特殊要求时，初等变换法显得更为有效. 但由初等变换法确定的变换在对二次型实施变换后会改变二次型的几何图形的形状.

六、典型例题解析

题型一 二次型的矩阵表示和秩

正确写出二次型的矩阵是化简二次型的基础，二次型的矩阵是对称矩阵，其主对角线元素 a_{ii} 与二次型中平方项 x_i^2 的系数相同，而非对角线元素 a_{ij} 为二次型中交叉项 x_ix_j 系数的一半. 二次型与对称矩阵一一对应，对称矩阵的秩就是二次型的秩.

例 5.1 设二次型 $f(x_1, x_2, x_3)=x_1^2-2x_2^2+2x_3^2-4x_1x_2+4x_1x_3+8x_2x_3$，求二次型矩阵 $\boldsymbol{A}$ 及二次型的秩.

解 二次型矩阵 $\boldsymbol{A}=\begin{pmatrix}1 & -2 & 2\\ -2 & -2 & 4\\ 2 & 4 & 2\end{pmatrix}$，对 $\boldsymbol{A}$ 作初等变换：

$$\boldsymbol{A}\rightarrow\begin{pmatrix}1 & -2 & 2\\ 0 & -6 & 8\\ 0 & 2 & 6\end{pmatrix}\rightarrow\begin{pmatrix}1 & -2 & 2\\ 0 & -3 & 4\\ 0 & 1 & 3\end{pmatrix}\rightarrow\begin{pmatrix}1 & 0 & 8\\ 0 & 0 & 13\\ 0 & 1 & 3\end{pmatrix}$$

即 $\mathrm{R}(\boldsymbol{A})=3$，故二次型的秩为 3.

例 5.2 设实对称矩阵 $\boldsymbol{A}=\begin{pmatrix}2 & -1 & 1\\ -1 & 0 & 3\\ 1 & 3 & 5\end{pmatrix}$，写出它所对应的二次型.

解 A 所对应的二次型是

$$f(x_1, x_2, x_3)=(x_1, x_2, x_3)\begin{pmatrix}2&-1&1\\-1&0&3\\1&3&5\end{pmatrix}\begin{pmatrix}x_1\\x_2\\x_3\end{pmatrix}$$

$$=2x_1^2+5x_3^2-2x_1x_2+2x_1x_3+6x_2x_3$$

练习 求二次型 $f(x_1, x_2, x_3, x_4)=2x_1x_2+2x_1x_3+2x_1x_4+2x_3x_4$ 的矩阵 A 及二次型的秩.

题型二 用正交变换法化二次型为标准形

正交变换法：求二次型矩阵的特征值和特征向量，用施密特正交化方法将特征向量正交化和单位化，以此构造正交矩阵 Q，做正交线性变换 $x=Qy$，则二次型 $f=x^{T}Ax$ 可化为标准形 $\lambda_1y_1^2+\lambda_2y_2^2+\cdots+\lambda_ny_n^2(\lambda_1, \lambda_2, \cdots, \lambda_n$ 为全部特征值).

例 5.3 将下列二次型用正交变换法化为标准形，并写出所用的正交变换矩阵：

(1) $f(x_1, x_2, x_3)=2x_1^2+3x_2^2+3x_3^2+4x_2x_3$；

(2) $f(x_1, x_2, x_3)=2x_1x_2+2x_1x_3-2x_2x_3$.

解 (1) 二次型矩阵 $A=\begin{pmatrix}2&0&0\\0&3&2\\0&2&3\end{pmatrix}$，矩阵 A 的特征多项式为

$$|A-\lambda E|=\begin{vmatrix}2-\lambda&0&0\\0&3-\lambda&2\\0&2&3-\lambda\end{vmatrix}=(2-\lambda)\begin{vmatrix}3-\lambda&2\\2&3-\lambda\end{vmatrix}$$

$$=-(\lambda-1)(\lambda-2)(\lambda-5)$$

令 $|A-\lambda E|=0$，得 A 的特征值 $\lambda_1=1$，$\lambda_2=2$，$\lambda_3=5$.

当 $\lambda_1=1$ 时，解齐次线性方程组 $(A-E)x=0$. 由

$$A-E=\begin{pmatrix}1&0&0\\0&2&2\\0&2&2\end{pmatrix}\to\begin{pmatrix}1&0&0\\0&1&1\\0&0&0\end{pmatrix}$$

得特征向量 $\alpha_1=(0, 1, -1)^{T}$.

当 $\lambda_2=2$ 时，解齐次线性方程组 $(A-2E)x=0$，由

$$A-2E=\begin{pmatrix}0&0&0\\0&1&2\\0&2&1\end{pmatrix}\to\begin{pmatrix}0&1&2\\0&0&-3\\0&0&0\end{pmatrix}\to\begin{pmatrix}0&1&0\\0&0&1\\0&0&0\end{pmatrix}$$

得特征向量 $\alpha_2=(1, 0, 0)^{T}$.

当 $\lambda_3=5$ 时，解齐次线性方程组 $(A-5E)x=0$，由

$$A-5E=\begin{pmatrix}-3&0&0\\0&-2&2\\0&2&-2\end{pmatrix}\to\begin{pmatrix}1&0&0\\0&1&-1\\0&0&0\end{pmatrix}$$

得特征向量 $\alpha_3=(0, 1, 1)^{T}$.

由于 α_1，α_2，α_3 为 A 的不同特征值对应的特征向量，故必正交，将 α_1，α_2，α_3 单

位化，得

$$\boldsymbol{\beta}_1=\frac{\boldsymbol{\alpha}_1}{\|\boldsymbol{\alpha}_1\|}=\left(0,\ \frac{1}{\sqrt{2}},\ -\frac{1}{\sqrt{2}}\right)^{\mathrm{T}}$$

$$\boldsymbol{\beta}_2=\frac{\boldsymbol{\alpha}_2}{\|\boldsymbol{\alpha}_2\|}=(1,\ 0,\ 0)^{\mathrm{T}}$$

$$\boldsymbol{\beta}_3=\frac{\boldsymbol{\alpha}_3}{\|\boldsymbol{\alpha}_3\|}=\left(0,\ \frac{1}{\sqrt{2}},\ \frac{1}{\sqrt{2}}\right)^{\mathrm{T}}$$

故所用的正交变换矩阵为

$$\boldsymbol{Q}=(\boldsymbol{\beta}_1,\ \boldsymbol{\beta}_2,\ \boldsymbol{\beta}_3)=\begin{pmatrix}0 & 1 & 0\\ \frac{1}{\sqrt{2}} & 0 & \frac{1}{\sqrt{2}}\\ -\frac{1}{\sqrt{2}} & 0 & \frac{1}{\sqrt{2}}\end{pmatrix}$$

二次型的标准形为 $f=y_1^2+2y_2^2+5y_3^2$.

(2) 二次型矩阵 $\boldsymbol{A}=\begin{pmatrix}0 & 1 & 1\\ 1 & 0 & -1\\ 1 & -1 & 0\end{pmatrix}$，矩阵 $\boldsymbol{A}$ 的特征多项式为

$$|\boldsymbol{A}-\lambda\boldsymbol{E}|=\begin{vmatrix}-\lambda & 1 & 1\\ 1 & -\lambda & -1\\ 1 & -1 & -\lambda\end{vmatrix}=-(\lambda-1)^2(\lambda+2)$$

令 $|\boldsymbol{A}-\lambda\boldsymbol{E}|=0$，得 $\boldsymbol{A}$ 的特征值 $\lambda_1=\lambda_2=1$，$\lambda_3=-2$.

当 $\lambda_1=\lambda_2=1$ 时，解齐次线性方程组 $(\boldsymbol{A}-\boldsymbol{E})\boldsymbol{x}=\boldsymbol{0}$，由

$$\boldsymbol{A}-\boldsymbol{E}=\begin{pmatrix}-1 & 1 & 1\\ 1 & -1 & -1\\ 1 & -1 & -1\end{pmatrix}\to\begin{pmatrix}1 & -1 & -1\\ 0 & 0 & 0\\ 0 & 0 & 0\end{pmatrix}$$

得特征向量 $\boldsymbol{\alpha}_1=(1,\ 1,\ 0)^{\mathrm{T}}$，$\boldsymbol{\alpha}_2=(1,\ 0,\ 1)^{\mathrm{T}}$.

当 $\lambda_3=-2$ 时，解齐次线性方程组 $(\boldsymbol{A}+2\boldsymbol{E})\boldsymbol{x}=\boldsymbol{0}$，由

$$\boldsymbol{A}+2\boldsymbol{E}=\begin{pmatrix}2 & 1 & 1\\ 1 & 2 & -1\\ 1 & -1 & 2\end{pmatrix}\to\begin{pmatrix}1 & 0 & 1\\ 0 & 1 & -1\\ 0 & 0 & 0\end{pmatrix}$$

得特征向量 $\boldsymbol{\alpha}_3=(-1,\ 1,\ 1)^{\mathrm{T}}$.

将 $\boldsymbol{\alpha}_1$ 与 $\boldsymbol{\alpha}_2$ 正交化：

$$\boldsymbol{\beta}_1=\boldsymbol{\alpha}_1=(1,\ 1,\ 0)^{\mathrm{T}},\ \boldsymbol{\beta}_2=\boldsymbol{\alpha}_2-\frac{(\boldsymbol{\alpha}_2,\ \boldsymbol{\alpha}_1)}{(\boldsymbol{\alpha}_1,\ \boldsymbol{\alpha}_1)}\boldsymbol{\beta}_1=\left(\frac{1}{2},\ -\frac{1}{2},\ 1\right)^{\mathrm{T}}$$

取 $\boldsymbol{\beta}_3=\boldsymbol{\alpha}_3$ 与 $\boldsymbol{\beta}_1$，$\boldsymbol{\beta}_2$ 正交，将 $\boldsymbol{\beta}_1$，$\boldsymbol{\beta}_2$，$\boldsymbol{\beta}_3$ 单位化，得

$$\boldsymbol{\gamma}_1=\frac{\boldsymbol{\beta}_1}{\|\boldsymbol{\beta}_1\|}=\left(\frac{1}{\sqrt{2}},\ \frac{1}{\sqrt{2}},\ 0\right)^{\mathrm{T}}$$

$$\boldsymbol{\gamma}_2=\frac{\boldsymbol{\beta}_2}{\|\boldsymbol{\beta}_2\|}=\left(\frac{1}{\sqrt{6}},\ -\frac{1}{\sqrt{6}},\ \frac{2}{\sqrt{6}}\right)^{\mathrm{T}}$$

$$\boldsymbol{\gamma}_3=\frac{\boldsymbol{\beta}_3}{\|\boldsymbol{\beta}_3\|}=\left(-\frac{1}{\sqrt{3}},\ \frac{1}{\sqrt{3}},\ \frac{1}{\sqrt{3}}\right)^{\mathrm{T}}$$

故所用的正交变换矩阵为

$$\boldsymbol{Q}=(\boldsymbol{\gamma}_1,\ \boldsymbol{\gamma}_2,\ \boldsymbol{\gamma}_3)=\begin{pmatrix}\frac{1}{\sqrt{2}} & \frac{1}{\sqrt{6}} & -\frac{1}{\sqrt{3}}\\ \frac{1}{\sqrt{2}} & -\frac{1}{\sqrt{6}} & \frac{1}{\sqrt{3}}\\ 0 & \frac{2}{\sqrt{6}} & \frac{1}{\sqrt{3}}\end{pmatrix}$$

二次型的标准形为 $f=y_1^2+y_2^2-2y_3^2$.

说明 用正交变换法化标准形时，平方项的系数是特征值，且是唯一的. 故若用正交变换法化二次型为标准形，在不考虑系数的顺序时，标准形唯一，且相应的正交变换矩阵也唯一.

练习 设二次型 $f(x_1,\ x_2,\ x_3)=x_1^2-4x_1x_2+4x_1x_3+4x_2^2+4x_3^2-8x_2x_3$，试求一个正交变换 $\boldsymbol{x}=\boldsymbol{Q}\boldsymbol{y}$，将二次型化为标准形.

例 5.4 已知二次型 $f(x_1,\ x_2,\ x_3)=5x_1^2+5x_2^2+cx_3^2-2x_1x_2+6x_1x_3-6x_2x_3$ 的秩为 2.

(1) 求参数 c；(2) 用正交变换法将二次型化为标准形.

解 (1) 二次型的矩阵为 $\boldsymbol{A}=\begin{pmatrix}5 & -1 & 3\\ -1 & 5 & -3\\ 3 & -3 & c\end{pmatrix}$，因为 $\mathrm{R}(\boldsymbol{A})=2$，所以 $|\boldsymbol{A}|=0$. 由

$$|\boldsymbol{A}|=\begin{vmatrix}5 & -1 & 3\\ -1 & 5 & -3\\ 3 & -3 & c\end{vmatrix}=\begin{vmatrix}0 & 24 & -12\\ -1 & 5 & -3\\ 0 & 12 & c-9\end{vmatrix}=12\begin{vmatrix}2 & -1\\ 12 & c-9\end{vmatrix}=24(c-3)=0$$

解得 $c=3$.

(2) 矩阵 $\boldsymbol{A}$ 的特征多项式为

$$|\boldsymbol{A}-\lambda\boldsymbol{E}|=\begin{vmatrix}5-\lambda & -1 & 3\\ -1 & 5-\lambda & -3\\ 3 & -3 & 3-\lambda\end{vmatrix}=-\lambda(\lambda-4)(\lambda-9)$$

故求得特征值为 $\lambda_1=0$，$\lambda_2=4$，$\lambda_3=9$.

当 $\lambda_1=0$ 时，解齐次线性方程组 $(\boldsymbol{A}-0\boldsymbol{E})\boldsymbol{x}=\boldsymbol{0}$，由

$$\boldsymbol{A}-0\boldsymbol{E}=\begin{pmatrix}5 & -1 & 3\\ -1 & 5 & -3\\ 3 & -3 & 3\end{pmatrix}\to\begin{pmatrix}1 & -1 & 1\\ 0 & 4 & -2\\ 0 & 4 & -2\end{pmatrix}\to\begin{pmatrix}1 & 0 & 1/2\\ 0 & 2 & -1\\ 0 & 0 & 0\end{pmatrix}$$

得特征向量 $\boldsymbol{\alpha}_1=(-1,\ 1,\ 2)^{\mathrm{T}}$.

当 $\lambda_2=4$ 时，解齐次线性方程组 $(\boldsymbol{A}-4\boldsymbol{E})\boldsymbol{x}=\boldsymbol{0}$，由

$$\boldsymbol{A}-4\boldsymbol{E}=\begin{pmatrix}1 & -1 & 3\\ -1 & 1 & -3\\ 3 & -3 & -1\end{pmatrix}\to\begin{pmatrix}1 & -1 & 0\\ 0 & 0 & 1\\ 0 & 0 & 0\end{pmatrix}$$

得特征向量 $\boldsymbol{\alpha}_2=(1, 1, 0)^{\mathrm{T}}$.

当 $\lambda_3=9$ 时，解齐次线性方程组 $(\boldsymbol{A}-9\boldsymbol{E})\boldsymbol{x}=\boldsymbol{0}$，由

$$\boldsymbol{A}-9\boldsymbol{E}=\begin{pmatrix}-4 & -1 & 3\\ -1 & -4 & -3\\ 3 & -3 & -6\end{pmatrix}\to\begin{pmatrix}1 & 0 & -1\\ 0 & 1 & 1\\ 0 & 0 & 0\end{pmatrix}$$

得特征向量 $\boldsymbol{\alpha}_3=(1, -1, 1)^{\mathrm{T}}$.

将 $\boldsymbol{\alpha}_1$，$\boldsymbol{\alpha}_2$，$\boldsymbol{\alpha}_3$ 单位化，得

$$\boldsymbol{\beta}_1=\frac{\boldsymbol{\alpha}_1}{\|\boldsymbol{\alpha}_1\|}=\frac{1}{\sqrt{6}}(-1, 1, 2)^{\mathrm{T}}$$

$$\boldsymbol{\beta}_2=\frac{\boldsymbol{\alpha}_2}{\|\boldsymbol{\alpha}_2\|}=\frac{1}{\sqrt{2}}(1, 1, 0)^{\mathrm{T}}$$

$$\boldsymbol{\beta}_3=\frac{\boldsymbol{\alpha}_3}{\|\boldsymbol{\alpha}_3\|}=\frac{1}{\sqrt{3}}(1, -1, 1)^{\mathrm{T}}$$

故所用的正交变换矩阵为

$$\boldsymbol{Q}=(\boldsymbol{\beta}_1, \boldsymbol{\beta}_2, \boldsymbol{\beta}_3)=\begin{pmatrix}\frac{-1}{\sqrt{6}} & \frac{1}{\sqrt{2}} & \frac{1}{\sqrt{3}}\\ \frac{1}{\sqrt{6}} & \frac{1}{\sqrt{2}} & \frac{-1}{\sqrt{3}}\\ \frac{2}{\sqrt{6}} & 0 & \frac{1}{\sqrt{3}}\end{pmatrix}$$

二次型的标准形为 $f=4y_2^2+9y_3^2$.

例 5.5 已知二次型 $f(x_1, x_2, x_3)=x_1^2+x_2^2+x_3^2+2ax_1x_2+2x_1x_3+2bx_2x_3$，经过正交变换 $\boldsymbol{x}=\boldsymbol{Q}\boldsymbol{y}$ 化为标准形 $f=y_2^2+2y_3^2$，求所用的正交变换矩阵 $\boldsymbol{Q}$.

分析 只要确定了二次型矩阵 $\boldsymbol{A}$，就可以按照寻找正交变换的一般步骤求出 $\boldsymbol{Q}$，故本题首要的是确定参数 a，b，从而确定 $\boldsymbol{A}$. 设经正交变换 $\boldsymbol{x}=\boldsymbol{Q}\boldsymbol{y}$ 标准化后的二次型矩阵为 $\boldsymbol{B}$，则 $\boldsymbol{A}$ 和 $\boldsymbol{B}$ 合同且相似. 因此 $\boldsymbol{A}$ 和 $\boldsymbol{B}$ 有相同的特征多项式，由此可求出相关参数.

解 正交变换前后二次型的矩阵分别为

$$\boldsymbol{A}=\begin{pmatrix}1 & a & 1\\ a & 1 & b\\ 1 & b & 1\end{pmatrix},\quad \boldsymbol{B}=\begin{pmatrix}0 & 0 & 0\\ 0 & 1 & 0\\ 0 & 0 & 2\end{pmatrix}$$

二者既相似又合同，于是 $|\boldsymbol{A}-\lambda\boldsymbol{E}|=|\boldsymbol{B}-\lambda\boldsymbol{E}|$，即

$$\begin{vmatrix}1-\lambda & a & 1\\ a & 1-\lambda & b\\ 1 & b & 1-\lambda\end{vmatrix}=\begin{vmatrix}-\lambda & 0 & 0\\ 0 & 1-\lambda & 0\\ 0 & 0 & 2-\lambda\end{vmatrix}$$

由行列式的定义得

$$(\lambda-1)^3-ab-ab-(\lambda-1)-b^2(\lambda-1)-a^2(\lambda-1)=\lambda(\lambda-1)(\lambda-2)$$

展开化简得

$$(a^2+b^2)\lambda-(a-b)^2=0$$

比较同次幂的系数并解之，得 $a=b=0$，则

$$A=\begin{pmatrix}1&0&1\\0&1&0\\1&0&1\end{pmatrix}$$

解$(A-\lambda_iE)x=0(i=1,2,3)$，得$A$对应于$\lambda_1=0$，$\lambda_2=1$，$\lambda_3=2$的特征向量分别为

$$\alpha_1=(-1,0,1)^T,\quad \alpha_2=(0,1,0)^T,\quad \alpha_3=(1,0,1)^T$$

将α_1，α_2，α_3单位化，得正交变换矩阵$Q=\begin{pmatrix}-\frac{1}{\sqrt{2}}&0&\frac{1}{\sqrt{2}}\\0&1&0\\\frac{1}{\sqrt{2}}&0&\frac{1}{\sqrt{2}}\end{pmatrix}$.

练习 已知实二次型$f(x_1,x_2,x_3)=a(x_1^2+x_2^2+x_3^2)+4x_1x_2+4x_1x_3+4x_2x_3$经正交变换$x=Py$可化为标准形$f=6y_1^2$，求$a$的值.

题型三　用配方法化二次型为标准形

用配方法化二次型为标准形分两种情形：

(1) 若二次型含有x_i的平方项，则把含有x_i的项集中在一起，再按x_i配成平方项，其余类推，直至都配成平方项；

(2) 若二次型不含平方项，但$a_{ij}\neq0(i\neq j)$，则首先做可逆线性变换$\begin{cases}x_i=y_i+y_j\\x_j=y_i-y_j\\x_k=y_k(k\neq i,j)\end{cases}$，化二次型为含有平方项的二次型，再按(1)中方法配方.

例5.6 将下列二次型用配方法化为标准形，并写出所用的可逆线性变换矩阵：

(1) $f(x_1,x_2,x_3)=x_1^2-2x_2^2+2x_3^2-4x_1x_2+4x_1x_3+8x_2x_3$；

(2) $f(x_1,x_2,x_3)=2x_1x_2+2x_1x_3-2x_2x_3$.

解 (1)

$$\begin{aligned}f&=(x_1^2-4x_1x_2+4x_1x_3)-2x_2^2+2x_3^2+8x_2x_3\\&=(x_1-2x_2+2x_3)^2-(2x_2-2x_3)^2-2x_2^2+2x_3^2+8x_2x_3\\&=(x_1-2x_2+2x_3)^2-6\left(x_2^2-\frac{8}{3}x_2x_3\right)-2x_3^2\\&=(x_1-2x_2+2x_3)^2-6\left(x_2-\frac{4}{3}x_3\right)^2+6\left(\frac{4}{3}x_3\right)^2-2x_3^2\\&=(x_1-2x_2+2x_3)^2-6\left(x_2-\frac{4}{3}x_3\right)^2+\frac{26}{3}x_3^2\end{aligned}$$

令$\begin{cases}y_1=x_1-2x_2+2x_3\\y_2=x_2-\frac{4}{3}x_3\\y_3=x_3\end{cases}$，得可逆线性变换

$$\begin{cases}x_1=y_1+2y_2+\frac{2}{3}y_3\\x_2=y_2+\frac{4}{3}y_3\\x_3=y_3\end{cases}$$

即经此变换后二次型的标准形为 $f=y_1^2-6y_2^2+\frac{26}{3}y_3^2$.

(2) 令$\begin{cases}x_1=y_1+y_2\\x_2=y_1-y_2\\x_3=y_3\end{cases}$，显然 $\boldsymbol{B}_1=\begin{pmatrix}1&1&0\\1&-1&0\\0&0&1\end{pmatrix}$可逆，且有

$$f=2y_1^2-2y_2^2+4y_2y_3$$

变换后的二次型配方得

$$f=2y_1^2-2[(y_2-y_3)^2-y_3^2]=2y_1^2-2(y_2-y_3)^2+2y_3^2$$

再令$\begin{cases}z_1=y_1\\z_2=y_2-y_3\\z_3=y_3\end{cases}$，即$\begin{cases}y_1=z_1\\y_2=z_2+z_3\\y_3=z_3\end{cases}$，显然 $\boldsymbol{B}_2=\begin{pmatrix}1&0&0\\0&1&1\\0&0&1\end{pmatrix}$可逆，且有 $f=2z_1^2-2z_2^2+2z_3^2$.

故所用的可逆线性变换矩阵为

$$\boldsymbol{B}=\boldsymbol{B}_1\boldsymbol{B}_2=\begin{pmatrix}1&1&0\\1&-1&0\\0&0&1\end{pmatrix}\begin{pmatrix}1&0&0\\0&1&1\\0&0&1\end{pmatrix}=\begin{pmatrix}1&1&1\\1&-1&-1\\0&0&1\end{pmatrix}$$

即经可逆变换 $\boldsymbol{x}=\boldsymbol{B}\boldsymbol{z}$，可将二次型化为标准形 $f=2z_1^2-2z_2^2+2z_3^2$.

练习　用配方法化二次型 $f(x_1, x_2, x_3)=x_1^2+2x_3^2+2x_1x_3+2x_2x_3$ 为标准形，并写出所用的可逆线性变换矩阵.

题型四　矩阵相似、合同的判定

证明两个对称矩阵合同，可转化为证明这两个矩阵是同一二次型经过可逆线性变换前后的两个矩阵. 由于二次型总可以用可逆线性变换化为标准形，所以对称矩阵总合同于对角矩阵. 判别两个 n 阶实对称矩阵合同的充要条件是二者有相同的秩和正惯性指数.

例 5.7　设

$$\boldsymbol{A}=\begin{pmatrix}2&1&0\\1&2&0\\0&0&t\end{pmatrix},\quad \boldsymbol{B}=\begin{pmatrix}1&1&1\\0&1&-2\\0&-1&2\end{pmatrix},\quad \boldsymbol{C}=\begin{pmatrix}5&5&5\\0&3&3\\0&0&1\end{pmatrix},\quad \boldsymbol{D}=\begin{pmatrix}1&0&0\\0&1&1\\0&1&0\end{pmatrix}$$

问：(1) 当 t 为何值时，存在可逆矩阵 $\boldsymbol{P}$，$\boldsymbol{Q}$，使 $\boldsymbol{PAQ}=\boldsymbol{B}$?

(2) 当 t 为何值时，存在可逆矩阵 $\boldsymbol{R}$，使 $\boldsymbol{R}^{\mathrm{T}}\boldsymbol{AR}=\boldsymbol{D}$?

(3) 当 t 为何值时，存在可逆矩阵 $\boldsymbol{W}$，使 $\boldsymbol{W}^{-1}\boldsymbol{AW}=\boldsymbol{C}$?

解　(1) 存在可逆矩阵 $\boldsymbol{P}$，$\boldsymbol{Q}$，使 $\boldsymbol{PAQ}=\boldsymbol{B}$，即 $\boldsymbol{A}$ 与 $\boldsymbol{B}$ 等价，而 $\boldsymbol{A}$ 与 $\boldsymbol{B}$ 等价的充要条件是 $\mathrm{R}(\boldsymbol{A})=\mathrm{R}(\boldsymbol{B})$. 因为

$$\boldsymbol{B}=\begin{pmatrix}1&1&1\\0&1&-2\\0&-1&2\end{pmatrix}\to\begin{pmatrix}1&1&1\\0&1&-2\\0&0&0\end{pmatrix}$$

所以 $R(\boldsymbol{B})=2$. 故 $R(\boldsymbol{A})=2$，此时 $t=0$，所以当 $t=0$ 时，存在可逆矩阵 $\boldsymbol{P}$，$\boldsymbol{Q}$，使 $\boldsymbol{PAQ}=\boldsymbol{B}$.

(2) 存在可逆矩阵 $\boldsymbol{R}$，使 $\boldsymbol{R}^{\mathrm{T}}\boldsymbol{AR}=\boldsymbol{D}$，即 $\boldsymbol{A}\simeq\boldsymbol{D}$. 而 $\boldsymbol{A}\simeq\boldsymbol{D}$ 的充要条件是 $R(\boldsymbol{A})=R(\boldsymbol{D})$，且 $\boldsymbol{A}$，$\boldsymbol{D}$ 的正惯性指数相等. 因为 $R(\boldsymbol{D})=3$，所以当 $t\neq 0$ 时，$R(\boldsymbol{A})=3=R(\boldsymbol{D})$，又

$$|\boldsymbol{D}-\lambda\boldsymbol{E}|=-(\lambda-1)\left(\lambda-\frac{1+\sqrt{5}}{2}\right)\left(\lambda-\frac{1-\sqrt{5}}{2}\right)$$

故 $\boldsymbol{D}$ 有两个特征值大于 0，即 $\boldsymbol{D}$ 的正惯性指数为 2. 而

$$|\boldsymbol{A}-\lambda\boldsymbol{E}|=-(\lambda-t)(\lambda-3)(\lambda-1)$$

要使 $\boldsymbol{A}$ 的正惯性指数为 2，必须 $t<0$，故当 $t<0$ 时，存在可逆矩阵 $\boldsymbol{R}$，使 $\boldsymbol{R}^{\mathrm{T}}\boldsymbol{AR}=\boldsymbol{D}$.

(3) 存在可逆矩阵 $\boldsymbol{W}$，使 $\boldsymbol{W}^{-1}\boldsymbol{AW}=\boldsymbol{C}$，即 $\boldsymbol{A}\sim\boldsymbol{C}$. 而 $\boldsymbol{A}\sim\boldsymbol{C}$，则必须 $R(\boldsymbol{A})=R(\boldsymbol{C})=3$，所以 $t\neq 0$. 因为 $|\boldsymbol{C}-\lambda\boldsymbol{E}|=-(\lambda-1)(\lambda-3)(\lambda-5)$，故 $\boldsymbol{C}$ 的特征值为 1，3，5，要使 $\boldsymbol{A}\sim\boldsymbol{C}$，则 $\boldsymbol{A}$ 的特征值必须与 $\boldsymbol{C}$ 的特征值相等，而

$$|\boldsymbol{A}-\lambda\boldsymbol{E}|=-(\lambda-t)(\lambda-3)(\lambda-1)$$

故当 $t=5$ 时，$\boldsymbol{A}$ 的特征值为 1，3，5，此时 $\boldsymbol{A}\sim\boldsymbol{C}$.

题型五　二次型正定性的判别

判别正定二次型的方法主要有：(1) 顺序主子式法：$\boldsymbol{A}$ 的所有顺序主子式全大于零；(2) 特征值法：$\boldsymbol{A}$ 的所有特征值全大于零；(3) 惯性指数法：正惯性指数等于变量个数；(4) 定义法：对任意 $\boldsymbol{x}\neq\boldsymbol{0}$，恒有 $\boldsymbol{x}^{\mathrm{T}}\boldsymbol{Ax}>0$.

例 5.8　判断下列二次型是否正定.

(1) $f(x_1, x_2, x_3)=2x_1^2+3x_2^2+3x_3^2+4x_2x_3$；

(2) $f(x_1, x_2, x_3)=x_1^2-2x_2^2+2x_3^2-4x_1x_2+4x_1x_3+8x_2x_3$.

解　(1) 二次型矩阵 $\boldsymbol{A}=\begin{pmatrix}2&0&0\\0&3&2\\0&2&3\end{pmatrix}$.

方法 1（顺序主子式法）：由于

$$A_1=2>0,\quad A_2=\begin{vmatrix}2&0\\0&3\end{vmatrix}=6>0,\quad A_3=\begin{vmatrix}2&0&0\\0&3&2\\0&2&3\end{vmatrix}=10>0$$

故 f 为正定二次型.

方法 2（特征值法）：矩阵 $\boldsymbol{A}$ 的特征多项式为

$$|\boldsymbol{A}-\lambda\boldsymbol{E}|=\begin{vmatrix}2-\lambda&0&0\\0&3-\lambda&2\\0&2&3-\lambda\end{vmatrix}=(2-\lambda)\begin{vmatrix}3-\lambda&2\\2&3-\lambda\end{vmatrix}$$

$$=-(\lambda-1)(\lambda-2)(\lambda-5)$$

令 $|\boldsymbol{A}-\lambda\boldsymbol{E}|=0$，得 $\boldsymbol{A}$ 的特征值 $\lambda_1=1$，$\lambda_2=2$，$\lambda_3=5$. 因为 $\boldsymbol{A}$ 的所有特征值均为正数，故 f 为正定二次型.

方法 3（惯性指数法）：用正交变换法将二次型化为标准形

$$f=y_1^2+2y_2^2+5y_3^2$$

做可逆变换$\begin{cases}y_1=z_1\\ y_2=\dfrac{1}{\sqrt{2}}z_2\\ y_3=\dfrac{1}{\sqrt{5}}z_3\end{cases}$，此变换将二次型化为规范形 $f=z_1^2+z_2^2+z_3^2$，因为二次型的正惯性指数为 3，而变量个数也为 3，于是 f 为正定二次型.

（2）由配方法可将二次型化为

$$f=(x_1-2x_2+2x_3)^2-6\left(x_2-\frac{4}{3}x_3\right)^2+\frac{26}{3}x_3^2$$

当 $x_1=1$，$x_2=0$，$x_3=0$ 时，$f=1>0$，当 $x_1=0$，$x_2=1$，$x_3=0$ 时，$f=-2<0$，于是 f 为不定二次型.

例 5.9　若二次型 $f(x_1, x_2, x_3)=x_1^2+4x_2^2+4x_3^2+2tx_1x_2-2x_1x_3+4x_2x_3$ 是正定的，求 t 的取值范围.

解　二次型 $f(x_1, x_2, x_3)=x_1^2+4x_2^2+4x_3^2+2tx_1x_2-2x_1x_3+4x_2x_3$ 的矩阵为

$$\boldsymbol{A}=\begin{pmatrix}1&t&-1\\t&4&2\\-1&2&4\end{pmatrix}$$

因此 f 正定，当且仅当 $\boldsymbol{A}$ 的顺序主子式全大于零，即

$$1>0,\quad \begin{vmatrix}1&t\\t&4\end{vmatrix}=4-t^2>0,\quad \begin{vmatrix}1&t&-1\\t&4&2\\-1&2&4\end{vmatrix}=-4t^2-4t+8>0$$

解$\begin{cases}4-t^2>0\\4t^2+4t-8<0\end{cases}$，得 $-2<t<1$. 所以二次型 f 正定时，t 的取值范围为 $-2<t<1$.

练习　若二次型 $f(x_1, x_2, x_3)=x_1^2+4x_2^2+4x_3^2+2tx_1x_2-2x_1x_3+4x_2x_3$ 是正定的，求 t 的取值范围.

题型六　正定矩阵的判定与证明

正定矩阵与正定二次型的判别是完全一致的，可以采取顺序主子式法、特征值法、惯性指数法.

例 5.10　设 $\boldsymbol{A}=\begin{pmatrix}1&1&0\\1&k&0\\0&0&k^2\end{pmatrix}$，问 k 为何值时，$\boldsymbol{A}$ 是正定矩阵？

解　为使矩阵 $\boldsymbol{A}$ 正定，应有其顺序主子式大于零，即

$$A_1=1>0,\qquad A_2=\begin{vmatrix}1&1\\1&k\end{vmatrix}=k-1>0,\qquad A=\begin{vmatrix}1&1&0\\1&k&0\\0&0&k^2\end{vmatrix}=k^2(k-1)>0$$

解得 $k>1$，故当 $k>1$ 时，矩阵 $\boldsymbol{A}$ 正定.

例 5.11　证明：若 $\boldsymbol{A}$ 是正定矩阵，则 $\boldsymbol{A}^{-1}$ 也是正定矩阵.

证 因为 $\boldsymbol{A}$ 是正定矩阵，所以 $\boldsymbol{A}^{\mathrm{T}}=\boldsymbol{A}$，故$(\boldsymbol{A}^{-1})^{\mathrm{T}}=(\boldsymbol{A}^{\mathrm{T}})^{-1}=\boldsymbol{A}^{-1}$，从而 $\boldsymbol{A}^{-1}$是对称矩阵.

方法 1：设 $\boldsymbol{A}$ 的特征值为λ，由 $\boldsymbol{A}$ 正定知，$\lambda>0$，而 $\boldsymbol{A}^{-1}$的特征值为$\frac{1}{\lambda}$，由于$\frac{1}{\lambda}>0$，故 $\boldsymbol{A}^{-1}$正定.

方法 2：因为 $\boldsymbol{A}$ 正定，故存在可逆矩阵 $\boldsymbol{C}$，使 $\boldsymbol{A}=\boldsymbol{C}^{\mathrm{T}}\boldsymbol{E}\boldsymbol{C}$，所以

$$\boldsymbol{A}^{-1}=(\boldsymbol{C}^{\mathrm{T}}\boldsymbol{E}\boldsymbol{C})^{-1}=\boldsymbol{C}^{-1}\boldsymbol{E}^{-1}(\boldsymbol{C}^{\mathrm{T}})^{-1}=[(\boldsymbol{C}^{-1})^{\mathrm{T}}]^{\mathrm{T}}\boldsymbol{E}(\boldsymbol{C}^{-1})^{\mathrm{T}}=\boldsymbol{D}^{\mathrm{T}}\boldsymbol{E}\boldsymbol{D}$$

其中 $\boldsymbol{D}=(\boldsymbol{C}^{-1})^{\mathrm{T}}$，从而知 $\boldsymbol{A}^{-1}$正定.

方法 3：因为 $\boldsymbol{A}$ 为正定矩阵，所以存在可逆矩阵 $\boldsymbol{C}$，使 $\boldsymbol{A}=\boldsymbol{C}^{\mathrm{T}}\boldsymbol{C}$. 故

$$\boldsymbol{A}^{-1}=(\boldsymbol{C}^{\mathrm{T}}\boldsymbol{C})^{-1}=\boldsymbol{C}^{-1}(\boldsymbol{C}^{\mathrm{T}})^{-1}=[(\boldsymbol{C}^{-1})^{\mathrm{T}}]^{\mathrm{T}}(\boldsymbol{C}^{-1})^{\mathrm{T}}=\boldsymbol{D}^{\mathrm{T}}\boldsymbol{D}$$

这里 $\boldsymbol{D}=(\boldsymbol{C}^{-1})^{\mathrm{T}}$，从而知 $\boldsymbol{A}^{-1}$正定.

例5.12 设 $\boldsymbol{A}$ 为$m\times n$ 维实矩阵，且 $\mathrm{R}(\boldsymbol{A})=n$，证明 $\boldsymbol{A}^{\mathrm{T}}\boldsymbol{A}$ 正定.

证 因为$(\boldsymbol{A}^{\mathrm{T}}\boldsymbol{A})^{\mathrm{T}}=\boldsymbol{A}^{\mathrm{T}}(\boldsymbol{A}^{\mathrm{T}})^{\mathrm{T}}=\boldsymbol{A}^{\mathrm{T}}\boldsymbol{A}$，故 $\boldsymbol{A}^{\mathrm{T}}\boldsymbol{A}$ 是对称矩阵. 又对任意 $\boldsymbol{x}\neq\boldsymbol{0}$，$\boldsymbol{x}^{\mathrm{T}}\boldsymbol{A}^{\mathrm{T}}\boldsymbol{A}\boldsymbol{x}=(\boldsymbol{A}\boldsymbol{x})^{\mathrm{T}}(\boldsymbol{A}\boldsymbol{x})\geqslant 0$，由 $\boldsymbol{A}$ 是$m\times n$ 维矩阵，$\mathrm{R}(\boldsymbol{A})=n$ 知，$\boldsymbol{A}\boldsymbol{x}=\boldsymbol{0}$ 仅有零解，即对于任意 $\boldsymbol{\alpha}\neq\boldsymbol{0}$，$\boldsymbol{A}\boldsymbol{\alpha}\neq\boldsymbol{0}$，

$$\boldsymbol{\alpha}^{\mathrm{T}}(\boldsymbol{A}^{\mathrm{T}}\boldsymbol{A})\boldsymbol{\alpha}=(\boldsymbol{A}\boldsymbol{\alpha})^{\mathrm{T}}(\boldsymbol{A}\boldsymbol{\alpha})>0$$

从而知 $\boldsymbol{A}^{\mathrm{T}}\boldsymbol{A}$ 是正定矩阵.

例5.13 设 $\boldsymbol{A}$ 为$m\times n$ 维实矩阵，$\boldsymbol{E}$ 为n 阶单位矩阵，已知矩阵 $\boldsymbol{B}=\lambda\boldsymbol{E}+\boldsymbol{A}^{\mathrm{T}}\boldsymbol{A}$，试证：当$\lambda>0$ 时，矩阵 $\boldsymbol{B}$ 为正定矩阵.

分析 正定矩阵必须是对称矩阵. 一个对称矩阵对应一个二次型，证明了二次型正定，也就说明对称矩阵正定. 判别二次型正定有多种方法，注意到矩阵的抽象性，考虑使用定义法证明二次型正定.

证 (1) 因为 $\boldsymbol{B}^{\mathrm{T}}=(\lambda\boldsymbol{E}+\boldsymbol{A}^{\mathrm{T}}\boldsymbol{A})^{\mathrm{T}}=\lambda\boldsymbol{E}+\boldsymbol{A}^{\mathrm{T}}\boldsymbol{A}=\boldsymbol{B}$，所以 $\boldsymbol{B}$ 为n 阶实对称矩阵.

(2) 构造二次型 $\boldsymbol{x}^{\mathrm{T}}\boldsymbol{B}\boldsymbol{x}$：

$$\boldsymbol{x}^{\mathrm{T}}\boldsymbol{B}\boldsymbol{x}=\boldsymbol{x}^{\mathrm{T}}(\lambda\boldsymbol{E}+\boldsymbol{A}^{\mathrm{T}}\boldsymbol{A})\boldsymbol{x}=\lambda\boldsymbol{x}^{\mathrm{T}}\boldsymbol{x}+\boldsymbol{x}^{\mathrm{T}}\boldsymbol{A}^{\mathrm{T}}\boldsymbol{A}\boldsymbol{x}=\lambda\boldsymbol{x}^{\mathrm{T}}\boldsymbol{x}+(\boldsymbol{A}\boldsymbol{x})^{\mathrm{T}}\boldsymbol{A}\boldsymbol{x}$$

对于任意 $\boldsymbol{x}\neq\boldsymbol{0}$，恒有 $\boldsymbol{x}^{\mathrm{T}}\boldsymbol{x}>0$，$(\boldsymbol{A}\boldsymbol{x})^{\mathrm{T}}\boldsymbol{A}\boldsymbol{x}\geqslant 0$. 因此，当$\lambda>0$ 时，对于任意 $\boldsymbol{x}\neq\boldsymbol{0}$，恒有

$$\boldsymbol{x}^{\mathrm{T}}\boldsymbol{B}\boldsymbol{x}=\lambda\boldsymbol{x}^{\mathrm{T}}\boldsymbol{x}+(\boldsymbol{A}\boldsymbol{x})^{\mathrm{T}}\boldsymbol{A}\boldsymbol{x}>0$$

所以二次型为正定二次型，故 $\boldsymbol{B}$ 为正定矩阵.

题型七 二次型综合题

例5.14 设二次型$f(x_1, x_2, x_3)=(x_1-x_2)^2+(x_1-x_3)^2+(x_3-x_2)^2$. (1) 求二次型$f$ 的秩；(2) 求正交变换 $\boldsymbol{Q}$，使二次型f 为标准形；(3) 当$x_2=x_3$ 时，求$f=0$ 的全部解.

解 将二次型变形为

$$\begin{aligned}f(x_1, x_2, x_3)&=(x_1-x_2)^2+(x_1-x_3)^2+(x_3-x_2)^2\\&=2x_1^2+2x_2^2+2x_3^2-2x_1x_2-2x_1x_3-2x_2x_3\end{aligned}$$

二次型f 的矩阵为$\boldsymbol{A}=\begin{pmatrix}2&-1&-1\\-1&2&-1\\-1&-1&2\end{pmatrix}$.

(1) 因为

$$A=\begin{pmatrix}2&-1&-1\\-1&2&-1\\-1&-1&2\end{pmatrix}\to\begin{pmatrix}1&1&-2\\0&1&-1\\0&0&0\end{pmatrix}\to\begin{pmatrix}1&0&-1\\0&1&-1\\0&0&0\end{pmatrix}$$

所以二次型 f 的秩为 2.

(2) 矩阵 $\boldsymbol{A}$ 的特征多项式为

$$|\boldsymbol{A}-\lambda\boldsymbol{E}|=\begin{vmatrix}2-\lambda&-1&-1\\-1&2-\lambda&-1\\-1&-1&2-\lambda\end{vmatrix}=-\lambda(\lambda-3)^2$$

令 $|\boldsymbol{A}-\lambda\boldsymbol{E}|=0$，得 $\boldsymbol{A}$ 的特征值 $\lambda_1=0$，$\lambda_2=\lambda_3=3$.

当 $\lambda_1=0$ 时，解方程组 $(\boldsymbol{A}-0\boldsymbol{E})\boldsymbol{x}=\boldsymbol{0}$，得特征向量

$$\boldsymbol{\alpha}_1=(1,\ 1,\ 1)^{\mathrm{T}}$$

当 $\lambda_2=\lambda_3=3$ 时，解方程组 $(\boldsymbol{A}-3\boldsymbol{E})\boldsymbol{x}=\boldsymbol{0}$，得特征向量

$$\boldsymbol{\alpha}_2=(-1,\ 1,\ 0)^{\mathrm{T}},\quad \boldsymbol{\alpha}_3=(-1,\ 0,\ 1)^{\mathrm{T}}$$

将 $\boldsymbol{\alpha}_1$ 单位化后，得 $\boldsymbol{\beta}_1=\left(\frac{\sqrt{3}}{3},\ \frac{\sqrt{3}}{3},\ \frac{\sqrt{3}}{3}\right)^{\mathrm{T}}$，对 $\boldsymbol{\alpha}_2$，$\boldsymbol{\alpha}_3$ 进行施密特正交化后得

$$\boldsymbol{\beta}_2=\left(-\frac{\sqrt{2}}{2},\ \frac{\sqrt{2}}{2},\ 0\right)^{\mathrm{T}},\quad \boldsymbol{\beta}_3=\left(-\frac{\sqrt{6}}{6},\ -\frac{\sqrt{6}}{6},\ \frac{\sqrt{6}}{3}\right)^{\mathrm{T}}$$

正交变换矩阵

$$\boldsymbol{Q}=\begin{pmatrix}\frac{\sqrt{3}}{3}&-\frac{\sqrt{2}}{2}&-\frac{\sqrt{6}}{6}\\\frac{\sqrt{3}}{3}&\frac{\sqrt{2}}{2}&-\frac{\sqrt{6}}{6}\\\frac{\sqrt{3}}{3}&0&\frac{\sqrt{6}}{3}\end{pmatrix}$$

即为所求，且经正交变换 $\boldsymbol{x}=\boldsymbol{Q}\boldsymbol{y}$，二次型的标准形为 $f=3y_2^2+3y_3^2$.

(3) 当 $x_2=x_3$ 时，二次型 $f=2(x_1-x_2)^2$，当 $f=0$ 时，有 $x_1-x_2=0$，即 $x_1=x_2$，则 $(1,\ 1)^{\mathrm{T}}$ 为其基础解系，故全部解为 $k(1,\ 1)^{\mathrm{T}}$(k 为常数).

例5.15　设二次型 $f(x_1,\ x_2,\ x_3)=ax_1^2+2x_2^2-2x_3^2+2bx_1x_3(b>0)$ 的矩阵 $\boldsymbol{A}$ 的特征值之和为 1，特征值之积为 -12.

(1) 求 a，b 的值；

(2) 利用正交变换将二次型化为标准形，并写出所用的正交变换和对应的正交矩阵.

解　(1) 二次型 f 的矩阵为 $\boldsymbol{A}=\begin{pmatrix}a&0&b\\0&2&0\\b&0&-2\end{pmatrix}$，设 $\boldsymbol{A}$ 的特征值为 λ_1，λ_2，λ_3，则

$$1=\lambda_1+\lambda_2+\lambda_3=a+2+(-2),\quad -12=\lambda_1\lambda_2\lambda_3=\begin{vmatrix}a&0&b\\0&2&0\\b&0&-2\end{vmatrix}=-4a-2b^2$$

解得 $a=1$，$b=2$.

(2) 由 (1) 知，$\boldsymbol{A}=\begin{pmatrix}1&0&2\\0&2&0\\2&0&-2\end{pmatrix}$，由

$$|\boldsymbol{A}-\lambda\boldsymbol{E}|=\begin{vmatrix}1-\lambda&0&2\\0&2-\lambda&0\\2&0&-2-\lambda\end{vmatrix}=-(\lambda-2)^2(\lambda+3)$$

得 $\boldsymbol{A}$ 的特征值为 $\lambda_1=\lambda_2=2$，$\lambda_3=-3$.

当 $\lambda_1=\lambda_2=2$ 时，解方程组 $(\boldsymbol{A}-2\boldsymbol{E})\boldsymbol{x}=\boldsymbol{0}$，得特征向量 $\boldsymbol{\alpha}_1=(2,0,1)^{\mathrm{T}}$，$\boldsymbol{\alpha}_2=(0,1,0)^{\mathrm{T}}$.

当 $\lambda_3=-3$ 时，解方程组 $(\boldsymbol{A}+3\boldsymbol{E})\boldsymbol{x}=\boldsymbol{0}$，得特征向量 $\boldsymbol{\alpha}_3=(1,0,-2)^{\mathrm{T}}$.

将 $\boldsymbol{\alpha}_1$，$\boldsymbol{\alpha}_2$，$\boldsymbol{\alpha}_3$ 正交单位化，得

$$\boldsymbol{\beta}_1=\left(\frac{2}{\sqrt{5}},0,\frac{1}{\sqrt{5}}\right)^{\mathrm{T}},\quad \boldsymbol{\beta}_2=(0,1,0)^{\mathrm{T}},\quad \boldsymbol{\beta}_3=\left(\frac{1}{\sqrt{5}},0,-\frac{2}{\sqrt{5}}\right)^{\mathrm{T}}$$

令 $\boldsymbol{Q}=(\boldsymbol{\beta}_1,\boldsymbol{\beta}_2,\boldsymbol{\beta}_3)=\begin{pmatrix}\frac{2}{\sqrt{5}}&0&\frac{1}{\sqrt{5}}\\0&1&0\\\frac{1}{\sqrt{5}}&0&-\frac{2}{\sqrt{5}}\end{pmatrix}$，则 $\boldsymbol{Q}$ 是正交矩阵，且正交变换 $\boldsymbol{x}=\boldsymbol{Q}\boldsymbol{y}$ 将二次型化为标准形 $f=2y_1^2+2y_2^2-3y_3^2$.

例5.16 设矩阵 $\boldsymbol{A}=\begin{pmatrix}0&1&0&0\\1&0&0&0\\0&0&y&1\\0&0&1&2\end{pmatrix}$. (1) 已知 $\boldsymbol{A}$ 的一个特征值为 3，求 y；(2) 求矩阵 $\boldsymbol{P}$，使 $(\boldsymbol{AP})^{\mathrm{T}}\boldsymbol{AP}$ 为对角矩阵.

分析 (1) 由定义 $|3\boldsymbol{E}-\boldsymbol{A}|=0$，可求出 y；(2) $(\boldsymbol{AP})^{\mathrm{T}}\boldsymbol{AP}=\boldsymbol{P}^{\mathrm{T}}\boldsymbol{A}^{\mathrm{T}}\boldsymbol{AP}$，而 $\boldsymbol{A}^{\mathrm{T}}\boldsymbol{A}$ 为对称矩阵，因此问题转化为求合同变换所对应的矩阵 $\boldsymbol{P}$，使 $(\boldsymbol{AP})^{\mathrm{T}}\boldsymbol{AP}$ 为对角矩阵，而这可以通过正交变换法或配方法求得.

解 (1) 将特征值 3 代入特征方程，得

$$|\boldsymbol{A}-3\boldsymbol{E}|=\begin{vmatrix}-3&1&0&0\\1&-3&0&0\\0&0&y-3&1\\0&0&1&-1\end{vmatrix}=\begin{vmatrix}-3&1\\1&-3\end{vmatrix}\cdot\begin{vmatrix}y-3&1\\1&-1\end{vmatrix}=8(2-y)=0$$

解得 $y=2$.

(2) **方法 1**：$(\boldsymbol{AP})^{\mathrm{T}}\boldsymbol{AP}=\boldsymbol{P}^{\mathrm{T}}\boldsymbol{A}^{\mathrm{T}}\boldsymbol{AP}$，其中 $\boldsymbol{A}=\begin{pmatrix}0&1&0&1\\1&0&0&0\\0&0&2&1\\0&0&1&2\end{pmatrix}$，而

$$A^TA=A^2=\begin{pmatrix}1&0&0&0\\0&1&0&0\\0&0&5&4\\0&0&4&5\end{pmatrix}$$

为对称矩阵，由 $|A^2-\lambda E|=0$ 得其特征值为 $\lambda_1=\lambda_2=\lambda_3=1$，$\lambda_4=9$.

当 $\lambda_1=\lambda_2=\lambda_3=1$ 时，解得特征向量

$$\boldsymbol{\alpha}_1=(1,\ 0,\ 0,\ 0)^T,\quad \boldsymbol{\alpha}_2=(0,\ 1,\ 0,\ 0)^T,\quad \boldsymbol{\alpha}_3=(0,\ 0,\ -1,\ 1)^T$$

当 $\lambda_4=9$ 时，解得特征向量 $\boldsymbol{\alpha}_4=(0,\ 0,\ 1,\ 1)^T$.

易知 $\boldsymbol{\alpha}_1$，$\boldsymbol{\alpha}_2$，$\boldsymbol{\alpha}_3$，$\boldsymbol{\alpha}_4$ 两两正交，单位化，得

$$P=\begin{pmatrix}1&0&0&0\\0&1&0&0\\0&0&-\frac{1}{\sqrt{2}}&\frac{1}{\sqrt{2}}\\0&0&\frac{1}{\sqrt{2}}&\frac{1}{\sqrt{2}}\end{pmatrix}$$

且$(AP)^TAP=\begin{pmatrix}1&0&0&0\\0&1&0&0\\0&0&1&0\\0&0&0&9\end{pmatrix}$为对角矩阵.

方法 2：

$$\begin{aligned}f(x_1,\ x_2,\ x_3,\ x_4)&=\boldsymbol{x}^TA^TA\boldsymbol{x}=x_1^2+x_2^2+5x_3^2+5x_4^2+8x_3x_4\\&=x_1^2+x_2^2+5\left(x_3+\frac{4}{5}x_4\right)^2+\frac{9}{5}x_4^2\end{aligned}$$

令$\begin{cases}y_1=x_1\\y_2=x_2\\y_3=x_3+\frac{4}{5}x_4\\y_4=x_4\end{cases}$，即$\begin{cases}x_1=y_1\\x_2=y_2\\x_3=y_3-\frac{4}{5}y_4\\x_4=y_4\end{cases}$，则二次型化为标准形

$$f=y_1^2+y_2^2+5y_3^2+\frac{9}{5}y_4^2$$

所求矩阵为 $P=\begin{pmatrix}1&0&0&0\\0&1&0&0\\0&0&1&-\frac{4}{5}\\0&0&0&1\end{pmatrix}$，且$(AP)^TAP=\begin{pmatrix}1&0&0&0\\0&1&0&0\\0&0&5&0\\0&0&0&\frac{9}{5}\end{pmatrix}$为对角矩阵.

例5.17 设矩阵 $A=\begin{pmatrix}1&0&1\\0&2&0\\1&0&1\end{pmatrix}$，矩阵 $B=(kE+A)^2$(其中 k 为实数)，E 为单位矩阵，求对角矩阵 Λ，使 B 与 Λ 相似，并求 k 为何值时，B 为正定矩阵.

分析 易知$\boldsymbol{B}$是实对称矩阵，则$\boldsymbol{B}$必可相似对角化，而对角矩阵$\boldsymbol{\Lambda}$主对角线上的元素为$\boldsymbol{B}$的特征值. 只要求出$\boldsymbol{B}$的特征值即知$\boldsymbol{\Lambda}$，又因正定的充要条件是特征值全大于零，故k的取值便可求出.

解 由于$\boldsymbol{A}$是实对称矩阵，故有

$$\boldsymbol{B}^{\mathrm{T}}=[(k\boldsymbol{E}+\boldsymbol{A})^2]^{\mathrm{T}}=[(k\boldsymbol{E}+\boldsymbol{A})^{\mathrm{T}}]^2=(k\boldsymbol{E}+\boldsymbol{A})^2=\boldsymbol{B}$$

即$\boldsymbol{B}$是实对称矩阵，故$\boldsymbol{B}$必可相似对角化.

由

$$|\boldsymbol{A}-\lambda\boldsymbol{E}|=\begin{vmatrix}1-\lambda & 0 & 1\\ 0 & 2-\lambda & 0\\ 1 & 0 & 1-\lambda\end{vmatrix}=-\lambda(\lambda-2)^2$$

可得$\boldsymbol{A}$的特征值为$\lambda_1=\lambda_2=2$，$\lambda_3=0$.

那么$\boldsymbol{B}=(k\boldsymbol{E}+\boldsymbol{A})^2$的特征值为$(k+2)^2$，$(k+2)^2$，$k^2$，故

$$\boldsymbol{B}\sim\boldsymbol{\Lambda}=\begin{pmatrix}(k+2)^2 & & \\ & (k+2)^2 & \\ & & k^2\end{pmatrix}$$

因为矩阵$\boldsymbol{B}$正定的充要条件是特征值全大于零，可见当$k\neq-2$且$k\neq0$时，矩阵$\boldsymbol{B}$正定.

说明 $\boldsymbol{B}$的特征值的求法还有一种，就是先求出$\boldsymbol{B}$，再解$|\boldsymbol{B}-\lambda\boldsymbol{E}|=0$. 但$\boldsymbol{B}$的形式比较复杂，从而解$|\boldsymbol{B}-\lambda\boldsymbol{E}|=0$比较烦琐，故还是建议利用矩阵$\boldsymbol{A}$，$\boldsymbol{B}$之间特征值的关系给出比较好.

例5.18 设$\boldsymbol{A}$为3阶实对称矩阵，且满足关系式$\boldsymbol{A}^2+2\boldsymbol{A}=\boldsymbol{O}$，已知$\mathrm{R}(\boldsymbol{A})=2$.

(1) 求$\boldsymbol{A}$的全部特征值；

(2) 当k为何值时，矩阵$\boldsymbol{A}+k\boldsymbol{E}$为正定矩阵（其中$\boldsymbol{E}$为3阶单位矩阵）?

分析 (1) $\boldsymbol{A}$是一个抽象的对称矩阵，要利用定义来求出它的特征值；(2) 先说明$\boldsymbol{A}+k\boldsymbol{E}$是实对称矩阵，接着求出$\boldsymbol{A}+k\boldsymbol{E}$的全部特征值，再运用正定矩阵的特征值全大于零，得出k的取值.

解 (1) 设λ是$\boldsymbol{A}$的一个特征值，对应的特征向量为$\boldsymbol{\alpha}$，则

$$\boldsymbol{A\alpha}=\lambda\boldsymbol{\alpha}\,(\boldsymbol{\alpha}\neq\boldsymbol{0}),\quad \boldsymbol{A}^2\boldsymbol{\alpha}=\boldsymbol{A}\cdot\lambda\boldsymbol{\alpha}=\lambda^2\boldsymbol{\alpha}$$

于是

$$(\boldsymbol{A}^2+2\boldsymbol{A})\boldsymbol{\alpha}=(\lambda^2+2\lambda)\boldsymbol{\alpha}$$

由条件$\boldsymbol{A}^2+2\boldsymbol{A}=\boldsymbol{O}$，可知$(\lambda^2+2\lambda)\boldsymbol{\alpha}=\boldsymbol{0}$，又由于$\boldsymbol{\alpha}\neq\boldsymbol{0}$，故有$\lambda^2+2\lambda=0$，解得$\lambda=-2$或$\lambda=0$.

因为$\boldsymbol{A}$为实对称矩阵，必可对角化，且$\mathrm{R}(\boldsymbol{A})=2$，所以

$$\boldsymbol{A}\sim\boldsymbol{\Lambda}=\begin{pmatrix}-2 & 0 & 0\\ 0 & -2 & 0\\ 0 & 0 & 0\end{pmatrix}$$

因此矩阵$\boldsymbol{A}$的全部特征值为$\lambda_1=\lambda_2=-2$，$\lambda_3=0$.

(2) 由$\boldsymbol{A}$为实对称矩阵，则$(\boldsymbol{A}+k\boldsymbol{E})^{\mathrm{T}}=\boldsymbol{A}^{\mathrm{T}}+k\boldsymbol{E}=\boldsymbol{A}+k\boldsymbol{E}$，即$\boldsymbol{A}+k\boldsymbol{E}$为实对称矩阵；由(1)知$\boldsymbol{A}+k\boldsymbol{E}$的全部特征值为$-2+k$，$-2+k$，$k$.

于是当$k>2$时，矩阵$\boldsymbol{A}+k\boldsymbol{E}$的全部特征值大于零，矩阵$\boldsymbol{A}+k\boldsymbol{E}$为正定矩阵.

例5.19 设 $\boldsymbol{A}$ 为 n 阶实对称矩阵，且 $\boldsymbol{A}^3-3\boldsymbol{A}^2+5\boldsymbol{A}-3\boldsymbol{E}=\boldsymbol{O}$，证明：$\boldsymbol{A}$ 为正定矩阵.

分析 $\boldsymbol{A}$ 是一个抽象的对称矩阵，要使用定义来求出它的特征值，说明全部特征值大于零，从而证明 $\boldsymbol{A}$ 正定.

证 设 λ 是 $\boldsymbol{A}$ 的任一特征值，对应的特征向量为 $\boldsymbol{\alpha}\neq\boldsymbol{0}$，则 $\boldsymbol{A\alpha}=\lambda\boldsymbol{\alpha}$，代入已知等式

$$\boldsymbol{A}^3-3\boldsymbol{A}^2+5\boldsymbol{A}-3\boldsymbol{E}=\boldsymbol{O}$$

有

$$(\boldsymbol{A}^3-3\boldsymbol{A}^2+5\boldsymbol{A}-3\boldsymbol{E})\boldsymbol{\alpha}=(\lambda^3-3\lambda^2+5\lambda-3)\boldsymbol{\alpha}=\boldsymbol{0}$$

因为 $\boldsymbol{\alpha}\neq\boldsymbol{0}$，故 λ 满足 $\lambda^3-3\lambda^2+5\lambda-3=0$，即 $(\lambda-1)(\lambda^2-2\lambda+3)=0$，因为 $\boldsymbol{A}$ 为实对称矩阵，其特征值一定为实数，故得唯一的特征值 $\lambda=1$，且大于 0，从而矩阵 $\boldsymbol{A}$ 正定.

例5.20 设有 n 元实二次型

$$f(x_1,x_2,\cdots,x_n)=(x_1+a_1x_2)^2+(x_2+a_2x_3)^2+\cdots+(x_{n-1}+a_{n-1}x_n)^2+(x_n+a_nx_1)^2$$

其中 $a_i(i=1,2,\cdots,n)$ 为实数，试问：当 $a_1,a_2,\cdots,a_n$ 满足什么条件时，二次型 f 为正定二次型?

解 由题设条件知，对于任意实数 $x_1,x_2,\cdots,x_n$ 均有 $f(x_1,x_2,\cdots,x_n)\geqslant 0$，并且等号成立，当且仅当

$$\begin{cases}x_1+a_1x_2=0\\x_2+a_2x_3=0\\\cdots\cdots\\x_{n-1}+a_{n-1}x_n=0\\x_n+a_nx_1=0\end{cases}$$

上述方程组仅有零解的充分必要条件是其系数行列式

$$\begin{vmatrix}1&a_1&0&\cdots&0&0\\0&1&a_2&\cdots&0&0\\\vdots&\vdots&\vdots&&\vdots&\vdots\\0&0&0&\cdots&1&a_{n-1}\\a_n&0&0&\cdots&0&1\end{vmatrix}=1+(-1)^{n+1}a_1a_2\cdots a_n\neq 0$$

所以当且仅当 $1+(-1)^{n+1}a_1a_2\cdots a_n\neq 0$ 时，f 为正定二次型.

例5.21 设 $\boldsymbol{A}$ 为 n 阶实对称矩阵，证明：$\boldsymbol{A}$ 为正定矩阵的充分必要条件是存在正定矩阵 $\boldsymbol{B}$，使得 $\boldsymbol{A}=\boldsymbol{B}^2$.

证 必要性：若 $\boldsymbol{A}$ 为正定矩阵，则存在正交矩阵 $\boldsymbol{P}$ 及 $\boldsymbol{\Lambda}=\mathrm{diag}(\lambda_1,\lambda_2,\cdots,\lambda_n)$，其中 $\lambda_i>0(i=1,2,\cdots,n)$ 为 $\boldsymbol{A}$ 的特征值，使 $\boldsymbol{P}^{\mathrm{T}}\boldsymbol{AP}=\boldsymbol{P}^{-1}\boldsymbol{AP}=\boldsymbol{\Lambda}$，解出 $\boldsymbol{A}=\boldsymbol{P\Lambda P}^{-1}$.

令 $\boldsymbol{\Lambda}=\boldsymbol{DD}=\boldsymbol{D}^2$，其中

$$\boldsymbol{D}=\mathrm{diag}(\sqrt{\lambda_1},\sqrt{\lambda_2},\cdots,\sqrt{\lambda_n})$$

于是

$$\boldsymbol{A}=\boldsymbol{PDDP}^{-1}=\boldsymbol{PDP}^{-1}\boldsymbol{PDP}^{-1}$$

令 $\boldsymbol{B}=\boldsymbol{PDP}^{-1}$，则 $\boldsymbol{A}=\boldsymbol{B}^2$.

因为 $\boldsymbol{B}$ 与 $\boldsymbol{D}$ 相似，所以 $\boldsymbol{B}$ 的 n 个特征值 $\sqrt{\lambda_i}>0(i=1,2,\cdots,n)$. 显然 $\boldsymbol{B}$ 为实对称

矩阵，故 $\boldsymbol{B}$ 为正定矩阵.

充分性：若 $\boldsymbol{B}$ 是正定矩阵，且 $\boldsymbol{A}=\boldsymbol{B}^2$，则 $\boldsymbol{A}=\boldsymbol{B}^2=\boldsymbol{B}\boldsymbol{B}=\boldsymbol{B}^{\mathrm{T}}\boldsymbol{B}$，故 $\boldsymbol{A}$ 为正定矩阵.

单元自测题

一、填空题

1. 二次型 $f(x_1, x_2, x_3)=-4x_1x_2+2x_1x_3+2x_2x_3$ 的矩阵是________，二次型的秩为________.

2. 已知二次型的系数矩阵为 $\begin{pmatrix} 2 & -1 & 3 \\ -1 & 0 & 4 \\ 3 & 4 & 1 \end{pmatrix}$，那么它所对应的二次型 $f(x_1, x_2, x_3)=$________.

3. 二次型 $f(x_1, x_2, x_3)=(x_1, x_2, x_3)\begin{pmatrix} 1 & 2 & 5 \\ 4 & 2 & 1 \\ 1 & 3 & 2 \end{pmatrix}\begin{pmatrix} x_1 \\ x_2 \\ x_3 \end{pmatrix}$ 的矩阵为________.

4. $\boldsymbol{A}$ 为实对称矩阵，且 $|\boldsymbol{A}|\neq 0$，把 $f=\boldsymbol{x}^{\mathrm{T}}\boldsymbol{A}\boldsymbol{x}$ 化为 $f=\boldsymbol{y}^{\mathrm{T}}\boldsymbol{A}^{-1}\boldsymbol{y}$ 的线性变换是________.

5. 二次型 $f(x_1, x_2, x_3)=x_1^2-x_2x_3$ 的规范形为________.

6. 4 阶实对称矩阵 $\boldsymbol{A}$ 有特征值 1，-2，3，3，则二次型 $f=\boldsymbol{x}^{\mathrm{T}}\boldsymbol{A}\boldsymbol{x}$ 在正交变换下的标准形为________.

7. 二次型 $f(x_1, x_2, x_3)=4x_1^2+8x_1x_2+5x_2^2+4x_2x_3+3x_3^2$ 的正惯性指数、负惯性指数及符号差分别为________，________，________.

8. $\boldsymbol{A}$ 是 n 阶正交正定矩阵，则 $|\boldsymbol{A}|=$________.

9. 若 $\boldsymbol{A}=\begin{pmatrix} 2 & 0 & 0 \\ 0 & 2 & 2 \\ 0 & 2 & t \end{pmatrix}$ 为正定矩阵，则 t 满足________.

10. 若二次型 $f=x_1^2+2x_2^2+3x_3^2+2x_1x_2-2x_1x_3+2tx_2x_3$ 是正定的，则 t 应满足________.

二、选择题

1. n 阶方阵 $\boldsymbol{A}$ 正定的充要条件是(　　).

A. $|\boldsymbol{A}|>0$
B. 存在 n 阶矩阵 $\boldsymbol{B}$，使 $\boldsymbol{A}=\boldsymbol{B}^{\mathrm{T}}\boldsymbol{B}$
C. $\boldsymbol{A}$ 的特征值全大于零
D. 存在 n 维列向量 $\boldsymbol{\alpha}\neq\boldsymbol{0}$，使 $\boldsymbol{\alpha}^{\mathrm{T}}\boldsymbol{A}\boldsymbol{\alpha}>0$

2. n 阶方阵 $\boldsymbol{A}$ 为正定矩阵，则下列结论不正确的是(　　).

A. $\boldsymbol{A}$ 可逆
B. $\boldsymbol{A}^{-1}$ 也是正定矩阵
C. $|\boldsymbol{A}|>0$
D. $\boldsymbol{A}$ 的所有元素全为正

3. 设 $\boldsymbol{A}$，$\boldsymbol{B}$ 都是 n 阶实对称矩阵，且都正定，那么 $\boldsymbol{A}\boldsymbol{B}$ 是(　　).

A. 实对称矩阵　　B. 正定矩阵　　C. 可逆矩阵　　D. 正交矩阵

4. 下列矩阵正定的是(　　).

A. $\begin{pmatrix}1&2&0\\2&3&0\\0&2&0\end{pmatrix}$　　B. $\begin{pmatrix}1&2&0\\2&4&0\\0&0&2\end{pmatrix}$　　C. $\begin{pmatrix}1&-2&0\\-2&5&0\\0&0&-2\end{pmatrix}$　　D. $\begin{pmatrix}2&0&0\\0&1&2\\0&2&5\end{pmatrix}$

5. 与 $\boldsymbol{A}=\begin{pmatrix}1&0&0\\0&0&2\\0&2&0\end{pmatrix}$ 合同的矩阵是(　　).

A. $\begin{pmatrix}1&&\\&1&\\&&9\end{pmatrix}$　　B. $\begin{pmatrix}1&&\\&2&\\&&-1\end{pmatrix}$　　C. $\begin{pmatrix}1&&\\&-1&\\&&-1\end{pmatrix}$　　D. $\begin{pmatrix}1&&\\&1&\\&&1\end{pmatrix}$

6. 二次型 $f(x_1, x_2, x_3)=2x_1^2-3x_2x_3$ 的正惯性指数为(　　).

A. 2　　B. 3　　C. 1　　D. 0

7. 设 $\boldsymbol{A}=\begin{pmatrix}1&1\\1&1\end{pmatrix}$，$\boldsymbol{B}=\begin{pmatrix}3&0\\0&0\end{pmatrix}$，则(　　).

A. $\boldsymbol{A}$ 与 $\boldsymbol{B}$ 等价但不相似　　B. $\boldsymbol{A}$ 与 $\boldsymbol{B}$ 等价而不合同

C. $\boldsymbol{A}$ 与 $\boldsymbol{B}$ 相似而不合同　　D. $\boldsymbol{A}$ 与 $\boldsymbol{B}$ 既相似又合同

8. 若二次型 $f=2x_1^2+5x_2^2+5x_3^2+4x_1x_2-4x_1x_3-tx_2x_3$ 的秩为 2，则 $t=$(　　).

A. -2 或 10　　B. 10　　C. -2　　D. 2

9. 二次型 $f=\boldsymbol{x}^{\mathrm{T}}\boldsymbol{A}\boldsymbol{x}$($\boldsymbol{A}$ 为实对称矩阵)为正定二次型的充分必要条件是(　　).

A. $\boldsymbol{A}$ 的各阶顺序主子式都非负　　B. $\boldsymbol{A}$ 的主对角线元素都大于零

C. $|\boldsymbol{A}|>0$　　D. $\boldsymbol{A}$ 的特征值全大于零

10. 设 $\boldsymbol{A}$ 为 3 阶实对称矩阵，且 $\boldsymbol{E}-\boldsymbol{A}$，$\boldsymbol{E}+\boldsymbol{A}$，$2\boldsymbol{E}+\boldsymbol{A}$ 都不可逆，则二次型 $f=\boldsymbol{x}^{\mathrm{T}}\boldsymbol{A}\boldsymbol{x}$ 的标准形是(　　).

A. $y_1^2-y_2^2-2y_3^2$　　B. $y_1^2+y_2^2-2y_3^2$

C. $-y_1^2-y_2^2+2y_3^2$　　D. $y_1^2+y_2^2+2y_3^2$

三、计算题

1. 参数 a，b，c，d 满足什么条件时，矩阵 $\boldsymbol{A}=\begin{pmatrix}1&2&-1\\a+b&5&a-b\\c&0&d\end{pmatrix}$ 为正定矩阵？

2. 判别矩阵 $\boldsymbol{A}=\begin{pmatrix}1&1&1\\1&1&1\\1&1&1\end{pmatrix}$ 与 $\boldsymbol{B}=\begin{pmatrix}3&0&0\\0&0&0\\0&0&0\end{pmatrix}$ 是否相似、合同.

3. 已知二次型 $f(x_1, x_2, x_3)=2x_1^2+2x_2^2+2x_3^2-2x_1x_2-2x_1x_3-2x_2x_3$.

(1) 用配方法将二次型化成标准形，并求所做的可逆线性变换；

(2) 用正交变换法将二次型化为标准形，并求所做的正交变换.

4. 已知二次型 $f(x_1, x_2, x_3)=2x_1^2+3x_2^2+3x_3^2+2ax_2x_3\ (a>0)$ 通过正交变换化成标准形 $f=y_1^2+2y_2^2+5y_3^2$，求参数 a 及所用的正交变换矩阵.

5. 考虑二次型 $f(x_1, x_2, x_3)=x_1^2+x_2^2+5x_3^2+2tx_1x_2-2x_1x_3+4x_2x_3$，问 t 为何值时，f 为正定二次型？

6. (1) 已知二次型 $f(x_1, x_2, x_3)=-x_1^2+3x_2^2+3x_3^2+ax_2x_3(a>1)$经正交变换化成标准形 $ky_1^2+2y_2^2+4y_3^2$，求常数 k 与 a；

(2) 对二次型 $f(x_1, x_2, x_3)=-x_1^2+3x_2^2+3x_3^2+ax_2x_3(a>1)$，问 b 在什么范围取值时，可使得 $g=f+b(x_1^2+x_2^2+x_3^2)$成为正定二次型？

四、证明题

1. 已知 $\boldsymbol{A}$ 为 n 阶反对称矩阵，$\boldsymbol{E}$ 为 n 阶单位矩阵，试证：$\boldsymbol{E}-\boldsymbol{A}^2$ 为正定矩阵.
2. 如果 $\boldsymbol{A}$，$\boldsymbol{B}$ 都是 n 阶正定方阵，证明：$\boldsymbol{A}+\boldsymbol{B}$ 也是正定方阵.
3. 设 $\boldsymbol{A}$ 是 n 阶正定矩阵，$\boldsymbol{E}$ 是 n 阶单位矩阵，证明：$|\boldsymbol{A}+\boldsymbol{E}|>1$.

单元自测题答案与提示

一、填空题

1. $\begin{pmatrix} 0 & -2 & 1 \\ -2 & 0 & 1 \\ 1 & 1 & 0 \end{pmatrix}$，3.
2. $2x_1^2+x_3^2-2x_1x_2+6x_1x_3+8x_2x_3$.
3. $\begin{pmatrix} 1 & 3 & 3 \\ 3 & 2 & 2 \\ 3 & 2 & 2 \end{pmatrix}$.
4. $\boldsymbol{x}=\boldsymbol{A}^{-1}\boldsymbol{y}$.
5. $f=y_1^2+y_2^2-y_3^2$.
6. $f=y_1^2+3y_2^2+3y_3^2-2y_4^2$.
7. 2，1，1．(配方得 $f=4(x_1+x_2)^2+(x_2+2x_3)^2-x_3^2$.)
8. 1.（由正交得$|\boldsymbol{A}|=\pm1$，又由正定得$|\boldsymbol{A}|=1$.）
9. $t>2$.
10. $1-2t-t^2>0$.

二、选择题

1. C.　2. D.　3. C.　4. D.　5. B.　6. A.　7. D.　8. A.　9. D.　10. A.

三、计算题

1. $a=1$，$b=1$，$c=-1$，$d>5$.
2. 矩阵 $\boldsymbol{A}=\begin{pmatrix} 1 & 1 & 1 \\ 1 & 1 & 1 \\ 1 & 1 & 1 \end{pmatrix}$ 与 $\boldsymbol{B}=\begin{pmatrix} 3 & 0 & 0 \\ 0 & 0 & 0 \\ 0 & 0 & 0 \end{pmatrix}$ 相似且合同.

3. (1) 由题设，得

$$
\begin{aligned}
f(x_1, x_2, x_3) &= 2x_1^2+2x_2^2+2x_3^2-2x_1x_2-2x_1x_3-2x_2x_3 \\
&= 2\left(x_1-\frac{x_2}{2}-\frac{x_3}{2}\right)^2+\frac{3}{2}x_2^2+\frac{3}{2}x_3^2-3x_2x_3 \\
&= 2\left(x_1-\frac{x_2}{2}-\frac{x_3}{2}\right)^2+\frac{3}{2}(x_2-x_3)^2
\end{aligned}
$$

令$\begin{cases} y_1=x_1-\frac{1}{2}x_2-\frac{1}{2}x_3 \\ y_2=x_2-x_3 \\ y_3=x_3 \end{cases}$，　即$\begin{cases} x_1=y_1+\frac{1}{2}y_2+y_3 \\ x_2=y_2+y_3 \\ x_3=y_3 \end{cases}$，得二次型的标准形 $f=2y_1^2+\frac{3}{2}y_2^2$.

(2) 因为

$$f(x_1, x_2, x_3)=2x_1^2+2x_2^2+2x_3^2-2x_1x_2-2x_1x_3-2x_2x_3$$

所以二次型矩阵为 $\boldsymbol{A}=\begin{pmatrix} 2 & -1 & -1 \\ -1 & 2 & -1 \\ -1 & -1 & 2 \end{pmatrix}$，先求 $\boldsymbol{A}$ 的特征值和对应的特征向量. 由

$$|\boldsymbol{A}-\lambda\boldsymbol{E}|=\begin{vmatrix} 2-\lambda & -1 & -1 \\ -1 & 2-\lambda & -1 \\ -1 & -1 & 2-\lambda \end{vmatrix}=-\lambda(\lambda-3)^2$$

得 $\lambda_1=0$，$\lambda_2=\lambda_3=3$.

当 $\lambda_1=0$ 时，解方程$(\boldsymbol{A}-0\boldsymbol{E})\boldsymbol{x}=\boldsymbol{0}$，得 $\boldsymbol{\alpha}_1=(1, 1, 1)^{\mathrm{T}}$.

当 $\lambda_2=\lambda_3=3$ 时，解方程$(\boldsymbol{A}-3\boldsymbol{E})\boldsymbol{x}=\boldsymbol{0}$，得 $\boldsymbol{\alpha}_2=(-1, 1, 0)^{\mathrm{T}}$，$\boldsymbol{\alpha}_3=(-1, 0, 1)^{\mathrm{T}}$.

将 $\boldsymbol{\alpha}_2$，$\boldsymbol{\alpha}_3$ 正交化，得

$$\boldsymbol{\beta}_2=\boldsymbol{\alpha}_2=(-1, 1, 0)^{\mathrm{T}}, \quad \boldsymbol{\beta}_3=\boldsymbol{\alpha}_3-\frac{(\boldsymbol{\alpha}_3, \boldsymbol{\beta}_2)}{(\boldsymbol{\beta}_2, \boldsymbol{\beta}_2)}\boldsymbol{\beta}_2=\left(-\frac{1}{2}, -\frac{1}{2}, 1\right)^{\mathrm{T}}$$

显然 $\boldsymbol{\alpha}_1$，$\boldsymbol{\beta}_2$，$\boldsymbol{\beta}_3$ 正交，把它们单位化，得

$$\boldsymbol{\gamma}_1=\begin{pmatrix} \frac{1}{\sqrt{3}} \\ \frac{1}{\sqrt{3}} \\ \frac{1}{\sqrt{3}} \end{pmatrix}, \boldsymbol{\gamma}_2=\begin{pmatrix} -\frac{1}{\sqrt{2}} \\ \frac{1}{\sqrt{2}} \\ 0 \end{pmatrix}, \boldsymbol{\gamma}_3=\begin{pmatrix} -\frac{1}{\sqrt{6}} \\ -\frac{1}{\sqrt{6}} \\ \frac{2}{\sqrt{6}} \end{pmatrix}$$

令 $\boldsymbol{Q}=(\boldsymbol{\gamma}_1, \boldsymbol{\gamma}_2, \boldsymbol{\gamma}_3)=\begin{pmatrix} \frac{1}{\sqrt{3}} & -\frac{1}{\sqrt{2}} & -\frac{1}{6} \\ \frac{1}{\sqrt{3}} & \frac{1}{\sqrt{2}} & -\frac{1}{\sqrt{6}} \\ \frac{1}{\sqrt{3}} & 0 & \frac{2}{\sqrt{6}} \end{pmatrix}$，则 $\boldsymbol{Q}$ 是正交矩阵，且正交变换 $\boldsymbol{x}=\boldsymbol{Q}\boldsymbol{y}$ 将二次型化为标准形 $f=3y_2^2+3y_3^2$.

4. 二次型所对应的矩阵为$A=\begin{pmatrix}2&0&0\\0&3&a\\0&a&3\end{pmatrix}$，特征方程为

$$|A-\lambda E|=\begin{vmatrix}2-\lambda&0&0\\0&3-\lambda&a\\0&a&3-\lambda\end{vmatrix}=(2-\lambda)(\lambda^2-6\lambda+9-a^2)=0$$

因为A的特征值为$\lambda_1=1$，$\lambda_2=2$，$\lambda_3=5$，故将$\lambda_1=1$(或$\lambda_3=5$)代入特征方程，得$a^2-4=0$，即$a=\pm 2$，因$a>0$，故取$a=2$，这时$A=\begin{pmatrix}2&0&0\\0&3&2\\0&2&3\end{pmatrix}$. 解$(A-\lambda_i E)x=\mathbf{0}$，得对应$\lambda_i(i=1,2,3)$的特征向量分别为

$$\boldsymbol{\alpha}_1=(0,1,-1)^{\mathrm{T}},\quad \boldsymbol{\alpha}_2=(1,0,0)^{\mathrm{T}},\quad \boldsymbol{\alpha}_3=(0,1,1)^{\mathrm{T}}$$

将$\boldsymbol{\alpha}_1$，$\boldsymbol{\alpha}_2$，$\boldsymbol{\alpha}_3$单位化，得

$$\boldsymbol{\beta}_1=\left(0,\frac{1}{\sqrt{2}},-\frac{1}{\sqrt{2}}\right)^{\mathrm{T}},\quad \boldsymbol{\beta}_2=(1,0,0)^{\mathrm{T}},\quad \boldsymbol{\beta}_3=\left(0,\frac{1}{\sqrt{2}},\frac{1}{\sqrt{2}}\right)^{\mathrm{T}}$$

故所用的正交变换矩阵为

$$Q=(\boldsymbol{\beta}_1,\boldsymbol{\beta}_2,\boldsymbol{\beta}_3)=\begin{pmatrix}0&1&0\\\frac{1}{\sqrt{2}}&0&\frac{1}{\sqrt{2}}\\-\frac{1}{\sqrt{2}}&0&\frac{1}{\sqrt{2}}\end{pmatrix}$$

5. 二次型$f(x_1,x_2,x_3)$的矩阵为$A=\begin{pmatrix}1&t&-1\\t&1&2\\-1&2&5\end{pmatrix}$. 此二次型正定的充要条件为

$$a_{11}=1>0,\quad \begin{vmatrix}1&t\\t&1\end{vmatrix}=1-t^2>0,\quad |A|=-5t^2-4t>0$$

由此解得$-\frac{4}{5}<t<0$.

6. (1) 依题意，二次型f的矩阵$A=\begin{pmatrix}-1&0&0\\0&3&\frac{a}{2}\\0&\frac{a}{2}&3\end{pmatrix}$的特征值为$k$，2，4，故有

$$-1+3+3=k+2+4,\quad (-1)\times\left(9-\frac{a^2}{4}\right)=k\times 2\times 4$$

解得$k=-1$，$a=2$.

(2) 设二次型g的矩阵为B，则

$$B=A+\begin{pmatrix}b&0&0\\0&b&0\\0&0&b\end{pmatrix}=\begin{pmatrix}b-1&0&0\\0&b+3&1\\0&1&b+3\end{pmatrix}$$

由 g 正定的充要条件，应有

$$b-1>0,\quad \begin{vmatrix} b-1 & 0 \\ 0 & b+3 \end{vmatrix}=(b-1)(b+3)>0$$

$$|\boldsymbol{B}|=(b-1)(b+3+1)(b+3-1)>0$$

解得 $b>1$，即当 $b>1$ 时，二次型 g 正定.

四、证明题

1. 证明：因为 $\boldsymbol{A}$ 为 n 阶反对称矩阵，所以 $\boldsymbol{A}^{\mathrm{T}}=-\boldsymbol{A}$. 因此

$$\boldsymbol{E}-\boldsymbol{A}^2=(\boldsymbol{E}-\boldsymbol{A})(\boldsymbol{E}+\boldsymbol{A})=(\boldsymbol{E}+\boldsymbol{A}^{\mathrm{T}})(\boldsymbol{E}+\boldsymbol{A})=(\boldsymbol{E}+\boldsymbol{A})^{\mathrm{T}}(\boldsymbol{E}+\boldsymbol{A})$$

所以 $\boldsymbol{E}-\boldsymbol{A}^2$ 为正定矩阵.

2. 证明：因为 $\forall\, \boldsymbol{x}\neq\boldsymbol{0}$ 有 $\boldsymbol{x}^{\mathrm{T}}\boldsymbol{A}\boldsymbol{x}>0$，$\boldsymbol{x}^{\mathrm{T}}\boldsymbol{B}\boldsymbol{x}>0$，故 $\forall\, \boldsymbol{x}\neq\boldsymbol{0}$，有

$$\boldsymbol{x}^{\mathrm{T}}(\boldsymbol{A}+\boldsymbol{B})\boldsymbol{x}=\boldsymbol{x}^{\mathrm{T}}\boldsymbol{A}\boldsymbol{x}+\boldsymbol{x}^{\mathrm{T}}\boldsymbol{B}\boldsymbol{x}>0$$

由 $\boldsymbol{A}$，$\boldsymbol{B}$ 都是对称方阵推出 $\boldsymbol{A}+\boldsymbol{B}$ 为对称方阵，故 $\boldsymbol{A}+\boldsymbol{B}$ 为正定方阵.

3. 证明：设 $\lambda_i(i=1, 2, \cdots, n)$ 是 $\boldsymbol{A}$ 的特征值，则 $|\boldsymbol{A}-\lambda_i\boldsymbol{E}|=0$，于是

$$|(\boldsymbol{A}+\boldsymbol{E})-(\lambda_i+1)\boldsymbol{E}|=0$$

故 $\lambda_i+1(i=1, 2, \cdots, n)$ 是 $\boldsymbol{A}+\boldsymbol{E}$ 的特征值. 因为 $\boldsymbol{A}$ 是正定矩阵，所以 $\lambda_i>0(i=1, 2, \cdots, n)$，即 $\lambda_i+1>1(i=1, 2, \cdots, n)$，于是

$$|\boldsymbol{A}+\boldsymbol{E}|=(\lambda_1+1)(\lambda_2+1)\cdots(\lambda_n+1)>1$$

第六章

线性代数的应用与模型

本章主要介绍有关线性代数的几个常见的数学模型和典型的应用实例，以此使学生了解线性代数的重要价值和应用的广泛性，其中递归关系模型和投入产出模型为本章的重点，学习中要注意掌握模型的特征.

一、教学基本要求

(1) 了解线性代数中有关矩阵、线性方程组、特征值与特征向量和二次型的典型应用.

(2) 理解递归关系模型和投入产出模型，会求解相关的实际问题.

二、内容概要

1. 矩阵的应用

矩阵的应用十分广泛，许多实际问题都可以通过矩阵加以表述和解决，如网络和图、信息检索、生产成本与利润、邻接矩阵等问题.

2. 线性方程组的应用

线性方程组是最简单和最基本的线性模型，许多实际问题可以用线性方程组模型加以表述和求解，如生产计划的安排问题、营养食谱问题、工资问题等.

3. 网络流模型

在实际生活中经常要遇到网络流问题，如城市规划和交通工程人员监控一个网格状的市区道路的交通流量模式、电气工程师计算流经电路的电流、经济学家分析通过分销商和零售商的网络从制造商到顾客的产品销售等. 这些问题的数学模型通常为线性方程组，这些方程组所涉及的变量和方程有成百个甚至上千个.

一个网络包含一组称为节点的点集，并由称为分支的线连接部分或全部节点，流的方向在每个分支上均有标示，流量用变量标记.

网络流的基本假设是网络的总流入量等于总流出量，且一个节点的总流入等于总流出，这样每个节点的流量就可以用一个方程描述. 网络分析的问题就是确定当局部信息已知时每一分支的流量.

4. 递归关系模型

在生态学、经济学和工程学等领域，需要研究随时间变化的动力系统，这种系统通常在离散的时刻测量，得到一个向量序列 $\boldsymbol{\alpha}_0$，$\boldsymbol{\alpha}_1$，$\boldsymbol{\alpha}_2$，…. 向量 $\boldsymbol{\alpha}_k$ 的各个元素给出该系统在第 k 次测量中的状态信息.

如果有矩阵 $\boldsymbol{A}$ 使得 $\boldsymbol{\alpha}_{k+1}=\boldsymbol{A}\boldsymbol{\alpha}_k(k=0，1，2，\cdots)$，则称 $\boldsymbol{\alpha}_{k+1}=\boldsymbol{A}\boldsymbol{\alpha}_k$ 为递归关系（线性差分方程），给定这样一种关系，就可以由初始向量 $\boldsymbol{\alpha}_0$ 计算 $\boldsymbol{\alpha}_k$，即 $\boldsymbol{\alpha}_k=\boldsymbol{A}^k\boldsymbol{\alpha}_0(k=0，1，2，\cdots)$，并可讨论当 k 无限增大时 $\boldsymbol{\alpha}_k$ 的变化情况.

5. 投入产出模型

经济系统内部各部门之间存在某种依存关系，投入产出模型就是一种用来全面分析经济系统内部各部门的生产和分配之间的数量依存关系的数学模型.

投入产出模型主要通过投入产出表及平衡方程组来描述. 它通过编制投入产出表，并运用矩阵工具组成的数学模型，再通过计算机的运算，来揭示经济部门间的内在联系.

(1) 模型假设.

① 经济系统被划分为几个生产部门，每个部门生产一种产品；

② 每个生产部门将其他部门的产品经过加工变为本部门的产品. 在这一过程中，消耗的其他部门的产品为“投入”，生产的部门产品为“产出”.

(2) 投入产出表.

设整个经济系统分为 n 个生产部门，并按一定顺序排成如表 6-1 所示的价值型投入产出.

表 6-1　　**价值型投入产出表**

投入＼产出			中间产品				最终产品				总产品
			1	2	…	n	消费	积累	出口	小计	
生产资料补偿价值	生产部门	1	x_{11}	x_{12}	…	x_{1n}				y_1	x_1
		2	x_{21}	x_{22}	…	x_{2n}				y_2	x_2
		⋮	⋮	⋮		⋮				⋮	⋮
		n	x_{n1}	x_{n2}	…	x_{nn}				y_n	x_n
	固定资产折旧		d_1	d_2	…	d_n					
新创造价值	劳动报酬		v_1	v_2	…	v_n					
	纯收入		m_1	m_2	…	m_n					
	合　计		z_1	z_2	…	z_n					
总产值			x_1	x_2	…	x_n					

表中，$x_i(i=1,2,\cdots,n)$表示第i生产部门的总产品；x_{ij}表示第i部门分配给第j生产部门的产品数量；$y_i(i=1,2,\cdots,n)$表示第i部门的最终产品量；d_j，v_j，$m_j(j=1,2,\cdots,n)$分别表示第j部门的固定资产折旧、劳动报酬、纯收入；$z_j(j=1,2,\cdots,n)$表示第j部门的新创造价值，即$z_j=v_j+m_j(j=1,2,\cdots,n)$.

（3）平衡方程组.

分配平衡方程组为

$$\begin{cases}x_1=x_{11}+x_{12}+\cdots+x_{1n}+y_1\\x_2=x_{21}+x_{22}+\cdots+x_{2n}+y_2\\\cdots\cdots\\x_n=x_{n1}+x_{n2}+\cdots+x_{nn}+y_n\end{cases}$$

简写为

$$x_i=\sum_{j=1}^n x_{ij}+y_i(i=1,2,\cdots,n)$$

消耗平衡方程组为

$$\begin{cases}x_1=x_{11}+x_{21}+\cdots+x_{n1}+d_1+z_1\\x_2=x_{12}+x_{22}+\cdots+x_{n2}+d_2+z_2\\\cdots\cdots\\x_n=x_{1n}+x_{2n}+\cdots+x_{nn}+d_n+z_n\end{cases}$$

简写为

$$x_j=\sum_{i=1}^n x_{ij}+d_j+z_j(j=1,2,\cdots,n)$$

（4）直接消耗矩阵.

第j部门生产单位产品直接消耗第i部门的产品数量，称为第j部门对第i部门的直接消耗系数. 记为$a_{ij}=\frac{x_{ij}}{x_j}(i,j=1,2,\cdots,n)$，由直接消耗系数$a_{ij}$构成的直接消耗矩阵为

$$\boldsymbol{A}=\begin{pmatrix}a_{11}&a_{12}&\cdots&a_{1n}\\a_{21}&a_{22}&\cdots&a_{2n}\\\vdots&\vdots&&\vdots\\a_{n1}&a_{n2}&\cdots&a_{nn}\end{pmatrix}$$

若记$\boldsymbol{X}=(x_1,x_2,\cdots,x_n)^{\mathrm{T}}$，$\boldsymbol{Y}=(y_1,y_2,\cdots,y_n)^{\mathrm{T}}$，则分配平衡方程组的矩阵形式为$\boldsymbol{X}=\boldsymbol{AX}+\boldsymbol{Y}$，即$\boldsymbol{Y}=(\boldsymbol{E}-\boldsymbol{A})\boldsymbol{X}$，也即$\boldsymbol{X}=(\boldsymbol{E}-\boldsymbol{A})^{-1}\boldsymbol{Y}$.

若记$\boldsymbol{X}=(x_1,x_2,\cdots,x_n)^{\mathrm{T}}$，$\boldsymbol{Z}=(z_1,z_2,\cdots,z_n)^{\mathrm{T}}$，$\boldsymbol{D}=(d_1,d_2,\cdots,d_n)^{\mathrm{T}}$，

$$\boldsymbol{C}=\begin{pmatrix}\sum_{i=1}^n a_{i1}&0&\cdots&0\\0&\sum_{i=1}^n a_{i2}&\cdots&0\\\vdots&\vdots&&\vdots\\0&0&\cdots&\sum_{i=1}^n a_{in}\end{pmatrix}$$

则消耗平衡方程组的矩阵形式为 $\boldsymbol{X}=\boldsymbol{CX}+\boldsymbol{D}+\boldsymbol{Z}$.

（5）完全消耗矩阵.

第 j 部门生产单位产品时对第 i 部门完全消耗的产品量称为第 j 部门对第 i 部门的完全消耗系数，记作 b_{ij}，即 $b_{ij}=a_{ij}+\sum\limits_{k=1}^{n}b_{ik}a_{kj}(i，j=1，2，\cdots，n)$，其中 $\sum\limits_{k=1}^{n}b_{ik}a_{kj}$ 表示间接消耗总和，由完全消耗系数 b_{ij} 构成的 n 阶完全消耗矩阵为

$$\boldsymbol{B}=\begin{pmatrix} b_{11} & b_{12} & \cdots & b_{1n} \\ b_{21} & b_{22} & \cdots & b_{2n} \\ \vdots & \vdots & & \vdots \\ b_{n1} & b_{n2} & \cdots & b_{nn} \end{pmatrix}$$

完全消耗矩阵的计算公式为 $\boldsymbol{B}=\boldsymbol{A}(\boldsymbol{E}-\boldsymbol{A})^{-1}$ 或 $\boldsymbol{B}=(\boldsymbol{E}-\boldsymbol{A})^{-1}-\boldsymbol{E}$.

三、典型应用与模型

题型一　矩阵的应用

例 6.1　某单位准备建一个电脑机房，需购买指定型号的计算机 30 台、激光打印机 5 台、电脑桌椅 20 套. 已问得 3 家公司的报价，见表 6－2.

表 6－2

	计算机(元/台)	激光打印机(元/台)	电脑桌椅(元/台)
甲	6 000	3 500	420
乙	5 800	4 000	500
丙	5 900	3 800	450

如果决定只在一家选购，应选哪家？

解　设矩阵 $\boldsymbol{A}=\begin{pmatrix} 6\ 000 & 3\ 500 & 420 \\ 5\ 800 & 4\ 000 & 500 \\ 5\ 900 & 3\ 800 & 450 \end{pmatrix}$，$\boldsymbol{X}=\begin{pmatrix} 30 \\ 5 \\ 20 \end{pmatrix}$，则

$$\boldsymbol{AX}=\begin{pmatrix} 6\ 000 & 3\ 500 & 420 \\ 5\ 800 & 4\ 000 & 500 \\ 5\ 900 & 3\ 800 & 450 \end{pmatrix}\begin{pmatrix} 30 \\ 5 \\ 20 \end{pmatrix}=\begin{pmatrix} 205\ 900 \\ 204\ 000 \\ 205\ 000 \end{pmatrix}$$

显然，在乙公司选购所需费用最少.

例 6.2　现有三个工厂生产 A，B，C 和 D 四种产品，其单位成本(单位：万元)如表 6－3所示. 如果生产 A，B，C 和 D 四种产品的数量（单位：件）分别为 200，300，400 和 500，问哪个工厂生产的成本最低？

表 6－3

	A	B	C	D
Ⅰ	3.5	4.2	2.9	3.3
Ⅱ	3.4	4.3	3.1	3.0
Ⅲ	3.6	4.1	3.0	3.2

解 设矩阵 $\boldsymbol{X}$ 表示各工厂生产四种产品的单位成本，矩阵 $\boldsymbol{Y}$ 表示生产四种产品的产量，则有

$$\boldsymbol{X}=\begin{pmatrix}3.5&4.2&2.9&3.3\\3.4&4.3&3.1&3.0\\3.6&4.1&3.0&3.2\end{pmatrix},\ \boldsymbol{Y}=\begin{pmatrix}200\\300\\400\\500\end{pmatrix}$$

各工厂生产四种产品的总成本为

$$\boldsymbol{XY}=\begin{pmatrix}3.5&4.2&2.9&3.3\\3.4&4.3&3.1&3.0\\3.6&4.1&3.0&3.2\end{pmatrix}\begin{pmatrix}200\\300\\400\\500\end{pmatrix}=\begin{pmatrix}4\ 770\\4\ 710\\4\ 750\end{pmatrix}$$

所以由工厂Ⅱ生产所需成本最低，为 4 710(万元).

例 6.3 某单位需用口径规格依次为50毫米、30毫米、20毫米的三种钢管，且三种钢管的用量分别为500吨、1 200吨、2 000吨. 已知三种规格的钢管的每吨价格分别为3 000元、3 100元、3 200元，如果根据产销协议，低于500吨应按 100%计价，500～1 000吨应按 95%计价，1 000～2 000吨应按 90%计价，试用矩阵运算求总购买费用.

解 设三种钢管的用量和价格矩阵分别为

$$\boldsymbol{W}=(500,\ 1\ 200,\ 2\ 000)\quad 和\quad \boldsymbol{P}=(3\ 000,\ 3\ 100,\ 3\ 200)$$

则总购买费用为

$$\boldsymbol{WAP}^{\mathrm{T}}=(500,\ 1\ 200,\ 2\ 000)\begin{pmatrix}0.95&0&0\\0&0.9&0\\0&0&0.9\end{pmatrix}\begin{pmatrix}3\ 000\\3\ 100\\3\ 200\end{pmatrix}=10\ 533\ 000(元)$$

练习 某超市欲开一家分店，有四个地点可供选择，新建超市有食品部、日用品部和电器部，经市场调查预测，新超市各部门在各地点的日营业额(单位：万元)见表 6－4.

表 6－4

	食品部	日用品部	电器部
甲	3	4	1
乙	4	3.5	1.2
丙	2.5	3	2
丁	4	4	0.5

各部门的利润依次为 15%，20%，10%. 如果从新超市的利润考虑，应在何地开分店?

题型二　线性方程组的应用

例 6.4（生产计划的安排问题）　一制造商生产三种不同的化学产品 A，B，C. 每一产品必须经过两部机器 M，N 的制作，而生产每一吨不同的产品需要使用两部机器不同的时间，机器 M 每星期最多可使用 80 小时，而机器 N 每星期最多可使用 60 小时. 假设制造商可以卖出每周所制造出来的所有产品. 经营者不希望使昂贵的机器有空闲时间，因此想

知道在一周内每一产品必须制造多少才能使机器被充分地利用. 有关数据如表 6－5 所示.

表 6－5

	产品 A	产品 B	产品 C
机器 M	2	3	4
机器 N	2	2	3

解　设 x_1，x_2，x_3 分别表示每周内制造产品 A，B，C 的吨数. 于是机器 M 一周内被使用的实际时间为 $2x_1+3x_2+4x_3$，为了充分利用机器，可以令 $2x_1+3x_2+4x_3=80$，同理，可得 $2x_1+2x_2+3x_3=60$.

于是，这一生产规划问题需要求方程组 $\begin{cases}2x_1+3x_2+4x_3=80\\2x_1+2x_2+3x_3=60\end{cases}$ 的非负解. 对方程组的系数矩阵实施初等行变换，有

$$\begin{pmatrix}2&3&4&80\\2&2&3&60\end{pmatrix}\to\begin{pmatrix}1&0&1/2&10\\0&1&1&20\end{pmatrix}$$

原方程组的等价方程组为

$$\begin{cases}x_1=10-0.5x_3\\x_2=20-x_3\end{cases}$$

所以，方程组的通解为

$$(x_1,\ x_2,\ x_3)^{\mathrm{T}}=(10,\ 20,\ 0)^{\mathrm{T}}+k(-1,\ -2,\ 2)^{\mathrm{T}}$$

为了使变量为正数，取 $k=5$，得

$$x_1=5,\ x_2=10,\ x_3=10$$

由此得一个生产计划安排：一周内产品 A 生产 5 吨，产品 B 生产 10 吨，产品 C 生产 10 吨. 其实，所有方程组的非负解都一样好. 除非有特别的限制，否则没有所谓最好的解.

例 6.5（减肥食谱问题）　一位营养学家计划设计一种减肥食谱，这种食谱供给一定量的蛋白质、碳水化合物和脂肪，脱脂奶粉、大豆粉和乳清三种食物将被使用，它们的量用适当单位计算，这些食物所供给的营养素和该食谱要求的营养素如表 6－6 所示.

表 6－6

营养素(克)	每 100 克成分所含营养素			需要的总营养素(克)
	脱脂奶粉	大豆粉	乳清	
蛋白质	36	51	13	33
碳水化合物	52	34	74	45
脂肪	0	7	1.1	3

求出三种食物的某种组合，使该食谱符合列表中规定的蛋白质、碳水化合物和脂肪的含量.

解　设 x_1，x_2 和 x_3 分别表示三种食物的数量，则有

$$\begin{cases}0.36x_1+0.51x_2+0.13x_3=33\\0.52x_1+0.34x_2+0.74x_3=45\\0.07x_2+0.011x_3=3\end{cases}$$

对方程组的增广矩阵实施行初等变换

$$\bar{A}=\left(\begin{array}{ccc:c}0.36 & 0.51 & 0.13 & 33\\0.52 & 0.34 & 0.74 & 45\\0 & 0.07 & 0.011 & 3\end{array}\right)\rightarrow\cdots\rightarrow\left(\begin{array}{ccc:c}1 & 0 & 0 & 27.7\\0 & 1 & 0 & 39.2\\0 & 0 & 1 & 23.3\end{array}\right)$$

所以该食谱需要脱脂奶粉、大豆粉和乳清分别为 27.7，39.2 和 23.3 克.

练习 营养学家配制一种具有 1 200 卡热量、30g 蛋白质及 300mg 维生素 C 的配餐. 有三种食物可供选用：果冻、鲜鱼和牛肉. 它们每盎司(28.35g)的营养含量如表 6－7 所示.

表 6－7

	果冻	鲜鱼	牛肉
热量(卡)	20	100	200
蛋白质(g)	1	3	2
维生素 C(mg)	30	20	10

计算所需果冻、鲜鱼、牛肉的数量.

例 6.6 (工资问题) 有一个木工、一个电工、一个油漆工，三人相互同意彼此装修他们自己的房子. 在装修之前，他们达成了如下协议：(1) 每人总共工作 10 天(包括给自己家干活在内)；(2) 每人的日工资根据一般的市价在 60 和 80 元之间；(3) 每人的日工资数应使得每人的总收入与总支出相等. 表 6－8 是他们协商后制定出的工作天数的分配方案.

表 6－8

	木工	电工	油漆工
在木工家的工作天数	2	1	6
在电工家的工作天数	4	5	1
在油漆工家的工作天数	4	4	3

解 根据协议中每人总支出与总收入相等的原则，分别考虑木工、电工及油漆工的总收入和总支出. 设木工的日工资为 x_1，电工的日工资为 x_2，油漆工的日工资为 x_3，则木工的 10 个工作日总收入应该为 $10x_1$，而木工、电工及油漆工三人在木工家工作的天数分别为 2 天、1 天、6 天，按日工资累计，木工的总支出为 $2x_1+x_2+6x_3$.

于是，木工的收支平衡可描述为等式 $2x_1+x_2+6x_3=10x_1$.

同理，可建立描述电工、油漆工各自的收支平衡关系的另外两个等式，将三个等式联立，可得描述实际问题的方程组：

$$\begin{cases}2x_1+x_2+6x_3=10x_1\\4x_1+5x_2+x_3=10x_2\\4x_1+4x_2+3x_3=10x_3\end{cases}$$

即

$$\begin{cases}-8x_1+x_2+6x_3=0\\4x_1-5x_2+x_3=0\\4x_1+4x_2-7x_3=0\end{cases}$$

对齐次方程组的系数矩阵实施初等行变换

$$\boldsymbol{A}=\begin{pmatrix}-8 & 1 & 6\\ 4 & -5 & 1\\ 4 & 4 & -7\end{pmatrix}\rightarrow\begin{pmatrix}1 & 0 & -31/36\\ 0 & 1 & -8/9\\ 0 & 0 & 0\end{pmatrix}$$

原方程组的等价方程组为

$$\begin{cases}x_1=\dfrac{31}{36}x_3\\ x_2=\dfrac{8}{9}x_3\end{cases}$$

齐次方程组的通解为

$$(x_1,\ x_2,\ x_3)^{\mathrm{T}}=k\left(\frac{31}{36},\ \frac{8}{9},\ 1\right)^{\mathrm{T}}(k\text{ 为任意实数})$$

为了确定满足条件 $60\leqslant x_1\leqslant 80$，$60\leqslant x_2\leqslant 80$，$60\leqslant x_3\leqslant 80$ 的方程组的解，即选择适当的 k 以确定木工、电工及油漆工每人的日工资：60～80 元，取 $k=72$ 满足题意，得 $x_1=62$，$x_2=64$，$x_3=72$，即木工日工资为 62 元，电工日工资为 64 元，油漆工日工资为 72 元.

练习　三个朋友 A，B，C 各饲养家禽，A 养鸡，B 养鸭，C 养兔. 他们同意按照下面的比例分享各人饲养的家禽：A 得鸡的 1/3、鸭的 1/3、兔的 1/4；B 得鸡的 1/6、鸭的 1/3、兔的 1/2；C 得鸡的 1/2、鸭的 1/3、兔的 1/4；如果要满足闭合经济的条件，同时家禽收获的最低价格是 2 000 元，则每户确定的他们各自的收获价格是多少？

题型三　网络流模型

例 6.7（交通流量问题）　图 6－1 给出了某城市部分单行街道的交通流量（每小时通过的车辆数）.

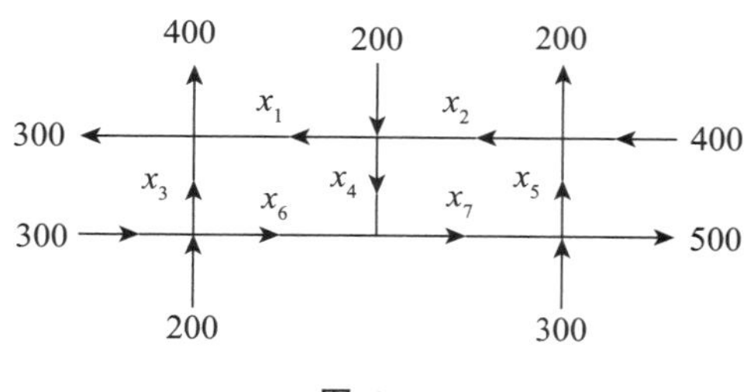

图 6－1

图中有 6 个路口，已有九条街道记录了当天的平均车流量. 另有 7 处的平均车流量未知，试利用每个路口的进出车流量的相等关系推算这 7 处的平均车流量.

解　在每一个路口处可根据进出的车流量的相等关系，建立一个线性代数方程组. 图中有 6 个路口，可建立含 6 个方程的线性方程组.

$$\begin{cases} x_1+x_3=700 \\ x_1-x_2+x_4=200 \\ x_2-x_5=200 \\ x_3+x_6=500 \\ x_4+x_6-x_7=0 \\ x_5-x_7=-200 \end{cases}$$

对方程组的增广矩阵实施初等行变换：

$$\overline{\boldsymbol{A}}=\left(\begin{array}{ccccccc:c} 1 & 0 & 1 & 0 & 0 & 0 & 0 & 700 \\ 1 & -1 & 0 & 1 & 0 & 0 & 0 & 200 \\ 0 & 1 & 0 & 0 & -1 & 0 & 0 & 200 \\ 0 & 0 & 1 & 0 & 0 & 1 & 0 & 500 \\ 0 & 0 & 0 & 1 & 0 & 1 & -1 & 0 \\ 0 & 0 & 0 & 0 & 1 & 0 & -1 & -200 \end{array}\right) \to \left(\begin{array}{ccccccc:c} 1 & 0 & 0 & 0 & 0 & -1 & 0 & 200 \\ 0 & 1 & 0 & 0 & 0 & 0 & -1 & 0 \\ 0 & 0 & 1 & 0 & 0 & 1 & 0 & 500 \\ 0 & 0 & 0 & 1 & 0 & 1 & -1 & 0 \\ 0 & 0 & 0 & 0 & 1 & 0 & -1 & -200 \\ 0 & 0 & 0 & 0 & 0 & 0 & 0 & 0 \end{array}\right)$$

原方程组的等价同解方程组为

$$\begin{cases} x_1-x_6=200 \\ x_2-x_7=0 \\ x_3+x_6=500 \\ x_4+x_6-x_7=0 \\ x_5-x_7=-200 \end{cases}$$

取 x_6，x_7 为自由未知数，可得原方程组的通解形式

$$\begin{pmatrix} x_1 \\ x_2 \\ x_3 \\ x_4 \\ x_5 \\ x_6 \\ x_7 \end{pmatrix}=k_1\begin{pmatrix} 1 \\ 0 \\ -1 \\ -1 \\ 0 \\ 1 \\ 0 \end{pmatrix}+k_2\begin{pmatrix} 0 \\ 1 \\ 0 \\ 1 \\ 1 \\ 0 \\ 1 \end{pmatrix}+\begin{pmatrix} 200 \\ 0 \\ 500 \\ 0 \\ -200 \\ 0 \\ 0 \end{pmatrix}$$

取适当的 k_1，k_2 使特解为非负数，即得一组满足问题条件的解. 如取 $k_1=0$，$k_2=200$，得$(x_1, x_2, x_3, x_4, x_5, x_6, x_7)=(200, 200, 500, 200, 0, 0, 200)$，显然，这一问题的解是不唯一的.

本模型具有实际应用价值，求出该模型的解，可以为交通规划设计部门提供解决交通堵塞、车流运行不畅等问题的方法，知道在何处应建设立交桥，哪条路应设计多宽等，为城镇交通规划提供科学的指导意见. 但是，在本模型中，我们只考虑了单行街道这种简单情形，可以进一步研究更复杂的情形. 此外，本模型还可推广到电路分析中的网络节点流量等问题中.

练习 根据图 6-2 给定的网络交通流量图(流量以每分钟通过的车辆数计算)，计算该网络各分支的车流量，并求分支 x_2，x_3，x_4，x_5 的流量的最小值.

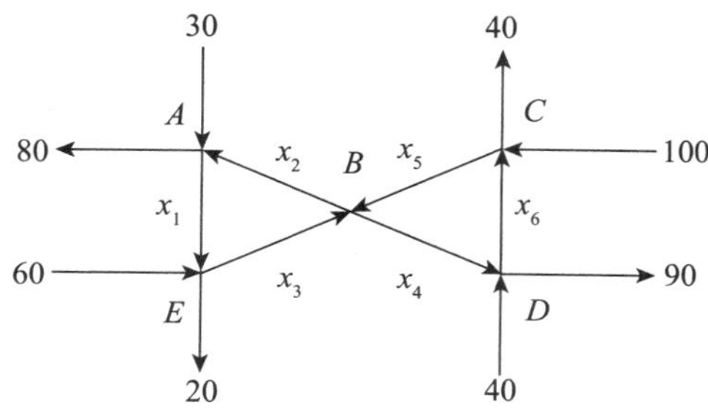

图 6-2

题型四　递归关系模型

例 6.8（技术工人流动问题） 某试验性生产线每年 1 月份进行熟练工与非熟练工的人数统计，然后派 1/6 的熟练工支援其他生产部门，其缺额由招收的新的非熟练工补齐，新、老非熟练工经过培养及实践至年终考核有 2/5 成为熟练工. 设第 n 年 1 月份统计的熟练工与非熟练工所占百分比分别为 x_n 和 y_n，记成向量 $\begin{pmatrix} x_n \\ y_n \end{pmatrix}$.

（1）求 $\begin{pmatrix} x_{n+1} \\ y_{n+1} \end{pmatrix}$ 与 $\begin{pmatrix} x_n \\ y_n \end{pmatrix}$ 的关系式并写成矩阵形式：$\begin{pmatrix} x_{n+1} \\ y_{n+1} \end{pmatrix} = \boldsymbol{A} \begin{pmatrix} x_n \\ y_n \end{pmatrix}$；

（2）验证 $\boldsymbol{\eta}_1 = \begin{pmatrix} 4 \\ 1 \end{pmatrix}$，$\boldsymbol{\eta}_2 = \begin{pmatrix} -1 \\ 1 \end{pmatrix}$ 是 $\boldsymbol{A}$ 的两个线性无关的特征向量，并求出相应的特征值；

（3）当 $\begin{pmatrix} x_1 \\ y_1 \end{pmatrix} = \begin{pmatrix} \frac{1}{2} \\ \frac{1}{2} \end{pmatrix}$ 时，求 $\begin{pmatrix} x_{n+1} \\ y_{n+1} \end{pmatrix}$.

解　（1）由题设，得

$$\begin{pmatrix} x_{n+1} \\ y_{n+1} \end{pmatrix} = \begin{pmatrix} \frac{9}{10} & \frac{2}{5} \\ \frac{1}{10} & \frac{3}{5} \end{pmatrix} \begin{pmatrix} x_n \\ y_n \end{pmatrix}$$

（2）显然 $\boldsymbol{\eta}_1 = \begin{pmatrix} 4 \\ 1 \end{pmatrix}$，$\boldsymbol{\eta}_2 = \begin{pmatrix} -1 \\ 1 \end{pmatrix}$ 线性无关，且

$$\begin{pmatrix} \frac{9}{10} & \frac{2}{5} \\ \frac{1}{10} & \frac{3}{5} \end{pmatrix} \begin{pmatrix} 4 \\ 1 \end{pmatrix} = \begin{pmatrix} 4 \\ 1 \end{pmatrix},\quad \begin{pmatrix} \frac{9}{10} & \frac{2}{5} \\ \frac{1}{10} & \frac{3}{5} \end{pmatrix} \begin{pmatrix} -1 \\ 1 \end{pmatrix} = \frac{1}{2} \begin{pmatrix} -1 \\ 1 \end{pmatrix}$$

所以，$\boldsymbol{\eta}_1 = \begin{pmatrix} 4 \\ 1 \end{pmatrix}$ 对应的特征值为 1；$\boldsymbol{\eta}_2 = \begin{pmatrix} -1 \\ 1 \end{pmatrix}$ 对应的特征值为 $\frac{1}{2}$.

（3）$\begin{pmatrix}x_{n+1}\\y_{n+1}\end{pmatrix}=\boldsymbol{A}^n\begin{pmatrix}x_1\\y_1\end{pmatrix}=\boldsymbol{A}^n\begin{pmatrix}\frac{1}{2}\\\frac{1}{2}\end{pmatrix}$，因为

$$\begin{pmatrix}\frac{1}{2}\\\frac{1}{2}\end{pmatrix}=\frac{1}{5}\begin{pmatrix}4\\1\end{pmatrix}+\frac{3}{10}\begin{pmatrix}-1\\1\end{pmatrix}$$

所以

$$\begin{pmatrix}x_{n+1}\\y_{n+1}\end{pmatrix}=\frac{1}{5}\boldsymbol{A}^n\begin{pmatrix}4\\1\end{pmatrix}+\frac{3}{10}\boldsymbol{A}^n\begin{pmatrix}-1\\1\end{pmatrix}=\frac{1}{5}\begin{pmatrix}4\\1\end{pmatrix}+\frac{3}{10}\left(\frac{1}{2}\right)^n\begin{pmatrix}-1\\1\end{pmatrix}=\left(\frac{1}{10}\right)\begin{pmatrix}8-\frac{3}{2^n}\\2+\frac{3}{2^n}\end{pmatrix}$$

例 6.9（人口迁移问题） 在某地区每年有比例为 p 的农村居民移居城镇，有比例为 q 的城镇居民移居农村. 假设该地区总人口数不变，且上述人口迁移的规律也不变. 把 n 年后农村人口和城镇人口占总人口的比例依次记为 x_n 与 $y_n(x_n+y_n=1)$.

（1）求关系式 $\begin{pmatrix}x_{n+1}\\y_{n+1}\end{pmatrix}=\boldsymbol{A}\begin{pmatrix}x_n\\y_n\end{pmatrix}$ 中的矩阵 $\boldsymbol{A}$；

（2）设目前农村人口与城镇人口相等，即 $\begin{pmatrix}x_0\\y_0\end{pmatrix}=\begin{pmatrix}0.5\\0.5\end{pmatrix}$，求 $\begin{pmatrix}x_n\\y_n\end{pmatrix}$.

解 （1）由题意，知

$$x_{n+1}=x_n+qy_n-px_n=(1-p)x_n+qy_n$$
$$y_{n+1}=y_n+px_n-qy_n=px_n+(1-q)y_n$$

可用矩阵表示为

$$\begin{pmatrix}x_{n+1}\\y_{n+1}\end{pmatrix}=\begin{pmatrix}1-p&q\\p&1-q\end{pmatrix}\begin{pmatrix}x_n\\y_n\end{pmatrix}$$

因此

$$\boldsymbol{A}=\begin{pmatrix}1-p&q\\p&1-q\end{pmatrix}$$

（2）由 $\begin{pmatrix}x_{n+1}\\y_{n+1}\end{pmatrix}=\boldsymbol{A}\begin{pmatrix}x_n\\y_n\end{pmatrix}$ 可知，$\begin{pmatrix}x_n\\y_n\end{pmatrix}=\boldsymbol{A}^n\begin{pmatrix}x_0\\y_0\end{pmatrix}$. 由

$$|\boldsymbol{A}-\lambda\boldsymbol{E}|=\begin{vmatrix}1-p-\lambda&q\\p&1-q-\lambda\end{vmatrix}=(\lambda-1)(\lambda-1+p+q)$$

得 $\boldsymbol{A}$ 的特征值为 $\lambda_1=1$，$\lambda_2=r$，其中 $r=1-p-q$.

对于 $\lambda_1=1$，解方程 $(\boldsymbol{A}-\boldsymbol{E})\boldsymbol{x}=\boldsymbol{0}$，得特征向量 $\boldsymbol{p}_1=(q,\ p)^{\mathrm{T}}$.

对于 $\lambda_2=r$，解方程 $(\boldsymbol{A}-r\boldsymbol{E})\boldsymbol{x}=\boldsymbol{0}$，得特征向量 $\boldsymbol{p}_2=(-1,\ 1)^{\mathrm{T}}$.

令

$$\boldsymbol{P}=(\boldsymbol{p}_1,\ \boldsymbol{p}_2)=\begin{pmatrix}q&-1\\p&1\end{pmatrix}$$

则

$$P^{-1}AP=\begin{pmatrix}1&0\\0&r\end{pmatrix}=\Lambda,\quad A=P\Lambda P^{-1},\ A^n=P\Lambda^nP^{-1}$$

于是

$$\begin{aligned}A^n&=\begin{pmatrix}q&-1\\p&1\end{pmatrix}\begin{pmatrix}1&0\\0&r\end{pmatrix}^n\begin{pmatrix}q&-1\\p&1\end{pmatrix}^{-1}\\&=\frac{1}{p+q}\begin{pmatrix}q&-1\\p&1\end{pmatrix}\begin{pmatrix}1&0\\0&r^n\end{pmatrix}\begin{pmatrix}1&1\\-p&q\end{pmatrix}=\frac{1}{p+q}\begin{pmatrix}q+pr^n&q-qr^n\\p-pr^n&p+qr^n\end{pmatrix}\end{aligned}$$

所以

$$\begin{pmatrix}x_n\\y_n\end{pmatrix}=\frac{1}{p+q}\begin{pmatrix}q+pr^n&q-qr^n\\p-pr^n&p+qr^n\end{pmatrix}\begin{pmatrix}0.5\\0.5\end{pmatrix}=\frac{1}{2(p+q)}\begin{pmatrix}2q+(p-q)r^n\\2p+(q-p)r^n\end{pmatrix}$$

练习　对城乡人口流动做年度调查，发现有一个稳定的朝城镇流动的趋势：每年农村居民的2.5%移居城镇，而城镇居民的1%迁出. 现在总人口的60%位于城镇. 假如城乡总人口保持不变，并且人口流动的这种趋势继续下去，那么一年以后城镇人口所占比例是多少？10年以后呢？

例6.10（商品的市场占有率问题）　有两家公司R和S经营同类产品，它们相互竞争. 每年R公司保有1/4的顾客，而3/4的顾客转移向S公司；每年S公司保有2/3的顾客，而1/3的顾客转移向R公司. 当产品开始制造时R公司占有3/5的市场份额，而S公司占有2/5的市场份额. 两年后，两家公司所占的市场份额如何变化？5年以后会怎样？10年以后如何？是否有一组初始市场份额分配数据使以后每年的市场分配稳定不变？

解　设R公司和S公司初始时的市场份额分别为 x_0 和 y_0，把这一年作为基年，记作 $k=0$. 第 k 年R公司和S公司的市场份额分别为 x_k 和 y_k，则增长模型为

$$\begin{pmatrix}x_k\\y_k\end{pmatrix}=\begin{pmatrix}\frac{1}{4}&\frac{1}{3}\\\frac{3}{4}&\frac{2}{3}\end{pmatrix}\begin{pmatrix}x_{k-1}\\y_{k-1}\end{pmatrix}\quad\text{或}\quad \boldsymbol{\alpha}_k=A\boldsymbol{\alpha}_{k-1}$$

其中

$$\boldsymbol{\alpha}_k=\begin{pmatrix}x_k\\y_k\end{pmatrix},\ A=\begin{pmatrix}\frac{1}{4}&\frac{1}{3}\\\frac{3}{4}&\frac{2}{3}\end{pmatrix}$$

初始时市场份额为 $\boldsymbol{\alpha}_0=(x_0,\ y_0)^{\mathrm T}=\left(\frac{3}{5},\ \frac{2}{5}\right)^{\mathrm T}$，利用此递推关系可得增长模型

$$\begin{pmatrix}x_k\\y_k\end{pmatrix}=\begin{pmatrix}\frac{1}{4}&\frac{1}{3}\\\frac{3}{4}&\frac{2}{3}\end{pmatrix}^k\begin{pmatrix}x_0\\y_0\end{pmatrix}\quad\text{或}\quad \boldsymbol{\alpha}_k=A^k\boldsymbol{\alpha}_0$$

由上题求得

$$A^k=\frac{12}{13}\begin{pmatrix}\frac{1}{3}+\frac{3}{4}\left(-\frac{1}{12}\right)^k&\frac{1}{3}-\frac{1}{3}\left(-\frac{1}{12}\right)^k\\\frac{3}{4}-\frac{3}{4}\left(-\frac{1}{12}\right)^k&\frac{3}{4}+\frac{1}{3}\left(-\frac{1}{12}\right)^k\end{pmatrix}$$

所以，两年后两家公司所占的市场份额为 $\boldsymbol{\alpha}_2=(x_2, y_2)^{\mathrm{T}}=(0.3097, 0.6903)^{\mathrm{T}}$；5 年后两家公司所占的市场份额为 $\boldsymbol{\alpha}_5=(x_5, y_5)^{\mathrm{T}}=(0.3077, 0.6923)^{\mathrm{T}}$；10 年后两家公司所占的市场份额为 $\boldsymbol{\alpha}_{10}=(x_{10}, y_{10})^{\mathrm{T}}=(0.3077, 0.6923)^{\mathrm{T}}$.

设有数据 a 和 b 作为 R 公司和 S 公司的初始市场份额，则有 $a+b=1$，为了使以后每年的市场分配不变，根据顾客数量转移的规律，有

$$\begin{pmatrix}\frac{1}{4} & \frac{1}{3}\\ \frac{3}{4} & \frac{2}{3}\end{pmatrix}\begin{pmatrix}a\\ b\end{pmatrix}=\begin{pmatrix}a\\ b\end{pmatrix}$$

即

$$\begin{pmatrix}-\frac{3}{4} & \frac{1}{3}\\ \frac{3}{4} & -\frac{1}{3}\end{pmatrix}\begin{pmatrix}a\\ b\end{pmatrix}=\begin{pmatrix}0\\ 0\end{pmatrix}$$

这是一个齐次方程组问题. 如果方程组有解，则应该在非零解的集合中选取正数解作为市场稳定的初始份额.

解方程组得 $a=\frac{4}{13}\approx 31\%$，$b=\frac{9}{13}\approx 69\%$. 这是使市场稳定的两家公司的初始份额，也正好与表 6-9 中的数据相吻合.

表 6-9

	R 公司的市场份额(%)	S 公司的市场份额(%)
2 年后	31	69
5 年后	31	69
10 年后	31	69

练习 某厂生产 A，B 两种品牌的味精，顾客的喜好决定了这两种味精的市场占有率. 在生产中可根据占有率调整比例，获得最佳收益. 该厂做市场调查后发现，一般情况下，顾客若购买了 A 品牌，下次有 80%的可能性会购买 A 品牌；若购买了 B 品牌，下次有 60%的可能性会购买 B 品牌. 开始时两种品牌的市场占有率分别为 50%，顾客每一次的购买必将改变二者的市场占有率.

(1) 预测某一位顾客经过前四次购买之后，他可能第五次购买哪一个品牌的味精.

(2) 预测 100 个顾客经过前四次购买之后，两种品牌可能的市场占有率各为多少.

例 6.11 (劳动力就业转移问题) 某中小城市及郊区乡镇共有 30 万人从事农、工、商工作，假定这个总人数在若干年内保持不变，而社会调查表明：

(1) 在这 30 万就业人员中，目前约有 15 万人从事农业，9 万人从事工业，6 万人经商；

(2) 在务农人员中，每年约有 20%改为务工，10%改为经商；

(3) 在务工人员中，每年约有 20%改为务农，10%改为经商；

(4) 在经商人员中，每年约有 10%改为务农，10%改为务工.

现要预测一两年后各业从业人员的人数，以及多年之后，各业从业人员总数的发展趋势.

解　用向量 $\boldsymbol{\alpha}_k=(x_k, y_k, z_k)^{\mathrm{T}}$ 表示第 k 年后各业从业人员的总数，$\boldsymbol{\alpha}_0=(x_0, y_0, z_0)^{\mathrm{T}}=(15, 9, 6)^{\mathrm{T}}$ 为初始向量.

依题意，一年后从事农、工、商的总人数为

$$\begin{cases}x_1=0.7x_0+0.2y_0+0.1z_0\\ y_1=0.2x_0+0.7y_0+0.1z_0\\ z_1=0.1x_0+0.1y_0+0.8z_0\end{cases}$$

即

$$\begin{pmatrix}x_1\\y_1\\z_1\end{pmatrix}=\begin{pmatrix}0.7&0.2&0.1\\0.2&0.7&0.1\\0.1&0.1&0.8\end{pmatrix}\begin{pmatrix}x_0\\y_0\\z_0\end{pmatrix}$$

也即 $\boldsymbol{\alpha}_1=\boldsymbol{A}\boldsymbol{\alpha}_0$，其中 $\boldsymbol{A}=\begin{pmatrix}0.7&0.2&0.1\\0.2&0.7&0.1\\0.1&0.1&0.8\end{pmatrix}$，将 $\boldsymbol{\alpha}_0=(x_0, y_0, z_0)^{\mathrm{T}}=(15, 9, 6)^{\mathrm{T}}$ 代入上式，即得 $\boldsymbol{\alpha}_1=(x_1, y_1, z_1)^{\mathrm{T}}=(12.9, 9.9, 7.2)^{\mathrm{T}}$，即一年后各业从业人数分别为 12.9 万人、9.9 万人、7.2 万人.

由 $\boldsymbol{\alpha}_2=\boldsymbol{A}\boldsymbol{\alpha}_1=\boldsymbol{A}^2\boldsymbol{\alpha}_0$，可得 $\boldsymbol{\alpha}_2=(11.73, 10.23, 8.04)^{\mathrm{T}}$，即两年后各业从业人数分别为 11.73 万人、10.23 万人、8.04 万人.

进而推得，第 k 年后各业从业人数 $\boldsymbol{\alpha}_k=\boldsymbol{A}^k\boldsymbol{\alpha}_0$，即

$$\begin{pmatrix}x_k\\y_k\\z_k\end{pmatrix}=\begin{pmatrix}0.7&0.2&0.1\\0.2&0.7&0.1\\0.1&0.1&0.8\end{pmatrix}^k\begin{pmatrix}x_0\\y_0\\z_0\end{pmatrix}$$

为了计算 $\boldsymbol{A}^k$，先将 $\boldsymbol{A}$ 对角化. 矩阵 $\boldsymbol{A}$ 的特征多项式为

$$|\boldsymbol{A}-\lambda\boldsymbol{E}|=\begin{vmatrix}0.7-\lambda&0.2&0.1\\0.2&0.7-\lambda&0.1\\0.1&0.1&0.8-\lambda\end{vmatrix}=(1-\lambda)(0.7-\lambda)(0.5-\lambda)$$

所以，矩阵 $\boldsymbol{A}$ 的特征值为 $\lambda_1=1$，$\lambda_2=0.7$，$\lambda_3=0.5$，进而可求得对应的单位特征向量为

$$\boldsymbol{\varepsilon}_1=\left(\frac{1}{\sqrt{3}}, \frac{1}{\sqrt{3}}, \frac{1}{\sqrt{3}}\right)^{\mathrm{T}},\ \boldsymbol{\varepsilon}_2=\left(\frac{1}{\sqrt{6}}, \frac{1}{\sqrt{6}}, \frac{-2}{\sqrt{6}}\right)^{\mathrm{T}},\ \boldsymbol{\varepsilon}_3=\left(-\frac{1}{\sqrt{2}}, \frac{1}{\sqrt{2}}, 0\right)^{\mathrm{T}}$$

若令 $\boldsymbol{Q}=(\boldsymbol{\varepsilon}_1, \boldsymbol{\varepsilon}_2, \boldsymbol{\varepsilon}_3)$，则有 $\boldsymbol{Q}^{-1}\boldsymbol{A}\boldsymbol{Q}=\boldsymbol{\Lambda}$，即 $\boldsymbol{A}=\boldsymbol{Q}\boldsymbol{\Lambda}\boldsymbol{Q}^{-1}$，其中

$$\boldsymbol{\Lambda}=\mathrm{diag}(1, 0.7, 0.5)$$

从而有

$$\boldsymbol{A}^k=\boldsymbol{Q}\boldsymbol{\Lambda}^k\boldsymbol{Q}^{-1}=\begin{pmatrix}\frac{1}{\sqrt{3}}&\frac{1}{\sqrt{6}}&\frac{-1}{\sqrt{2}}\\\frac{1}{\sqrt{3}}&\frac{1}{\sqrt{6}}&\frac{1}{\sqrt{2}}\\\frac{1}{\sqrt{3}}&\frac{-2}{\sqrt{6}}&0\end{pmatrix}\begin{pmatrix}1^k&0&0\\0&0.7^k&0\\0&0&0.5^k\end{pmatrix}\begin{pmatrix}\frac{1}{\sqrt{3}}&\frac{1}{\sqrt{3}}&\frac{1}{\sqrt{3}}\\\frac{1}{\sqrt{6}}&\frac{1}{\sqrt{6}}&\frac{-2}{\sqrt{6}}\\\frac{-1}{\sqrt{2}}&\frac{1}{\sqrt{2}}&0\end{pmatrix}$$

将上式确定的 $\boldsymbol{A}^k$ 代入 $\boldsymbol{\alpha}_k=\boldsymbol{A}^k\boldsymbol{\alpha}_0$，即可得 k 年后各业从业人员总数.

当 $k\to\infty$ 时，有 $0.7^k\to 0$，$0.5^k\to 0$，可得

$$\begin{pmatrix}x_k\\y_k\\z_k\end{pmatrix}\to\frac{1}{3}\begin{pmatrix}1&1&1\\1&1&1\\1&1&1\end{pmatrix}\begin{pmatrix}15\\9\\6\end{pmatrix}=\begin{pmatrix}10\\10\\10\end{pmatrix}$$

即多年以后，从事这三种职业的人数将趋于相等，均为 10 万人.

例 6.12（基因问题） 在农场的植物园中某种植物的基因型为 AA，Aa，aa，农场计划采用 AA 型植物与每种基因型植物相结合的方案培育植物后代，已知双亲体基因型与其后代基因型的概率（见表 6-10），问：经过若干年后三种基因型分布如何？

表 6-10

		父体—母体		
		AA—AA	AA—Aa	AA—aa
后代基因型	AA	1	1/2	0
	Aa	0	1/2	1
	aa	0	0	0

解 用 x_n，y_n，z_n 分别表示第 n 代植物中基因型 AA，Aa，aa 的植物占植物总数的比例（$n=0$，1，2，…），令 $\boldsymbol{\alpha}_n$ 为第 n 代植物基因型分布：$\boldsymbol{\alpha}_n=(x_n,\ y_n,\ z_n)^{\mathrm{T}}$，当 $n=0$ 时，$\boldsymbol{x}_0=(x_0,\ y_0,\ z_0)^{\mathrm{T}}$，显然，初始分布有 $x_0+y_0+z_0=1$，由表 6-10 可得关系式：

$$\boldsymbol{\alpha}_n=(x_n,\ y_n,\ z_n)^{\mathrm{T}}=\boldsymbol{M}\boldsymbol{\alpha}_{n-1}$$

其中

$$\boldsymbol{M}=\begin{pmatrix}1&1/2&0\\0&1/2&1\\0&0&0\end{pmatrix}$$

从而，$\boldsymbol{\alpha}_n=\boldsymbol{M}\boldsymbol{\alpha}_{n-1}=\boldsymbol{M}^2\boldsymbol{\alpha}_{n-2}=\cdots=\boldsymbol{M}^n\boldsymbol{\alpha}_0$. 由于

$$|\boldsymbol{M}-\lambda\boldsymbol{E}|=\begin{vmatrix}1-\lambda&1/2&0\\0&1/2-\lambda&1\\0&0&-\lambda\end{vmatrix}=-(\lambda-1)\left(\lambda-\frac{1}{2}\right)\lambda$$

所以 $\boldsymbol{M}$ 的特征值为 $\lambda_1=1$，$\lambda_2=\frac{1}{2}$，$\lambda_3=0$，相应的特征向量分别为

$$\boldsymbol{\varepsilon}_1=(1,\ 0,\ 0)^{\mathrm{T}},\ \boldsymbol{\varepsilon}_2=(1,\ -1,\ 0)^{\mathrm{T}},\ \boldsymbol{\varepsilon}_3=(1,\ -2,\ 1)^{\mathrm{T}}$$

令 $\boldsymbol{P}=(\boldsymbol{\varepsilon}_1,\ \boldsymbol{\varepsilon}_2,\ \boldsymbol{\varepsilon}_3)=\begin{pmatrix}1&1&1\\0&-1&-2\\0&0&1\end{pmatrix}$，则 $\boldsymbol{P}^{-1}=\boldsymbol{P}$，且

$$\boldsymbol{P}^{-1}\boldsymbol{M}\boldsymbol{P}=\boldsymbol{D}=\begin{pmatrix}1&0&0\\0&1/2&0\\0&0&0\end{pmatrix}$$

所以 $\boldsymbol{M}=\boldsymbol{P}\boldsymbol{D}\boldsymbol{P}^{-1}$，于是 $\boldsymbol{\alpha}_n=\boldsymbol{P}\boldsymbol{D}^n\boldsymbol{P}^{-1}\boldsymbol{\alpha}_0$，即

$$x_n=x_0+y_0+z_0-0.5^n y_0-0.5^{n-1}z_0,\qquad y_n=0.5^n y_0+0.5^{n-1}z_0,\qquad z_n=0$$

当 $n\to\infty$ 时，$x_n\to 1$，$y_n\to 0$，$z_n=0$. 故在极限情况下，培育的植物都是 AA 型.

题型五　投入产出数学模型

若

$$\boldsymbol{X}=(x_1,\ x_2,\ \cdots,\ x_n)^{\mathrm{T}}$$
$$\boldsymbol{Y}=(y_1,\ y_2,\ \cdots,\ y_n)^{\mathrm{T}}$$
$$\boldsymbol{C}=\mathrm{diag}\left(\sum_{i=1}^{n}a_{i1},\ \sum_{i=1}^{n}a_{i2},\ \cdots,\ \sum_{i=1}^{n}a_{in}\right)$$
$$\boldsymbol{D}=(d_1,\ d_2,\ \cdots,\ d_n)^{\mathrm{T}}$$
$$\boldsymbol{Z}=(z_1,\ z_2,\ \cdots,\ z_n)^{\mathrm{T}}$$

(1) 分配平衡方程组的矩阵形式为 $\boldsymbol{X}=(\boldsymbol{E}-\boldsymbol{A})^{-1}\boldsymbol{Y}$.

(2) 消耗平衡方程组的矩阵形式为 $\boldsymbol{X}=\boldsymbol{C}\boldsymbol{X}+\boldsymbol{D}+\boldsymbol{Z}$.

(3) 完全消耗矩阵为 $\boldsymbol{B}=\boldsymbol{A}(\boldsymbol{E}-\boldsymbol{A})^{-1}$ 或 $\boldsymbol{B}=(\boldsymbol{E}-\boldsymbol{A})^{-1}-\boldsymbol{E}$.

例6.13　设某一经济系统在考查期内部门投入产出情况如表 6－11 所示.

表 6－11　　单位：万元

投入＼产出		消耗部门			最终产品	总产品
		Ⅰ	Ⅱ	Ⅲ		
生产部门	Ⅰ	50	110	100	240	500
	Ⅱ	20	15	40	175	250
	Ⅲ	10	15	80	195	300
新创造价值		420	110	80		
总价值		500	250	300		

求：(1) 直接消耗矩阵 $\boldsymbol{A}$；(2) 完全消耗矩阵 $\boldsymbol{C}$.

解　(1) 直接消耗矩阵为 $\boldsymbol{A}=\begin{pmatrix}0.10 & 0.44 & 0.33\\ 0.04 & 0.06 & 0.13\\ 0.02 & 0.06 & 0.27\end{pmatrix}$；

(2) 完全消耗矩阵为

$$\boldsymbol{C}=(\boldsymbol{E}-\boldsymbol{A})^{-1}-\boldsymbol{E}=\begin{pmatrix}0.151 & 0.578 & 0.623\\ 0.054 & 0.103 & 0.221\\ 0.036 & 0.107 & 0.405\end{pmatrix}$$

例6.14　假设某经济系统只分为五个物质生产部门，即农业、轻工业、重工业、运输业和建筑业，五个部门间某年生产分配关系的投入产出表为表 6－12. 计算报告期的直接消耗矩阵和完全消耗矩阵.

表 6-12　　　　单位：亿元

投入 \ 产出			物质生产部门						最终产品			总产品 (X)
			农业	轻工业	重工业	运输业	建筑业	合计	积累	消费	合计 (Y)	
			1	2	3	4	5					
物质生产部门	农业	1	600	800	250	30	60	1 740	120	1 650	1 770	3 510
	轻工业	2	81	450	136	50	125	842	135	2 152	2 287	3 129
	重工业	3	324	454	2 710	250	625	4 363	945	98	1 043	5 406
	运输业	4	45	75	225	30	75	450	285	465	750	1 200
	建筑业	5	117	71	201	51	110	550	1 155	120	1 275	1 825
	合　计		1 167	1 850	3 522	411	995	7 945	2 640	4 485	7 125	15 070
折旧 (D)			70	158	300	154	51	733				
物质消耗合计 (C)			1 237	2 008	3 822	565	1 046	8 678				
净产品	劳动报酬 (V)		1 847	400	928	270	677	4 122				
	社会纯收入 (M)		426	721	656	365	102	2 270				
总产品 (X)			3 510	3 129	5 406	1 200	1 825	15 070				

解　直接消耗矩阵为

$$
\boldsymbol{A}=\begin{pmatrix}
\frac{600}{3\,510} & \frac{800}{3\,129} & \frac{250}{5\,406} & \frac{30}{1\,200} & \frac{60}{1\,825}\\
\frac{81}{3\,510} & \frac{450}{3\,129} & \frac{136}{5\,406} & \frac{50}{1\,200} & \frac{125}{1\,825}\\
\frac{324}{3\,510} & \frac{454}{3\,129} & \frac{2\,710}{5\,406} & \frac{250}{1\,200} & \frac{625}{1\,825}\\
\frac{45}{3\,510} & \frac{75}{3\,129} & \frac{225}{5\,406} & \frac{30}{1\,200} & \frac{75}{1\,825}\\
\frac{117}{3\,510} & \frac{71}{3\,129} & \frac{201}{5\,406} & \frac{51}{1\,200} & \frac{110}{1\,825}
\end{pmatrix}
$$

$$
=\begin{pmatrix}
0.170\,9 & 0.255\,7 & 0.046\,2 & 0.025\,0 & 0.032\,9\\
0.023\,1 & 0.143\,8 & 0.025\,2 & 0.041\,7 & 0.068\,5\\
0.092\,3 & 0.145\,1 & 0.501\,3 & 0.208\,3 & 0.342\,5\\
0.012\,8 & 0.024\,0 & 0.041\,6 & 0.025\,0 & 0.041\,1\\
0.033\,3 & 0.022\,7 & 0.037\,2 & 0.042\,5 & 0.060\,3
\end{pmatrix}
$$

利用数学软件可计算出

$$
(\boldsymbol{E}-\boldsymbol{A})^{-1}=\begin{pmatrix}
1.241\,0 & 0.402\,4 & 0.152\,5 & 0.087\,4 & 0.132\,2\\
0.048\,5 & 1.201\,4 & 0.080\,5 & 0.075\,1 & 0.121\,9\\
0.297\,6 & 0.493\,5 & 2.165\,9 & 0.528\,9 & 0.858\,8\\
0.032\,7 & 0.058\,7 & 0.100\,6 & 1.054\,3 & 0.088\,2\\
0.058\,4 & 0.065\,5 & 0.097\,6 & 0.073\,5 & 1.109\,7
\end{pmatrix}
$$

完全消耗矩阵为

$$B=(E-A)^{-1}-E=\begin{pmatrix}0.2410 & 0.4024 & 0.1525 & 0.0874 & 0.1322\\0.0485 & 0.2014 & 0.0805 & 0.0751 & 0.1219\\0.2976 & 0.4935 & 1.1659 & 0.5289 & 0.8588\\0.0327 & 0.0587 & 0.1006 & 0.0543 & 0.0882\\0.0584 & 0.0655 & 0.0976 & 0.0735 & 0.1097\end{pmatrix}$$

例6.15　设由四个部门组成的某经济系统上一报告期的价值型投入产出表如表6-13所示.

表 6-13

投入＼产出		中间产品 1	中间产品 2	中间产品 3	中间产品 4	最终产品	总产出
生产部门	1	10	30	10	40	110	200
	2	20	15	8	40	217	300
	3	20	30	7	20	23	100
	4	30	30	10	20	310	400
新创造价值		120	195	65	280		
总产值		200	350	100	400		

(1) 计算上一报告期的直接消耗系数和完全消耗系数;

(2) 若预计本报告期(即计划期)四个部门的最终产品分别为140，250，35，380，试利用直接消耗系数估计本报告期的总产出.

解　该系统的直接消耗矩阵为

$$A=\begin{pmatrix}0.05 & 0.10 & 0.10 & 0.10\\0.10 & 0.05 & 0.08 & 0.10\\0.10 & 0.10 & 0.07 & 0.05\\0.15 & 0.10 & 0.10 & 0.05\end{pmatrix}$$

于是可得

$$(E-A)^{-1}=\begin{pmatrix}1.105 & 0.146 & 0.146 & 0.139\\0.150 & 1.096 & 0.125 & 0.138\\0.146 & 0.142 & 1.113 & 0.089\\0.206 & 0.153 & 0.153 & 1.099\end{pmatrix}$$

所以完全消耗矩阵为

$$B=(E-A)^{-1}-E=\begin{pmatrix}0.105 & 0.146 & 0.146 & 0.139\\0.150 & 0.096 & 0.125 & 0.138\\0.146 & 0.142 & 0.113 & 0.089\\0.206 & 0.153 & 0.153 & 0.099\end{pmatrix}$$

利用上一报告期的直接消耗矩阵，可得本报告期的总产出矩阵为

$$X=(E-A)^{-1}Y=\begin{pmatrix}1.105 & 0.146 & 0.146 & 0.139\\0.150 & 1.096 & 0.125 & 0.138\\0.146 & 0.142 & 1.113 & 0.089\\0.206 & 0.153 & 0.153 & 1.099\end{pmatrix}\begin{pmatrix}140\\250\\35\\380\end{pmatrix}=\begin{pmatrix}250\\352\\129\\490\end{pmatrix}$$

即计划期四个部门的总产出分别为 250，352，129，490.

例 6.16 设某经济系统三个部门报告期的投入产出表如表 6-14 所示，并且该系统的生产技术条件不变. 如果该系统的三个部门的计划期最终产品分别确定为 400 亿元、2 100 亿元和 500 亿元，试编制该系统的计划期投入产出表.

表 6-14 单位：亿元

产出 \ 投入		消耗部门 农业	消耗部门 工业	消耗部门 服务业	最终产品	总产品
生产部门	农　业	60	190	30	320	600
	工　业	90	1 520	180	2 010	3 800
	服务业	30	95	60	415	600
新创造价值		420	1 995	330		
总产品价值		600	3 800	600		

解 该系统的直接消耗矩阵为

$$A=\begin{pmatrix}0.10 & 0.05 & 0.05\\0.15 & 0.40 & 0.30\\0.05 & 0.025 & 0.10\end{pmatrix}$$

于是可得

$$(E-A)^{-1}=\begin{pmatrix}1.132\,9 & 0.098\,4 & 0.095\,7\\0.319\,1 & 1.717\,9 & 0.590\,3\\0.071\,8 & 0.053\,2 & 1.132\,8\end{pmatrix},\ Y=\begin{pmatrix}400\\2\,100\\500\end{pmatrix}$$

可得计划期的总产出矩阵为

$$X=(E-A)^{-1}Y=\begin{pmatrix}1.132\,9 & 0.098\,4 & 0.095\,7\\0.319\,1 & 1.717\,9 & 0.590\,3\\0.071\,8 & 0.053\,2 & 1.132\,8\end{pmatrix}\begin{pmatrix}400\\2\,100\\500\end{pmatrix}=\begin{pmatrix}707.62\\4\,030.32\\706.82\end{pmatrix}$$

即计划期农业、工业和服务业三个部门的总产品分别为

$$x_1=707.62,\quad x_2=4\,030.32,\quad x_3=706.82$$

于是由 $x_{ij}=a_{ij}x_j$ 可计算出计划期各部门间产品流量为

$$x_{11}=a_{11}x_1=70.762,\quad x_{12}=a_{12}x_2=201.516,\quad x_{13}=a_{13}x_3=35.341$$

$$x_{21}=a_{21}x_1=106.143,\quad x_{22}=a_{22}x_2=1\,612.128,\quad x_{23}=a_{23}x_3=212.046$$

$$x_{31}=a_{31}x_1=35.381,\quad x_{32}=a_{32}x_2=100.758,\quad x_{33}=a_{33}x_3=70.682$$

根据 $x_j=\sum_{i=1}^{3}a_{ij}x_j+z_j=\sum_{i=1}^{3}x_{ij}+z_j\,(j=1,2,3)$ 可计算出农业、工业和服务业三个部门的新创造价值分别为

$$z_1=x_1-\sum_{i=1}^{3}x_{i1}=495.334$$

$$z_2=x_2-\sum_{i=1}^{3}x_{i2}=2\ 115.918$$

$$z_3=x_3-\sum_{i=1}^{3}x_{i3}=388.751$$

从而计划期投入产出表如表 6 - 15 所示.

表 6 - 15

单位：亿元

投入＼产出		消耗部门			最终产品	总产品
		农　业	工　业	服务业		
生产部门	农　业	70.762	201.516	35.341	400	707.62
	工　业	106.143	1 612.128	212.046	2 100	4 030.32
	服务业	35.381	100.758	70.682	500	706.82
新创造价值		495.334	2 115.918	388.751		
总产品价值		707.62	4 030.32	706.82		

图书在版编目(CIP)数据

线性代数(第三版)辅导教程/张学奇主编.--北京:中国人民大学出版社,2021.1
“十三五”普通高等教育应用型规划教材
ISBN 978-7-300-28839-0

Ⅰ.①线… Ⅱ.①张… Ⅲ.①线性代数-高等学校-教学参考资料 Ⅳ.①O151.2

中国版本图书馆 CIP 数据核字(2020)第 253367 号

“十二五”普通高等教育本科国家级规划教材
“十三五”普通高等教育应用型规划教材
线性代数(第三版)辅导教程
张学奇 主 编
Xianxing Daishu (Di-san Ban) Fudao Jiaocheng

出版发行	中国人民大学出版社		
社　　址	北京中关村大街 31 号	**邮政编码**	100080
电　　话	010－62511242(总编室)		010－62511770(质管部)
	010－82501766(邮购部)		010－62514148(门市部)
	010－62515195(发行公司)		010－62515275(盗版举报)
网　　址	http://www.crup.com.cn		
经　　销	新华书店		
印　　刷	北京昌联印刷有限公司		
规　　格	185 mm×260 mm 16 开本	**版　　次**	2021 年 1 月第 1 版
印　　张	12.75	**印　　次**	2021 年 1 月第 1 次印刷
字　　数	301 000	**定　　价**	38.00 元